地球大数据科学论丛　郭华东　总主编

地球大数据支撑的
美丽中国评价指标体系构建及评价

高　峰　赵雪雁　黄春林　等　著

北　京

内 容 简 介

本书针对美丽中国建设评价工作，构建了以地球大数据为支撑、以可持续发展(SDGs)指标与本土指标相融合的美丽中国建设评价指标体系。基于美丽中国建设评价指标体系，从单项评价、综合评价及公众满意度评价入手，开展了2015年全国地级市尺度的全景美丽中国建设水平全景评价，并对评价指标体系包含的天蓝、地绿、水清、人和4个维度进行了相关指标的评价和研究。

本书可供从事美丽中国建设评价理论研究和应用的高校、科研院所研究人员及政府管理人员参考。

审图号：GS(2021)2132号

图书在版编目(CIP)数据

地球大数据支撑的美丽中国评价指标体系构建及评价/高峰等著. —北京：科学出版社，2021.10
(地球大数据科学论丛 / 郭华东总主编)
ISBN 978-7-03-070058-2

Ⅰ. ①地…　Ⅱ. ①高…　Ⅲ. ①生态环境建设-评价指标-研究-中国
Ⅳ. ①X321.2

中国版本图书馆CIP数据核字(2021)第206967号

责任编辑：李秋艳　白　丹/责任校对：何艳萍
责任印制：吴兆东/封面设计：蓝正设计

科学出版社 出版
北京东黄城根北街16号
邮政编码：100717
http://www.sciencep.com
北京建宏印刷有限公司 印刷
科学出版社发行　各地新华书店经销
*
2021年10月第　一　版　开本：720×1000　B5
2021年10月第一次印刷　印张：20 1/2
字数：410 000

定价：169.00元
(如有印装质量问题，我社负责调换)

“地球大数据科学论丛”编委会

“地球大数据科学论丛”序

第二次工业革命的爆发，导致以文字为载体的数据量约每10年翻一番；从工业化时代进入信息化时代，数据量每3年翻一番。近年来，新一轮信息技术革命与人类社会活动交汇融合，半结构化、非结构化数据大量涌现，数据的产生已不受时间和空间的限制，引发了数据爆炸式增长，数据类型繁多且复杂，已经超越了传统数据管理系统和处理模式的能力范围，人类正在开启大数据时代新航程。

当前，大数据已成为知识经济时代的战略高地，是国家和全球的新型战略资源。作为大数据重要组成部分的地球大数据，正成为地球科学一个新的领域前沿。地球大数据是基于对地观测数据又不唯对地观测数据的、具有空间属性的地球科学领域的大数据，主要产生于具有空间属性的大型科学实验装置、探测设备、传感器、社会经济观测及计算机模拟过程中，其一方面具有海量、多源、异构、多时相、多尺度、非平稳等大数据的一般性质，另一方面具有很强的时空关联和物理关联，具有数据生成方法和来源的可控性。

地球大数据科学是自然科学、社会科学和工程学交叉融合的产物，基于地球大数据分析来系统研究地球系统的关联和耦合，即综合应用大数据、人工智能和云计算，将地球作为一个整体进行观测和研究，理解地球自然系统与人类社会系统间复杂的交互作用和发展演进过程，可为实现联合国可持续发展目标(SDGs)做出重要贡献。

中国科学院充分认识到地球大数据的重要性，2018年初设立了A类战略性先导科技专项“地球大数据科学工程”(CASEarth)，系统开展地球大数据理论、技术与应用研究。CASEarth旨在促进和加速从单纯的地球数据系统和数据共享到数字地球数据集成系统的转变，促进全球范围内的数据、知识和经验分享，为科学发现、决策支持、知识传播提供支撑，为全球跨领域、跨学科协作提供解决方案。

在资源日益短缺、环境不断恶化的背景下，人口、资源、环境和经济发展的矛盾凸显，可持续发展已经成为世界各国和联合国的共识。要实施可持续发展战略，保障人口、社会、资源、环境、经济的持续健康发展，可持续发展的能力建设至关重要。必须认识到这是一个地球空间、社会空间和知识空间的巨型复杂系统，亟须战略体系、新型机制、理论方法支撑来调查、分析、评估和决策。

一门独立的学科，必须能够开展深层次的、系统性的能解决现实问题的探究，以及在此探究过程中形成系统的知识体系。地球大数据就是以数字化手段连接地球空间、社会空间和知识空间，构建一个数字化的信息框架，以复杂系统的思维方式，综合利用泛在感知、新一代空间信息基础设施技术、高性能计算、数据挖掘与人工智能、可视化与虚拟现实、数字孪生、区块链等技术方法，解决地球可持续发展问题。

“地球大数据科学论丛”是国内外首套系统总结地球大数据的专业论丛，将从理论研究、方法分析、技术探索以及应用实践等方面全面阐述地球大数据的研究进展。

地球大数据科学是一门年轻的学科，其发展未有穷期。感谢广大读者和学者对本论丛的关注，欢迎大家对本论丛提出批评与建议，携手建设在地球科学、空间科学和信息科学基础上发展起来的前沿交叉学科——地球大数据科学。让大数据之光照亮世界，让地球科学服务于人类可持续发展。

郭华东
中国科学院院士
地球大数据科学工程专项负责人
2020 年 12 月

序

2015 年，联合国发布《变革我们的世界：2030 年可持续发展议程》，这是人类社会基于历史经验和对未来期望所提出的全面、系统、开拓进取的发展框架，为未来 15 年全球和各国的发展指明了方向，勾画了蓝图。

党的十八大首次提出“建设美丽中国”的战略构想，报告指出，面对资源约束趋紧、环境污染严重、生态系统退化的严峻形势，必须树立尊重自然、顺应自然、保护自然的生态文明理念，把生态文明建设放在突出地位，融入经济建设、政治建设、文化建设、社会建设各方面和全过程，努力建设美丽中国，实现中华民族永续发展。美丽中国建设是树立和践行“绿水青山就是金山银山”发展理念的长期战略，是推进国家可持续发展、提升可持续发展能力和质量的阶段性战略部署。党的十九大开启了建设社会主义现代化国家的新征程，对生态文明建设提出了新要求，制定了美丽中国建设路线图：在第一阶段(2020～2035 年)，生态文明建设的目标是“从根本上改善生态环境，实现建设美丽中国的目标，建立清洁、低碳、安全、有效的能源体系，生态文明体系更加健全”。

2018 年 1 月，中国科学院启动了战略性先导科技专项(A 类)“地球大数据科学工程”，其中“全景美丽中国”项目专门针对美丽中国建设中涉及的水、土、气、生等自然要素空间分布和变化，生产、生活和生态“三生”统筹，区域发展模拟以及美丽中国建设全景评价进行研究，目前专项已实施三年，取得了诸多重要研究成果，其中“全景美丽中国项目”的“大数据驱动的美丽中国建设决策支持系统”课题开展了美丽中国建设评价指标体系构建及评价研究工作，研究构建了“地球大数据支持的美丽中国建设评价指标体系”。该评价指标体系以“思想概念化、概念指标化、指标评价化、评价精准化”为指导，以对接联合国 2030 年可持续发展目标(SDGs)指标和实现地球大数据融合为研究特色，从思想指引、顶层设计、部委行动、学术研究等多角度出发，挖掘了美丽中国的内涵与外延，在辨析美丽中国建设与可持续发展及生态文明建设关系的基础上，以全面性(本土化指标与 SDGs 相融合)、数据驱动性(统计数据、遥感数据、网络大数据和监测数据等地球大数据驱动)、精准性(动态性、高时空分辨率)及针对性(体现区域差异性)为基本原则，构建了融合 SDGs 和特征化本土指标的美丽中国评价指标体系。指标体系的“天蓝、地绿、水清、人和”4 个维度体现了“建设天蓝地绿水清的美丽中国”的内涵。2020 年 11 月 5 日，“大数据支持的美丽中国建设评价指标体系”成果发布会暨移交仪式在北京举行，作为“地球大数据科学工程”专项的研究成果，向中国科学院“美丽中国生态文明科技工程”专项和美丽中国建设评估办公室进行了正式移交。该书以美丽中国评价指标体系及其评价为核心研究内容，成功入选“地球大数据科学论丛”。由此，我衷心祝贺该书出版，并希望产生良好社会效益，期待成果为全国和区域美丽中国建设评估、评价研究和应用实践做出应有的贡献。

廖小罕

2021 年 3 月

前　言

2012 年 11 月，党的十八大首次提出建设“美丽中国”的战略构想，报告指出，面对资源约束趋紧、环境污染严重、生态系统退化的严峻形势，必须树立尊重自然、顺应自然、保护自然的生态文明理念，把生态文明建设放在突出地位，融入经济建设、政治建设、文化建设、社会建设各方面和全过程，努力建设美丽中国，实现中华民族永续发展。美丽中国建设是树立和践行“绿水青山就是金山银山”发展理念的长期战略，是落实联合国《变革我们的世界：2030 年可持续发展议程》的重要实践，也是实现中国生态文明长效目标、推进国家可持续发展、提升可持续发展能力和质量的阶段性战略部署。

在习近平同志科学论断及国家顶层设计的引领下，各个部委围绕大气污染防治、土壤环境保护与治理、气候变化应对、山水林田湖草生态修复、生态保护红线划定、健全生态补偿机制、人居环境改善及人与自然和谐等领域，着力推行美丽中国建设实践。近年来，《国务院办公厅关于印发近期土壤环境保护和综合治理工作安排的通知》(国办发〔2013〕7 号)，确定了《土壤污染防治行动计划》(“土十条”)；《国务院关于印发大气污染防治行动计划的通知》(国发〔2013〕37 号)，确定了“气十条”；《国务院关于印发水污染防治行动计划的通知》(国发〔2015〕17 号)，确定了“水十条”；等等。这一系列行动计划不仅明确了美丽中国建设的切入点，更切实推进了区域性美丽中国建设实践。围绕美丽中国建设，专家学者纷纷开展了理论研究，内容涉及美丽中国概念和内涵外延、美丽中国建设评价、美丽中国与可持续发展目标(sustainable development goals，SDGs)的关系等；与此同时，各地也开展美丽中国建设实践，如美丽江西、美丽杭州、美丽德清等省(市、县)试点建设。

2018 年，中国科学院战略性先导科技专项(A 类)“地球大数据科学工程”项目启动，项目四“全景美丽中国”课题五“大数据驱动的美丽中国全景评价与决策支持”(XDA19040500)开展了美丽中国建设评价指标体系构建及评价研究工作，经过两年多的研究，构建了以地球大数据为支撑、以 SDGs 指标与本土指标相融合、具有高时空分辨率的美丽中国建设水平评价指标体系。该评价指标体系包括天蓝、地绿、水清、人和 4 个维度，12 个具体目标，34 个指标。基于构建的“美丽中国”评价指标体系，从单项评价、综合评价及公众满意度评价入手，开展了2015年地级市尺度的全景美丽中国建设水平评价。本书正是该研究成果的综合集成和凝练提升，以期为美丽中国建设评价和有关研究提供借鉴参考。

本书是团队集体研究的结晶，共分9章。第1章美丽中国建设的背景，由王宝完成；第2章美丽中国建设的理论基础与实践模式，由王鹏龙、魏彦强完成；第3章美丽中国的内涵与主要维度，由赵雪雁、宋晓谕、高峰、王宝、王鹏龙、王伟军等完成；第4章地球大数据支撑的美丽中国评价指标体系，由赵雪雁、高峰、宋晓谕、王宝、王鹏龙完成；第5章地球大数据支撑的全景美丽中国评价，由赵雪雁、高峰、宋晓谕、王宝、王鹏龙、马艳艳、苏慧珍、介永庆、母方方完成；第6～9章分别是天蓝、地绿、水清、人和维度的重点领域研究，由宋晓谕、王宝、王鹏龙、魏彦强、王昀琛、李花、万文玉、陈欢欢、高志玉、王蓉、刘江华、王晓琪、牛艺博等完成；图件由马平易、李文青、杜昱璇、任娟、王鹤霖、孙彦、徐省超等修订。全书总体框架构想由高峰、赵雪雁、黄春林、宋晓谕、王宝、王鹏龙等完成，并对初稿进行了统稿和修订。

本书由中国科学院战略性先导科技专项(A类)“地球大数据科学工程”资助，专项首席郭华东院士对本书给予了热情鼓励和大力支持，专项办公室和SDGs工作组的各位老师给予了具体指导，项目四“全景美丽中国”的廖小罕研究员、王自发研究员、金凤君研究员、江东研究员、吴朝阳研究员、王宗明研究员、王卷乐研究员、段洪涛研究员、左小安研究员、王江浩副研究员等提出了修改建议。美丽中国指标体系构建后，进行了广泛的书面咨询，并先后于2018年10月和2019年9月召开了两次专家咨询会，邀请中国科学院专家樊杰研究员、方创琳研究员、李新研究员、贾根锁研究员、贾立研究员、柳钦火研究员、陈劭锋研究员、吴朝阳研究员、王卷乐研究员以及院外专家卢奇研究员、许开鹏研究员、冯益明研究员、张海涛高级工程师等参会，与会专家提出了宝贵的修改意见和建议。

鉴于作者水平有限，书中难免存在不足之处，敬请读者谅解并批评指正。

著　者

2020年9月

目 录

第1章

美丽中国建设的背景

面对资源约束趋紧、环境污染严重以及生态系统退化的严峻挑战，中国应采取什么样的发展方式、创造什么样的生存发展环境，不仅关系到现代化和“两个一百年”奋斗目标的实现，更关系到中华民族的永续发展，美丽中国建设是对这一系列重大问题的深刻反思和回答（王晓广，2013）。美丽中国建设既要创造更多物质财富和精神财富，满足人民群众对美好生活的追求，也要生产更多优质生态产品满足人民对优美生态环境的向往（方创琳等，2019），它不仅是落实中国生态文明长效目标、推进国家可持续发展的阶段性战略部署，也是推动国家实现高质量发展的核心目标，其根本指向就是要解决人的发展与自然环境及资源承载力之间的矛盾，实现经济社会的可持续发展；同时，营建一个符合人的本性需要的生态环境，实现人与自然的和谐共生。

1.1 经济增长方式转型的需求

从改革开放到党的十八大以来，中国物质财富得到了极大积累，人民生活水平显著提高，资源能源消耗大幅增长，主要社会经济发展指标实现了快速增长（图 1-1）。其中，GDP 增长 142 倍，能源消耗总量增长 7 倍，城市建成区面积增长 6 倍，城镇居民人均可支配收入增长 71.5 倍，城市供水总量增长 6.6 倍。但以无节制消耗资源、破坏环境为代价换取经济发展，导致能源资源、生态环境问题越来越突出。例如，能源资源约束强化，石油等重要资源的对外依存度快速上升；耕地逼近 18 亿亩[①]红线，水土流失、土地沙化、草原退化情况严重；一些地区由于盲目开发、过度开发、无序开发，已经接近或超过资源环境承载能力的极限；

① 1 亩≈666.67m^2。

全国一些地区持续遭遇雾霾袭击，大气污染、水污染、土壤污染等各类环境污染均呈高发态势等。如果这种状况不改变，能源资源将难以支撑、生态环境将不堪重负，反过来必然对经济可持续发展带来严重影响，使得发展空间和发展后劲越来越小。

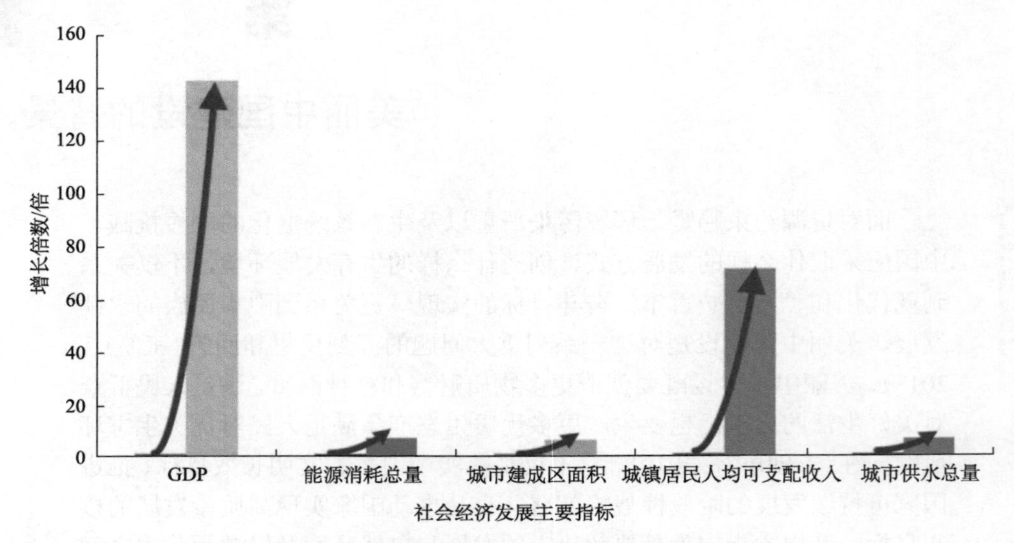

图 1-1　改革开放以来中国主要社会经济发展指标变化

1.1.1　资源短缺造成发展不可持续

资源是人类生存的基础。在人口、资源、环境三者中，资源处在中心环节。与人类生存发展最为密切的是土地资源、矿产资源和水资源。资源短缺是指资源的供应量无法满足需求量的现象，它是人类现代化发展过程中必然要面对的问题。随着生产力的大幅提高，人口大量增长，全球性的资源短缺危机正向人类提出警告。资源短缺表现在水危机、耕地紧张、矿产资源不足、森林面积减少等方面，随着资源种类不断增加，资源短缺的形式也越来越多。导致资源短缺的原因有很多，工业化、现代化过程中的大量开采和浪费是主要原因，人类对自然资源的开采和使用速度远远超过了资源自身再生速度，大部分自然资源在短期内无法再生和修复；另外，人类对资源的利用效率低下，循环利用资源的能力不足，也加剧了自然资源的短缺，而自然资源分布不均也导致了区域性的资源短缺。

资源短缺对人类社会发展的负面影响最为直接，主要原因是人类生产和生活的必需品都来源于自然资源，自然资源是人类安身立命的基础，资源短缺直接影响人类可持续发展。对于经济发展来说，生产原料的缺乏影响经济建设的步伐，制约长期、持续的发展；对于环境来说，容易引发生态破坏，导致环境恶化；对于社会来说，资源的供给与需求矛盾势必导致社会发展的不平衡，影响社会和谐；对人类自身来说，直接阻碍了生活水平和生活质量的提升，也威胁人类的生存与发展。

资源具有生存、环境与经济价值，其生存价值和环境价值统称为生态价值，生态价值与经济价值之间存在着相互制约和补充的关系，在一个较长时期，这些价值都会通过经济价值表现出来。例如，当资源的生态价值较大时，经济发展的成本会较小，劳动生产率会更高，经济发展的速度会较快；而当资源的生态价值较小时，则会相反。同样，当资源的经济价值小时，它的生态价值就得不到充分反映。可见，从系统和较长时期看，资源的生态价值和经济价值是统一的。在经济发展过程中，对资源的利用必须既注重其经济价值，又注重其生态价值。如果对某种资源的使用量超过一定限度，则社会从中得到的经济价值是有限的，但为此而失去的生态价值可能非常大，这时的资源使用量严重地得不偿失。从长远看，经济的发展不能突破资源的永续供给量，所以一个社会的资源能否得到可持续利用，决定着该社会能否实现经济的可持续发展，或者说，资源的可持续利用状况决定着该社会的经济可持续发展能力。

1.1.2　环境污染导致人与自然关系紧张

在人类社会现代化过程中，最先出现的生态问题之一就是环境污染。环境污染包括水污染、空气污染、土壤污染、光污染、噪声污染、辐射污染等，自然和人为皆可导致污染事件的发生，并导致人类与自然关系的紧张。

世界上许多国家，包括一些发达国家，在发展过程中经常发生严重的环境污染事件。20 世纪发生在西方国家的“世界八大公害事件”，如洛杉矶光化学烟雾事件、伦敦烟雾事件、日本水俣病事件等，对生态环境和公众生活造成了巨大影响。有些国家和地区，像重金属污染区，水被污染了，土壤被污染了，积重难返。西方传统工业化的迅猛发展在创造巨大物质财富的同时，也付出了十分沉重的生态环境代价，教训极为深刻。

中国作为一个发展中的大国，能源资源相对不足、生态环境承载力不强，已成为中国的一个基本国情。发达国家一两百年出现的环境问题，在中国 40 多年来的快速发展中集中显现，呈现明显的结构型、压缩型、复合型特点，老的环境问题尚未解决，新的环境问题接踵而至。走欧美“先污染后治理”的老路，无节制消耗资源、不计代价污染环境，经济发展必将难以为继。目前，中国的经济发展处于增长速度换挡、经济结构调整以及前期刺激政策叠加三重因素作用之下，已经步入新常态，只有找准推动经济发展的着力点，才能实现经济的可持续发展。为此，中国将生态文明建设的理念融入中国特色社会主义经济建设中，大力发展循环经济、绿色经济以及清洁生产，将发展的着力点由速度转移到质量和效益上来。建设生态文明，并不是要放弃经济发展，而是要在充分考虑资源承载力、环境承载力的前提下，严格按照自然规律办事，既要实现生产发展、生活富裕，又要实现生态良好。正如习近平总书记所指出的，要正确处理好经济发展同生态环境保护的关系，牢固树立保护生态环境就是保护生产力、改善生态环境就是发展生产力的理念。

1.1.3 生态危机引发社会矛盾加剧

众所周知，随着科学技术的迅猛发展，人类改造自然的能力不断提升，社会生产力得到了发展，巨大的财富被积累。中国跨越式发展遇到了资源环境瓶颈。改革开放40多年来，中国年均经济增长率几乎是同期世界发达国家的3倍，但由于更多依赖粗放式的经济增长方式，依靠高消耗、高投入的发展路径，中国经济的高增长背后也是以巨大的环境资源牺牲为代价的。近年来，中国北方多地冬春季频现的雾霾问题，严重影响了人们的工作和生活质量，人们对生态环境的抱怨不断增加，甚至导致社会冲突。例如，四川什邡的钼铜项目、江苏启东造纸厂排污、宁波镇海 PX 项目等，由于当地居民保护环境的意见得不到尊重、诉求得不到满足，自发形成的邻避运动把环境保护与社会发展矛盾的常态问题扩展为更为复杂的政治和社会问题，最终政府被迫放弃这些项目建设。如果与人民利益密切相关的生态环境危机得不到及时改善，不仅影响中国经济的发展，还会激发社会矛盾的加剧，甚至危害社会的稳定。

1.2 资源利用方式变革的需求

党的十八大报告提出“建设生态文明，是关系人民福祉、关乎民族未来的长远大计”“必须树立尊重自然、顺应自然、保护自然的生态文明理念”。生态文明建设对于中国经济可持续发展至关重要，既有利于破解资源瓶颈，又有利于解决环境问题，更有利于建设美丽中国。未来，必须树立自然资源管理的新理念，通过推动资源利用方式根本转变，加快建设生态文明。

1.2.1 资源刚性需求继续增长

当前，中国正处于工业化快速推进的关键时期。国际经验和国内实践都表明，在未来一段时间内，中国能源资源消耗还将有一个持续增长的过程，这是由中国目前所处的发展阶段、产业结构、技术水平等多种因素共同决定的。但随着工业化的推进，中国工业面临的节能减排降耗压力极大，亟须转变高增长、高消耗、高排放和低效益的粗放型发展模式(乔标, 2014)。中国长期靠资源的高消耗来支撑经济增长，滥用、浪费资源的现象曾普遍存在。例如，乱砍滥伐森林、毁林开荒、陡坡开荒屡禁不止，致使中国长期以来年年造林不见林，森林覆盖率难以明显提高；草场利用不合理，重用轻养，超载放牧，致使中国的草地资源不断退化；矿产资源开发的无序状况也大量存在，致使中国原本并不丰富的矿产资源衰减更快；只重视生产、生活用水，忽视生态用水，出现了多条河流中上游过量取水，超量灌溉，下游断流干涸的现象。为此，必须充分认识各类自然资源的有限性，并有针对性地采取不同的有效措施对资源的过度开发利用甚至掠夺式开发进行遏制，在合理开发利用的同时对其进行切实的保护，以达到资源可持续利用的目的。

1.2.2 资源利用效率不高

技术水平低是导致中国能源资源利用效率不高的根本原因，这也进一步加大了对能源资源的需求量。目前，中国总体能源利用效率约为33%，比发达国家低近10个百分点；电力、钢铁、有色、石化、建材、化工、轻工和纺织8个行业的主要产品单位能耗比国际先进水平平均高出10%～20%。此外，中国被动锁定于国际产业链分工的底端，产能长期集中在附加值较低的领域，路径依赖性较为严重，缺乏技术创新动力，单位增加值能耗远高于发达国家(乔标, 2012)。自然资源有限性对经济的持续发展、人类社会的持续发展是一项很重要的限制性因素。增加资源利用的科技含量，提高资源的利用效率，关键是要坚持“科技是第一生产力”的观点，大力发展科技，增加生产过程中的科技含量，科学合理地利用资源，提高资源的利用效率，让有限的资源发挥其最大的效益，经济与社会的可持续发展才有可能得到保证。

1.2.3 资源管理形势严峻

当前，中国正处于生态文明体制改革的关键期，也是各类改革政策出台的密集期，这对自然资源的保护和开发利用起着极为重要的作用。但总体看来，无论是自然资源开发利用理念，还是管理制度和体制，不同程度上皆存在不健全、不完善的问题，很大程度上影响自然资源管理制度改革政策的效能(马永欢等, 2017)。

1. 适应生态文明要求的资源开发利用理念尚未形成

发展理念影响自然资源开发决策。长期以来，以GDP论英雄的政绩观，导致地方政府盲目追求经济增长，普遍存在“重金山银山、轻绿水青山”的观念，加之高投入、高消耗、高污染的传统生产方式没有根本改观，中国经济增长在取得举世瞩目成就的同时，也付出了高昂的代价。资源利用粗放与约束趋紧并存，环境污染和生态退化严重相互影响，淡水危机、气候异常、物种灭绝等生态安全难题频现，成为制约生态文明建设的重要障碍。这些问题的出现与缺少顶层规划、盲目开发、过度开发有关。为此，必须牢固树立尊重自然、顺应自然、保护自然的生态文明理念。

2. 适应生态文明要求的自然资源管理制度尚不完善

自然资源管理制度是生态文明制度体系的重要内容。目前，源头严防、过程严管、后果严惩 3 个环节均缺乏适应生态文明要求的管理制度。其中，在源头管控方面，自然资源资产产权制度还不完整，资源产权不够明晰，资源权益保护不力；用途管制制度尚未覆盖全部国土空间，造成对湿地、滩涂等资源的保护不力；法律法规体系不完善，立法部门化、法规不配套，综合性法律缺失。在过程严管方面，资源节约集约利用缺乏科学的标准规范和考评机制，政府对资源配置的干预作用强、程度深、范围广，市场的决定性作用未能充分发挥；国土空间缺少系统性的综合整治，致使山水林田湖的生命共同体被人为割裂。在后果严惩方面，缺乏严厉的责任追究和赔偿制度，对违法违规开发利用自然资源、地方政府越权配置资源等行为难以实行有效监管。利益主体缺位，法律权力不足，尚未形成自然资源权利秩序，缺乏有效的自然资源纠纷处理机制。对此，需要围绕生态文明体制改革健全自然资源管理制度。

3. 适应生态文明要求的自然资源管理体制尚未建立

自然资源管理体制是我国生态文明体制的重要组成部分，也是基础性制度。自然资源管理体制改革是对生态文明领域相关机构职责的重组调整、科学配置，从而进一步加强对生态文明建设的总体设计和组织领导，以更好地使生态文明体制改革“四梁八柱”总体框架落地生根，加快推动生态文明一系列制度创新，推动形成绿色发展、低碳发展、循环发展的内生机制。党的十八大以来，以习近平同志为核心的党中央对生态文明建设做出一系列顶层设计、制度安排和决策部署，对生态文明建设的认识高度、推进力度、实践深度前所未有，生态文明建设取得了很大成就。应按照“三个统一”的要求，将相关部门的自然资源管理和生态环境监管、空间规划管理等相关职责进行整合，设立自然资源资产管理和自然生态监管机构，从根本上解决影响和制约生态文明建设的制度性难题。

1.3　生态治理方式转变的需求

1.3.1　传统文化中的生态智慧

中华民族向来尊重自然、热爱自然，绵延 5000 多年的中华文明孕育着丰富的生态文化，为美丽中国建设提供了丰厚的思想积淀。

中国传统哲学是“生”的哲学(叶朗, 2008)。《易传》说：“天地之大德曰生”。又说：“生生之谓易”。生，就是草木生长，就是创造生命。中国古代哲学家认为，天地以“生”为道，“生”是宇宙的根本规律。因此，“生”就是“仁”，“生”就是“善”。周敦颐说：“天以阳生万物，以阴成万物。生，仁也；成，义也”。程颢说：“生之性便是仁”。朱熹说：“仁是天地之生气”“仁是生的意思”“只从生意上识仁”，所以儒家主张的“仁”，不仅亲亲、爱人，而且要从亲亲、爱人推广到爱天地万物。因为人与天地万物一体，都属于一个大生命世界。孟子说：“亲亲而仁民，仁民而爱物”。张载说：“民，吾同胞，物，吾与也”。程颢说：“人与天地一物也”“仁者以天地万物为一体”。王阳明说：“夫人者，天地之心，天地万物，本吾一体者也”。可见，中国传统哲学已经认识到人与万物是同类，是平等的，应该建立一种和谐关系。

中国传统哲学的“和谐”哲学目标。孔子提出了“敬畏天命”，要求大家遵循自然的规律办事，特别是君子必须维持自然的和谐以及社会的安宁，同时，也倡导“乐山乐水”的生态情怀，追求人与自然的和谐，提倡节度。孟子继承孔子的生态思想，提倡“仁民而爱物”，这里的“物”指的是万物的概念，要用仁德之心对待自然界的花草虫兽，人类可以从大自然获取必要的资源，但是要保护天人关系的和谐不受破坏，并且要求民众树立起生态责任感，建立生态平衡的文明思想。《老子》提出“道法自然”，人类活动应该遵循自然规律，宇宙间的一切都是平等的，“四大”应该是相互联系又独立自主的，人类与生态也应该互相敬爱，维持生态的整体性。庄子认为人应该“无为”，人不能主宰自然万物的规律，要让一切事物自然生长；还提出“万物不伤”，人类不能因为自己的需求而随意掠取，不能伤害或者残害其他的生物，应该珍爱自然界的万物。《易经》中说，“观乎天文，以察时变；观乎人文，以化成天下”“后以财成天地之道，辅相天地之宜”。孟子说：“不违农时，谷不可胜食也；数罟不入洿池，鱼鳖不可胜食也；斧斤以时入山林，材木不可胜用也”。《荀子》中说：“草木荣华滋硕之时，则斧斤不入山林，不夭其生，不绝其长也”。《齐民要术》中有“顺天时，量地利，则用力少而成功多；任情返道，劳而无获”(习近平, 2019)。这些表述都强调要顺应天时、因地制宜，把自然生态同人类文明联系起来，遵照自然界规律活动，取之有时，用之有度，如果放纵情感违反规律，将徒劳而一无所获，表达了中华民族很早就认识到处理人与自然关系的重要性。

中国古代的环保立法。执行社会公共事务是法的社会职能，特别是对涉及人类生存的共同利益问题，不同的社会制度都不能回避。虽然各学派对生态环境认识的出发点不同，但都认为不应无节制地向自然界竭取资源。秦国以法家思想为指导并最后统一了全国，法家把生态环境的有关认识以法律的形式表现出来，强制人们遵守。湖北云梦睡虎地出土的秦简《田律》中某段文字记载的译文为“春天二月，不准到山林中砍伐木材，不准堵塞水道。不到夏季，不准烧草作为肥料，不准采取刚发芽的植物，或捉取幼兽鸟卵和幼鸟，不准毒杀鱼鳖，不准设置捕捉鸟兽的陷阱和网罟，到七月解除禁令”(南玉泉, 2005)。儒家主张人们施之以仁德，才能与之相合一。“凡所行事，皆范模于天地阴阳之端，至如树木以时伐，禽兽以时杀，春夏则生育之，秋冬则肃杀之，使物遂其性，民安其所，是范围天地之化而无过越也”。这实际上是一种对天地万物生灭的平衡法则，也就是今天所说的生态平衡论。同时，中国古代先民早有自然界物产消耗殆尽的危机意识及对策。例如，唐人舒元舆在《坊州按狱》中说：“山秃逾高采，水穷益深捞。龟鱼既绝迹，鹿兔无遗毛”，表现了对生态环境被破坏的忧虑。针对林木的砍伐，居延汉简记载了东汉光武帝建武四年下达的“吏民毋得伐树木”诏令；唐朝廷规定“凡五岳及名山能蕴灵产异，兴云致雨，有利于人者，皆禁其樵采”；唐代宗朝曾下令“宜劝课种桑枣，仍每丁每年种桑三十树”，这种带强制性的全民植树造林活动一直延续到后代(乜小红, 2008)。此外，中国古代很早就把关于自然生态的观念上升为国家管理制度，专门设立掌管山林川泽的机构，制定政策法令，这就是虞衡制度。《周礼》记载，设立“山虞掌山林之政令，物为之厉，而为之守禁”“林衡掌巡林麓之禁令，而平其守”。秦汉时期，虞衡制度分为林官、湖官、陂官、苑官、畴官等。虞衡制度一直延续到清代。中国不少朝代都有保护自然的律令并对违令者重惩，如周文王颁布的《伐崇令》规定：“毋坏室，毋填井，毋伐树木，毋动六畜。有不如令者，死无赦”。

1.3.2 生态文明建设的必然选择

随着经济社会的不断进步，生态问题已成为现代社会普遍关心的一个全球性问题。人们日益认识到以资源消耗和环境破坏为代价换取经济繁荣的后果，希望实现人、社会和自然协调发展。生态文明建设中人类要尊重、爱护自然，把自己当作自然界中的一员，与自然界和谐相处，彻底改变“自然界是可以任意索取和利用”的观念。

1. 良好的生态意识

生态意识一般是指对生态环境及人与生态环境关系的感觉、思维、了解和关心。生态意识是人类在处理人与自然关系的过程中形成的基本立场与观点。现代生态意识伴随着现代工业文明危机的产生而产生，是解决当前环境问题的基础。一切实践都是有目的的活动，人们的行动受生态意识的影响。在生态文明建设过程中，不仅要形成个体的生态意识，还要促使其成为社会共识，为生态文明建设提供一种积极的整体氛围。在社会共识的影响下，个体间互相影响、互相促进，有利于个体生态意识的提升；同样，个体生态意识的提升也有助于增进整个社会生态共识的形成。生态意识越来越广泛地渗透到社会生活的每一个领域，并融入每个人的心灵，成为人类赖以生存的第一意识。人们能动地将生态意识转化为行为规范，自觉地按生态规律的要求进行活动，从而推动整个社会的进步。因此，生态文明建设要求公民具有良好的生态意识，良好的生态意识是生态文明建设的前提。

2. 经济社会发展的可持续模式

经济社会发展模式是指人们为了实现经济社会发展目标而选择和实行的方式、方法与道路的统一体，它是推动经济社会发展的重要力量。不同国家、不同发展阶段，由于具体的经济社会发展条件不同，发展模式也各不相同。一个国家坚持什么样的发展理念，实现什么样的发展，将直接决定着这个国家未来经济社会发展的走向。人类社会的发展是一个持续不断的运动过程，与之相适应的经济社会发展模式同样也是一个持续不断的创新过程。

近代工业革命以来，各国普遍采取了工业化的模式，视发展为单纯的经济增长，并把国民生产总值指标作为衡量经济社会发展的最重要标志。这种发展模式促进了经济短期内的快速发展，但也造成了环境污染、资源匮乏、贫富两极分化等严重后果。可以说，传统的经济社会发展模式受到了严峻的考验。为了促进人类社会的可持续发展，人们应从历史中吸取经验教训和智慧，不断地反思、调整和改进自己的发展模式(刘静, 2011)。随着全球人口和经济规模的不断增长，以及能源使用带来的环境问题日益突出，人们将逐步认识并从迈向生态文明中走出一条新路，即摒弃传统工业化的模式，采取可持续的经济社会发展模式，实现社会的可持续发展。可以说，可持续的经济社会发展模式是生态文明建设的关键。

3. 公平正义的社会制度

社会制度是为了满足人类基本的社会需要，在社会中具有普遍性、在相当一个历史时期里具有稳定性的，与经济、政治、文化、社会和生态建设有关的社会关系、社会环境、社会管理等方面的要素组合及有效运行模式，并对经济、政治、法律、文化、生态等方面的建设和处理好人与自然关系等提出的制度安排和参与要求。美国新制度经济学派代表人物之一的道格拉斯·诺斯认为：“制度是一个社会的游戏规则。更规范地说，它们是为决定人们的相互关系而人为设定的一些制约(道格拉斯·C·诺斯, 1994)”。长期以来，公平和正义是整个人类社会所共同寻求的价值理念和目标，也是人类自古以来所追寻的理想生活境界，更是人类社会在其发展历程中的不懈追求与理想。生态公平涉及人与自然和人与社会关系的协调。要保证后代人能够享有自然资源的选择与获得以及良好生态质量，首先需要关注和解决的是代内生态公平问题，尽可能地节约和保护自然资源。通过发挥强大的社会整合能力，既要完善社会中不同领域的制度，如经济制度、政治制度和法律制度，来修补体制运行的缺陷，又要加强生态文明建设，来协调人与自然的关系，创造一个良好的生态环境，使人与人、自然、社会之间能够相互协调、相互支持、合理有序。

1.4　人民福祉水平提升的需求

党的十九大报告分析了中国社会主要矛盾的转化，指出我国社会主要矛盾已经转化为人民日益增长的美好生活需要和不平衡不充分的发展之间的矛盾。随着经济的快速发展，人们的需求也在发生变化，不仅要求吃得饱、穿得暖，还要求有好的生活品质，对生活质量有了更高的要求。“建设生态文明，关系人民福祉，关乎民族未来”“良好生态环境是最公平的公共产品，是最普惠的民生福祉”，习近平总书记的重要论述，深刻阐述了保护生态环境就是提升民生福祉，提升民生福祉就是中国特色社会主义生态文明建设的根本目标。

1.4.1　生态环境与民生福祉的关系

从党的十八大到十九大，习近平总书记多次深刻阐述良好生态与人民福祉之间的关系。2013 年 4 月他在海南考察工作时指出，“纵观世界发展史，保护生态环境就是保护生产力，改善生态环境就是发展生产力。良好生态环境是最公平的公共产品，是最普惠的民生福祉。对人的生存来说，金山银山固然重要，但绿水青山是人民幸福生活的重要内容，是金钱不能代替的。”2014 年 2 月他在北京市考察工作时强调，“环境治理是一个系统工程，必须作为重大民生实事紧紧抓在手上”。2015 年 5 月他在华东 7 省(市)党委主要负责同志座谈会上指出，“要科学布局生产空间、生活空间、生态空间，扎实推进生态环境保护，让良好生态环境成为人民生活质量的增长点，成为展现中国良好形象的发力点。”2018 年在全国生态环境保护大会上，他指出，“生态环境是关系党的使命宗旨的重大政治问题，也是关系民生的重大社会问题”“把解决突出生态环境问题作为民生优先领域”。在全面阐述了生态文明与民生福祉关系的基础上，他提出“建设生态文明，关系人民福祉，关乎民族未来”，进一步升华了我们对生态文明建设重要性的认识，指明了新时代推进生态文明建设的基本方向，对于大力推进生态文明建设、不断满足人民群众日益增长的优美生态环境需要，具有重要的指导意义(喻新安, 2018)。

1.4.2　生态文明建设对民生福祉的作用

党的十九大进一步提出了生态文明建设的新要求，明确了新时代建设美丽中国的时间表和路线图，指出既要创造更多物质财富和精神财富以满足人民日益增长的美好生活需要，也要提供更多优质生态产品以满足人民日益增长的优美生态环境需要。在生态文明建设的推动下，空气质量改善、水污染防治、生态系统修复均取得了一定成效，显著改善了民生福祉水平。

1. 空气质量改善取得显著成效

2019 年，全国 337 个地级及以上城市平均优良天数比例为 82.0%；重污染天数比例为 1.7%，同比下降 0.1 个百分点；$PM_{2.5}$浓度为 36μg/m^3，同比持平，根据中国气象局《大气环境气象公报(2019 年)》，2019 年全国平均 $PM_{2.5}$气象条件比 2018 年偏差 5.7%，取得持平实属不易。2019 年新空气质量标准一期监测的 74 个城市平均空气质量优良天数比例接近 75%，$PM_{2.5}$平均浓度比 2015 年低 9.1%。与 2018 年同期相比，京津冀地区 $PM_{2.5}$浓度下降 33%，长三角地区下降 31.3%，珠三角地区下降 31.9%，符合空气质量标准和空气质量优良的城市数量有所增加。2019 年，337 个城市中，有 84 个城市达到空气质量标准，比 2018 年同期增加了 11 个，空气质量优良的城市数量比例为 78.8%，比 2018 年同期增加 2.1%。截至 2020 年 4 月底，337 城市平均优良天数比例为 84.8%，同比上升 5.0 个百分点；重污染天数比例为 2.6%，同比下降 1.0 个百分点；$PM_{2.5}$浓度为 42μg/m^3，同比下降 12.5%(生态环境部, 2020a)。

2. 水污染防治改善势头向好

全面控制水污染物排放。截至 2019 年底，全国 97.8%的省级及以上工业集聚区建成污水集中处理设施并安装自动在线监控装置。加油站地下油罐防渗改造已完成 95.6%。地级及以上城市排查污水管网 6.9 万 km，消除污水管网空白区 1000 多平方千米。累计依法关闭或搬迁禁养区内畜禽养殖场(小区)26.3 万多个，完成了 18.8 万个村庄的农村环境综合整治。全力保障水生态环境安全。2019 年，899 个县级水源地 3626 个问题中整治完成 3624 个，累计完成 2804 个水源地 10363 个问题整改，7.7 亿居民饮用水安全保障水平得到巩固提升。全国 295 个地级及以上城市 2899 个黑臭水体中，已完成整治 2513 个，消除率为 86.7%，其中 36 个重点城市(直辖市、省会城市、计划单列市)消除率为 96.2%，其他城市消除率为 81.2%，周边群众获得感明显增强。全面完成长江流域 2.4 万 km 岸线、环渤海 3600km 岸线及沿岸 2km 区域的入河、入海排污口排查。强化流域水环境管理。健全和完善分析预警、调度通报、督导督察相结合的流域环境管理综合督导机制。落实《深化党和国家机构改革方案》，组建 7 个流域(海域)生态环境监督管理局及其监测科研中心；水功能区职责顺利交接，水功能区监测断面与地表水环境质量监测断面优化整合基本完成，水环境监管效率显著提升(生态环境部, 2020b)。

3. 生态系统的修复能力逐渐增强

2016～2019 年，中国森林面积为 20769 万 hm^2，比 2012～2015 年增加了 122.3 万 hm^2，森林覆盖率增长了 1.27 个百分点。2019 年，中国绿化面积为 720 万 hm^2，比 2012 年增加 28.7%，中国制止水土流失面积 1.1558 万 hm^2，比 2012 年增加 1263 万 hm^2，在 562 万 hm^2 土地上停止了水土流失，比 2012 年增加 28.6%。2019 年全国完成防沙治沙任务 226 万 hm^2，荒漠化土地面积连续净减少。2016～2019 年，中国年均有效治沙面积相当于一个中型县，五分之一的荒芜土地得到了不同程度的处理，荒漠化状况正在得到全面控制、持续减少并在功能上得到加强(全国绿化委员会办公室, 2020)。

当前，中国生态环境质量持续好转，出现了稳中向好趋势，但成效并不稳定，稍有松懈就有可能出现反复。必须看到，中国环境容量有限，生态系统脆弱，污染重、损失大、风险高的生态环境状况尚未根本扭转，加之独特的地理环境加剧了地区间的不平衡。这具体表现为：北方秋冬季重污染天气时有发生；一些河流、湖泊、海域污染问题依然存在；土壤环境风险管控压力仍然较大，固体废物及危险废物非法转移、倾倒问题突出；局部区域生态退化问题比较严重，生物多样性下降的总趋势没有得到有效遏制，生物多样性保护与开发建设活动之间的矛盾依然存在。

1.4.3 健全全民参与机制

全民参与是改革开放以来我国生态文明建设的宝贵经验，全社会共同建设美丽中国的全民行动观是习近平生态文明思想的核心组成部分，构建全民参与环境保护的社会行动体系也是推进国家治理体系和治理能力现代化的重大举措。进入新时代，人民对美好生活需要的内容更加广泛，既包括升级的“硬需要”，也包括新生的“软需要”，其中就包括人民对优美生态环境的需要(田文富, 2018)。生态环境是一个大系统，组成系统的各个元素之间会产生各种联系；每一个元素受到影响，就会产生连锁反应，对系统的局部甚至整体产生作用(黄琳斌, 2012)。动员全社会力量推进生态文明建设，是一项具有广泛性、长期性、艰巨性、复杂性的工程，要做深、做细、做实相关工作，就必须要深入理解全民参与生态文明建设，努力把建设美丽中国化为人民的自觉行动。

1. 提升全民参与的深度和主动性

党的十八大报告指出，要在实践中更好地推进生态文明建设。动员社会各界的力量，采用全民参与的机制，才能做好社会实践工作。当下，我国民众对于环境保护的意识不断加强，特别是近几年我国环境恶化严重，大范围、高频率雾霾的出现，让公众感受到了环境污染对他们生活和健康的影响，在现实生活中受到了实实在在的环境教育，增强了环境意识。但是其对于生态环境问题仍认知不足，对于环境问题与人类的关系、如何应对环境风险以及改善环境等更是缺乏认识。一方面，公众深层次的环境理念、思想、环境意识的养成方面还存在明显的漏洞。例如，公众没有从人-环境-社会相关的角度认识人的行为如何影响生态和环境，以及环境问题如何影响人们的生存和福利，更没有从根本上认识到环境问题解决的方式之一就是每一个公众的参与和行动。另一方面，公众还缺乏参与环境保护所应具备的环境科学知识、科学素养和态度，包括独立的、理性的思考和判断。许多环境群体事件的出现，暴露的不仅是环境管理不到位，还有公众对环境问题的科学性缺乏理解和认识。此外，公众主动参与意识亟须提高。2014 年，我国首份《全国生态文明意识调查研究报告》显示，受访者中认为政府和环保部门对“美丽中国”建设负主要责任的占 70%以上，排在第二位、第三位的企业和个人比例各为 15.1%、12.7%。这种较强的“政府依赖型”生态文明建设观念亟待转变。事实上，全民参与本是我国开展生态环境保护工作的比较优势，却成为生态文明建设急需补齐的短板。

2. 不断健全和细化配套政策法规

完善保障公众参与环境保护行动的制度。例如，逐步扩大环境诉讼的主体范围，从环境问题的直接受害者和部分环保组织，扩大到政府环境保护部门，以及具有专业资质的其他环保组织以及个人，使环境问题的解决合法化、合理化、公正化，避免环境冲突给公众和社会带来负面影响。同时，还需要配套的公众参与诉讼的保护措施以及司法援助的规定等。在相关法规中，明确公众参与环境决策的过程、方法、机制，通过法治化的手段，保障公众前期参与环境决策的过程，特别是较高层次的参与机制，如利益相关者共同合作，就解决环境问题达成一致的协议等。

建立公众环境行为规范和制度。为推动公众参与环境决策，引导公众向绿色低碳的生活方式和消费模式转变，还应该建立不同层面的公众性个人行为规范，用制度约束公众的环境行为。具体而言，公民家庭环保规范可包括：选择低碳生活方式，使用低碳节能环保产品，健康合理地消费，减少浪费；教育和规范孩子的环境行为，配合社区垃圾分类，参与社区的义务劳动等(郭红燕, 2018)。公共场所环境行为规范可包括：绿色出行，乘坐公共交通工具；选择绿色低碳环保型酒店；维护旅游区景点的环境卫生以及基础设施；关注动植物和生态栖息地保护。公众应对环境和自然灾害的规范可包括：完善公众应对各类自然灾害的规范，包括预防洪水和地震等自然灾害应急的措施、防范灾难的准备、在灾害来临时保护自己和家人的生命和财产安全等。公众消费行为规范可包括：杜绝过度消费和炫耀性消费的不良习惯和社会风气，杜绝生活方式和消费行为的攀比，崇尚简单、淳朴、自然、节俭的生活方式，促进生态文明价值观的养成。

参考文献

道格拉斯·C·诺斯. 1994. 制度、制度变迁与经济绩效. 刘守英译. 上海: 上海三联书店.

方创琳, 王振波, 刘海猛. 2019. 美丽中国建设的理论基础与评估方案探索. 地理学报, 74(4): 619-632.

郭红燕. 2018. 我国环境保护公众参与现状、问题及对策. 团结,(5): 22-27.

黄琳斌. 2012. “美丽中国”关乎人民福祉. http://theory.people.com.cn/n/2012/1123/c40531-19679893.html [2012-11-23].

刘静. 2011. 中国特色社会主义生态文明建设研究. 北京: 中共中央党校.

马永欢, 吴初国, 苏利阳, 等. 2017. 重构自然资源管理制度体系. 中国科学院院刊, 32(7): 757-765.

南玉泉. 2005. 中国古代的生态环保思想与法律规定. 北京理工大学学报(社会科学版),(2): 63-67.

乜小红. 2008. 我国古代先民的生态保护意识. http://epaper.gmw.cn/gmrb/html/2008-10/06/nw.D110000gmrb_20081006_3-07.htm [2008-10-06].

乔标. 2012. 工业转型升级刻不容缓. 中国经济和信息化,(9): 2.

乔标. 2014. 如何应对中国能源资源约束问题. http://lib.cet.com.cn/paper/szb_con/173478.html [2014-01-09].

全国绿化委员会办公室. 2020. 中国国土绿化状况公报. http://www.forestry.gov.cn/main/63/20200312/101503103980273.html[2020-03-11].

生态环境部. 2020a. 2019 年全国地表水、环境空气质量状况. http://www.mee.gov.cn/hjzl/shj/qgdbszlzk/202002/P020200220742981170464.pdf [2020-02-20].
生态环境部. 2020b. 2019 年度《水污染防治行动计划》实施情况. http://www.mee.gov.cn/ywgz/ssthjbh/swrgl/202005/t20200515_779400.shtml[2020-05-15].
田文富. 2018. 习近平生态文明思想的人民福祉观. http://www.qstheory.cn/zhuanqu/bkjx/2018-06/02/c_1122928085.htm [2018-06-02].
王晓广. 2013. 生态文明视域下的美丽中国建设. 北京师范大学学报(社会科学版), (2): 19-25.
习近平. 2019. 推动我国生态文明建设迈上新台阶. http://www.qstheory.cn/dukan/qs/2019-01/31/c_1124054331.htm [2019-01-31].
叶朗. 2008. 中国传统文化中的生态意识. 北京大学学报(哲学社会科学版), (1): 11-13.
喻新安. 2018. 深刻理解习近平生态文明思想的丰富内涵. http://www.qstheory.cn/zhuanqu/bkjx/2018-06/02/c_1122928083.htm [2018-06-02].

第2章 美丽中国建设的理论基础与实践模式

在中国社会经济发展模式亟待转型的背景下，党的十八大报告首次提出“美丽中国”的全新概念，并将其作为生态文明建设的目标指向。美丽中国不仅是中国物质水平发展到一定阶段后对未来建设提出的新目标，同时也符合人民群众向往美好生活的价值追求，是加快实现“两个一百年”奋斗目标的重要路径(高卿等, 2019)。可持续发展思想与习近平生态文明思想为推进美丽中国建设、实现人与自然和谐共生的现代化提供了方向指引和根本遵循，并为其奠定了坚实的理论基础。在习近平总书记科学论断及国家顶层设计的引领下，各级政府以生态文明建设为抓手，围绕污染防治、生态修复和人居生态境改善等工作，着力推行美丽中国建设实践，积极探索富有地域特色的美丽中国建设实践模式。

2.1 理论基础

2.1.1 可持续发展

1. 可持续发展内涵

1987 年联合国世界环境与发展委员会(United Nations World Commission on Environment and Development, WCED)在日本东京出版被称为“布伦特兰报告”的《我们共同的未来》及东京宣言，呼吁全球各国将可持续发展纳入其发展目标；1992 年联合国环境与发展大会(United Nations Conference on Environment and Development, UNCED)在巴西里约热内卢通过“里约宣言”，102 个国家首脑签署了《21 世纪议程》。自此，传统的发展理念得到了颠覆性的变革，一种全新的发展观——可持续发展，终于成为整个人类的共识。概念界定上，早在 1980 年 3 月，由联合国环境规划署(United Nations Environment Programme, UNEP)、国际自然及自然资源保护联合会(International Union for Conservation of Nature and Nature Resources, IUCN)和世界自然基金会(World Wildlife Fund, WWF)共同发起，多国政府官员和科学家参与制定的《世界自然资源保护大纲》，初步提出了“可持续发展”的思想，强调“人类利用对生物圈的管理，使得生物圈既能满足当代人的最大需求，又能保持其满足后代人的需求能力”。而在布伦特兰的报告中，“可持续发展是既满足当代人的需要，又不对后代人满足其需要的能力构成危害的发展”，其对可持续发展定义的权威性和概括性得到了共同的认可，也使可持续发展真正成为一种具有逻辑内涵和完整内容的思想体系(牛文元, 2012)。近年来，可持续发展研究已经从原来一直以生态学、经济学等多个学科共同支撑的状态逐步发展成为一门拥有自己的理论和研究方法及丰富多彩研究个案的学科——可持续性科学或可持续发展学。自从 2000 年联合国千年发展目标(millennium development goals, MDGs)的提出到 2015 年的联合国 2030 年可持续发展目标(SDGs)，在联合国的倡导下，首次以具体的、可考量指标和完成期限为导向，在资源、环境、经济等多个维度实现全球共同可持续发展，是全世界的总体发展框架。

2. 千年发展目标 MDGs

在 2000 年 9 月联合国第 55 届首脑会议上，189 个国家代表和领导人就全球消除贫困、饥饿、疾病、文盲、环境恶化及妇女地位等问题达成了共识，通过了《千年宣言》。为促使其转化为切实的行动，联合国成立了一个专门的工作小组并于 2001 年公布《执行〈联合国千年宣言〉的路线图》，形成了一套有完成时限的千年发展目标，其中包括 8 个目标(goals)、18 个具体目标(targets)和 48 个技术指标(United Nations, 2015a)，总体目标如表 2-1 所示。其中涵盖了消灭极端贫穷和饥饿、普及小学教育、促进男女平等，并赋予妇女权利，降低儿童死亡率，改善产妇保健，与艾滋病毒/艾滋病、疟疾和其他疾病做斗争，确保环境的可持续能力及全球合作促进发展等方面，作为 2000 年后全球发展的核心和基本框架。

千年发展目标是自联合国成立以来在全球最具影响力和凝聚力的全球议程。其实施的 15 年，是人类历史上减轻贫困与饥饿、普及初等教育、促进性别平等、改善饮用水源、控制传染性疾病蔓延及遏制环境恶化等成就最大的 15 年。其凝聚了国际社会在发展领域的诸多共识，是全球发展总目标与国际合作的重要落脚点，另外，首次以具体目标形式呈现，且目标有限、指标和实施期限明确，具有很大的可操作性和针对性，有利于行动的落实和考核。2015 年发布的《联合国千年发展目标进展报告》指出，通过 15 年的全球合作和共同努力，仅消除贫困一项，发展中国家的极端贫困人口比例从 1990 年的 47%下降至 2015 年的 14%，极端贫困人数从 19 亿减少到 8.36 亿，全球极端贫困人口从 1990 年的 19 亿下降至 2015 年的 8.36 亿，取得了显著的进步，显示出 MDGs 在指标设定、完成期限及目标考核上的重要突破(United Nations, 2015a)。

尽管 MDGs 为全球发展发挥了巨大的推动作用，但随着其在全球的实施，许多方面仍存在巨大的差距且取得的进展很不均衡，随着发展环境的变化，一些新的挑战逐渐凸显。另外，从 MDGs 自身来看，其在总体设计上也存在许多缺陷(牛文元, 2012; 孙新章, 2016)。①从不均衡来看，全球仍然有 8 亿多贫困人口，且日益向撒哈拉以南非洲集中，该地区集中了全球贫困人口的一半以上，贫困发生率高达 35%。②地区间及城乡间贫富差距急剧加大。在发展中国家，农村人口 50%缺乏改进的卫生设施，16%没有清洁饮用水，而城市人口仅为 18%和 4%，且收入差距在持续加大(曾贤刚和周海林, 2012)。③性别不平等依然顽固，全球女性的报酬比男性低 24%，女性贫困发生率高于男性，就业难于男性，政治参与度低(宇传华和王璐, 2017)。④气候变化趋势加剧、环境退化没有减轻。生态系统持续恶化势头没有改变、极端天气和社会风险加大，世界上 40%的人口受水资源短缺困扰。森林仍在减少，生物多样性丧失的趋势没有逆转(陈迎, 2014)。⑤冲突依旧是人类发展最大的威胁。冲突已迫使近 6000 万人放弃他们的家园，平均每天有 4.2 万人被迫流离失所，需要寻求保护，这几乎是 2010 年 1.1 万人的 4 倍。⑥许多新的发展挑战逐渐凸显。例如，慢性病、老龄化、资源瓶颈等对全球发展的挑战加剧(United Nations, 2015a)。随着全球经济一体化的发展和越来越多的来自资源环境承载力对经济发展的约束，经济发展的风险性和不均衡越来越凸显(曾贤刚和周海林, 2012)，各国政府更为关心的是如何在新形势下在国家层面落实千年发展目标(Black et al., 2008)。而将千年发展目标转化为国家目标时，许多指标已明显过时且缺乏有力的实施手段。

3. 联合国 2030 年可持续发展目标

1) 联合国 2030 年可持续发展目标的基本框架

2013 年 9 月联合国大会召开了专门会议，呼吁国际社会面向未来，以普适性为基本原则制定“一个发展框架，一套发展目标”的可持续发展目标。经历一年多的政府间磋商后于 2014 年 7 月形成了关于全球可持续发展目标的建议。2015 年 1 月，联合国大会就 2015 年后发展议程召开特别会议并通过了决议，8 月 2 日各国谈判代表就 2015 年后发展议程的内容达成一致，最终名称确定为《变革我们的世界：2030 年可持续发展议程》，2015 年 9 月 27 日联合国峰会正式批准通过(United Nations, 2015c)。

2) SDGs 核心内容简析

相较于 MDGs，SDGs 包括 17 个可持续发展目标和 169 个具体目标，涵盖 300

多个技术指标，是联合国历史上通过的规模最为宏大和最具雄心的发展议程。世界各国领导人从未承诺为如此广泛和普遍的政策议程共同采取行动和做出努力。17 个目标中，除了目标 1、2、5、6、10、15、17 外，其余 10 项目标均为新增目标，可以说是在 MDGs 基础上的完全深化和发展，且目标体系更为庞大和完善(表 2-1)。新设目标和具体目标相互紧密关联，有许多贯穿不同领域的要点，体现了统筹兼顾的做法。从安全保障层面来看，SDGs 主要集中于以下几个方面。

表 2-1 联合国 SDGs 与对应的 MDGs 目标

主要目标	具体发展目标	是否新增	对应的 MDGs 目标
1. 无贫穷	1.1 在全球所有人口中消除极端贫困 1.2 按各国标准界定的陷入各种形式贫困的各年龄段男女和儿童至少减半 1.3 全民社会保障制度和措施在较大程度上覆盖穷人和弱势群体 1.4 确保所有男女，特别是穷人和弱势群体，享有平等获取经济资源的权利，享有基本服务 1.5 增强穷人和弱势群体的抵御灾害能力，降低其遭受极端天气事件和其他灾害的概率和易受影响程度	否	MDG 1
2. 零饥饿	2.1 消除饥饿，确保所有人全年都有安全、营养和充足的食物 2.2 消除一切形式的营养不良，解决各类人群的营养需求 2.3 实现农业生产力翻倍和小规模粮食生产者收入翻番 2.4 确保建立可持续粮食生产体系并执行具有抗灾能力的农作方法，加强适应气候变化和其他灾害的能力 2.5 通过在国家、区域和国际层面建立管理得当、多样化的种子和植物库，保持物种的基因多样性；公正、公平地分享利用基因资源	否	
3. 良好健康与福祉	3.1 全球孕产妇每 10 万例活产的死亡率降至 70 人以下 3.2 消除新生儿和 5 岁以下儿童可预防的死亡 3.3 消除艾滋病、结核病、疟疾和被忽视的热带疾病等流行病，抗击肝炎、水传播疾病和其他传染病 3.4 通过预防等将非传染性疾病导致的过早死亡减少三分之一 3.5 加强对滥用药物包括滥用麻醉药品和有害使用酒精的预防和治疗 3.6 全球公路交通事故造成的死伤人数减半 3.7 确保普及性健康和生殖健康保健服务 3.8 实现全民健康保障，人人享有基本保健服务、基本药品和疫苗 3.9 大幅减少危险化学品以及空气、水和土壤污染导致的死亡和患病人数	是	

续表

主要目标	具体发展目标	是否新增	对应的 MDGs 目标
4. 优质教育	4.1 确保所有男女童完成免费、公平和优质的中小学教育 4.2 确保所有男女童获得优质幼儿发展、看护和学前教育 4.3 确保所有男女平等获得负担得起的优质技术、职业和高等教育 4.4 大幅增加掌握就业、体面工作和创业所需相关技能 4.5 消除教育中的性别差距，确保残疾人、土著居民和处境脆弱儿童等 4.6 确保所有青年和大部分成年男女具有识字和计算能力 4.7 确保所有进行学习的人都掌握可持续发展所需的知识和技能	是	MDG 2
5. 性别平等	5.1 在世界各地消除对妇女和女孩的一切形式歧视 5.2 消除公共和私营部门针对妇女和女童一切形式的暴力行为 5.3 消除童婚、早婚、逼婚及割礼等一切伤害行为 5.4 认可和尊重无偿护理和家务 5.5 确保妇女全面有效参与各级政治、经济和公共生活的决策，并享有进入以上各级决策领导层的平等机会	否	MDG 3
6. 清洁饮水和卫生设施	6.1 人人普遍和公平获得安全和负担得起的饮用水 6.2 人人享有适当和公平的环境卫生和个人卫生 6.3 改善水质 6.4 所有行业大幅提高用水效率，确保可持续取用和供应淡水 6.5 在各级进行水资源综合管理，包括酌情开展跨境合作 6.6 保护和恢复与水有关的生态系统，包括山地、森林、湿地、河流、地下含水层和湖泊	否	MDG 7
7. 经济适用的清洁能源	7.1 确保人人都能获得负担得起的、可靠的现代能源服务 7.2 大幅增加可再生能源在全球能源结构中的比例 7.3 全球能效改善率提高一倍	是	
8. 体面工作和经济增长	8.1 维持人均经济增长率 8.2 实现更高水平的经济生产力 8.3 推行以发展为导向的政策支持生产性活动和创新 8.4 逐步改善全球消费和生产的资源使用效率 8.5 所有人实现充分和生产性就业 8.6 大幅减少未就业和未受教育或培训的青年人比例 8.7 根除强制劳动、现代奴隶制和贩卖人口，禁止和消除童工 8.8 保护劳工权利，创造安全和有保障的工作环境 8.9 制定和执行推广可持续旅游的政策，以创造就业机会 8.10 加强国内金融机构的能力，扩大全民获得金融服务的机会	是	
9. 产业、创新和基础设施	9.1 发展优质、可靠、可持续和有抵御灾害能力的基础设施 9.2 大幅提高工业在就业和国内生产总值中的比例 9.3 增加小型工业和其他企业获得金融服务的机会 9.4 升级基础设施，改进工业以提升其可持续性 9.5 提升工业部门的技术能力	是	

续表

主要目标	具体发展目标	是否新增	对应的 MDGs 目标
10. 减少不平等	10.1 逐步实现和维持最底层 40%人口的收入增长 10.2 增强所有人的权能，促进他们融入社会、经济和政治生活 10.3 确保机会均等，减少结果不平等现象 10.4 采取财政、薪资和社会保障政策逐步实现更大的平等 10.5 改善对全球金融市场和金融机构的监管和监测 10.6 确保发展中国家在国际经济和金融机构决策过程中有更大的代表性和发言权 10.7 促进有序、安全、正常和负责的移民和人口流动	否	MDG 8
11. 可持续城市和社区	11.1 确保人人获得适当、安全和负担得起的住房和基本服务 11.2 向所有人提供安全、负担得起的交通运输系统，改善道路安全 11.3 加强包容和可持续的城市建设及管理能力 11.4 努力保护和捍卫世界文化和自然遗产 11.5 大幅减少各种灾害造成的死亡人数和受灾人数及损失 11.6 减少城市的人均负面环境影响 11.7 向所有人普遍提供安全、包容、无障碍、绿色的公共空间	是	
12. 负责任消费和生产	12.1 落实《可持续消费和生产模式十年方案框架》 12.2 实现自然资源的可持续管理和高效利用 12.3 减少生产和供应环节的粮食损失，包括收获后的损失 12.4 实现化学品和所有废物在整个存在周期的无害环境管理 12.5 通过预防、减排、回收和再利用，大幅减少废物的产生 12.6 鼓励各个公司将可持续性信息纳入各自报告周期 12.7 推行可持续的公共采购做法 12.8 确保获取可持续发展及与自然和谐的生活方式的信息并具有上述意识	是	
13. 气候行动	13.1 加强各国抵御和适应气候相关的灾害和自然灾害的能力 13.2 将应对气候变化的举措纳入国家政策、战略和规划 13.3 加强气候变化减缓、适应、减少影响和早期预警等方面的教育和宣传	是	
14. 水下生物	14.1 预防和大幅减少各类海洋污染 14.2 可持续管理和保护海洋及沿海生态系统以免产生重大负面影响 14.3 通过合作等方式减少和应对海洋酸化的影响 14.4 有效规范捕捞活动，终止过度捕捞、非法捕捞 14.5 根据国内和国际法保护至少 10%的沿海和海洋区域 14.6 禁止某些助长过剩产能和过度捕捞的渔业补贴 14.7 增加小岛屿发展中国家和最不发达国家通过可持续利用海洋资源获得的经济收益	是	

续表

主要目标	具体发展目标	是否新增	对应的 MDGs 目标
15. 陆地生物	15.1 保护、恢复和可持续利用陆地和内陆的淡水生态系统及其服务 15.2 推动对所有类型森林进行可持续管理 15.3 防治荒漠化，恢复退化的土地和土壤，包括受荒漠化、干旱和洪涝影响的土地 15.4 保护山地生态系统及其生物多样性，加强山地生态系统的能力 15.5 减少自然栖息地的退化，遏制生物多样性的丧失 15.6 公正和公平地分享利用遗产资源产生的利益，促进适当获取这类资源 15.7 终止偷猎和贩卖受保护的动植物物种 15.8 防止引入外来入侵物种并大幅减少其对土地和水域生态系统的影响 15.9 把生态系统和生物多样性价值观纳入国家和地方规划、发展进程、减贫战略和核算	否	MDG 7
16. 和平、正义与强大机构	16.1 在全球大幅减少一切形式的暴力和相关的死亡率 16.2 制止对儿童进行虐待、剥削、贩卖以及一切形式的暴力和酷刑 16.3 促进法治，确保所有人都有平等诉诸司法的机会 16.4 大幅减少非法资金和武器流动，打击一切形式的有组织犯罪 16.5 大幅减少一切形式的腐败和贿赂行为 16.6 在各级建立有效、负责和透明的机构 16.7 确保各级的决策反应迅速，具有包容性、参与性和代表性 16.8 扩大和加强发展中国家对全球治理机构的参与 16.9 为所有人提供法律身份，包括出生登记 16.10 依法确保公众获得各种信息，保障基本自由	是	
17. 促进目标实现的伙伴关系	具体包括筹资、技术、能力建设、贸易、政策和体制的一致性、多利益攸关方伙伴关系、数据、监测和问责制等方面 19 个具体目标	否	MDG 8

注：本表依据联合国可持续发展网(https://unstats.un.org/sdgs/)整理。

A. 粮食和食品安全、疾病防控及社会公平与人权

作为可持续发展的基础和基本前提，粮食和食品安全被列为首要的安全保障。SDGs 首要的 3 个目标："目标 1：在全世界消除一切形式的贫困；目标 2：消除饥饿，实现粮食安全，改善营养状况和促进可持续农业；目标 3：确保健康的生活方式，促进各年龄段人群的福祉"，基本上涵盖了消除饥饿和贫困、保障粮食生产及确保健康生活等几个重要方面。这几个方面是各国政府及地区经济发展所围绕的核心目标和基础，是实现人的全面发展和社会安定有序的基本保障。粮食和

食品安全的地位是前置的和首要的，是可持续发展目标实现的根本和前提，也是未来可持续发展目标实现与否的基本判别标准。由粮食和食品安全引起的饥饿、地区动荡及发展不均衡等问题又和营养不良、亚健康、疾病控制与防御、地区经济稳定、社会公平等目标紧密相关，是实现可持续发展目标的前提。

此外，健康问题一直是人类发展的核心和首要问题，与 MDGs 中“目标 6”等明确的具体目标相比，SDGs 中的提法，如“消除饥饿，实现粮食安全”“确保健康的生活方式”，则较为笼统和宏观，更具发展雄心。在具体指标设计上则涉及控制孕产妇死亡率、新生儿死亡率、防治肝炎、治疗中的滥用药物、生殖健康服务、全民医保和疫苗、控制烟草、增加医疗资金和人员培训、提高防御健康风险能力等，指标体系设计更为全面和复杂。

社会公平及人权一直是联合国所强调的重点。MDGs 中的目标 2 和目标 3，SDGs 中的“目标 4：确保包容和公平的优质教育，让全民终身享有学习机会；目标 5：实现性别平等，增强所有妇女和女童的权能”是对这两项内容的继承和延伸。而 SDGs 其他如“目标 8：人人获得体面工作”“目标 10：减少国家内部和国家之间的不平等”“目标 16：创建和平、包容的社会以促进可持续发展，让所有人都能诉诸司法，在各级建立有效、负责和包容的机构”都是新增和扩展内容，无不体现出对“公平”和“人权”的强调。粮食及食品安全、疾病防控和健康以及社会公平和人权 3 个方面是一个有机的整体，层层推进且缺一不可，是人类发展的基础和前提，是从 MDGs 到 SDGs 一脉相承的主题，从根本上形成了可持续发展的最基础保障。

B. 水资源安全

水资源安全是仅次于粮食和食品安全的关乎人的自身健康和经济、社会、生态环境可持续的基本保障，SDGs“目标 6：为所有人提供水和环境卫生并对其进行可持续管理”是对这一重要资源的强调。当前全球至少有 11 亿人无法获得经改善的水源，到 2025 年，全球将有 18 亿人生活在水资源稀缺的地区，其中欠发达国家的贫困人口面临的风险最大(United Nations, 2015b)，而全球 80%的废水和发展中国家中超过 95%的废水资源都没有经过污水处理而被直接排进了环境中(United Nations, 2017)。因此，“人人都能公平获得安全和可负担的饮用水”是对水资源安全最低和最根本的要求。除了水资源量的短缺，水质性缺水也是重要的方面，水污染治理与污水回用显得尤为重要，也是随着技术进步和经济发展，所能提高和突破的重要抓手。在此基础上，水资源利用效率和单位水经济产出、水资源综合管理效率的提升等，是结合了现代新兴技术手段和设备以及面临的水资源胁迫等环境问题而提出的有效解决途径，是可持续从技术角度进行推进的重要方面。此外，水资源的不合理开发利用使得河流、湖泊、湿地等水生态系统发生深刻变化。世界各国不同程度地出现了河道断流、湖泊和湿地萎缩、地下水水位下降、土地沙化、水土流失加剧、生物多样性减少等水生态问题。当前各国已经充分认识到生态系统在保持水量和水质方面的关键作用，与强调生态系统安全的“目标 15”密不可分。在保障生活用水、工业用水的同时，平衡生态环境用水是水资源安全及可持续利用的重要内容。

C. 能源安全

能源，尤其是常规化石能源，是当前各国和地区经济发展的基本保障和重要安全前提，SDGs 中“目标 7：确保人人获得负担得起的、可靠和可持续的现代能源”是对这一重要资源的再次强调。目前，世界各国对能源的争夺愈来愈烈，已经成为国家之间竞争与冲突的重要根源。在能源中，石油消费量占所有能源的比例一直在 40%左右，一些强国对石油的争夺已经达到了白热化的程度(World Bank, 2015)。能源制约着经济的健康、快速发展，成为经济发展的重要瓶颈。而常规化石能源的分布不均及消费失衡、化石能源面临的不可再生及碳排放等环境问题，已经成为全球可持续发展中的重要短板(Ang et al., 2015)，也是提高能源利用效率、发展可更新能源、发展清洁能源及减少碳排放等从技术上改变能源短板，实现可持续发展的重要途径(杨占红等, 2016)。可持续发展在强调利用好现有常规能源、减少碳排放的同时，发展可更新的能源，利用现代新兴材料和技术提高能源储存、运输及利用，使能源利用走向环境友好型和可持续性，为 SDGs“目标 12：采用可持续的消费和生产模式；目标 13：采取紧急行动应对气候变化及其影响”等的实现提供最根本的保障。

D. 土地安全

土地是实现 SDGs 各个领域具体目标的基本场所。其“目标 15：保护、恢复和促进可持续利用陆地生态系统，可持续管理森林，防治荒漠化，制止和扭转土地退化，遏制生物多样性的丧失”就是对这一根本要素的最基本表述。当前，一方面，随着水资源短缺、水土流失、土壤侵蚀、土地退化、荒漠化及沙尘暴、生态系统退化等，土地面临着加速退化的巨大风险。另一方面，越来越强的经济活动和人口密度的增加，使得土地资源，尤其是可利用的耕地、湿地等生态用地、自然保护区等的面积急剧压缩，城市的扩张使得地表硬化，有效可利用土地严重短缺，从而使生态用地和建设用地之间的相互争夺加剧。耕地、水域、湿地、生态用地、建设用地、基础设施用地等土地需求均需要落实到有限的地表上，可持续发展在一个国家和地区内能否实现，其中关键的一个方面就是所有目标实现时，土地资源是否能够满足各个类别的土地需求。Gao 和 Bryan(2017)利用 648 个环境、社会经济、技术及政策路径等模型对澳大利亚的土地需求情景进行了模拟，并通过土地利用 Trade-Offs(LUTO)模型对各类土地间的权衡进行了路径优化和选择。结果显示，澳大利亚在各类发展情景的模拟中，其实现可持续发展目标时对土地的需求将远远超出当前的国土面积及可利用土地面积，因此实现设定的可持续发展目标，其土地资源的支撑将是很大的限制，需要在各类土地需求间进行平衡并选择最优化土地利用组合。而这也将是困扰全球及各个国家实现 SDGs 的重要问题，尤其是在高人口密度的国家。土地资源的有限性、稀缺性和退化风险等，是影响未来能否实现可持续发展的重要因素。

E. 生态环境安全

从“MDG 7：确保环境的可持续能力”到“SDG 15：保护、恢复和促进可持续利用陆地生态系统，可持续管理森林，防治荒漠化，制止和扭转土地退化，遏制生物多样性的丧失”，生态环境的服务功能及其可持续性一直被强调和重视。人口增长对资源和环境压力的增大，以及来自经济增长背后的资源短缺、城市扩张、水资源紧缺、土壤污染等对生态环境的可持续提出了重要挑战。另外，气候变化下的极端天气，如热浪、干旱、洪灾、沙漠化、沙尘暴、土地退化等加剧了生态环境安全的风险性。生态环境安全和 SDGs 的“目标 6：为所有人提供水和环境卫生并对其进行可持续管理”紧密关联，密不可分，互为保障，是 SDGs 中环境的服务功能中最为重要的环节。

从以上分析可以看出，SDGs 基本涵盖了全球在发展领域的各个方面，其复杂而庞大的指标系统覆盖了从资源环境到经济发展、社会公平等主要领域。总体来看，土地、水资源、粮食、能源等资源和生态环境安全构成了行星边界内的人类生存基础与安全保障系统（Robert et al., 2015）。而技术进步、就业、经济发展及活力则构成了全球经济繁荣的基本保证，处于可持续发展的中间层。在这两个层次的基础上，作为人类发展的重要度量，健康、生活水平及福利、社会公平等则构成了人类社会发展最高目的及需求的最高层次，处于可持续发展金字塔的最顶层。《变革我们的世界：2030 年可持续发展议程》是对千年发展目标的超越，其继承和发展了完成千年发展目标尚未完成的事业，除了保留如脱贫、健康、教育、粮食安全和营养等发展优先事项外，还提出了更为广泛的包括食品安全、能源安全、土地安全、生态环境安全、基础设施和居住保障、应对气候变化在内的经济、社会和环境目标。从整个可持续发展框架来看，其涵盖的经济、社会和环境三个方面是整体的、不可分割的。另外，该议程还承诺建立更加和平和包容性更强的社会，相较于千年发展目标，提出了目标的执行手段。从各个领域的核心内容来看，这与党的十八大第一次提出的“五位一体”社会主义生态文明建设总体布局，以及社会主义“新农村”建设、“美丽乡村”建设、“健康中国”及“美丽中国”建设等目标一致。

4. 城市可持续发展及评价指标

1)可持续城市的内涵演变

可持续城市源于将可持续发展理论与城市发展规划与管理相关理论结合，以应对城市面临的资源环境等可持续发展问题。19 世纪末的“田园城市”理念(唐子来, 1998)，第二次世界大战后欧洲和美国指导城市发展的“紧凑城市”和“精明增长”理念(唐相龙, 2008)，1971 年联合国教育、科学、文化组织提出的“生态城市”理念(黄光宇, 2004)、“低碳城市”倡议(刘文玲和王灿, 2010)，1996 年联合国人居大会提出的“宜居城市”概念(张文忠, 2016)以及经济合作与发展组织(Organization for Economic Cooperation and Development, OECD)等国际组织广泛提倡的“绿色城市”理念等，有力助推了可持续城市的探索(Hammer et al., 2011)。伴随研究与实践开展，可持续城市逐步开始从宏观的理念转向关注城市功能提升行动层面，研究涉及城市安全、包容性、灾害抵御能力、绿色发展、住房、交通、环境污染防治等领域。例如，联合国人居规划署(UN-Habitat)和联合国环境规划署(United Nations Environment Programme, UNEP)(2001)推行“可持续城市发展计划”(sustainable cities programme, SCP)，将可持续城市定义为“社会、经济和自然环境均实现可持续的城市，对资源环境的使用维持在可持续的水平，对潜在环境风险具有持久抵御能力”；“可持续西雅图”(1993)从社区层面开展绿色、效率和公平的可持续城市建设尝试(于洋, 2009)；麦肯锡城市中国计划(UCI, 2014)以“推进良性城镇化、支持创新型城市”为可持续城市建设使命；世界气象组织(2016)支持在未来建设安全、健康和抗御型可持续城市；美国国家科学、工程与医学院城市可持续发展路径委员会将城市可持续发展定义为可通过环境(资源消耗与环境影响)、经济(资源使用效率和经济回报)、社会(社会福祉和健康)三个维度的行动，实现可衡量的近期和长期人类福祉改善的过程(National Academies of Sciences, Engineering, and Medicine, 2016)；美国国家科学基金会可持续城市系统委员会 2018 年注重开展多尺度、跨学科性的可持续城市系统研究，提出构建安全、抗灾、健康的可持续城市发展模式[①]。学术界也对城市脆弱性(王岩等, 2013)、韧性(弹性)(徐江和邵亦文, 2015)、包容性(Gupta and Vegelin, 2016)、智慧城市(曹阳和甄峰, 2015)等可持续城市关键领域与问题开展了探讨。

2)传统城市可持续性指标研究进展

可持续性指标框架是基于可持续发展原理，指导指标选择、发展和整合的概

① Advisory Committee for Environmental Research and Education. 2018.Sustainable Urban Systems: Articulating a Long-Term Convergence Research Agenda.

念构架，基于可持续性指标的评价方法是主流的可持续性评价方法。可持续性指标(sustainability indicators)是连接学术成果和政策操作的纽带，是科学、社会和政策之间的边界(Lehtonen et al., 2016)，由于可持续性科学跨自然和社会科学(Griggs et al., 2013)，可持续性指标具有双重角色和复杂性，指标体系应基于问题导向，其科学性与合理性在于能否很好地揭示特定的可持续发展问题。

当前，可持续发展评价主要依托综合指数和复合指标体系进行评价。在综合指数方面，生态足迹(EF)、环境可持续性指数(ESI)、人类发展指数(HDI)、城市发展指数(CDI)、能值/有效能、绿色 GDP、真实进度指标(GPI)、地球生命力指数(LPI)、可持续性仪表板(DS)、国民幸福指数等(徐中民和程国栋, 2000; 张志强等, 2002; 程国栋等, 2005)经典指数均得到了广泛应用。综合指数的标准化有利于开展城市可持续发展对比评价与研究，但缺乏灵活性，受限于不能很好地揭示不同阶段新的可持续发展问题。因此，综合指数依然需进一步研究，Mori 和 Yamashita(2015)就指出需要基于现有综合指数创建新的城市可持续性指标(CSI)，以评估和比较城市的可持续发展绩效，并提出了一个城市可持续发展指数框架。

相比较而言，学者对构建复合指标体系进行城市可持续发展评价方面开展了大量研究。Huang 等(1998)从生态经济的角度建立了城市可持续指标体系；Newman 和 Jennings(2008)提出了由道德、效率(健康与公平)、零污染、自我调节、弹性、自我更新、灵活、合作性等构成的可持续性城市生态系统评价指标；Yigitcanlar 和 Dur(2010)提出从基础设施、土地利用、环境和交通等方面建立一个城市可持续评价模型；Turcu(2013)从环境、经济、社会以及公共机构可持续性 4 个方面的 26 个指标出发，构建了评价城市可持续发展的指标体系；Dizdaroglu(2015)构建了微观尺度的城市生态系统评价指标体系。一些学者也从具体领域提出如何评价及促进城市的可持续发展，如 Jonsson(2008)从土地利用和城市交通系统、Tsai(2010)从能源的可持续性、Branscomb(2006)从城市安全等角度探讨了城市的可持续发展。国内学者在城市可持续性指标体系研究方面也开展了很好的尝试。凌亢等(1999)借鉴荷兰国际城市环境研究所的经验，提出从经济、社会、环境、资源等角度对城市可持续发展水平、发展能力和发展协调度进行评价；宋锋华(2008)提出了包括经济、社会和资源环境三个系统的四级指标体系框架；王晓云和张雪梅(2014)构造了包括经济发展维、社会发展维、资源环境维的三维空间结构模型。

国内外相关机构组织进一步推动了城市可持续性指标的研究与实践。美国城市可持续路径委员会 2016 年提出城市可持续性指标在环境、经济、社会 3 个维度上应加入机构组织与管理第 4 个维度；西门子和经济学人智库的欧洲绿色城市指数从 8～9 个维度的约 30 个指标进行城市评估，涵盖二氧化碳排放、能源、建筑物、土地使用、交通运输、水和卫生设施、废物管理、空气质量和环境治理等领域；欧洲改善生活与工作条件基金会 1998 年基于压力-状态-响应(PSR)模式，提出包括环境、经济和社会 3 个方面指标，涵盖全球变化、城市交通、水资源消费与管理、能源、社会公平、城市安全、绿色和公共空间、居民参与等领域的城市可持续性指标；荷兰智库阿卡迪斯(ARCADIS, 2017)从宜居度(people)、环境(planet)和商机(profit)三个层面选择32个指标建立了可持续城市指标，涵盖教育、健康、人口、收入均等、犯罪、绿色空间、能源、空气污染、水资源管理、交通、营商环境等领域。美国住房和城市发展部的可持续城市发展指标体系分为社会福利、经济机会和环境质量 3 个维度，涵盖健康、安全、公民本地认同感、公共空间获取、交通获得性、资金和信贷、教育、工作和培训、土地利用效率、水资源污染与管理、多样自然环境与生态系统等领域。此外，典型的指标体系还包括欧盟委员会的欧洲绿色资本奖、经济合作与发展组织的绿色城市项目、联合国人居规划署的城市指标指导方针等，供许多国家和地区参考。国家统计局与中国 21 世纪议程管理中心、中国城市发展研究院、中国科学院城市环境研究所、国家信息中心经济预测部、科技部、生态环境部等也建立了评价指标体系。

总体而言，当前的城市可持续评价指标体系多样，如对国际上广泛使用的 4 种典型的城市可持续性评价指标体系的解构(表 2-2)，评价指标囊括了社会、经济、环境、基础设施、制度等城市发展的多方面，但各指标体系在提出背景、目的、时间和指标设置方面存在一定差异，且基于涵盖城市发展全方位的指标体系的评价容易掩盖特定的可持续发展问题，导致指标体系间的可比性弱。联合国 SDGs 城市可持续性评价指标体系的提出，为解决当前联合国普遍关注的可持续发展问题，以及现有指标体系多样、兼容性差的问题，提供了一个可能的解决方案。

表 2-2　典型城市可持续指标集

维度	一级	具体指标
环境指标	空气质量	空气质量指数[II, IV]；氮氧化物排放[I]；二氧化硫排放[I]；$PM_{2.5}$ 排放[III]；PM_{10} 排放[I, III]
	温室气体排放	住宅温室气体排放[I]；商业温室气体[I]；工业温室气体[II]；总温室气体(CO_2, CH_4, N_2O 和氯氟烃)[II, III, IV]；单位用电量的 CO_2 排放[IV]；城市人均 CO_2 排放[IV]
	水	受损水道数量[IV]；配水系统中的水渗漏[I]；水消耗总量[II]；人均耗水量[I, IV]；饮用水质量[III]；用水量[IV]
	土地	绿地[I, II, III]；植被覆盖[IV]；滑坡脆弱性[IV]；千人公园面积[IV]；城市扩展(蔓延)[I, III]
	废弃物	固体废物产量[IV]；城市固体废物回收比例[I, IV]；废物管理指标[II]；固体废物管理[III]
	自然灾害脆弱性	自然灾害脆弱性[IV]；自然灾难暴露[III]

续表

维度	一级	具体指标
经济指标	收入	城市收入[Ⅱ]；人均国内生产总值[Ⅰ,Ⅲ]
	价格	消费物价指数[Ⅲ,Ⅳ]
	就业	失业[Ⅱ,Ⅳ]；商品就业[Ⅰ]；服务就业[Ⅰ]
	能源	能源消费量[Ⅱ,Ⅲ]；人均能源消费量[Ⅳ]；住宅能源强度[Ⅳ]；人均用电量[Ⅰ]；单位 GDP 用电量；能源效率[Ⅲ]；可再生能源消费[Ⅳ]；可再生能源份额
	金融健康	城市经济活力[Ⅱ]；城市财政赤字[Ⅱ]；社区信贷需求满足绩效指标[Ⅳ]；再投资法贷款人评级[Ⅳ]
	交通	交通运输方式共享[Ⅳ]；依靠公共交通工具、自行车或徒步的工人比例[Ⅰ,Ⅱ,Ⅳ]；人均年汽车里程[Ⅳ]；公共交通乘客平均数[Ⅳ]；工作平均通勤时间[Ⅰ,Ⅲ,Ⅳ]；公共交通乘客平均数[Ⅳ,Ⅴ]；步行点评[Ⅳ]；交通基础设施长度[Ⅰ,Ⅲ]
社会指标	人口统计	人口[Ⅰ]；人口密度[Ⅰ]
	教育	高中，大学，硕士学位[Ⅳ]；大学排名[Ⅲ]；读写能力[Ⅲ]
	公共健康	千名婴儿 5 岁以下死亡率[Ⅳ]；出生时预期寿命[Ⅲ]；具有健康保险人口的比例[Ⅳ]；受犯罪或交通事故影响的人口比例[Ⅱ,Ⅳ]；暴力犯罪率[Ⅳ]
	平等	基尼系数[Ⅲ,Ⅳ]；城市贫困人口[Ⅳ]；受贫困、失业与缺乏教育、信息、培训和休闲机会影响的人口比例[Ⅲ]；在邻里中心或公共交通站点四分之一英里①内的低收入家庭的比例[Ⅱ]；经济活动人口与非经济活动人口的比例[Ⅲ]；贫困儿童[Ⅳ]
	住房和建筑物	住房负担能力[Ⅳ]；无家可归者人口比例[Ⅱ]；受恶劣住房条件影响的人口比例[Ⅱ,Ⅳ]；能源与环境设计领导力(LEED)认证的建筑物数量[Ⅰ]；认证机构认证为节能的房屋数量[Ⅳ]；房屋尺寸中位数[Ⅳ]
	公民参与	参与地方选举或作为城市改善和生活质量协会活跃成员的人数比例[Ⅱ,Ⅳ]；选民参与人口比例[Ⅳ]

注：Ⅰ代表绿色城市指数，Ⅱ代表城市可持续性指标，Ⅲ代表可持续城市指标，Ⅳ代表可持续城市发展指标。

3) SDGs 城市可持续发展指标

联合国可持续发展目标的第十一大类目标(SDG 11)是“可持续城镇”，即“建设包容、安全、有抵御灾害能力和可持续的城市和人类住区”，具体包括：“合理地规划城市与人居环境，促进社区凝聚力和人身安全，推动创新和就业；减少危害人类健康和环境的化学品产生的不利影响；减少废物，提高回收废物和能源的使用效率；努力把城市对全球气候系统的影响降到最低限度；适足、安全和价廉的住房；可持续交通系统；安全、包容、无障碍的绿色公共空间”等内容。指标 11.1.1～11.7.2 为技术类指标，主要反映城市可持续发展的状态，11.a～11.c 为合作类指标，主要表征国家及区域间为了建设可持续城市而开展的合作水平(表 2-3)。SDGs 城市可持续发展指标包括城市社会、经济、环境、安全、制度等

① 1 英里=1.609344km。

诸多方面，从联合国方面反映了当前国际社会最为普遍关注的城市可持续发展问题，为城市间的可持续发展比较研究提供了一个统一的评价框架。

表 2-3　联合国可持续发展目标(SDGs)中的城市可持续发展指标

可持续发展目标	具体目标	指标
SDG 11：建设包容、安全、有抵御灾害能力和可持续的城市和人类住区	11.1：到 2030 年，确保人人获得适当、安全和负担得起的住房和基本服务，并改造贫民窟	11.1.1：生活在贫民窟、非正规定居点或住房不足的城市人口比例
	11.2：到 2030 年，向所有人提供安全、负担得起的、易于利用、可持续的交通运输系统，改善道路安全，特别是扩大公共交通，特别关注处境脆弱者、妇女、儿童、残疾人和老年人的需要	11.2.1：可便利使用公共交通工具的人口比例，按年龄、性别和残疾人分类
	11.3：到 2030 年，在所有国家加强包容和可持续城市建设，加强具有参与性、综合性、可持续的人类住区规划和管理能力	11.3.1：土地使用率与人口增长率之间的比率
		11.3.2：已设立以民主方式定期运作的、民间社会直接参与城市规划和管理架构的城市比例
	11.4：进一步努力保护和捍卫世界文化和自然遗产	11.4.1：保存、保护和养护所有文化和自然遗产的人均支出总额
	11.5：到 2030 年，大幅减少包括水灾在内的各种灾害造成的死亡人数和受灾人数，大幅减少上述灾害造成的与全球国内生产总值有关的直接经济损失，重点保护穷人和处境脆弱群体	11.5.1：每 10 万人因灾死亡、失踪和直接受影响的人数
		11.5.2：灾害直接经济损失
	11.6：到 2030 年，减少城市的人均负面环境影响，包括特别关注空气质量，以及城市废物管理等	11.6.1：定期收集并得到适当最终排放(处理)的城市固体废物占城市总固体废物的比例
		11.6.2：城市细颗粒物(如 $PM_{2.5}$ 和 PM_{10})年度均值(按人口权重)
	11.7：到 2030 年，向所有人普遍提供安全、包容、无障碍、绿色的公共空间，特别是妇女、儿童、老年人和残疾人	11.7.1：城市建设区中供所有人使用的开放公共空间的平均比例，按性别、年龄和残疾人分列
		11.7.2：受到身体或性骚扰受害人比例，不同性别、年龄、残疾状况和发生地点
	11.a：通过加强国家和区域发展规划，支持在城市、近郊和农村地区之间建立积极的经济、社会和环境联系	11.a.1：执行人口预测和资源需求一体化的城市和区域发展计划的城市比例，按城市规模分列
	11.b：到 2020 年，大幅增加采取和实施综合政策和计划以构建包容、资源使用效率高、减缓和适应气候变化、具有抵御灾害能力的城市和人类住区数量，并根据《2015—2030 年仙台减少灾害风险框架》在各级地区建立和实施全面的灾害风险管理	11.b.1：依照《2015—2030 年仙台减少灾害风险框架》通过和执行国家减灾风险战略的国家数目
		11.b.2：依照国家减少灾害风险战略通过和执行地方减灾风险战略的地方政府比例

续表

可持续发展目标	具体目标	指标
SDG 11：建设包容、安全、有抵御灾害能力和可持续的城市和人类住区	11.c：通过财政和技术援助等方式，支持最不发达国家就地取材，建造可持续的、有抵御灾害能力的建筑	11.c.1：向最不发达国家提供财政支持，帮助其建造可持续建筑的资金比例

资料来源：SDGs 指标原数据文件库（SDGs indicators metadata repository）。

2.1.2　生态文明

1. 生态文明内涵

工业文明为人类社会的繁荣做出了巨大贡献，同时也带来了深重的环境危机和能源危机，不仅使经济的持续增长难以为继，也使整个人类社会的持续生存和发展面临困境。针对这一现状，人们在可持续发展的基础上，进一步提出了生态文明理念（伍瑛, 2000）。生态文明就是人类在改造自然以造福自身的过程中为实现人与自然之间的和谐所做的全部努力和所取得的全部成果，它表征着人与自然相互关系的进步状态。生态文明既包含人类保护自然环境和生态安全的意识、法律、制度、政策，也包括维护生态平衡和可持续发展的科学技术、组织机构和实际行动（俞可平, 2005）。从原始文明、农业文明、工业文明这一视角来观察人类文明形态的演变发展，生态文明是相对于农业文明、工业文明的一种社会经济形态，是人类文明演进的一个新阶段，是比工业文明更进步、更高级的人类文明新形态。

生态文明不仅是人类社会的文明，也是自然生态的文明，是二者的有机统一，具有整体性、综合性和协调性。生态文明是一种文明理念，一种社会形态，一种文明制度，本质要求是实现人与自然和人与人的双重和谐目标，进而实现社会、经济与自然的可持续发展及人的自由全面发展，其有深厚的理论根据。马克思主义关于人与自然的世界观和方法论，“以人为本”与全面、协调、可持续的发展理论，人地系统理论和生态经济系统的生态阈限理论，物质长链利用和循环再生原理，以及产业结构演进的客观规律等都可以理解为生态文明的理论基础（廖才茂, 2004）。

2. 中国生态文明建设进程

生态文明作为中国政府推进可持续发展理念的理论创新，2005 年中国政府率先提出“生态文明”这一全新理念，并不断赋予其新的内涵。2007 年 10 月，党的十七大把建设生态文明列为全面建成小康社会目标之一、作为一项战略任务确定下来，2009 年 9 月，党的十七届四中全会把生态文明建设提升到与经济建设、政治建设、文化建设、社会建设并列的战略高度，作为中国特色社会主义事业总体布局的有机组成部分。2010 年 10 月，党的十七届五中全会提出要把“绿色发展，建设资源节约型、环境友好型社会”“提高生态文明水平”作为“十二五”时期的重要战略任务。2012 年 11 月 8 日，胡锦涛总书记在十八大报告中提出，建设生态文明，是关系人民福祉、关乎民族未来的长远大计。把生态文明建设放在突出地位，融入经济建设、政治建设、文化建设、社会建设各方面和全过程。中国生态文明建设从党的十七大首次被提出并作为全面建成小康社会的目标任务之一，到党的十八大被纳入社会主义建设“五位一体”总体布局的有机组成，其地位更加突出、内涵也更加丰富。“五位一体”总体布局下，生态文明建设与经济建设、政治建设、文化建设和社会建设这四大建设一起，共同构成社会主义建设总体事业，这就把生态文明建设提升到前所未有的战略高度(方世南, 2013)，同时，建设生态文明的目标进一步指向“建设美丽中国”和“实现中华民族永续发展”，使生态文明的内涵更为直观和具象，也更加具有时代意义(周生贤, 2013)。

习近平新时代中国特色社会主义生态文明建设与美丽中国建设高度统一，在国家层面，主要从五大方面举措开展习近平新时代中国特色社会主义生态文明建设。一是，坚持人与自然和谐共生。认清人与自然的关系是人类社会最基本的关系，认识到生态兴则文明兴，生态衰则文明衰的实践规律，生态文明建设是关系中华民族永续发展的根本大计的战略意识；二是，绿水青山就是金山银山。明确经济发展和生态环境保护的关系，树立保护生态环境就是保护生产力、改善生态环境就是发展生产力的意识，探索实现发展和保护协同共生的新路径；三是，推动形成绿色发展方式和生活方式。摒弃损害甚至破坏生态环境的增长模式，加快形成节约资源和保护环境的空间格局、产业结构、生产方式、生活方式，把经济活动、人的行为限制在自然资源和生态环境能够承受的限度内；四是，统筹山水林田湖草系统治理。通过对区域内山水林田湖草系统的整体保护、系统修复、综合治理，全面提升自然生态系统稳定性和生态服务功能；五是，实行最严格的生态环境保护制度，通过制度创新，增加制度供给，完善制度配套，构建产权清晰、多元参与、激励约束并重、系统完整的生态文明制度体系，进一步提升生态文明建设的制度和实践保障。

3. 生态文明建设评价

科学的评价体系是确保生态文明建设顺利推进的有效工具。我国生态文明建设评价体系主要从理论研究和实践探索两个层面开展。学术层面的研究主要有单一指标评价法和多指标评价法。例如，“生态效率”指标被用来衡量生态文明水平的高低(杨开忠, 2009)，这种单一指标评价方法看似简明扼要，但实际计算涉及的问题要复杂得多。此外，多指标综合评价体系被广泛应用，这些研究以特定空间为对象，借鉴可持续发展能力评估的方法，按照“目标-系统-变量(指标)”的思路，根据各自对生态文明概念的理解，构建不同的生态文明建设体系(高珊和黄贤金, 2010; 蒋小平, 2008)，代表性的指标体系包括北京师范大学等构建的《中国绿色发展指数指标》。国外国际组织、研究团队等构建的生态文明评价相关指标体系主要包括世界自然保护联盟(International Union for Conservation of Nature and Natural Resources, IUCN)以物种濒危为重点的描述性评价，UNEP 基于资源环境的评价指标，耶鲁大学和哥伦比亚大学的生态指数(ecological index, EI)，UNEP 测度绿色经济的指标体系，OECD 监测绿色增长进展的指标体系(周宏春等, 2019)。

另外，国家开展的一系列区域生态示范创建活动也极大地促进了这一领域的发展，带动评价体系由学术研究走向实践应用，并制订了一系列考核性指标体系。始于 20 世纪 90 年代的生态文明建设活动包括生态示范区、生态建设示范区、生态文明建设试点三个梯次，分别针对省、市和县三个空间层次，提出了生态示范区评价体系及各项指标，随着生态文明理念的提出和普及，国家调整和完善了原评价体系，发布《生态县、生态市、生态省建设指标(修订稿)》，对依托生态省(市、县)建设推进区域生态文明建设，发挥了重要的导向作用。在此基础上，我国相继开展的“生态文明示范区”、“生态文明试点城市”、“西部地区生态文明示范工程”和“全国生态文明先行示范区建设”等创建工作，为拓展和创新生态文明建设评价体系做出了积极探索。厦门市、贵阳市和浙江省等省(市)，借鉴理论研究成果，结合各自区情，在国内较早提出了区域或城市生态文明建设的评价体系和指标。

为加快绿色发展，推进生态文明建设，规范生态文明建设目标评价考核工作，国家发展改革委、国家统计局、环境保护部、中共中央组织部于 2016 年制定了《生态文明建设考核目标体系》和《绿色发展指标体系》，从生态文明建设年度评价和五年规划期的目标考核两部分开展生态文明建设评价考核。年度评价按照《绿色发展指标体系》(表 2-4)实施，主要评估各地区资源利用、环境治理、环境质量、生态保护、增长质量、绿色生活、公众满意程度等方面的变化趋势和动态进展，生成各地区绿色发展指数。

表 2-4 绿色发展指标体系

一级指标	序号	二级指标	计量单位	指标类型	权数/%	数据来源
资源利用（权数≈29.3%）	1	能源消费总量	万 t 标准煤	◆	1.83	国家统计局、国家发展改革委
	2	单位 GDP 能源消耗降低	%	★	2.75	国家统计局、国家发展改革委
	3	单位 GDP 二氧化碳排放降低	%	★	2.75	国家发展改革委、国家统计局
	4	非化石能源占一次能源消费比重	%	★	2.75	国家统计局、国家能源局
	5	用水总量	亿 m^3	◆	1.83	水利部
	6	万元 GDP 用水量下降	%	★	2.75	水利部、国家统计局
	7	单位工业增加值用水量降低率	%	◆	1.83	水利部、国家统计局
	8	农田灌溉水有效利用系数	—	◆	1.83	水利部
	9	耕地保有量	亿亩	★	2.75	自然资源部
	10	新增建设用地规模	万亩	★	2.75	自然资源部
	11	单位 GDP 建设用地面积降低率	%	◆	1.83	自然资源部、国家统计局
	12	资源产出率	万元/t	◆	1.83	国家统计局、国家发展改革委
	13	一般工业固体废物综合利用率	%	△	0.92	生态环境部、工业和信息化部
	14	农作物秸秆综合利用率	%	△	0.92	农业农村部
环境治理（权数=16.5%）	15	化学需氧量排放总量减少	%	★	2.75	生态环境部
	16	氨氮排放总量减少	%	★	2.75	生态环境部
	17	二氧化硫排放总量减少	%	★	2.75	生态环境部
	18	氮氧化物排放总量减少	%	★	2.75	生态环境部
	19	危险废物处置利用率	%	△	0.92	生态环境部
	20	生活垃圾无害化处理率	%	◆	1.83	住房和城乡建设部
	21	污水集中处理率	%	◆	1.83	住房城乡建设部
	22	环境污染治理投资占 GDP 比重	%	△	0.92	住房和城乡建设部、生态环境部、国家统计局

续表

一级指标	序号	二级指标	计量单位	指标类型	权数/%	数据来源
环境质量（权数≈19.3%）	23	地级及以上城市空气质量优良天数比率	%	★	2.75	生态环境部
	24	细颗粒物（$PM_{2.5}$）未达标地级及以上城市浓度下降	%	★	2.75	生态环境部
	25	地表水达到或好于Ⅲ类水体比例	%	★	2.75	生态环境部、水利部
	26	地表水劣Ⅴ类水体比例	%	★	2.75	生态环境部、水利部
	27	重要江河湖泊水功能区水质达标率	%	◆	1.83	水利部
	28	地级及以上城市集中式饮用水水源水质达到或优于Ⅲ类比例	%	◆	1.83	生态环境部、水利部
	29	近岸海域水质优良（一、二类）比例	%	◆	1.83	自然资源部、生态环境部
	30	受污染耕地安全利用率	%	△	0.92	农业农村部
	31	单位耕地面积化肥使用量	kg/hm^2	△	0.92	国家统计局
	32	单位耕地面积农药使用量	kg/hm^2	△	0.92	国家统计局
生态保护（权数=16.5%）	33	森林覆盖率	%	★	2.75	国家林业和草原局
	34	森林蓄积量	亿 m^3	★	2.75	国家林业和草原局
	35	草原综合植被覆盖度	%	◆	1.83	农业农村部
	36	自然岸线保有率	%	◆	1.83	自然资源部
	37	湿地保护率	%	◆	1.83	国家林业和草原局、自然资源部
	38	陆域自然保护区面积	万 hm^2	△	0.92	生态环境部、国家林业和草原局
	39	海洋保护区面积	万 hm^2	△	0.92	自然资源部
	40	新增水土流失治理面积	万 hm^2	△	0.92	水利部
	41	可治理沙化土地治理率	%	◆	1.83	国家林业和草原局
	42	新增矿山恢复治理面积	hm^2	△	0.92	自然资源部
增长质量（权数≈9.2%）	43	人均 GDP 增长率	%	◆	1.83	国家统计局
	44	居民人均可支配收入	元/人	◆	1.83	国家统计局
	45	第三产业增加值占 GDP 比重	%	◆	1.83	国家统计局

续表

一级指标	序号	二级指标	计量单位	指标类型	权数/%	数据来源
增长质量（权数≈9.2%）	46	战略性新兴产业增加值占GDP比重	%	◆	1.83	国家统计局
	47	研究与试验发展经费支出占GDP 比重	%	◆	1.83	国家统计局
绿色生活（权数≈9.2%）	48	公共机构人均能耗降低率	%	▵	0.92	国管局
	49	绿色产品市场占有率（高效节能产品市场占有率）	%	▵	0.92	国家发展改革委、工业和信息化部、国家市场监督管理总局
	50	新能源汽车保有量增长率	%	◆	1.83	公安部
	51	绿色出行（城镇每万人口公共交通客运量）	万人次/万人	▵	0.92	交通运输部、国家统计局
	52	城镇绿色建筑占新建建筑比重	%	▵	0.92	住房和城乡建设部
	53	城市建成区绿地率	%	▵	0.92	住房和城乡建设部
	54	农村自来水普及率	%	◆	1.83	水利部
	55	农村卫生厕所普及率	%	▵	0.92	国家卫生健康委员会
公众满意程度	56	公众对生态环境质量满意程度	%	—	—	国家统计局

注：标★的为《中华人民共和国国民经济和社会发展第十三个五年规划纲要》确定的资源环境约束性指标；标◆的为《中华人民共和国国民经济和社会发展第十三个五年规划纲要》和《中共中央 国务院关于加快推进生态文明建设的意见》等提出的主要监测评价指标；标▵的为其他绿色发展重要监测评价指标。根据其重要程度，按总权数为100%，三类指标的权数之比为3∶2∶1计算，标★的指标权数为2.75%，标◆的指标权数为1.83%，标▵的指标权数为0.92%。6 个一级指标的权数分别由其所包含的二级指标权数汇总生成。

2.2 实践模式

2.2.1 德清模式

德清县位于浙江北部，东望上海、南接杭州、北连太湖、西枕天目山麓，处于长三角腹地，总面积937.92km^2，常住人口65万。德清县是一片历史悠久的人文沃土。县域历史悠久，有着良渚文化的遗迹和古代防风文化的传说。德清县遵循“创新、协调、绿色、开放、共享”的发展思路，在城乡统筹发展、均衡发展及绿色发展等方面取得了突出的成绩。在习近平总书记“两山”理念的指引下，坚持把护美“绿水青山”作为一项极端重要的工作抓紧抓实，成功创建了全国生态县，在更高起点上走好要素集约化、生态产业化、产业生态化、生态制度化的县域经济绿色发展之路，在美丽中国建设实践方面形成了“德清模式”（王琴英，2020）。

1. 系统治理，展示全域之美

树立更系统的生态观，统筹考虑山水林田湖草各种自然生态要素，进行整体保护、综合治理。突出全链条防控、全形态治理、全地域保护，联动打好“水气土废”污染防治组合拳。实现跨区域跨城乡的生态协同共治。积极探索与安吉、桐乡、余杭等地建立“水气土废”联防联控联治机制，实现跨区域环境执法联动、环境风险应急联动、预警预报联动。统筹推进跨城乡的绿道网建设，实现公园、绿道与公共设施城乡互通可达。构建数字化生态环境监测监管体系。

2. 绿色发展，展示集约之美

贯彻绿色发展理念，加快形成节约资源和保护环境的空间格局、产业结构、生产方式。牢固树立更集约的发展观，“向每一寸土地”要效益，推动产业空间高效治理。继续向“低散乱”动刀，谋划推进老旧工业园区改造提升三年行动。用数字理念、数字技术为传统制造业赋值赋能，深化智能化改造全覆盖专项行动，探索“零增地”改扩建专项政策，全面开展规上企业智能化诊断和技术改造，推动旧动能向中高端升级。

3. 创新发展，展示蜕变之美

树立更和谐的开发观，以改革创新推动“两山”长效转化，为“生态本身就是经济”赋予更多实践经验。以改革撬动生态资源变生态产品。充分释放农业供给侧结构性改革集成示范试点制度活力，进一步激活乡村资产资源，大力发展乡村新型服务业。以改革撬动生态资源变市场资本。全面推动产村融合发展，积极探索股权式、合作型等紧密有效的利益联结形式，充分激发新型农业经营主体发展潜力。以改革创新推动要素变动能、资源变资产、农民变股民，真正让生态产品的生态价值不断提升。

4. 制度完善，展示长效之美

树立更全面的制度观，构建生态文明制度体系，用绿色“制度链”引领绿色发展，为实现人与自然的和谐共生提供持久的支撑。一方面，要继续深化推动生态环境保护的体制机制。探索推进“‘两山’银行”建设，系统研究 GDP 和 GEP 转化核算、评估机制，加快构建以绿色 GDP 为主导的考核体系，积极探索 GEP

考核体系，不断完善领导干部自然资源资产离任审计、生态环境损害赔偿、环保信用评价等制度，努力创造省级甚至国家级标准体系。另一方面，积极探索推动可持续发展的体制机制。将“两山”理念中蕴含的观点、思路、方法运用到经济社会发展的方方面面，建立公平、高效、完善的创新体制机制，创新以深化碳排放权交易为核心的市场化节能减排手段，继续探索践行联合国2030年可持续发展目标，大力支持可持续发展智库建设，为县域可持续发展提供可复制、可推广的经验。

2.2.2 安吉模式

安吉县地处浙江省西北部，素有“中国第一竹乡、中国白茶之乡、中国椅业之乡”之称，县域面积约为1886km^2，户籍人口47万人，是习近平总书记“绿水青山就是金山银山”理念诞生地、中国美丽乡村发源地和绿色发展先行地。安吉模式以打造“中国美丽乡村”为抓手，以建设生态文明为前提，依托优势农业产业，大力发展以农产品加工业为主的第二产业以及以休闲农业、乡村旅游为龙头的第三产业，提高农民素质，改善农村环境和村容村貌，走上了一条第一、第二、第三产业结合，城乡统筹联动，人民富足幸福的小康之路，实现了农业强、农村美、农民富、城乡和谐发展(韩冰曦, 2018)。

1. 完善制度体系，科学规划引领

一是初步构建了生态文明试点体系。着力推进生态文明建设考核指标示范体系；推进生态文明建设的环境支撑、产业支撑、品牌支撑“三大支撑”；着力推进生态环境与人居、生态行为、生态意识、生态制度“四大生态文明体系”。二是基本明确了生态文明建设机制。加强组织领导，成立生态文明试点建设工作领导小组。突出规划引领，编制《安吉县生态文明建设纲要》，并通过环境保护部评审；完善《生态县建设总体规划》，调整生态农业、生态工业、生态旅游、生态文化、生态人居、生态城市等专项规划。明确指标体系，出台《开展全国生态文明建设试点工作的意见》，制订年度实施方案，构建县级生态文明建设考核指标体系。

2. 突出生态建设，推动绿色发展

一是以现代农业发展引领县域经济发展。以现代农业为支撑，联动发展农产品加工业，衍生出一条条绿色产业链。引导企业牢固树立生态经营与绿色产出的发展理念，坚持集中布局、集聚产业和集约发展的原则，推动绿色工业化。二是实现了循环经济加快发展。立足生态特色，放大生态效应，积极探索生态型循环经济发展道路。三是加快了休闲经济提升发展。充分发挥安吉县在区位、产业、资源、生态等方面的优势，突出放大“中国美丽乡村”“中国竹乡、生态安吉”“中国大竹海”“黄浦江源”等建设品牌效应，强化经营村庄、经营基地、构建大景区理念，着力加快推进生态休闲产业发展。

3. 保护和污染防治并重，探索生态监察试点

一是按照生态保护和污染防治并重的原则，不断完善生态环境监察执法机制，强化生态环境统一监管，采取专项执法、联合执法等多种形式，坚决制止各种破坏生态环境的违法行为。二是深入开展生态城市建设。实施绿色精品工程建设，建成了生态广场、生态河和十个生态居住小区等一批城市生态项目。三是实施环境提升工程。开展生态保护与修复工程，健全生态公益林补偿机制，深入推进农村环境整治。

4. 注重协调发展，深化生态文明理念

在新农村建设中全面推进经济、政治、文化、社会和生态建设以及党的建设，促进农村各项事业协调发展。一是构建了现代农业与第二、第三产业协调发展的县域经济格局。二是全方位挖掘弘扬生态文化。围绕生态环境和文化系列品牌建设，突出农耕文化系列品牌的探索与建设，开展村落农耕文化的规划与试点。积极做好文物资源的管理、保护和发掘工作，对文保单位加强了维修保护。三是多角度展示生态文化硕果。扎实开展“三创一建”活动，推进生态乡镇、文明乡镇，小康村、生态村等创建活动。

2.2.3 杭州模式

围绕习近平总书记“杭州山川秀美，生态建设基础不错。要加强保护，尤其是水环境的保护，使绿水青山常在。希望你们更加扎实地推进生态文明建设，使杭州成为美丽中国建设的样本”的指示，杭州以“八八战略”为总纲，坚定践行“绿水青山就是金山银山”理念，始终坚持生态优先、绿色发展，持续整治环境污染、不断提升生态优势、接续培育生态文化，以美丽乡村、美丽城镇、美丽城市作为基础，将美丽杭州建设实践推向新阶段，让绿色成为杭州发展的总基调(吴山平, 2015)。

1. 率先体制机制创新

杭州市率先印发《“美丽杭州”建设实施纲要(2013—2020 年)》，是全国第一个建立美丽中国建设地方行动纲领的城市，相继出台“杭改十条”，其中第八条专门讲述“围绕推进美丽杭州建设，健全生态文明建设体制机制”。出台的“杭法十

条”，又被注入了完善地方环境法制体系和建立“四治”长效机制的重要内涵。按照“山水林田湖是一个生命共同体”的理念，突出市域规划统筹，强化区域规划衔接，强调“三区四线”底线思维。将淳安县定为“美丽杭州”实验区，取消了对淳安县的 GDP 等多项经济指标考核，保护绿水青山成为第一政绩。2020 年发布的《新时代美丽杭州建设实施纲要(2020—2035 年)》和《新时代美丽杭州建设三年行动计划(2020—2022 年)》，进一步强化美丽杭州建设制度创新。

2. 以美丽城镇建设引领

建设新时代美丽城镇，突出一镇一特色、一镇一规划，深挖潜力和内涵，做足“美丽+”文章，全面绘就高质量“美丽城镇”建设“五美”图景。杭州牢牢树立“规划先行、久久为功”“样板引领、串珠成链”“政府小投入、社会大发展、百姓得实惠、生态更文明”的理念。创新构建了“1+1+X”(首席设计师+驻镇规划师+发展师)技术服务机制；率先在全域推广生态管家机制，采用“运营企业+劳务合作社”模式，为城镇生态基础设施长效运维提供一体化解决方案。2020 年将完成 20 个以上乡镇被创建成市级美丽城镇，其中 10 个以上被创建成省级样板。

3. 完善以人为本出行模式

出台《关于深入贯彻交通强国建设纲要建设交通强国示范城市的实施意见》《杭州市建设交通强国示范城市行动计划(2020—2025 年)》，打造以人为本出行模式，实现美丽交通建设。在乡村，以“四好农村路”建设，推进全域美丽经济走廊建设，争创全国样板；在城市，要打通“毛细血管”，加快建设跨河、跨铁路、跨公路、跨地块的连通道路工程，推动空中连廊、地下通道、过街设施的联网互通，深化环湖、沿山、沿江、沿河、沿路、湿地、公园、乡村八大类城市绿道网建设，将西湖、西溪、运河等重点片区打造成为慢行示范区；在江河，推进美丽航道建设，打造精品旅游航线，推进之江、运河新城等水上旅游集散中心，以及梅城、运河新城、三江口区域等游艇基地建设。

4. 打造智慧城市建设样板

以发展信息经济、推动智慧应用的“一号工程”为指引，全力推进产业智慧化、智慧产业化。在智慧城市建设上，从智能路灯到智慧医疗，再到智慧生活的方方面面，覆盖面广的移动支付、新颖的在线医疗模式、创新的物流运输模式等，杭州市紧跟国家大数据战略，打造别具一格的国际化智慧城市。强化新型智慧城市建设的系统集成水平，建强中枢系统，加大数据互通协同力度，建设城市大脑数字界面，努力实现城市大脑深度融入市民群众日常生产生活，同数字赋能城市治理相适应的体制机制全面确立，将城市大脑建设成为杭州城市治理体系和治理能力现代化的鲜明标志。

2.2.4　江西模式

江西省围绕习近平总书记对江西的生态资源和红色文化给予了高度赞美，"绿色生态是江西最大财富、最大优势、最大品牌，一定要保护好，做好治山理水、显山露水的文章，走出一条经济发展和生态文明水平提高相辅相成、相得益彰的路子"，不断创新绿色制度，构建生态格局，壮大绿色经济，以高标准打造美丽中国"江西样板"（刘奇, 2017）。

1. 构建生态文明制度框架

江西省明确把建设国家生态文明试验区、打造美丽中国"江西样板"作为未来发展的总体要求。结合江西实际，提出构建山水林田湖系统保护与综合治理制度体系、构建最严格的环境保护与监管体系、构建促进绿色产业发展的制度体系、构建环境治理和生态保护市场体系、构建绿色共享共治制度体系、构建全过程的生态文明绩效考核和责任追究制度体系，初步形成了生态文明建设四梁八柱制度框架。

2. 加快生态经济发展

加快传统产业升级，推进钢铁、有色、化工、建材等传统产业产能绿色化改造，严格控制高耗能、高排放、高污染行业的发展。把发展的基点放到创新上来，塑造更多依靠创新驱动、更多发挥先发优势的引领型发展，加快培育新兴产业，大力促进全域旅游、文化创意、工业设计、现代金融等现代服务业发展，培育壮大新能源、新材料、节能环保等产业。大力发展生态农业，依托良好的生态环境，推进高标准农田建设。

3. 大力改善城乡环境

统筹完善生产、生活、生态三大布局，着力打造宜居、宜业、宜游的美丽城乡。不断完善城乡规划与建设，统筹城市地上地下建设，注重地下空间开发利用，实施综合管廊工程，建设海绵城市。大力修建城市湿地、公园、绿地。把新农村建设成为山水相连、花鸟相依、林田交相辉映、人与自然和谐相处的美丽家园。

4. 持续普及绿色生活方式

推动形成绿色发展方式和生活方式，大力弘扬生态文明理念，努力使生态文明成为主流价值，将生态文化纳入国民教育、继续教育、干部培训和企业培训计划中，大力推进生态文明教育进机关、进企业、进社区、进学校，推行绿色节能办公，增强全民环境意识，推动形成节约适度、绿色低碳、文明健康的生活方式和消费模式，形成全社会共同参与的良好风尚。

参考文献

曹阳, 甄峰. 2015. 基于智慧城市的可持续城市空间发展模型总体架构. 地理科学进展, 34(4): 430-437.

陈迎. 2014. 联合国 2015 年后发展议程: 进展与展望. 中国地质大学学报: 社会科学版, 14(5): 15-22, 155.

程国栋, 徐中民, 徐进祥. 2005. 建立中国国民幸福生活核算体系的构想. 地理学报, 60(6): 883-893.

方世南. 2013. 深刻认识生态文明建设在五位一体总体布局中的重要地位. 学习论坛, 29(1): 47-50.

高卿, 骆华松, 王振波, 等. 2019. 美丽中国的研究进展及展望. 地理科学进展, 38(7): 1021-1033.

高珊, 黄贤金. 2010. 基于绩效评价的区域生态文明指标体系构建: 以江苏省为例. 经济地理, 30(5): 823-828.

韩冰曦. 2018. 浙江安吉: 专注生态建设 构建“安吉模式”. http://politics.rmlt.com.cn/2018/1010/529962.shtml [2018-10-10].

黄光宇. 2004. 生态城市研究回顾与展望. 城市发展研究, 11(6): 41-48.

蒋小平. 2008. 河南省生态文明评价指标体系的构建研究. 河南农业大学学报, 42(1): 61-64.

廖才茂. 2004. 生态文明的内涵与理论依据.中共浙江省委党校学报, (6): 74-78.

凌亢, 赵旭, 姚学峰, 等. 1999. 南京可持续发展综合评价与分析. 统计研究, (S1): 279-284.

刘奇. 2017. 打造美丽中国的“江西样板”. https://news.gmw.cn/2017-06/19/content_24818529.htm [2017-08-19].

刘文玲, 王灿. 2010. 低碳城市发展实践与发展模式. 中国人口·资源与环境, 20(4): 17-22.

牛文元. 2012. 可持续发展理论的内涵认知: 纪念联合国里约环发大会 20 周年. 中国人口·资源与环境, 22(5): 9-14.

宋锋华. 2008. 城市可持续发展风险评价研究. 干旱区资源与环境, 22(7): 17-21.

孙新章. 2016. 中国参与 2030 年可持续发展议程的战略思考. 中国人口·资源与环境, 26(1): 1-7.

唐相龙. 2008. 新城市主义及精明增长之解读. 城市问题, (1): 87-90.

唐子来. 1998. 田园城市理念对于西方战后城市规划的影响. 城市规划学刊,(6): 5-7, 39-64.
王琴英. 2020. 从“德清实践”看美丽中国的未来模样. https://zjnews.zjol.com.cn/zjnews/huzhounews/202008/t20200803_12189639.shtml [2020-08-03].
王晓云, 张雪梅. 2014. 城市可持续发展能力评价: 基于三维空间结构模型. 国土与自然资源研究,(1): 4-6.
王岩, 方创琳, 张蔷. 2013. 城市脆弱性研究评述与展望. 地理科学进展, 32(5): 755-768.
吴山平. 2015. 美丽杭州: 美丽中国的实践样本. https://www.zjol.com.cn/05zjol/system/2015/05/18/020655326.shtml[2015-05-18].
伍瑛. 2000. 生态文明的内涵与特征. 生态经济,(2): 38-40.
徐江, 邵亦文. 2015. 韧性城市:应对城市危机的新思路. 国际城市规划, 30(2): 1-3.
徐中民, 程国栋. 2000. 可持续发展定量研究的几种新方法评介. 中国人口·资源与环境, 10(2): 60-64.
杨开忠. 2009. 谁的生态最文明: 中国各省区市生态文明大排名. 中国经济周刊,(32): 8-12.
杨占红, 罗宏, 薛婕, 等. 2016. 中印两国碳排放形势及目标比较研究. 地球科学进展, 31(7): 764-773.
于洋. 2009. 绿色、效率、公平的城市愿景: 美国西雅图市可持续发展指标体系研究. 国际城市规划, 24(6): 46-52.
俞可平. 2005. 科学发展观与生态文明.马克思主义与现实,(4): 4-5.
宇传华, 王璐. 2017. 联合国健康相关 SDG 指标及中国现状. 公共卫生与预防医学, 28(1): 1-7.
曾贤刚, 周海林. 2012. 全球可持续发展面临的挑战与对策. 中国人口·资源与环境, 22(5): 32-39.
张文忠. 2016. 宜居城市建设的核心框架. 地理研究, 35(2): 205-213.
张志强, 程国栋, 徐中民. 2002. 可持续发展评估指标、方法及应用研究. 冰川冻土, 24(4): 344-360.
周宏春, 宋智慧, 刘云飞, 等. 2019. 生态文明建设评价指标体系评析、比较与改进. 生态经济, 35(8): 213-222.
周生贤. 2013. 推进生态文明 建设美丽中国: 在中国环境与发展国际合作委员会 2012 年年会上的讲话. 理论参考,(2): 8-9.
Ang B W, Choong W L, Ng T S. 2015. Energy security: Definitions, dimensions and indexes. Renewable and Sustainable Energy Reviews, 42: 1077-1093.
ARCADIS. 2017. Sustainable Cities Index. https://www.arcadis.com/en/lobal/our-perspectives/sustainable-cities-index-2016/[2018-06-12].
Black R E, Allen L H, Bhutta Z A, et al. 2008. Maternal and child undernutrition: Global and regional exposures and health consequences. The Lancet, 371: 243-260.
Branscomb L M. 2006. Sustainable cities: Safety and security. Technology in Society, 28(1):

225-234.

Dizdaroglu D. 2015. Developing micro-level urban ecosystem indicators for sustainability assessment. Environmental Impact Assessment Review, 54: 119-124.

Gao L, Bryan B A. 2017. Finding pathways to national-scale land-sector sustainability. Nature, 544: 217-222.

Griggs D, Staffordsmith M, Gaffney O, et al. 2013. Policy: Sustainable development goals for people and planet. Nature, 495(7441): 305-307.

Gupta J, Vegelin C. 2016. Sustainable development goals and inclusive development. International Environmental Agreements Politics Law and Economics, 16(3): 433-448.

Hammer S, Kamal-Chaoui L, Robert A, et al. 2011. Cities and Green Growth: A Conceptual Framework. Organisation for Economic Co-operation and Development. Paris: OECD.

Huang S L, Wong J H, Chen T C. 1998. A framework of indicator system for measuring Taipei's urban sustainability. Landscape and Urban Planning, 42(1): 15-27.

Jonsson D R. 2008. Analysing sustainability in a land-use and transport system. Journal of Transport Geography, 16(1): 28-41.

Lehtonen M, Sebastien L, Bauler T. 2016. The multiple roles of sustainability indicators in informational governance: Between intended use and unanticipated influence. Current Opinion in Environmental Sustainability, 18: 1-9.

Mori K, Yamashita T. 2015. Methodological framework of sustainability assessment in City Sustainability Index(CSI): A concept of constraint and maximisation indicators. Habitat International, 45: 10-14.

National Academies of Sciences, Engineering, and Medicine. 2016. Pathways to Urban Sustainability: Challenges and Opportunities for the United States. Washington DC: National Academies Press.

Newman P, Jennings I. 2008. Cities as Sustainable Ecosystems: Principles and Practices. Washington DC: Island Press.

Robert C, Jacqueline M, Hunter L, et al. 2015. An overarching goal for the UN sustainable development goals. The Solutions Journal, 5(4): 13-16.

Tsai W T. 2010. Energy sustainability from analysis of sustainable development indicators: A case study in Taiwan. Renewable and Sustainable Energy Reviews, 14(7): 2131-2138.

Turcu C. 2013. Re-thinking sustainability indicators: Local perspectives of urban sustainability. Journal of Environmental Planning and Management, 56(5): 695-719.

UCI. 2014. The China Urban Sustainability Index 2013. Beijing: UCI.

United Nations. 2015a. The millennium development goals report 2015. https://www.un.org/en/node/89740[2020-10-20].

United Nations. 2015b. The United Nations World Water Development Report 2015: Water for a

Sustainable World. Paris: United Nations Educational, Scientific and Cultural Organization.

United Nations. 2015c. Transforming our world: The 2030 agenda for sustainable development. Civil Engineering, 24(1): 26-30.

United Nations. 2017. The United Nations World Water Development Report 2017: Wastewater, the Untapped Resource. Paris: United Nations Educational, Scientific and Cultural Organization.

World Bank. 2015. Sustainable Energy for All 2015: Progress toward Sustainable Energy. Washington DC: International Energy Agency.

Yigitcanlar T, Dur F. 2010. Developing a sustainability assessment model: The sustainable infrastructure, land-use, environment and transport model. Sustainability, 2(1): 321-340.

第3章 美丽中国的内涵与主要维度

中华民族对美丽中国的追求源远流长，美丽中国建设是关系中华民族永续发展的根本大计，是国家基本实现现代化和实现“两个一百年”奋斗目标的现实选择，也是落实到联合国《变革我们的世界：2030年可持续发展议程》的中国实践。厘清美丽中国的科学内涵与主要维度不仅是构建美丽中国建设评价指标体系、开展美丽中国全景评价的基础，也是贯彻落实美丽中国建设“时间表”与“路线图”的关键。为此，在回溯美丽中国思想的演进历史、剖析美丽中国与可持续发展及生态文明关系的基础上，从思想指引、顶层设计、部委行动、学术研究等层面出发，系统挖掘美丽中国的基本内涵及主要维度。

3.1 美丽中国思想的历史演进

3.1.1 美丽中国思想的历史渊源

自从有了人类，就有了对美丽家园的追求。从渔猎文明、农业文明、工业文明到生态文明阶段，人类对美丽的认知发生了深刻变化，人类赋予美丽家园、美丽国家的内涵也随之发生演进(高峰等, 2019)。渔猎文明阶段以崇拜自然、共同劳动、群居生活等为美丽，该阶段狩猎者与采集者都属于“自然界中的人”，人类通过适应自然来求得生存；农业文明阶段以尊崇天地、田园经济等为美丽，该阶段出现了城镇、城市及私有制，资源环境问题虽开始显现，但人类的生产活动仍以利用和强化自然过程为主，未对自然实行根本性的改造；工业文明阶段以科技创新、流动自由、改造自然等为美丽，该阶段社会生产虽然得到了空前发展，但资源环境问题日益严峻，人地关系发生了根本性变化，人成为“与自然对抗的人”；生态文明阶段则以协调发展、和谐共生、尊重自然等为美丽，人与自然和谐发展成为该阶段的核心命题。

作为有五千年文明史的国家，中国对美丽家园和美丽国家的追求源远流长。以儒释道为中心的中华文明，在几千年的发展过程中，形成了系统的美丽国家理论思想(李建华和蔡尚伟, 2013)。道家倡导“道法自然”的天人合一思想，着重从自然的视角论述人与自然的关系，主张人类要尊重自然，凡事要顺应自然。《道德经》中提出 “道生之，德畜之，物形之，势成之。是以万物莫不尊道而贵德。道之尊，德之贵，夫莫之命而常自然，故道生之，德畜之：长之、育之、亭之、毒之、养之、覆之。生而不有，为而不恃，长而不宰，是谓玄德”，告诫人们应当遵循事物内在的法则，按事物的规律办事，不要轻举妄动。老子还提到“以辅万物之自然而不敢为”，要求人们尊重自然、认识自然、遵循自然界的法则，提出人类的生产生活既要满足人的需求，同时也应符合客观规律，做到人与自然的协调发展。道家认为，要保持人与自然和谐相处而不违反自然规律，必须做到知足不辱、知止不殆。《老子》提出“道大，天大，地大，王亦大。域中有四大，而王居其一焉”“祸莫大于不知足；咎莫大于欲得。故知足之足，常足矣”，庄子也主张“常因自然而不益生”“不以人助天”，希望人们发挥主体能动性，有效地控制自己的行为欲求，使自己的欲望顺应自然法则，以保持人与自然的和谐(李世东等, 2017)。

儒家倡导“善待自然”。儒家注重人的德性，从人的角度论述人与自然的关系，强调人的礼仪，主张以“仁爱之心”对待自然，要求人们善待自然、善待万物，从而达到人与自然和谐。孔子在《论语·述而》中提出“子钓而不纲，弋不射宿”，他认为保护小鱼和巢中的小鸟不仅是热爱自然、维护生态平衡的手段，也是仁爱精神的体现。孟子则明确提出了 “仁民爱物”的思想主张，强调“君子之于物也，爱之而弗仁；于民也，仁之而弗亲。亲亲而仁民，仁民而爱物”。儒家认为“仁者以天地万物为一体”，一荣俱荣，一损俱损。儒家强调天、地、人三者相互依存、相互作用、相辅相成、共生共荣，只有“尽人之性”， 同时又“尽物之性”， 才能“赞天地之化育”，进而实现“与天地参矣”，即真正实现人地和谐。

佛家注重“众生平等”，众生既包括有情众生，如人和动植物，也包括无情众生，如山河等，强调人与鸡、鸭、花、草等生命都是平等的，从平等的视角阐述人与自然的关系。佛教认为人与自然之间没有明显界限，生命与环境是不可分割的整体。佛教提出的“依正不二”，即生命之体与自然环境是一个密不可分的有机整体。佛教主张善待万物和尊重生命，佛教的不杀生不仅包括不得杀伤人，也包括不得杀害动物，还包括不得践踏草木等。

无论是道家的“人法地，地法天，天法道，道法自然”“天地与我并生，而万物与我为一”等天人合一思想(李丹丹和柴文华, 2018)；还是儒家的“仁者以天地万物为一体”“天地变化，圣人效之”“与天地相似，故不违”“山林茂而鸟兽归之，树成荫而终鸟息焉”“林木不可胜用”等善待自然思想；佛家的“一切众生悉有佛性，如来常住无有变异”“终生平等”“依正不二”等生态伦理思想，均充分阐释了历史时期中国人民对美丽家园与美丽国家的理解，也为新时代的美丽中国建设提供了丰富的思想基础(高峰等, 2019)。

3.1.2 美丽中国思想的发展创新

进入21世纪后，中国社会经济发展取得了巨大进步，但也出现了一系列问题，资源人均占有率相对不足，资源消耗速率较快、利用率较低，生态承载能力较弱，高速的经济增长给自然资源和生态环境造成难以承载的重负，可持续发展面临着前所未有的挑战。与此同时，人民群众的生态环保意识不断增强，对生态环境问题关注程度不断提高，合理解决经济社会发展同人民群众不断增长的生态环境诉求间的矛盾势在必行。美丽中国建设思想正是基于我国资源短缺和环境恶化问题仍未得到根本性解决的背景下提出的(秦书生和胡楠, 2016)。

党的十七大报告首次提出建设生态文明，创建资源节约型、环境友好型社会；党的十八大报告首次提出了美丽中国概念，并把生态文明建设纳入中国特色社会主义建设“五位一体”总体布局；党的十九大报告则明确指明美丽中国建设方针，强调人与自然是生命共同体，并将“美丽”二字写入社会主义现代化强国目标，将“坚持人与自然和谐共生”作为新时代坚持和发展中国特色社会主义的十四条基本方略之一；2018年3月，第十三届全国人大一次会议修正案中将“生态文明”“美丽”等新表述历史性地写入宪法；2018年5月习近平总书记在全国生态环境保护大会的讲话中又提出了推进生态文明建设的“六项原则”和“五个体系”(葛全胜等, 2020)。至此，新时代美丽中国的科学内涵趋于明确，其理论基础也基本奠定。其间，国家各部委也以建设美丽中国为导向，围绕大气污染防治、土壤环境保护与治理、气候变化应对、山水林田湖草生态修复、生态保护红线划定、健全生态补偿机制、人居环境改善及人与自然和谐等多个领域，实施了一系列行动计划，开展了美丽中国建设实践(高峰等, 2019)。

美丽中国不仅单纯指天蓝、地绿、山青、水清的自然生态环境，更是包含了可持续发展、绿色发展、人民生态幸福因素在内。生态文明是美丽中国的内在要求，美丽中国是生态文明建设的目标和体现。随着推进生态文明建设和贯彻绿色发展理念的顶层设计及实施方案日臻完善、日趋成熟和日益深化，美丽中国建设思想不断丰富完善，逐渐成为一个完整的思想体系。其中，尊重自然、顺应自然、保护自然及实现人与自然和谐相处是美丽中国建设的基本要求；拥有天蓝、地绿、水清的自然生态环境是美丽中国建设的首要目标，是实现中华民族伟大复兴中国梦的重要内容；蓝天常在、青山常在、绿水常在，实现中华民族永续发展是美丽中国建设的应有之义；青山就是美丽，蓝天也是幸福，让广大人民群众享有更多的生态福祉是美丽中国建设的根本目标；坚持节约资源和保护环境的基本国策，建设资源节约型、环境友好型社会是美丽中国建设的重要措施；坚持绿色发展，构筑绿色发展的生态体系，是推进美丽中国建设的重要途径；深化生态文明体制改革，加强生态文明制度建设是美丽中国建设的根本保障(秦书生和胡楠, 2016)。

3.2　美丽中国的内涵解析

3.2.1　美丽中国与可持续发展的关系

可持续发展是实现人口、资源、环境、经济相协调的一种社会结构范式。1987年世界环境与发展委员会(United Nations World Commission on Environment and Development, WCED)在《我们共同的未来》中提出可持续发展概念，并将其定义为“既满足当代人的需求，又不对后代人满足其需求能力构成危害的发展”，指出当代世界存在的环境危机、能源危机和发展危机是传统发展方式造成的，要解决人类面临的各种危机，必须改变传统的发展方式，实施可持续发展战略，呼吁全球各国将可持续发展纳入发展目标；1992 年联合国环境与发展会议(United Nations Conference on Environment and Development, UNCED)在巴西里约热内卢通过《里约热内卢环境与发展宣言》,进一步确定了可持续发展的基本战略和思路，102 个国家首脑签署了《21 世纪议程》。自此，可持续发展作为一种全新的发展战略和发展观,成为人类理想的一种发展模式和一种普遍的政策目标(徐中民和程国栋, 2001)。

当前,实现人与自然的和谐已成为世界各国实施可持续发展战略的基本共识。2015 年 9 月 25～27 日，举世瞩目的“联合国可持续发展峰会”在纽约联合国总部召开。会议开幕当天通过了一份由 193 个会员国共同达成的成果文件《变革我们的世界：2030 年可持续发展议程》，该纲领性文件是联合国历史上通过的规模最为宏大和最具雄心的发展议程，它建立了以具体的、可考量指标和完成期限为导向，在资源、环境、经济等多个维度实现全球共同可持续发展的全世界总体发展框架(魏彦强等, 2018)。SDGs 2030 包括 17 个可持续发展目标和 169 个具体目标，涵盖 300 多个技术指标，将推动世界在今后 15 年内实现 3 个史无前例的非凡创举——消除极端贫穷、战胜不平等和不公正以及遏制气候变化，其目标就是创建一个可持续的方式进行生产、消费和使用自然资源，兼容经济增长、社会发展、环境保护，人类与大自然和谐共处，野生动植物和其他物种得到保护。

中国政府积极响应联合国提出的 SDGs 2030，制定了《中国落实 2030 年可持续发展议程国别方案》，该方案回顾了中国落实 MDGs 的成就和经验，分析了推进落实 SDGs 的机遇和挑战，并详细阐述了中国未来 15 年落实 17 项 SDGs 目标和 169 个具体目标的细节和方案。党的十九大报告中也明确提出将美丽中国建设作为落实《变革我们的世界：2030 年可持续发展议程》的重要实践。2018 年 5 月 18 日习近平主席在全国生态环境保护大会上进一步提出了美丽中国建设的"时间表"和"路线图"，"确保到 2035 年节约资源和保护环境的空间格局、产业结构、生产方式、生活方式总体形成，生态环境质量实现根本好转""美丽中国目标基本实现""人与自然和谐共生，生态环境领域国家治理体系和治理能力现代化全面实现，建成美丽中国"。

从本质看，美丽中国是可持续发展理论中国本土化的结果与深化，美丽中国建设是全球可持续发展目标在中国的实践(高峰等, 2019)。作为对传统发展模式反思的结果，美丽中国建设既是实现中国"两个一百年"奋斗目标的新路径，也是稳固大国地位和实现中华民族伟大复兴中国梦的必然要求，更是中国可持续发展的必然选择，肩负着全球责任和国家使命。美丽中国建设以人与自然的和谐发展为核心，强调人与自然是生命共同体，勾画了"生产空间集约高效、生活空间宜居适度、生态空间山清水秀"的美好图景，它是推进人与自然和谐发展，守住"绿水青山"赢得"金山银山"的重要手段，其根本指向就是要解决人的发展与自然环境及资源承载力之间的矛盾，实现生态环境有效保护、自然资源永续利用、经济社会绿色发展、人与自然和谐共处的可持续发展目标，形成天蓝地绿、山清水秀、强大富裕、人地和谐的可持续发展强国(葛全胜等, 2020)。

从建设目标来看，美丽中国的建设目标和具体指标与《变革我们的世界：2030 年可持续发展议程》提出的 17 个可持续发展目标、169 个具体目标和 300 多个技术指标基本一致，涵盖了"天蓝、地绿、水清、人和"等各个维度(魏彦强等, 2018)。其中，SDG 7(确保人人获得负担得起的、可靠和可持续的现代能源)、SDG 13(采取紧急行动应对气候变化及其影响)与天蓝维度的目标基本一致；SDG 2(消除饥饿，实现粮食安全，改善营养状况和促进可持续农业)、SDG 15(保护、恢复和促进可持续利用陆地生态系统，可持续管理森林，防治荒漠化，制止和扭转土地退化，遏制生物多样性的丧失)与地绿维度的目标基本一致；SDG 6(为所有人提供水和环境卫生并对其进行可持续管理)、SDG 14(保护和可持续利用海洋和海洋资源以促进可持续发展)与水清维度的目标基本一致；SDG 1(在全世界消除一切形式的贫穷)、SDG 3(确保各年龄段人群的健康生活方式，促进他们的福祉)、SDG 4(确保包容和公平的优质教育，让全民终身享有学习机会)、SDG 5(实现性别平等，增强所有妇女和女童的权能)、SDG 10(减少国家内部和国家之间的不平等)、SDG 8(加强执行手段，重振可持续发展全球伙伴关系)、SDG 9(建造具备抵御灾害能力的基础设施，促进具有包容性的可持续工业化，推动创新)、SDG 11(建设包容、安全、有抵御灾害能力和可持续的城市和人类住区)、SDG 16(创建和平、包容的社会以促进可持续发展，让所有人都能诉诸司法，在各级建立有效、负责和包容的机构)、SDG 12(确保采用可持续的消费和生产模式)、SDG 17(加强执行手段，重振可持续发展全球伙伴关系)与人和维度的目标基本一致(图 3-1)。

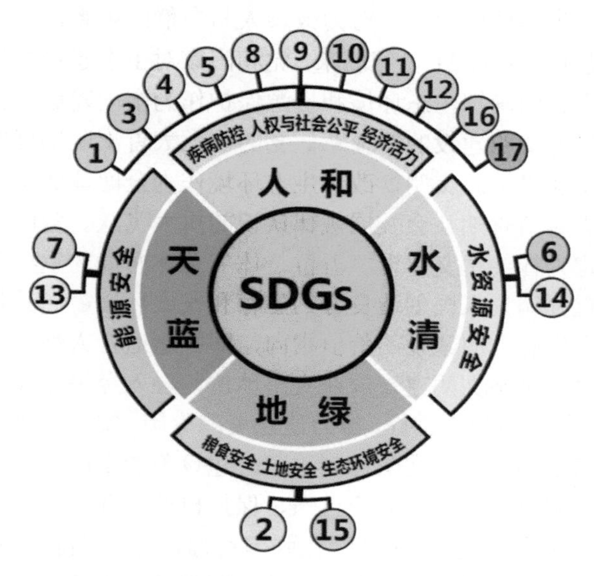

图 3-1　SDGs 2030 年目标与美丽中国建设目标的关系(魏彦强等, 2018)

3.2.2　美丽中国与生态文明建设的关系

在反思工业文明导致的生态危机基础上，1987 年中国著名生态学家叶谦吉首次提出开展生态文明建设的倡议，认为生态文明就是“人类既获利于自然，又还利于自然，在改造自然的同时又保护自然，人与自然之间保持着和谐统一的关系”(叶谦吉, 1988)；1995 年美国学者莫里森在《生态民主》一书中将生态文明界定为“节制工业文明对地球资源和生态环境破坏的一种新的文明形式”(陈洪波等, 2013)。作为继工业文明之后出现的一种新型文明范式、人类实现可持续发展的必然选择，生态文明强调“尊重自然、顺应自然、保护自然”的生态理念，其核心价值取向是建立人与自然和谐发展的关系(王晓广, 2013；高峰等, 2019)。

生态文明是社会和谐和自然和谐相统一的文明，是人与自然、人与人、人与社会和谐共生的文化伦理形态，生态的稳定与和谐是自然环境的福祉，更是人类的福祉(李世东等, 2017)。生态文明建设并非要放弃工业文明，而是要以资源环境承载能力为基础，以可持续发展为目标，建设生产发展、生活富裕、生态良好的文明社会(张高丽, 2013)。在生态文明阶段，经济之美表现为协调发展、集约发展、绿色发展；文化之美表现为生态文化、和谐自然；政治之美表现为生态政治、环境运动；社会之美表现为和谐共生、良性循环；生态之美表现为尊重自然、保护自然(李世东等, 2017)。

在我国，关注生态环境建设，努力改善人与自然的关系，一直以来都是党工作的重要内容，特别是进入 21 世纪以来，党和国家对生态建设与环境保护问题更加重视。党的十六大明确把生态环境和资源保护作为全面建成小康社会的重要保障，开启了我国生态文明建设的新篇章。党的十七大首次明确提出建设生态文明的重要任务，并将建设生态文明，改善生态环境作为全面建成小康社会的基本要求之一，标志着党对新时期社会发展规律认识的重大飞跃。党的十八大报告进一步将生态文明确定为社会主义建设“五位一体”总体布局的重要环节，并从改善民生的意义上着重强调为人民创造良好的生存和发展环境，尤其是美丽中国概念的提出，更体现了生态文明建设的价值指向，即打造适合人性需求的生态环境。报告指出，必须“把生态文明建设放在突出地位，融入经济建设、政治建设、文化建设、社会建设各方面和全过程，努力建设美丽中国，实现中华民族永续发展”。党的十九大报告指出加快生态文明体制改革，建设美丽中国，强调人与自然是生命共同体，人类必须尊重自然、顺应自然、保护自然，并进一步强调生态文明建设，将“美丽”二字写入社会主义现代化强国目标，将“坚持人与自然和谐共生”作为新时代坚持和发展中国特色社会主义的十四条基本方略之一；2018 年 3 月，第十三届全国人大一次会议修正案中将宪法序言第七自然段一处表述修改为:“推动物质文明、政治文明、精神文明、社会文明、生态文明协调发展，把我国建设成为富强民主文明和谐美丽的社会主义现代化强国，实现中华民族伟大复兴”，将“生态文明”“美丽”等新表述历史性地写入宪法(图 3-2)。

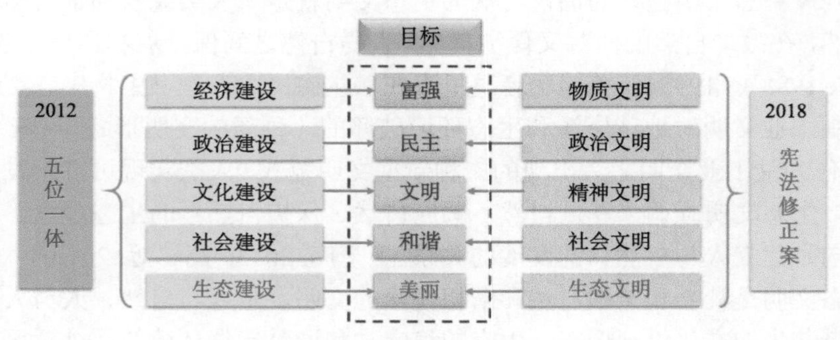

图 3-2　美丽中国与生态文明的关系

作为社会主义新时代生态文明建设的新目标愿景，美丽中国蕴含着生态文明建设的基本要求，美丽中国思想确立了人与自然相处的和谐模式以及经济发展与环境保护的协调关系，其根本指向就是实现人与自然、人与社会的和谐共生。可以说，生态文明繁荣是美丽中国的重要标志，美丽中国是生态文明建设的主体目标，生态文明建设是实现美丽中国的必由之路(高峰等, 2019)，美丽中国的宏伟蓝图需要通过大力推进生态文明体制改革创新来实现。鉴于此，2015 年 5 月 5 日，《中共中央 国务院关于加快推进生态文明建设的意见》(中发〔2015〕12 号)，提出了节约资源、保护环境、自然恢复、绿色发展的总体思路；同年 9 月 21 日，又印发了《生态文明体制改革总体方案》，提出了尊重自然、顺应自然、保护自然、发展和保护相统一、“绿水青山就是金山银山”、山水林田湖是生命共同体等生态文明建设理念，提出要加快建立系统完整的生态文明制度体。为了进一步考察生态文明建设成果，2016 年 12 月根据中共中央办公厅、国务院办公厅关于印发《生态文明建设目标评价考核办法》的通知(厅字〔2016〕45 号)，国家发展改革委、国家统计局等部门制定了《生态文明建设考核目标体系》，提出根据资源利用、生态环境保护、年度评价结果、公众满意程度、生态环境事件 5 类 23 项考核目标进行生态文明建设水平考核。国家生态文明考核指标体系的理念、目标、指标、重点与美丽中国建设评估的理念、目标、指标和重点高度一致。这充分说明，美丽中国建设是推进生态文明体制改革创新的战略举措，美丽中国建设水平是生态文明体制改革和制度成效的定量检验(葛全胜等, 2020)。

3.2.3　美丽中国基本内涵的挖掘

为了更清晰地挖掘美丽中国的内涵，特从思想指引、顶层设计、部委行动、学术研究等层面出发，全面梳理解析美丽中国的概念范畴与建设内容。

1. 美丽中国的思想指引

围绕美丽中国建设，习近平总书记提出了一系列新理念、新思想、新战略。2005 年在浙江省安吉县余村考察时，习近平同志首次提出“绿水青山就是金山银山”的科学论断；2012 年党的十八大报告中首次提出“把生态文明建设放在突出地位，融入经济建设、政治建设、文化建设、社会建设各方面和全过程，努力建设美丽中国”；2013 年 11 月 9 日习近平同志在十八届三中全会上提出“山水林田湖是一个生命共同体”；2015 年在 G20 领导人第十次峰会及亚太经济合作组织(Asia Pacific Economic Cooperation, APEC)工商领导人峰会上提到“建设天蓝、地绿、水清的美丽中国”；2016 年在全国卫生与健康大会上，习近平同志指出“绿水青山不仅是金山银山，也是人民群众健康的重要保障”；2017 年在十九大报告中，习近平总书记强调“建设生态文明是中华民族永续发展的千年大计”“坚持节约资源和保护环境的基本国策”“坚定走生产发展、生活富裕、生态良好的文明发展道路，建设美丽中国”。这一系列科学论断是对国际可持续发展理念和习近平生态文明思想的延续及其实施路径的探索和推进，对深刻认识美丽中国核心内涵具有重要的指导意义，为推进美丽中国建设提供了思想指引和实践抓手。习近平同志关于美丽中国的科学论断见附录 3-1。

附录 3-1　习近平同志关于美丽中国的科学论断

2005 年，时任浙江省委书记的习近平同志在浙江省安吉县余村考察时，首次提出“绿水青山就是金山银山”的科学论断，这已成为树立生态文明观、引领中国走向绿色发展之路的理论之基。

2012 年 11 月 8 日，习近平同志在十八大报告中提出“面对资源约束趋紧、环境污染严重、生态系统退化的严峻形势，必须树立尊重自然、顺应自然、保护自然的生态文明理念，把生态文明建设放在突出地位，融入经济建设、政治建设、文化建设、社会建设各方面和全过程，努力建设美丽中国，实现中华民族永续发展。”

2013 年 5 月 24 日，习近平同志在中共中央政治局第六次集体学习时指出，“生态环境保护是功在当代、利在千秋的事业。要清醒认识保护生态环境、治理环境污染的紧迫性和艰巨性，清醒认识加强生态文明建设的重要性和必要性，以对人民群众、对子孙后代高度负责的态度和责任，真正下决心把环境污染治理好、把生态环境建设好，努力走向社会主义生态文明新时代，为人民创造良好生产生活环境。”

2013 年 9 月 7 日，习近平同志在哈萨克斯坦纳扎尔巴耶夫大学发表演讲并回答学生们提出的问题，在谈到环境保护问题时他指出：“我们既要绿水青山，也要金山银山。宁要绿水青山，不要金山银山，而且绿水青山就是金山银山”。

2013 年 11 月 9 日，习近平同志在党的十八届三中全会上作关于《中共中央关于全面深化改革若干重大问题的决定》的报告时指出，“我们要认识到，山水林田湖是一个生命共同体，人的命脉在田，田的命脉在水，水的命脉在山，山的命脉在土，土的命脉在树。”

2015 年 3 月两会期间，在参加十二届全国人大三次会议江西代表团审议时，习近平说：“环境就是民生，青山就是美丽，蓝天也是幸福”“像保护眼睛一样保护生态环境，像对待生命一样对待生态环境”“把不损害生态环境作为发展的底线。”

2015 年 11 月 15 日，习近平同志在出席的 G20 领导人第十次峰会时表示，中国有信心、有能力保持经济中高速增长，“坚持绿色低碳发展，改善环境质量，建设天蓝、地绿、水清的美丽中国”正是这一信心的来源之一。

2015 年 11 月 18 日，习近平同志在 APEC 工商领导人峰会发表演讲时表示，中国将更加注重绿色发展。将把生态文明建设融入经济社会发展各方面和全过程，致力于实现可持续发展，全面提高适应气候变化能力，坚持节约资源和保护环境的基本国策，建设天蓝、地绿、水清的美丽中国。

2016 年 3 月 10 日，习近平同志在参加青海代表团审议时强调，“生态环境没有替代品，用之不觉，失之难存。在生态环境保护建设上，一定要树立大局观、长远观、整体观，坚持保护优先，坚持节约资源和保护环境的基本国策，像保护眼睛一样保护生态环境，像对待生命一样对待生态环境，推动形成绿色发展方式和生活方式。”

2016 年 8 月 19 日，习近平同志在全国卫生与健康大会上的讲话中指出，“绿水青山不仅是金山银山，也是人民群众健康的重要保障。对生态环境污染问题，各级党委和政府必须高度重视，要正视问题、着力解决问题，而不要去掩盖问题。”

2017 年 10 月 18 日，习近平同志在党的十九大报告中强调，建设生态文明是中华民族永续发展的千年大计。必须树立和践行绿水青山就是金山银山的理念，坚持节约资源和保护环境的基本国策，像对待生命一样对待生态环境，统筹山水林田湖草系统治理，实行最严格的生态环境保护制度，形成绿色发展方式和生活方式，坚定走生产发展、生活富裕、生态良好的文明发展道路，建设美丽中国，为人民创造良好生产生活环境，为全球生态安全做出贡献。

2020 年 4 月 22 日，习近平同志在陕西考察期间，专门视察了秦岭生态环境保护情况，再次强调要牢固树立“绿水青山就是金山银山”的理念，提出“人不负青山，青山定不负人”。

2. 美丽中国的顶层设计

围绕美丽中国建设，国家开始了一系列顶层设计(图 3-3)。2007 年 10 月，党的十七大报告首次提出“建设生态文明”；2010 年 10 月，十七届五中全会提出“绿色、低碳”理念，并把“绿色发展”明确写入“十二五”规划且独立成篇；2012 年 11 月，党的十八大报告明确提出了美丽中国概念，并把生态文明建设纳入中国特色社会主义建设“五位一体”总体布局；2017 年 10 月，党的十九大报告明确了美丽中国建设方针，强调人与自然是生命共同体，人类必须尊重自然、顺应自然、保护自然；2018 年 3 月，十三届全国人大一次会议修正案中将宪法序言第七自然段一处表述修改为 “推动物质文明、政治文明、精神文明、社会文明、生态文明协调发展，把我国建设成为富强民主文明和谐美丽的社会主义现代化强国，实现中华民族伟大复兴”，将“美丽”“生态文明”历史性写入宪法；2018 年 5 月，习近平在全国生态环境保护大会上提出了推进生态文明建设的“六项原则”和“五个体系”，确保到 2035 年，生态环境质量实现根本好转，美丽中国目标基本实现，到 21 世纪中叶，建成美丽中国。这一系列顶层设计不仅为美丽中国建设提供了行动指南，更为构建人类命运共同体贡献了思想和实践的“中国方案”。美丽中国的顶层设计路线见附录 3-2。

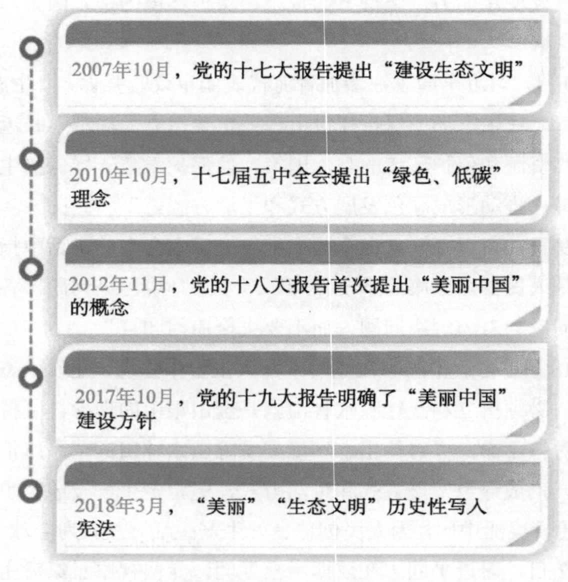

图 3-3　美丽中国建设的顶层设计文件

附录 3-2　美丽中国的顶层设计路线

(1)党的十七大首提生态文明建设

2007 年 10 月，党的十七大报告提出建设生态文明，实质上就是要“建设以资源环境承载力为基础、以自然规律为准则、以可持续发展为目标的资源节约型、环境友好型社会”。这是中国共产党推动科学发展、和谐发展理念的一次升华，“四个文明”使党领导国家建设的思路更加系统，更加完善。这不仅是破解日趋严重的资源环境约束的有效途径、加快转变经济发展方式的客观需要，也是保障和改善民生的内在要求。建设生态文明，是党中央深入贯彻落实科学发展观，针对经济快速增长中资源环境代价过大的严峻现实而提出的重大战略思想和战略任务，是中国特色社会主义伟大事业总体布局的重要组成部分。

(2)十七届五中全会提出“树立绿色、低碳发展”理念

2010 年 10 月，十七届五中全会会议强调，“必须把加快建设资源节约型、环境友好型社会作为重要着力点，加大环境保护力度，提高生态文明水平，走可持续发展之路。”“推广绿色建筑、绿色施工，发展绿色经济、绿色矿业，推广绿色消费模式，推行政府绿色采购。”“绿色发展”被明确写入“十二五”规划并独立成篇。

(3)党的十八大明确提出了美丽中国战略

2012 年 11 月 8 日，党的十八大报告强调，“建设生态文明，是关系人民福祉、关乎民族未来的长远大计。面对资源约束趋紧、环境污染严重、生态系统退化的严峻形势，必须树立尊重自然、顺应自然、保护自然的生态文明理念，把生态文明建设放在突出地位，融入经济建设、政治建设、文化建设、社会建设各方面和全过程，努力建设美丽中国，实现中华民族永续发展。”报告首次提出了“建设美丽中国”的重大战略思想和全新执政理念，为我国进入新阶段经济社会全面协调可持续发展指明了前进方向。

(4)党的十九大指明美丽中国建设方针

2017 年 10 月 18 日，习近平同志在党的十九大报告中指出，“加快生态文明体制改革，建设美丽中国。”报告强调，“人与自然是生命共同体，人类必须尊重自然、顺应自然、保护自然。人类只有遵循自然规律才能有效防止在开发利用自然上走弯路，人类对大自然的伤害最终会伤及人类自身，这是无法抗拒的规律。”“我们要建设的现代化是人与自然和谐共生的现代化，既要创造更多物质财富和精神财富以满足人民日益增长的美好生活需要，也要提供更多优质生态产品以满足人民日益增长的优美生态环境需要。必须坚持节约优先、保护优先、自然恢复为主的方针，形成节约资源和保护环境的空间格局、产业结构、生产方式、生活方式，还自然以宁静、和谐、美丽。”

(5)十三届全国人大一次会议将“美丽”“生态文明”历史性写入宪法

2018年3月，十三届全国人大一次会议修正案中将宪法序言第七自然段一处表述修改为：“推动物质文明、政治文明、精神文明、社会文明、生态文明协调发展，把我国建设成为富强民主文明和谐美丽的社会主义现代化强国，实现中华民族伟大复兴”，其中“生态文明”“美丽”等新表述，不仅对我国生态环境建设具有重大意义，也为普通老百姓守住绿水青山、创造美好生活提供了宪法保障。

(6)生态文明建设的“六原则”“五体系”为美丽中国研究奠定理论基础

2018 年 5 月 18 日，习近平同志在全国生态环境保护大会上的重要讲话，提出新时代推进生态文明建设，必须坚持以下原则。一是坚持人与自然和谐共生，坚持节约优先、保护优先、自然恢复为主的方针，要像保护眼睛一样保护生态环境，像对待生命一样对待生态环境，让自然生态美景永驻人间，还自然以宁静、和谐、美丽。二是绿水青山就是金山银山，必须贯彻创新、协调、绿色、开放、共享的发展理念，加快形成节约资源和保护环境的空间格局、产业结构、生产方式、生活方式，给自然生态留下休养生息的时间和空间。三是良好生态环境是最普惠的民生福祉。要坚持生态惠民、生态利民、生态为民，重点解决损害群众健康的突出环境问题，不断满足人民日益增长的优美生态环境需要。四是山水林田湖草是生命共同体，必须统筹兼顾、整体施策、多措并举，全方位、全地域、全过程开展生态文明建设。五是用最严格制度最严密法治保护生态环境。要加快制度创新，强化制度执行，让制度成为刚性的约束和不可触碰的高压线。六是共谋全球生态文明建设。要深度参与全球环境治理，形成世界环境保护和可持续发展的解决方案，引导应对气候变化国际合作。

习近平同志强调，加快构建生态文明体系。加快建立健全以生态价值观念为准则的生态文化体系，以产业生态化和生态产业化为主体的生态经济体系，以改善生态环境质量为核心的目标责任体系，以治理体系和治理能力现代化为保障的生态文明制度体系，以生态系统良性循环和环境风险有效防控为重点的生态安全体系。要通过加快构建生态文明体系，使我国经济发展质量和效益显著提升，确保到 2035 年，生态环境质量实现根本好转，美丽中国目标基本实现。到 21 世纪中叶，物质文明、政治文明、精神文明、社会文明、生态文明全面提升，绿色发展方式和生活方式全面形成，人与自然和谐共生，生态环境领域国家治理体系和治理能力现代化全面实现，建成美丽中国。

3. 美丽中国的行动计划

在习近平同志科学论断及国家顶层设计的引领下，各部委围绕大气污染防治、土壤环境保护与治理、气候变化应对、山水林田湖草生态修复、生态保护红线划定、健全生态补偿机制、人居环境改善及人与自然和谐等领域，着力推行美丽中国建设实践。

2013 年 1 月 23 日，《国务院办公厅关于印发近期土壤环境保护和综合治理工作安排的通知》(国办发〔2013〕7 号)，确定了“土十条”；2013 年 9 月 12 日，《国务院关于印发大气污染防治行动计划的通知》(国发〔2013〕37 号)，确定了大气污染防治十条措施；2015 年 4 月 16 日，《国务院关于印发水污染防治行动计划的通知》(国发〔2015〕17 号)，提出了“水十条”；2016 年 5 月 13 日，《国务院办公厅关于健全生态保护补偿机制的意见》(国办发〔2016〕31 号)指出“实施生态保护补偿是调动各方积极性、保护好生态环境的重要手段”；2016 年 5 月 31 日，《国务院关于印发土壤污染防治行动计划的通知》(国发〔2016〕31 号)强调“土壤是经济社会可持续发展的物质基础，关系人民群众身体健康，关系美丽中国建设”；2017 年 2 月 7 日，中共中央办公厅、国务院办公厅印发了《关于划定并严守生态保护红线的若干意见》；2018 年 1 月 4 日，中共中央办公厅、国务院办公厅印发《关于在湖泊实施湖长制的指导意见》，指出“湖泊是江河水系的重要组成部分，是蓄洪储水的重要空间，在防洪、供水、航运、生态等方面具有不可替代的作用”。这一系列行动计划不仅明确了美丽中国建设的切入点，更切实推进了区域性美丽中国建设实践(图 3-4)。美丽中国建设的行动计划见附录 3-3。

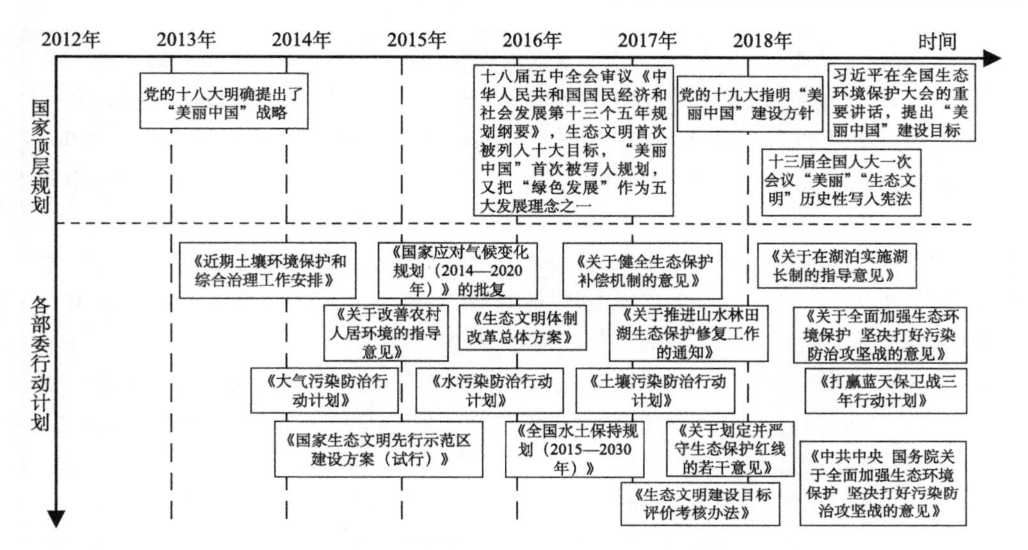

图 3-4　党的十八大以来关于美丽中国建设的国家顶层规划与部委行动计划

附录 3-3　美丽中国建设的行动计划

2013 年 1 月 23 日，《国务院办公厅关于印发近期土壤环境保护和综合治理工作安排的通知》（国办发〔2013〕7 号）指出，到 2015 年，全面摸清我国土壤环境状况，建立严格的耕地和集中式饮用水水源地土壤环境保护制度，初步遏制土壤污染上升势头，建立土壤环境质量定期调查和例行监测制度，基本建成土壤环境质量监测网，全面提升土壤环境综合监管能力，初步控制被污染土地开发利用的环境风险，有序推进典型地区土壤污染治理与修复试点示范，逐步建立土壤环境保护政策、法规和标准体系。力争到 2020 年，建成国家土壤环境保护体系，使全国土壤环境质量得到明显改善。

2013 年 9 月 12 日，《国务院关于印发大气污染防治行动计划的通知》（国发〔2013〕37 号），确定了大气污染防治十条措施，包括减少污染物排放；严控高耗能、高污染行业新增产能；大力推行清洁生产；加快调整能源结构；强化节能环保指标约束；推行激励与约束并举的节能减排新机制，加大排污费征收力度，加大对大气污染防治的信贷支持；等等。

2013 年 12 月 2 日，国家发展改革委、财政部、国土资源部等多部委《关于印发国家生态文明先行示范区建设方案（试行）的通知》（发改环资〔2013〕2420 号）强调，把生态文明建设放在突出的战略地位，按照“五位一体”总布局要求，推动生态文明建设与经济、政治、文化、社会建设紧密结合、高度融合，以推动绿色、循环、低碳发展为基本途径，以体制机制创新激发内生动力，以培育弘扬生态文化提供有力支撑，结合自身定位推进新型工业化、新型城镇化和农业现代化，调整优化空间布局，全面促进资源节约，加大自然生态系统和环境保护力度，加快建立系统完整的生态文明制度体系，形成节约资源和保护环境的空间格局、产业结构、生产方式、生活方式，提高发展的质量和效益，促进生态文明建设水平明显提升。

2014 年 5 月 29 日，《国务院办公厅关于改善农村人居环境的指导意见》(国办发〔2014〕25 号)指出，推进农村基础设施建设和城乡基本公共服务均等化。按照全面建成小康社会和建设社会主义新农村的总体要求，以保障农民基本生活条件为底线，以村庄环境整治为重点，以建设宜居村庄为导向，从实际出发，循序渐进，通过长期艰苦努力，全面改善农村生产生活条件。到 2020 年，全国农村居民住房、饮水和出行等基本生活条件明显改善，人居环境基本实现干净、整洁、便捷，建成一批各具特色的美丽宜居村庄。

2014 年 9 月 19 日，《国务院关于国家应对气候变化规划(2014—2020 年)的批复》(国函〔2014〕126 号)提出，要牢固树立生态文明理念，坚持节约能源和保护环境的基本国策，统筹国内与国际、当前与长远，减缓与适应并重，坚持科技创新、管理创新和体制机制创新，健全法律法规标准和政策体系，不断调整经济结构、优化能源结构、提高能源效率、增加森林碳汇，有效控制温室气体排放，努力走一条符合中国国情的发展经济与应对气候变化双赢的可持续发展之路。

2015 年 4 月 16 日，《国务院关于印发水污染防治行动计划的通知》(国发〔2015〕17 号)强调，大力推进生态文明建设，以改善水环境质量为核心，按照“节水优先、空间均衡、系统治理、两手发力”原则，贯彻“安全、清洁、健康”方针，强化源头控制，水陆统筹、河海兼顾，对江河湖海实施分流域、分区域、分阶段科学治理，系统推进水污染防治、水生态保护和水资源管理。坚持政府市场协同，注重改革创新；坚持全面依法推进，实行最严格环保制度；坚持落实各方责任，严格考核问责；坚持全民参与，推动节水洁水人人有责，形成“政府统领、企业施治、市场驱动、公众参与”的水污染防治新机制，实现环境效益、经济效益与社会效益多赢，为建设“蓝天常在、青山常在、绿水常在”的美丽中国而奋斗。

2015 年 9 月 21 日，中共中央、国务院印发的《生态文明体制改革总体方案》的通知强调，坚持节约资源和保护环境基本国策，坚持节约优先、保护优先、自然恢复为主方针，立足我国社会主义初级阶段的基本国情和新的阶段性特征，以建设美丽中国为目标，以正确处理人与自然关系为核心，以解决生态环境领域突出问题为导向，保障国家生态安全，改善环境质量，提高资源利用效率，推动形成人与自然和谐发展的现代化建设新格局。

2015 年 10 月 17 日，《国务院关于全国水土保持规划(2015—2030 年)的批复》(国函〔2015〕160 号)强调，树立尊重自然、顺应自然、保护自然的理念，坚持预防为主、保护优先，全面规划、因地制宜，注重自然恢复，突出综合治理，强化监督管理，创新体制机制，充分发挥水土保持的生态、经济和社会效益，实现水土资源可持续利用，为保护和改善生态环境、加快生态文明建设、推动经济社会持续健康发展提供重要支撑。

2016 年 5 月 13 日，《国务院办公厅关于健全生态保护补偿机制的意见》(国办发〔2016〕

31 号）指出，实施生态保护补偿是调动各方积极性、保护好生态环境的重要手段，是生态文明制度建设的重要内容。到 2020 年，实现森林、草原、湿地、荒漠、海洋、水流、耕地等重点领域和禁止开发区域、重点生态功能区等重要区域生态保护补偿全覆盖，补偿水平与经济社会发展状况相适应，跨地区、跨流域补偿试点示范取得明显进展，多元化补偿机制初步建立，基本建立符合我国国情的生态保护补偿制度体系，促进形成绿色生产方式和生活方式。

2016 年 5 月 31 日，《国务院关于印发土壤污染防治行动计划的通知》（国发〔2016〕31 号）强调，土壤是经济社会可持续发展的物质基础，关系人民群众身体健康，关系美丽中国建设，保护好土壤环境是推进生态文明建设和维护国家生态安全的重要内容。立足我国国情和发展阶段，着眼经济社会发展全局，以改善土壤环境质量为核心，以保障农产品质量和人居环境安全为出发点，坚持预防为主、保护优先、风险管控，突出重点区域、行业和污染物，实施分类别、分用途、分阶段治理，严控新增污染、逐步减少存量，形成政府主导、企业担责、公众参与、社会监督的土壤污染防治体系，促进土壤资源永续利用，为建设“蓝天常在、青山常在、绿水常在”的美丽中国而奋斗。

2016 年 9 月 30 日，《财政部、国土资源部、环境保护部关于推进山水林田湖生态保护修复工作的通知》（财建〔2016〕725 号）指出，开展山水林田湖生态保护修复是生态文明建设的重要内容，是贯彻绿色发展理念的有力举措，是破解生态环境难题的必然要求。加快山水林田湖生态保护修复，实现格局优化、系统稳定、功能提升，关系生态文明建设和美丽中国建设进程，关系国家生态安全和中华民族永续发展。

2016 年 12 月 12 日，根据中共中央办公厅、国务院办公厅关于印发《生态文明建设目标评价考核办法》的通知（厅字〔2016〕45 号）要求，国家发展改革委、国家统计局、环境保护部、中央组织部制定了《绿色发展指标体系》和《生态文明建设考核目标体系》（发改环资〔2016〕2635 号），作为生态文明建设评价考核的依据，考查各地区生态文明建设重点目标任务完成情况，强化省级党委和政府生态文明建设的主体责任，督促各地区自觉推进生态文明建设。

2017 年 2 月 7 日，中共中央办公厅、国务院办公厅印发了《关于划定并严守生态保护红线的若干意见》指出，以改善生态环境质量为核心，以保障和维护生态功能为主线，按照山水林田湖系统保护的要求，划定并严守生态保护红线，实现一条红线管控重要生态空间，确保生态功能不降低、面积不减少、性质不改变，维护国家生态安全，促进经济社会可持续发展。

2018 年 1 月 4 日，中共中央办公厅、国务院办公厅印发《关于在湖泊实施湖长制的指导意见》指出，湖泊是江河水系的重要组成部分，是蓄洪储水的重要空间，在防洪、供水、航运、生态等方面具有不可替代的作用。在湖泊实施湖长制是贯彻党的十九大精神、加强生态文明建设的具体举措，是关于全面推行河长制的意见提出的明确要求，是加强湖泊管理保护、改善湖泊生态环境、维护湖泊健康生命、实现湖泊功能永续利用的重要制度保障。

2018 年 6 月 16 日，《中共中央国务院关于全面加强生态环境保护 坚决打好污染防治攻坚战的意见》指出，良好生态环境是实现中华民族永续发展的内在要求，是增进民生福祉的优先领域。为深入学习贯彻习近平新时代中国特色社会主义思想和党的十九大精神，决胜全面建成小康社会，全面加强生态环境保护，打好污染防治攻坚战，提升生态文明，建设美丽中国。

2018 年 7 月 3 日，《国务院关于印发打赢蓝天保卫战三年行动计划的通知》(国发〔2018〕22 号)强调，打赢蓝天保卫战，是党的十九大做出的重大决策部署，事关满足人民日益增长的美好生活需要，事关全面建成小康社会，事关经济高质量发展和美丽中国建设。经过 3 年努力，大幅减少主要大气污染物排放总量，协同减少温室气体排放，进一步明显降低细颗粒物($PM_{2.5}$)浓度，明显减少重污染天数，明显改善环境空气质量，明显增强人民的蓝天幸福感。

4. 美丽中国的文献计量

自 2012 年美丽中国提出以来，相关研究快速增长。国内外诸多专家学者，从概念界定、建设目标、主要任务等多个视角剖析了美丽中国的科学内涵与时代特征。结合现有研究成果的关键词共现分析发现，研究热点主要集中在生态保护、人与自然、环境治理、生态系统退化、绿色发展等生态文明建设的多个领域。

从高被引论文的核心观点来看，美丽中国被认为是一个集合和动态的概念，是绿色经济、和谐社会、幸福生活、健康生态的总称，其概念内涵主要包含三个层次，即生态文明的自然之美、融入生态文明理念后的物质文明的科学发展之美、精神文明的人文化成之美、政治文明的民主法制之美、社会生活的和谐幸福之美(即美好生活)(谢炳庚等, 2015；谢炳庚和向云波, 2017)。换句话说，美丽中国包括发达的生态产业、绿色的消费模式、永续的资源保障、优美的生态环境、舒适的生态人居。

此外，已有研究也指出了建设美丽中国的主要任务是以主体功能定位为依据，加快优化国土空间开发格局；以调整优化产业结构为抓手，有效减轻经济活动对资源环境带来的压力；以全面加强资源节约为突破口，推动资源利用方式转变；以加强污染治理为着力点，切实提高生态环境质量和水平；以健全法律法规、创新体制机制为核心，加快生态文明制度建设以促进绿色、低碳消费为重点，加快形成推进生态文明建设的良好社会氛围。

基于文献分析，发现从概念范畴到建设内容，美丽中国与生态保护、环境治理、资源节约、制度建设等紧密关联。

3.2.4　美丽中国的内涵界定

“美丽中国-生态文明-可持续发展”同根同源，一脉相承。美丽中国作为生态文明建设目标的文学隐喻，不仅表达了天更蓝、水更清、地更绿的生态环境，也形象而充分地表达了中国特色社会主义现代化道路的全新视境(万俊人等, 2013)。从内在逻辑来看，美丽中国是一个由自然生态子系统、社会经济子系统组成的人地关系地域系统(图 3-5)。其中，自然生态子系统是维持人类赖以生存的生命支持系统，包括山、水、林、田、湖、草等要素；社会经济子系统是一个以人为核心的系统，包括社会、经济、教育、科学技术等要素。一方面，两个子系统内部的各要素间相互影响、相互作用；另一方面，两个子系统之间存在着复杂的反馈关系，良性循环的自然生态子系统是建设美丽中国的基本前提与基础，它支撑与约束着社会经济子系统的演化；而高效有序的社会经济子系统是美丽中国建设的保障，它干预并调控着自然生态子系统的演化。只有当这些要素之间、子系统之间处于良性循环、协调发展时，美丽中国人地关系地域系统才会处于可持续演化态势，才能实现美丽中国的建设目标(高峰等, 2019)。

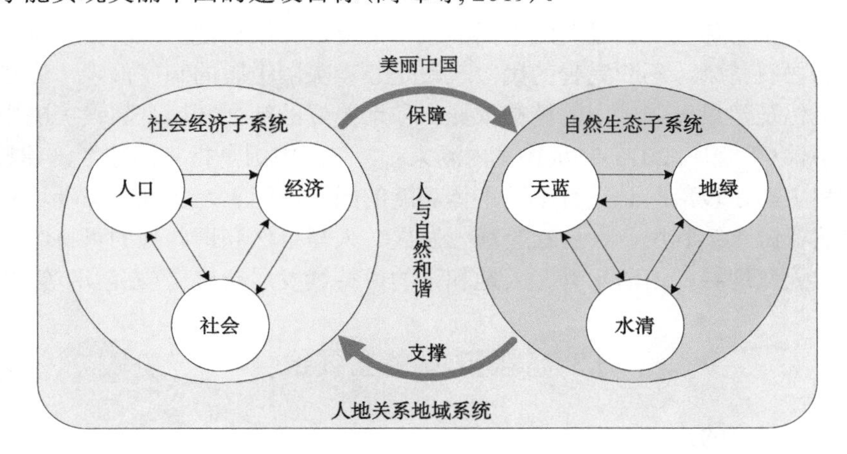

图 3-5　美丽中国的逻辑框架

作为一个复杂的人地关系地域系统，美丽中国具有丰富的内涵，不仅体现在自然之美、人文之美上，更体现在人和之美上(胡宗义等, 2014)。其中，自然之美主要指自然要素的和谐之美，包括丰富资源之美、美丽景观之美、良好生态之美、清新环境之美等；人文之美主要指人与人的和谐之美，包括经济发展之美、文化传承之美、技术进步之美、政治民主之美、社会公平之美等；人和之美主要指人与自然的和谐之美，即自然生态子系统与社会经济子系统协调发展，促使人地关系地域系统向可持续发展方向演进。其中，自然之美是美丽中国的前提与基础，良好的生态是人类赖以生存与发展的基础，丰富的资源是社会经济持续发展的保障，美丽中国建设就要提供更多优质生态产品以满足人民日益增长的优美生态环境需要；人文之美是美丽中国的落脚点与归宿，美丽中国建设要为人们提供更好的教育、更稳定的工作、更满意的收入、更可靠的社会保障、更高水平的医疗卫生服务、更舒适的居住条件、更丰富的精神文化生活；人和之美是美丽中国的基本特征与最高境界，是社会和谐与自然和谐的统一，只有人类与自然和谐共处，才能获得永续发展的动力。

美丽中国建设作为落实中国生态文明长效目标、推进国家可持续发展、提升可持续发展能力和质量的阶段性战略部署以及推动国家实现高质量发展的核心目标，其基本内涵包括广义和狭义两个方面(方创琳等, 2019; 高卿等, 2019)。从广义内涵来看，美丽中国是指将国家经济建设、政治建设、文化建设、社会建设和生态建设“五位一体”的总体布局落实到具有不同主体功能的国土空间上，形成山清水秀、强大富裕、人地和谐、文化传承、政体稳定的建设新格局，其核心在于自然之美、人文之美及人与自然和谐之美的综合集成(方创琳等, 2019)。其中，优美宜居的生态环境是建设美丽中国的根本前提，持续稳定的经济增长是建设美丽中国的物质基础，不断完善的民主政治是建设美丽中国的制度保障，先进的社会主义文化是建设美丽中国的精神依托，和谐美好的社会环境是建设美丽中国的最可靠条件(王晓广, 2013)；从狭义内涵来看，美丽中国是指将国家经济建设、社会建设和生态建设落实到具有不同主体功能的国土空间上，实现生态环境有效保护、自然资源永续利用、经济社会绿色发展、人与自然和谐共处的可持续发展目标，形成天蓝地绿、山清水秀、人地和谐的可持续发展新格局(方创琳等, 2019)。

3.3 美丽中国的主要维度

3.3.1 主要维度的确定

良好优美的生态环境是人类赖以生存和发展重要的前提基础。美丽中国建设的基本要求是拥有优美的生态环境、丰富的自然资源、多样的生物物种和适宜人居的生活空间，是一个天蓝地绿、山青水净、宁静和谐的自然之美的生态家园。基于美丽中国的狭义内涵，从习近平总书记的系列讲话精神、国家顶层设计、部委行动出发，将美丽中国概括为“天蓝、地绿、水清、人和”4 个维度(图 3-6)(高峰等, 2019; 葛全胜等, 2020)。

为了实现天蓝目标，2013 年 9 月 13 日，《国务院关于印发大气污染防治行动计划的通知》（国发〔2013〕37 号），确定了大气污染防治十条措施；2018 年 7 月 3 日，《国务院关于印发打赢蓝天保卫战三年行动计划的通知》（国发〔2018〕22 号）等重要文件，明确提出要大幅减少主要大气污染物排放总量，进一步明显降低细颗粒物($PM_{2.5}$)浓度，明显减少重污染天数，明显改善环境空气质量，明显增强人民的蓝天幸福感。

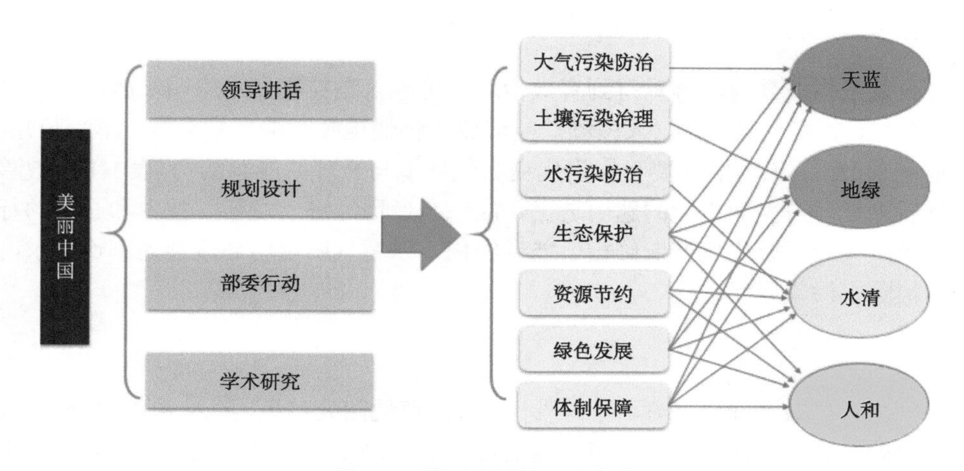

图 3-6　美丽中国的主要维度

为了实现地绿目标，2013 年 1 月 23 日《国务院办公厅关于印发近期土壤环境保护和综合治理工作安排的通知》（国办发〔2013〕7 号）、2015 年 10 月 17 日《国务院关于全国水土保持规划(2015—2030 年)的批复》（国函〔2015〕160 号）、2016 年 5 月 31 日《国务院关于印发土壤污染防治行动计划的通知》(国发〔2016〕31 号)、2016 年 9 月 30 日《财政部、国土资源部、环境保护部关于推进山水林田湖生态保护修复工作的通知》（财建〔2016〕725 号)等重要文件，均强调要保护陆地植被、维护青山绿草，增强人民的地绿幸福感。

为了实现水清目标，2015 年 4 月 16 日，《国务院关于印发水污染防治行动计划的通知》（国发〔2015〕17 号)；2018 年 1 月 4 日，中共中央办公厅、国务院办公厅印发《关于在湖泊实施湖长制的指导意见》等重要文件，均强调要系统推进水污染防治、水生态保护和水资源管理，增强人民的水清幸福感。

为了实现人和目标，2013 年 12 月 2 日，国家发展改革委、财政部、国土资源部等多部委《关于印发国家生态文明先行示范区建设方案(试行)的通知》(发改环资〔2013〕2420 号)；2017 年 2 月 7 日，中共中央办公厅、国务院办公厅印发的《关于划定并严守生态保护红线的若干意见》；2015 年 9 月 21 日，中共中央、国务院印发的《生态文明体制改革总体方案》等重要文件，均强调要坚持节约资源和保护环境基本国策，处理好人与自然的关系，形成人与自然和谐发展的新格局，增强人民的人和幸福感。

3.3.2 不同维度的含义

1. 天蓝维度

天蓝是指城乡粉尘雾霾得到有效治理，可吸入颗粒物和扬尘明显减少，空气质量良好，优良天数增加，人民群众能够放心畅快地呼吸清新的空气，享受阳光，拥抱蓝天白云。天蓝的主要目标为优良大气环境与合理的能源结构(表3-1)。改善空气质量是建设美丽中国的题中之义，应综合运用经济、法律、技术和必要的行政手段，大力调整优化产业结构、能源结构，以空气质量明显改善为刚性要求，基本消除重污染天气。

2. 地绿维度

地绿是指城乡绿化良好，绿树成行，绿荫草地随处可见，森林覆盖显著增多，山岭植被得到有效保护，绿色植被覆盖度增加，漫山遍野呈现遍地绿意和勃勃生机。地绿的主要目标为稳定和持续改善的陆地生态系统、安全的土壤环境(表3-1)。保护陆地生态系统是建设美丽中国的重要内容，应坚持“绿水青山就是金山银山”的理念，保护、恢复和可持续利用陆地生态系统及其服务，防治土壤退化，遏制生物多样性丧失。

3. 水清维度

水清是指水质良好达标，水系、水域得到综合整治，水源地得到重点保护，生产废水达标排放，生活污水循环高效利用，做到河畅其流、水复其清，保护海洋环境，维护海洋权益，老百姓喝上卫生干净的放心水，拥有健康优质的生命水源。水清的主要目标为充足的水资源量、优良的水环境、健康的水生态系统(表 3-1)。水资源利用与水环境保护是美丽中国建设的关键，应坚持“安全、清洁、健康”的治水、管水新思路，强化源头控制，水陆统筹、河海兼顾，对江河湖海实施分流域、分区域、分阶段科学治理，系统推进水污染防治、水生态保护和水资源管理。

4. 人和维度

人和是指尊重自然、顺应自然、保护自然，实现人与自然和谐相处。其中，尊重自然就是人类在寻求自身生存和发展的过程中，要对自然保持必要的尊重，尊重自然本身的价值；顺应自然就是顺应自然规律，因势利导、因地制宜地与自然和谐共处；保护自然就是保护自然的生态系统价值，保持自然系统内部的平衡、稳定和有序。人和的主要目标为绿色高效的资源利用、可持续的资源环境管理、公众满意的环境质量(表 3-1)。人与自然和谐之美是美丽中国的内核与主要特征，应遵循人与自然是生命共同体的理念，建立高效、绿色、节约的资源利用体系及完善的资源环境管理体制，避免和遏制违背自然演化规律对自然资源进行毫无节制的攫取和掠夺，把经济发展对自然的影响控制在环境承载能力范围内，使生态系统能够实现自我调节、自我恢复，维护生态系统的固有平衡，使社会经济发展在良性循环下，源源不断地获得资源环境的有效供给。

表 3-1 美丽中国的主要维度

目标	基本含义
天蓝	合理的能源结构、优良大气环境
地绿	稳定和持续改善的陆地生态系统、安全的土壤环境
水清	保障生存与发展的充足水资源量、优良的水环境、健康的水生态系统
人和	绿色高效的资源利用、可持续的环境管理、公众满意的生态环境

参考文献

陈洪波，潘家华. 2013. 我国生态文明建设的理论与实践. 决策与信息，(10)：8-10.

陈明星，梁龙武，王振波，等. 2019. 美丽中国与国土空间规划关系的地理学思考.地理学报，74(12)：2467-2481.

方创琳，王振波，刘海猛. 2019. 美丽中国建设的理论基础与评估方案探索. 地理学报，74(4)：619-632.

高峰，赵雪雁，宋晓谕，等. 2019. 面向 SDGs 的美丽中国内涵与评价指标体系. 地球科学进展，34(3)：295-305.

高卿，骆华松，王振波，等. 2019. 美丽中国的研究进展及展望. 地理科学进展，38(7)：1021-1033.

葛全胜，方创琳，江东. 2020. 美丽中国建设的地理学使命与人地系统耦合路径. 地理学报，75(6)：1109-1119.

胡宗义，赵丽可，刘亦文. 2014. “美丽中国”评价指标体系的构建与实证. 统计与决策，(9)：4-7.

李丹丹，柴文华. 2018. “美丽中国”对“天人合一”的转化和创新. 伦理学研究，(6)：14-17.

李建华，蔡尚伟. 2013. “美丽中国”的科学内涵及其战略意义. 四川大学学报(哲学社会科学版)，(5)：135-140.

李世东, 刘某承, 陈应发. 2017. 美丽生态: 理论探索指数评价与发展战略. 北京: 科学出版社.
秦书生, 胡楠. 2016. 习近平美丽中国建设思想及其重要意义. 东北大学学报(社科版), 18(6): 633-638.
万俊人, 潘家华, 吕忠梅, 等. 2013. 生态文明与“美丽中国”笔谈. 中国社会科学,(5): 4, 204-205.
王晓广. 2013. 生态文明视域下的美丽中国建设. 北京师范大学学报(社会科学版),(2): 19-25.
魏彦强, 李新, 高峰, 等. 2018. 联合国2030年可持续发展目标框架及中国应对策略. 地球科学进展, 33(10): 1084-1093.
谢炳庚, 陈永林, 李晓青. 2015. 基于生态位理论的“美丽中国”评价体系. 经济地理, 35(12): 36-42.
谢炳庚, 向云波. 2017. 美丽中国建设水平评价指标体系构建与应用. 经济地理, 37(4): 15-20.
徐中民, 程国栋. 2001. 可持续发展系统评价的属性细分理论与应用. 地理科学, 21(1): 7-11.
叶谦吉. 1988. 生态农业: 农业的未来. 重庆: 重庆出版社.
张高丽. 2013. 大力推进生态文明努力建设美丽中国. 求是,(24): 3-11.

第 4 章

地球大数据支撑的美丽中国评价指标体系

美丽中国评价指标体系不仅是美丽中国理论和内涵的具体化表征，也是判断美丽中国建设水平的主要依据。科学、合理的美丽中国评价指标体系对于及时、准确地了解美丽中国建设水平，识别美丽中国建设面临的关键问题，以及探索多元化的美丽中国建设模式都非常关键。鉴于此，基于美丽中国的基本内涵与主要维度，遵循“思想概念化、概念指标化、指标计算化、计算精准化”的理念，构建了以地球大数据为支撑的、以推进生态文明建设为主体目标的、以 SDGs 指标与本土化指标相融合的、具有高时空分辨率的美丽中国建设水平评价指标体系，以便为美丽中国建设提供更及时、更精准的决策支撑。

4.1 评价指标体系的构建思路

美丽中国的评价指标体系是其理论与内涵的具体化表征，也是其建设水平评价的主要依据(高卿等, 2019)。当前，急需构建可获得、可考核、可落地的差异性、发展型指标体系，解决美丽中国“建什么”的问题。近年来，针对不同发展阶段存在的不同问题，国家和政府相继提出了生态文明建设考核目标体系、绿色发展指标体系、高质量发展指标体系、循环经济发展评价指标体系等，联合国也提出了 2030 年可持续发展目标。这些指标体系为构建美丽中国评价指标体系提供了参考，但它们所处的阶段性、逻辑性及目标取向与美丽中国存在一定差别。因此，在构建美丽中国评价指标体系时，一方面，要注重与国内相关评价指标体系及联合国 2030 年可持续发展目标的衔接，遴选出当前各主要指标体系中与“美丽中国”评价目标相一致的具体指标；另一方面，要基于美丽中国的内涵，进一步补充能够反映全国及典型区“美丽中国”建设情况的特征化指标，从而形成全面综合的“美丽中国”评价指标体系。

4.1.1 注重与国内相关评价指标体系的衔接

目前，与美丽中国相关的评价指标体系主要有生态文明建设考核目标体系、绿色发展指标体系、高质量发展指标体系、循环经济发展指标体系等。其中，生态文明建设考核目标体系从资源利用、生态环境保护、年度评价结果、公众满意程度和生态环境事件 5 个方面进行评价，考核目的性较强，以资源环境统计指标为主，生态监测指标较少；绿色发展指标体系在生态文明建设考核目标体系主要指标的基础上，增加了有关措施性、过程性的指标，包括资源利用、环境治理、环境质量、生态保护、增长质量、绿色生活、公众满意程度 7 个方面，用于衡量地方每年生态文明建设的动态进展，强调发展过程中的生态环境保护；高质量发展的主要内涵是推动发展从总量扩张向结构优化转变，强调经济发展模式的转型，高质量发展指标体系包括绿色发展、开放发展、共享发展、创新发展、协调发展、主观感受、综合质效 7 个方面；循环经济发展要求按照“减量化、再利用、资源化”原则，实现经济、环境和社会效益相统一，循环经济发展指标体系主要从能源资源减量、过程及末端废弃物利用等角度制定指标，考察各领域的资源循环利用水平。

这些指标体系的关注点与美丽中国的某些维度吻合，尤其上述指标体系中关于生态保护、资源利用方面的指标在一定程度上刻画了狭义美丽中国的主要维度，因此，在构建美丽中国评价指标体系时，要注重与上述相关指标体系的衔接。

4.1.2 注重与联合国 2030 年可持续发展目标的衔接

美丽中国建设是关系中华民族永续发展的根本大计，也是联合国 2030 年可持续发展目标在中国的实践。鉴于此，可将美丽中国评价指标与联合国可持续发展目标连接，将联合国 2030 年可持续发展目标的相关指标作为评价美丽中国建设成果的重要指标。这不仅有助于增强评价指标的兼容性、评价结果的可比性，便于将美丽中国建设情况与其他国家的可持续发展水平进行比较，及时了解中国可持续发展建设在全球范围内的位置，还有助于将中国可持续发展建设经验介绍给世界其他国家，实现中国助力全球可持续发展的庄严承诺。

狭义美丽中国主要包括天蓝、地绿、水清、人和四个维度，因此，在构建美丽中国评价指标体系时，主要考虑与上述四个维度密切相关的 SDG 7（确保人人获得负担得起的、可靠和可持续的现代能源）、SDG 15（保护、恢复和促进可持续利用陆地生态系统，可持续管理森林，防治荒漠化，制止和扭转土地退化，遏制生物多样性的丧失）、SDG 6（为所有人提供水和环境卫生并对其进行可持续管理）、SDG 11（建设包容、安全、有抵御灾害能力和可持续的城市和人类住区）中的指标。

4.1.3　注重地球大数据驱动

传统评价主要依赖于统计数据，导致评价结果的实时性差（时滞至少为 1 年），且空间解析能力十分有限（以行政区为单元），同时受调查范围和取样方法的局限，导致评价结果的准确性受到质疑。地球大数据作为大数据的重要组成部分，主要是指与地球相关的大数据，数据来源不仅包括空间对地观测数据，还包括陆地、海洋、大气以及与人类活动相关的数据，它是地球科学、信息科学、空间科技等交叉融合形成的大数据（郭华东, 2018）。地球大数据能够把大范围区域作为整体进行认知，美丽中国的诸多目标具有大尺度、周期变化的特点，地球大数据的宏观、动态监测能力可为美丽中国评价提供重要手段。鉴于此，融合遥感数据、地理信息数据、网络大数据、监测数据、统计数据等地球大数据，开展美丽中国建设水平综合评价，可为国家 SDGs 国别报告及进展报告提供重要参考。其中，天蓝维度相关指标的数据源主要为监测数据、模拟数据及统计数据；地绿维度相关指标的数据源主要为遥感数据及地理信息数据；水清维度相关指标的数据源主要为遥感数据、监测数据及统计数据；人和维度相关指标的数据源主要为统计数据、网络大数据。

4.1.4　注重高分辨率精准评价

精准评价是衡量美丽中国建设水平的标尺，是评判建设政策优劣的试金石，也是谋划美丽中国未来建设方向的重要科学基础。然而，传统评价方法的时空分辨率及准确性相对较低，难以满足当前美丽中国建设的需求。鉴于此，需要以地球大数据为依托，构建具有高时空分辨率的美丽中国评价方法体系，开展全国及重点区域美丽中国建设水平的动态性、高分辨率评价。其中，对地绿与水清维度的部分指标可开展栅格及公里网格的年度高分辨率评价；对天蓝维度的部分指标可开展公里网格的月值高分辨率评价。

4.1.5　注重区域差异性

中国幅员辽阔，区域间资源禀赋、生态环境和社会经济发展水平差异明显。因此，美丽中国评价不仅要总结普遍问题，更要注重区域差异性，支撑区域的差异化发展。评价指标体系的构建应兼顾全国通用性和地区差异性，除了遴选全国通用的评价指标，还应在诊断区域问题的基础上，遴选能够刻画区域特征的关键指标（陈明星等, 2019），构建典型区的美丽中国评价指标体系。在具体评价中，不仅要注重指标的绝对值，更要注重状态指标的变化情况；在确定评价标准时，需要综合考量不同区域的发展水平、资源环境禀赋等实际情况，科学地设置合理区间。

4.2 评价指标体系的构建原则

4.2.1 构建目标

基于狭义“美丽中国”的基本内涵与主要维度，构建以地球大数据为支撑的，以推进生态文明建设为主体目标的，以本土化指标与联合国 SDGs 指标相融合的美丽中国评价指标体系，支撑全景美丽中国评价。

4.2.2 构建原则

可持续发展与美丽中国的内涵同根同源、异曲同工，二者都希望努力实现国家、区域的资源、环境与社会经济协调发展，同时保障子孙后代的发展权益，全面提升人类福祉。基于此，遵循“思想概念化、概念指标化、指标计算化、计算精准化”的构建理念，从“天蓝、地绿、水清、人和”四个维度出发，以 SDG 6、SDG 7、SDG 11、SDG 15 指标作为主体，融合其他 SDGs 指标及国内相关评价指标体系，遵循综合性、全面性、系统性、针对性和精准性原则，构建美丽中国评价指标体系。

综合性：综合考虑国家现行的资源环境评价体系及联合国的 SDGs 框架；

全面性：将 SDGs 相关指标与国内外现有可持续发展评价指标充分融合；

系统性：注重指标体系的系统性，理清指标体系的逻辑框架，辨明指标间的内在联系；

针对性：充分反映评价维度的核心特征、典型区的典型特征；

精准性：注重各类数据对指标评价的支撑，提升评价结果的精准程度。

4.2.3 指标遴选与数据需求

作为全球最大的发展中国家，中国在落实可持续发展目标、建设美丽中国的进程中，既面临难得的机遇，也面临严峻的挑战。科学系统地评价全国及重点领域、重点区域美丽中国建设现状，识别美丽中国建设面临的关键问题，针对性地开展专项治理，是当前美丽中国建设的重要方向，也是中国实现联合国 2030 年可持续发展目标的重要需求。

美丽中国评价与可持续发展评价一样，指标遴选与数据需求是影响评价结果的重要因素。目前虽然已开发出了多个美丽中国评价指标体系(谢炳庚和向云波，2017；方创琳等，2019)，但因为指标体系间的兼容性弱，所以评价结果的可比性差、可信度低。在数据方面，传统评价主要依靠统计数据，但统计数据存在空间上完备性差、时间上时效性弱、数据质量无法保障等问题，使得传统评价结果的时空分辨率相对较低，其可靠性和及时性常常受到质疑。

针对上述问题，基于狭义“美丽中国”的基本内涵与主要维度，以国内相关评价指标体系与联合国 2030 年可持续发展目标确立的评价指标体系为基础，构建可信性高、可比性强的综合评价指标体系。同时，针对评价数据来源单一、时效性差、准确率低等影响评价结果可信度的问题，将以地球大数据为依托，形成具有系统性、权威性、可比性的高时空分辨率评价指标体系和相应的方法体系，在此基础上，整合多源地球大数据，开展高分辨率的全景美丽中国评价，创新美丽中国评价模式。

4.3　评价指标体系的构成

4.3.1　天蓝评价指标体系

基于“天蓝”的概念界定，综合考虑 SDG 3、SDG 7、SDG 11、绿色发展指标体系、生态文明建设考核目标体系、高质量发展指标体系中与“天蓝”相关的各类指标，以及国内现行的《大气污染防治行动计划》、《国务院关于国家应对气候变化规划(2014—2020 年)的批复》(国函〔2014〕126 号)、《关于推进山水林田湖生态保护修复工作的通知》、《绿色发展指标体系》和《生态文明建设考核目标体系》、《中共中央 国务院关于全面加强生态环境保护 坚决打好污染防治攻坚战的意见》、《打赢蓝天保卫战三年行动计划》等一系列空气污染防治、气候变化应对的相关政策措施，将“天蓝”评价指标体系划分为能源结构、空气质量和健康影响三个主要维度，选取 8 个评价指标(表 4-1 和表 4-2)。

表 4-1　地球大数据支持的美丽中国“天蓝”评价指标

目标	具体目标	评价指标	指标解释	指标来源
天蓝	能源结构	清洁能源利用水平	清洁能源利用比重(或人均清洁能源使用量)	SDG 7.1
		煤炭消费比重	煤炭消费占能源消费总量的比重	英国《BP 世界能源展望(2019 年)》
	空气质量	城市细颗粒物	城市细颗粒物($PM_{2.5}$ 年度均值)	SDG 11.6.2
		O_3 浓度	O_3 浓度	环境空气质量标准
		氮氧化物排放强度	单位 GDP 氮氧化物排放量	环境空气质量标准
		空气质量指数	空气质量指数	环境空气质量标准；国家生态文明建设示范市指标

续表

目标	具体目标	评价指标	指标解释	指标来源
天蓝	健康影响	严重空气污染程度	严重空气污染天数比例	国家生态文明建设示范市指标
		空气污染引起的人员健康损失	空气污染导致的发病率或死亡率	SDG 3.9.1

表 4-2 地球大数据支持的美丽中国"天蓝"评价指标属性

天蓝	合理的能源结构，优良的大气环境(包括 3 个具体目标，8 个评价指标)								
具体目标	评价指标	数据来源						分辨率	
		遥感数据	地理信息数据	统计数据	监测数据	网络大数据	数值模拟	时间	空间
能源结构	清洁能源利用水平			√				年值	市级
	煤炭消费比重			√				年值	市级
空气质量	城市细颗粒物				√			月值	1km
	O_3 浓度				√			月值	市级
	氮氧化物排放强度				√			月值	市级
	空气质量指数				√			月值	市级
健康影响	严重空气污染程度				√			月值	市级
	空气污染引起的人员健康损失			√				月值	市级

4.3.2 地绿评价指标体系

基于"地绿"的概念界定，综合考虑 SDG 11、SDG 15、绿色发展指标体系、生态文明建设考核目标体系、高质量发展指标体系中与"地绿"相关的各类指标，以及国内现行的《近期土壤环境保护和综合治理工作安排》《土壤污染防治行动计划》《关于健全生态保护补偿机制的意见》《关于推进山水林田湖生态保护修复工作的通知》《关于划定并严守生态保护红线的若干意见》《关于全面加强生态环境保护 坚决打好污染防治攻坚战的意见》等一系列土壤环境治理、生态系统保护的相关政策措施，将"地绿"指标体系划分为植被修复保护、土地退化防治和生物多样性保育三个主要维度，选取 9 个评价指标(表 4-3 和表 4-4)。

表 4-3　地球大数据支持的美丽中国“地绿”评价指标

目标	具体目标	评价指标	指标解释	指标来源
地绿	植被修复保护	森林覆盖率	森林面积占陆地总面积的比例	SDG 15.1.1；中国省级绿色经济指标体系；绿色发展指标体系；生态文明建设考核目标体系
		草地覆盖度	草地综合植被覆盖度	绿色发展指标体系；生态文明建设考核目标体系
		净初级生产量	净初级生产量	
	土地退化防治	退化土地占土地总面积（不包括水域面积）比例	已退化土地占土地总面积的比例	SDG 15.3.1；绿色发展指标体系
		固废安全处理比例	定期收集并得到适当最终排放的城市固体废物占城市固体废物总量的比例，按城市分列	SDG 11.6.1；中国省级绿色经济指标体系；宜居城市评价指标体系；循环经济发展评价指标体系
		化肥施用强度	单位耕地面积化肥施用量	绿色发展指标体系
	生物多样性保育	自然保护区面积比例	保护区内陆地和淡水生物多样性的重要场地所占比例，按生态系统类型分列	SDG 15.1.2；中国省级绿色经济指标体系；绿色发展指标体系
		生态系统多样性指数	各类生态系统（生境）多样性	
		生境质量	生境质量指数	

表 4-4　地球大数据支持的美丽中国“地绿”评价指标属性

地绿	稳定和持续改善的生态系统，安全的土壤环境（包括 3 个具体目标，9 个评价指标）								
具体目标	评价指标	数据来源						分辨率	
		遥感数据	地理信息数据	统计数据	监测数据	网络大数据	数值模拟	时间	空间
植被修复保护	森林覆盖率	√						年值	1km
	草地覆盖度	√			√			年值	1km
	净初级生产量	√						年值	1km
土地退化防治	退化土地占土地总面积（不包括水域面积）比例	√		√				年值	市级
	固废安全处理比例			√	√			年值	市级
	化肥施用强度			√				年值	市级
生物多样性保育	自然保护区面积比例		√	√				年值	市级
	生态系统多样性指数	√	√		√			年值	市级
	生境质量	√			√			年值	市级

4.3.3 水清评价指标体系

基于“水清”的概念界定，综合考虑SDG 6、绿色发展指标体系、生态文明建设考核目标体系、高质量发展指标体系中与“水清”相关的各类指标，以及国内现行的《国务院关于实行最严格水资源管理制度的意见》（国发〔2012〕3号）、《水利部关于加快推进水生态文明建设工作的意见》（水资源〔2013〕1号）、《国务院关于全国水土保持规划(2015—2030年)的批复》（国函〔2015〕160号）、《水污染防治行动计划》、《关于在湖泊实施湖长制的指导意见》、《中共中央 国务院关于全面加强生态环境保护 坚决打好污染防治攻坚战的意见》等一系列水资源管理、水污染防治的相关政策措施，将“水清”指标体系划分为水资源利用、水环境治理和水生态保护三个主要维度，选取10个评价指标(表4-5和表4-6)。

表4-5 地球大数据支撑的美丽中国“水清”评价指标

目标	具体目标	评价指标	指标解释	指标来源
水清	水资源利用	安全饮用水人口比例	使用得到安全管理的饮用水服务的人口比例	SDG 6.1.1；绿色发展指标体系
		用水紧缺度	淡水汲取量占区域用水控制总量指标的比例	SDG 6.4.2
		人均用水量	总用水量除以总人口	
	水环境治理	废污水达标处理率	安全处理废水的比例	SDG 6.3.1；生态文明建设考核目标体系；绿色发展指标体系
		氨氮超排率	氨氮排放量超出环境容量的幅度	生态文明建设考核目标体系；绿色发展指标体系
		COD超排率	COD 排放量超出环境容量的幅度	生态文明建设考核目标体系；绿色发展指标体系
	水生态保护	涉水生态系统面积变化	与水有关的生态系统(湿地、河流、湖泊)范围随时间的变化	SDG 6.6.1；生态文明建设考核目标体系；绿色发展指标体系
		水质良好的地表水水体比例	陆地环境水质良好的水体比例	SDG 6.3.2；生态文明建设考核目标体系；绿色发展指标体系
		新增水土流失治理面积	区域年内新增的水土流失治理面积	绿色发展指标体系
		再生水利用率	再生水利用量与污水排放总量的比值	

表 4-6 地球大数据支持的美丽中国“水清”评价指标属性

<table>
<tr><td>水清</td><td colspan="9">保障生存和发展的重组水资源、优良的水环境、健康的水生态系统
(包括 3 个具体目标，10 个评价指标)</td></tr>
<tr><td rowspan="2">具体目标</td><td rowspan="2">评价指标</td><td colspan="6">数据来源</td><td colspan="2">分辨率</td></tr>
<tr><td>遥感数据</td><td>地理信息数据</td><td>统计数据</td><td>监测数据</td><td>网络大数据</td><td>数值模拟</td><td>时间</td><td>空间</td></tr>
<tr><td rowspan="3">水资源利用</td><td>安全饮用水人口比例</td><td></td><td>√</td><td>√</td><td>√</td><td>√</td><td></td><td>月值</td><td>市级</td></tr>
<tr><td>用水紧缺度</td><td></td><td></td><td>√</td><td></td><td></td><td></td><td>年值</td><td>市级</td></tr>
<tr><td>人均用水量</td><td></td><td></td><td>√</td><td></td><td></td><td></td><td>年值</td><td>市级</td></tr>
<tr><td rowspan="3">水环境治理</td><td>废污水达标处理率</td><td></td><td></td><td>√</td><td></td><td></td><td></td><td>年值</td><td>市级</td></tr>
<tr><td>氨氮超排率</td><td></td><td></td><td>√</td><td>√</td><td></td><td></td><td>年值</td><td>市级</td></tr>
<tr><td>COD 超排率</td><td></td><td></td><td>√</td><td>√</td><td></td><td></td><td>年值</td><td>市级</td></tr>
<tr><td rowspan="4">水生态保护</td><td>涉水生态系统面积变化</td><td></td><td></td><td>√</td><td></td><td></td><td></td><td>年值</td><td>1km</td></tr>
<tr><td>水质良好的地表水水体比例</td><td>√</td><td></td><td>√</td><td></td><td></td><td>√</td><td>月值</td><td>市级</td></tr>
<tr><td>新增水土流失治理面积</td><td>√</td><td></td><td>√</td><td></td><td></td><td>√</td><td>年值</td><td>市级</td></tr>
<tr><td>再生水利用率</td><td></td><td></td><td>√</td><td></td><td></td><td></td><td>年值</td><td>市级</td></tr>
</table>

4.3.4 人和评价指标体系

基于人和的概念界定，综合考虑 SDG 6、SDG 7、SDG 15、绿色发展指标体系、生态文明建设考核目标体系、高质量发展指标体系中与“人和”相关的各类指标，以及国内现行的《宜居城市科学评价标准》、《美丽乡村建设指南》(GB/T 32000—2015)、《国务院办公厅关于改善农村人居环境的指导意见》(国办发〔2014〕25 号)、《中共中央 国务院关于打赢脱贫攻坚战的决定》(中发〔2015〕34 号)、《国务院关于印发“十三五”脱贫攻坚规划的通知》(国发〔2016〕64 号)、《乡村振兴战略规划(2018—2022 年)》等一系列和谐社会、美丽乡村、宜居城市评价和脱贫攻坚的相关政策措施，将“人和”指标体系划分为资源利用、环境管理、公众满意度三个主要维度，选取 7 个评价指标(表 4-7 和表 4-8)。

表 4-7 地球大数据支持的美丽中国“人和”评价指标

目标	具体目标	评价指标	指标解释	指标来源
人和	资源利用	万元 GDP 用水量	水资源利用量/GDP	绿色发展指标体系；生态文明建设考核目标体系；高质量发展评价指标体系；循环经济发展评价指标体系
		万元 GDP 能耗	能源消耗量/GDP	
	环境管理	生态环境管理人员投入	资源环境管理从业人员占城镇从业人员的比重	SDG 6.5.1；绿色发展指标体系
		生态环境保护经费投入	生态环境保护投入经费占 GDP 的比重(环保投入经费比重)	SDG 6.a.1；SDG 15.a.1；绿色发展指标体系
	公众满意度	天蓝满意度	公众对空气质量的满意度	高质量发展评价指标体系；绿色发展指标体系；生态文明建设考核目标体系
		水清满意度	公众对水质及用水紧缺的满意度	
		地绿满意度	公众对居住环境绿化程度、天然植被保护与修复的满意度	

表 4-8 地球大数据支持的美丽中国“人和”评价指标属性

人和	绿色高效的资源利用、可持续的环境管理、公众满意的生态环境 (包括 3 个具体目标，7 个评价指标)								
具体目标	评价指标	数据来源						分辨率	
		遥感数据	地理信息数据	统计数据	监测数据	网络大数据	数值模拟	时间	空间
资源利用	万元 GDP 用水量			√				年值	市级
	万元 GDP 能耗			√				年值	市级
环境管理	生态环境管理人员投入			√				月值	1km
	生态环境保护经费投入			√				月值	市级
公众满意度	天蓝满意度					√		月值	市级
	水清满意度					√			
	地绿满意度					√		月值	市级

综上所述，从“天蓝、地绿、水清、人和”四大目标出发，构建“美丽中国”综合评价指标体系，共包含 12 个具体目标，34 个具体评价指标(表 4-9)。

表 4-9　地球大数据支持的"美丽中国"综合评价指标

目标	具体目标	评价指标	指标解释	指标来源
天蓝	能源结构	清洁能源利用水平	清洁能源利用比重（或人均清洁能源使用量）	SDG 7.1
		煤炭消费比重	煤炭消费占能源消费总量的比重	英国《BP 世界能源展望（2019 年）》
	空气质量	城市细颗粒物	城市细颗粒物（$PM_{2.5}$ 年度均值）	SDG 11.6.2
		O_3 浓度	O_3 浓度	环境空气质量标准
		氮氧化物排放强度	单位 GDP 氮氧化物排放量	环境空气质量标准
		空气质量指数	空气质量指数	环境空气质量标准；国家生态文明建设示范市指标
	健康影响	严重空气污染程度	严重空气污染天数比例	国家生态文明建设示范市指标
		空气污染引起的人员健康损失	空气污染导致的发病率或死亡率	SDG 3.9.1
地绿	植被修复保护	森林覆盖率	森林面积占陆地总面积的比例	SDG 15.1.1；中国省级绿色经济指标体系；绿色发展指标体系；生态文明建设考核目标体系
		草地覆盖度	草地综合植被覆盖度	绿色发展指标体系；生态文明建设考核目标体系
		净初级生产量	净初级生产量	
	土地退化防治	退化土地占土地总面积（不包括水域面积）比例	已退化土地占土地总面积的比例	SDG 15.3.1；绿色发展指标体系
		固废安全处理比例	定期收集并得到适当最终排放的城市固体废物占城市固体废物总量的比例，按城市分列	SDG 11.6.1；中国省级绿色经济指标体系；宜居城市评价指标体系；循环经济发展评价指标体系
		化肥施用强度	单位耕地面积化肥施用量	绿色发展指标体系
	生物多样性保育	自然保护区面积比例	保护区内陆地和淡水生物多样性的重要场地所占比例，按生态系统类型分列	SDG 15.1.2；中国省级绿色经济指标体系；绿色发展指标体系
		生态系统多样性指数	各类生态系统（生境）多样性	
		生境质量	生境质量指数	
水清	水资源利用	安全饮用水人口比例	使用得到安全管理的饮用水服务的人口比例	SDG 6.1.1；绿色发展指标体系
		用水紧缺度	淡水汲取量占区域用水控制总量指标的比例	SDG 6.4.2
		人均用水量	总用水量除以总人口	

续表

目标	具体目标	评价指标	指标解释	指标来源
水清	水环境治理	废污水达标处理率	安全处理废水的比例	SDG 6.3.1；生态文明建设考核目标体系；绿色发展指标体系
		氨氮超排率	氨氮排放量超出环境容量的幅度	生态文明建设考核目标体系；绿色发展指标体系
		COD 超排率	COD 排放量超出环境容量的幅度	生态文明建设考核目标体系；绿色发展指标体系
	水生态保护	涉水生态系统面积变化	与水有关的生态系统(湿地、河流、湖泊)范围随时间的变化	SDG 6.6.1；生态文明建设考核目标体系；绿色发展指标体系
		水质良好的地表水水体比例	陆地环境水质良好的水体比例	SDG 6.3.2；生态文明建设考核目标体系；绿色发展指标体系
		新增水土流失治理面积	区域年内新增的水土流失治理面积	绿色发展指标体系
		再生水利用率	再生水利用量与污水排放总量的比值	
人和	资源利用	万元 GDP 用水量	水资源利用量/GDP	绿色发展指标体系；生态文明建设考核目标体系；高质量发展评价指标体系；循环经济发展评价指标体系
		万元 GDP 能耗	能源消耗量/GDP	
	环境管理	生态环境管理人员投入	资源环境管理从业人员占城镇从业人员的比重	SDG 6.5.1；绿色发展指标体系
		生态环境保护经费投入	生态环境保护投入经费占 GDP 的比重	SDG 6.a.1；SDG 15.a.1；绿色发展指标体系
	公众满意度	天蓝满意度	公众对空气质量的满意度	高质量发展评价指标体系；绿色发展指标体系；生态文明建设考核目标体系
		水清满意度	公众对水质及用水紧缺的满意度	
		地绿满意度	公众对居住环境绿化程度、天然植被保护与修复的满意度	

4.4 评价指标的计算方法

4.4.1 天蓝指标的计算方法

1. 清洁能源利用水平

1)概念

清洁能源利用水平(ACG 1.1.1)指某一区域单位时间内人均清洁能源使用量

(Yeoman, 2017；李建平等, 2013；中国科学院可持续发展战略研究组, 2015)。

2)计算方法

清洁能源利用水平的计算公式为

$$P_{ce} = (ng_m + lpg_m + e_m) / P_m \tag{4-1}$$

式中，P_{ce}为清洁能源利用水平；ng_m为天然气使用量；lpg_m为液化石油气使用量；e_m为电使用量；P_m为区域常住人口数量(表 4-10)。

表 4-10　清洁能源利用水平的计算参数

参数代码	参数名称	概念	数据源	更新频率与方法
ng_m	天然气使用量	天然蕴藏在地层中的烃类和非烃类的混合气体使用量	《中国城市统计年鉴》《中国城市建设统计年鉴》	每年更新一次
lpg_m	液化石油气使用量	由天然气或石油加工形成的气体使用量	《中国城市统计年鉴》《中国城市建设统计年鉴》	每年更新一次
e_m	电使用量	电使用量	《中国城市统计年鉴》	每年更新一次
P_m	区域常住人口数量	在居住地停留 6 个月以上的人口数量	《中国统计年鉴》、各省(市)统计年鉴	每年更新一次

3)相关指标

与清洁能源利用水平相关的指标有清洁能源消耗占能源消耗总量比重、可再生能源使用率、新能源和可再生能源比例、能源消费总量、天然气在一次能源消费结构中的比重、农村能源结构(煤电气占农村能源比例)、非可再生能源消耗量、每公顷能源消耗和人均能源消耗、能源使用密度等。

2. 煤炭消费比重

1)概念

煤炭消费比重(ACG 1.1.2)一般用煤炭消费总量与区域能源消费总量的比值来衡量，在很大程度上反映着一个国家和地区的能源消费结构(BP 世界能源展望, 2019)。

2)计算方法

煤炭消费比重的计算公式为

$$R_c = C / E_w \times 100\% \tag{4-2}$$

式中，R_c为煤炭消费比重；C为地区煤炭消费总量；E_w为地区能源消费总量(表 4-11)。

表 4-11 煤炭消费比重的计算参数

参数代码	参数名称	概念	数据源	更新频率与方法
C	地区煤炭消费总量	国家或区域消费的煤炭总量	《中国能源统计年鉴》及各省(市)统计年鉴	每年更新一次
E_w	地区能源消费总量	国家或区域消费的能源总量	《中国能源统计年鉴》及各省(市)统计年鉴、夜间灯光数据	每年更新一次

3) 相关指标

与煤炭消费比重相关的指标有能源使用强度、能源使用密度、单位工业增加值能耗等。

3. 城市细颗粒物

1) 概念

城市细颗粒物(ACG 1.2.1)指城市地区空气中 $PM_{2.5}$ 的年度颗粒物浓度均值(张文忠等, 2006; 李建平等, 2014; 康宝荣等, 2019)。

2) 计算方法

城市细颗粒物的计算公式为

$$W_p = \frac{1}{n}\sum_{i=1}^{n} W_{pm} \tag{4-3}$$

式中，W_p 为某城市细颗粒物($PM_{2.5}$)的年平均值；W_{pm} 为某城市细颗粒物($PM_{2.5}$)的月平均值；n 为全年观测月份(表 4-12)。

表 4-12 城市细颗粒物的计算参数

参数代码	参数名称	概念	数据源	更新频率与方法
W_{pm}	某城市细颗粒物($PM_{2.5}$)的月平均值	直径小于或等于 2.5μm 的大气颗粒物	中华人民共和国生态环境部网站、地级以上(含地级)环境保护行政主管部门或其授权的环境监测站发布	实时更新

3) 相关指标

与城市细颗粒物相关的指标有 $PM_{2.5}$ 平均暴露量、$PM_{2.5}$ 的超标率、细颗粒物未达标地级及以上城市浓度、细颗粒物年均浓度下降比例等。

4. O_3 浓度

1) 概念

O_3 浓度(ACG 1.2.2)指单位体积气体中所含臭氧的质量数(FISD, 1994; Allin,

2014；中华人民共和国生态环境部, 2012)。

2)计算方法

O_3 浓度监测应按照《环境空气质量监测规范(试行)》等规范性文件的要求进行。首先，应按照规范的要求设置监测点位；其次，监测时的采样环境、采样高度及采样频率等应按照《环境空气气态污染物(SO_2、NO_2、O_3、CO)连续自动监测系统安装验收技术规范》(HJ 193—2013)或《环境空气质量手工监测技术规范》(HJ 194—2007)的规定执行；最后，采用紫外荧光法、差分吸收光谱分析法等分析 O_3 浓度(表 4-13)。

表 4-13　O_3 浓度的计算参数

参数代码	参数名称	概念	数据源	更新频率与方法
O_3	O_3 浓度	单位体积气体中所含臭氧的质量数	中华人民共和国生态环境部网站、地级以上(含地级)环境保护行政主管部门或其授权的环境监测站发布	实时更新

3)相关指标

与 O_3 浓度相关的指标有臭氧损耗成本、城市大气污染物浓度等。

5. 氮氧化物排放强度

1)概念

氮氧化物排放强度(ACG 1.2.3)指单位国内生产总值的氮氧化物(NO_x)排放量，可反映经济发展造成的环境污染程度(李建平等, 2014；中华人民共和国生态环境部, 2015)。

2)计算方法

氮氧化物排放强度的计算公式为

$$E_N = \frac{C_N}{GDP} \tag{4-4}$$

式中，E_N 为某区域单位 GDP 氮氧化物排放量；C_N 为某区域单位时间内的氮氧化物排放总量；GDP 为地区生产总值(表 4-14)。

3)相关指标

与氮氧化物排放强度相关的指标有氮氧化物排放量、人均生活氮氧化物排放量、氮氧化物人均排放量、人均机动车氮氧化物排放量、单位机动车辆氮氧化物排放量等。

表 4-14 氮氧化物排放强度的计算参数

参数代码	参数名称	概念	数据源	更新频率与方法
C_N	某区域单位时间内的氮氧化物排放总量	指单位体积气体中所含氮氧化物(常指 NO 和 NO_2)的量	《中国环境统计年鉴》、各省(市)统计年鉴、统计公报	每年更新一次
GDP	地区生产总值	指国家(或地区)所有常住单位在一定时期内生产的全部最终产品和服务价值的总和	《中国统计年鉴》、各省(市)统计年鉴、统计公报	每年更新一次

6. 空气质量指数

1)概念

空气质量指数(ACG 1.2.4)是指一定时间和一定区域内，空气中所含有的各项检测物达到一个恒定不变的检测值，是表征环境健康和适宜居住的重要指标(李建平等, 2014; 中华人民共和国生态环境部, 2015)。

2)计算方法

空气质量指数的计算公式为

$$Q=W_1 \times S + W_2 \times N + W_3 \times C + W_4 \times O + W_5 \times T \tag{4-5}$$

式中，Q 为某区域的空气质量指数；W_1、W_2、W_3、W_4、W_5 分别为 SO_2 浓度、NO_2 浓度、CO 浓度、O_3 浓度、TSP 浓度的权重；S 为区域 SO_2 浓度；N 为区域 NO_2 浓度；C 为区域 CO 浓度；O 为区域 O_3 浓度；T 为区域 TSP 浓度(表 4-15)。

表 4-15 空气质量指数的计算参数

参数代码	参数名称	概念	数据源	更新频率与方法
S	区域 SO_2 浓度	指区域单位体积空气中所含 SO_2 的质量数	各省(市)环境监测部门 TSP 监测数据	每月更新，通过收集、录入环境监测部门公布的 TSP 数据
N	区域 NO_2 浓度	指区域单位体积空气中所含 NO_2 的质量数	各省(市)环境监测部门 TSP 监测数据	每月更新，通过收集、录入环境监测部门公布的 TSP 数据
C	区域 CO 浓度	指区域单位体积空气中所含 CO 的质量数	各省(市)环境监测部门 TSP 监测数据	每月更新，通过收集、录入环境监测部门公布的 TSP 数据
O	区域 O_3 浓度	指区域单位体积空气中所含 O_3 的质量数	各省(市)环境监测部门 TSP 监测数据	每月更新，通过收集、录入环境监测部门公布的 TSP 数据
T	区域 TSP 浓度	指区域单位体积空气中粒径小于 100μm 固体颗粒物的质量数，TSP 本身是一种污染物，同时又是其他污染物的载体	各省(市)环境监测部门 TSP 监测数据	每月更新，通过收集、录入环境监测部门公布的 TSP 数据

3）相关指标

与空气质量指数相关的指标为室内空气污染指数。

7. 严重空气污染程度

1）概念

严重空气污染程度（ACG 1.3.1）指区域内城市严重空气污染以上的监测天数占全年监测总天数的比例（Michalos, 2014；李建平等, 2014；中华人民共和国生态环境部, 2015）。

2）计算方法

严重空气污染程度的计算公式为

$$Q = \frac{t}{T} \times 100\% \tag{4-6}$$

式中，Q 为城市严重空气污染程度，%；t 为城市严重空气污染天数；T 为全年监测的总天数（表 4-16）。

表 4-16　严重空气污染程度的计算参数

参数代码	参数名称	概念	数据源	更新频率与方法
t	城市严重空气污染天数	空气质量指数（AQI）大于 300 以上天数	中华人民共和国生态环境部网站、地级以上（含地级）环境保护行政主管部门或其授权的环境监测站发布	每日更新

3）相关指标

与严重空气污染程度相关的指标为城市严重空气污染天数。

8. 空气污染引起的人员健康损失

1）概念

空气污染引起的人员健康损失（ACG 1.3.2）指空气污染引发的人员发病率或死亡率（秦耀辰等，2019；曹彩虹等，2015）。

2）计算方法

空气污染引起的人员健康损失的计算公式为

$$S = P_{\mathrm{q}} / P \times 100\% \tag{4-7}$$

式中，S 为空气污染引发的人员发病或死亡率，%；P_{q} 为城市空气污染引起的发病或死亡人数；P 为城市总人数（表 4-17）。

表 4-17　空气污染引起的人员健康损失的计算参数

参数代码	参数名称	概念	数据源	更新频率与方法
P_q	城市空气污染引起的发病或死亡人数	城市空气污染引起的发病或死亡人数	统计数据	每年更新一次
P	城市总人数	城市总人数	统计数据	每年更新一次

3）相关指标

与空气污染引起的人员健康损失相关的指标为城市严重空气污染天数比重。

4.4.2　地绿指标的计算方法

1. 森林覆盖率

1）概念

森林覆盖率（ACG 2.1.1）指森林面积占陆地总面积的比例（Allin, 2014；Esty et al., 2008；Hsu and Zomer, 2016；李建平等, 2014；方创琳, 2014；张文忠等, 2016；中国科学院可持续发展战略研究组, 2012）。

2）计算方法

森林覆盖率的计算公式为

$$L=\frac{m}{P}\times 100\% \tag{4-8}$$

式中，L 为森林面积占陆地总面积的比例；m 为森林面积；P 为陆地总面积（表 4-18）。

表 4-18　森林覆盖率的计算参数

参数代码	参数名称	概念	数据源	更新频率与方法
m	森林面积	森林面积是在原地至少 5m 的自然或种植树木下的土地，无论是否有生产，并且不包括农业生产系统中的树林（例如，水果种植园和农林系统）以及城市公园和花园中的树木	《中国统计年鉴》《中国生态环境状况公报》	每年更新一次
P	陆地面积	国家的总面积减去内陆水域面积	自然资源部	每年更新一次

3）相关指标

与森林覆盖率相关的指标有建成区森林覆盖率、草原综合植被覆盖度、森林覆盖率变化、使用可再生森林资源的强度、本地森林面积的年均变化百分比、森林采伐强度、受管理的森林面积、受管理的森林面积占总森林面积的百分比。

2. 草地覆盖度

1）概念

草地覆盖度（ACG 2.1.2）指草地总面积占土地总面积（不包括水域面积）的百分比（李建平等, 2014；中国科学院可持续发展战略研究组, 2015）。

2）计算方法

草地覆盖度的计算公式为

$$\eta = \frac{\text{Grassland}}{N} \times 100\% \tag{4-9}$$

式中，η 为草地总面积占土地总面积（不包括水域面积）的比例；Grassland 为草地面积；N 为土地总面积（不包括水域面积）（表 4-19）。

表 4-19　草地覆盖度的计算参数

参数代码	参数名称	概念	数据源	更新频率与方法
Grassland	草地面积	基于植被分类系统提取的草地总面积	遥感影像	每年更新一次
N	土地总面积	土地总面积（不包括水域面积）	遥感影像	每年更新一次

3）相关指标

与草地覆盖度相关的指标有山地绿色覆盖度、林草地覆盖率、草地综合植被覆盖度、人均草地面积、人均牧草地面积、牧草地面积、草场面积占国土面积的比例等。

3. 净初级生产量

1）概念

净初级生产量（ACG 2.1.3）指绿色植物在初级生产过程中，单位时间和单位面积积累的有机物质总量（FAO and Mateo-Sagasta, 2011；中国科学院可持续发展战略研究组, 2015）。

2）计算方法

净初级生产量的计算公式为

$$\text{NPP} = \text{APAR} \times \varepsilon \tag{4-10}$$

式中，NPP 为净初级生产量；APAR 为植被实际吸收的光合有效辐射；ε 为实际光能利用率（表 4-20）。

表 4-20　净初级生产量的计算参数

参数代码	参数名称	概念	数据源	更新频率与方法
APAR	植被实际吸收的光合有效辐射	太阳辐射中对植物光合作用有效的光谱成分为光合有效辐射	基于 CASA 模型，结合遥感影像和气象等数据	随着遥感信息和气象数据的更新而随之更新
ε	实际光能利用率	单位土地面积上一定时间内植物光合作用积累的有机物所含能量与同期照射到该地面上的太阳辐射量的比率	基于 CASA 模型，结合遥感影像和气象等数据	随着遥感信息和气象数据的更新而随之更新

3）相关指标

与净初级生产量相关的指标有人均净初级生产量、单位土地面积净初级生产量、土地综合生产力、土地生产力指数等。

4. 退化土地占土地总面积减去水域面积比例

1）概念

退化土地占土地总面积减去水域面积比例(ACG 2.2.1)指荒漠化、石漠化、土壤盐渍化及洪水侵蚀的土地退化面积占土地总面积减去水域面积比例(Allin, 2014；李建平等, 2014；中国科学院可持续发展战略研究组, 2015)。

2）计算方法

$$\eta = \frac{D + K + S + F}{N} \times 100\% \tag{4-11}$$

式中，η 为退化土地占土地总面积减去水域面积比例；D 为荒漠化土地面积；K 为石漠化土地面积；S 为土壤盐渍化土地面积；F 为洪水侵蚀土地面积；N 为土地总面积(不包括水域面积)(表 4-21)。

表 4-21　退化土地占土地总面积减去水域面积比例的计算参数

参数代码	参数名称	概念	数据源	更新频率与方法
D	荒漠化土地面积	其他用地转为沙漠的土地面积	遥感数据	随着遥感数据更新而更新
K	石漠化土地面积	土地转为石漠的土地面积	遥感数据	随着遥感数据更新而更新
S	土壤盐渍化土地面积	其他用地转为盐渍化土地的面积	遥感数据	随着遥感数据更新而更新
F	洪水侵蚀土地面积	被洪水侵蚀的土地面积	遥感数据	随着遥感数据更新而更新
N	土地总面积(不包括水域面积)	某一区域土地总面积减去水域面积	遥感数据	随着遥感数据更新而更新

3) 相关指标

与退化土地占土地总面积减去水域面积比例相关的指标有已退化土地占土地总面积(不包括水域面积)的比例、荒漠化率、水土流失面积比例、水土流失恢复治理率、水土流失治理面积、新增水土流失治理面积、水土流失率、沙化面积占土地总面积(不包括水域面积)比例、可治理沙化土地治理率、旱涝盐碱治理率、受沙漠化影响的土地面积等。

5. 固废安全处理比例

1) 概念

固废安全处理比例(ACG 2.2.2)指城市居民日常生活或为城市日常生活提供服务的活动中产生的固体废物中定期收集并得到最终排放的城市固体废物占城市固体废物总量的比例(方创琳, 2014; 李建平等, 2014; 中国科学院可持续发展战略研究组, 2015; 张文忠等, 2016)。

2) 计算方法

$$A = \frac{P}{N} \times 100\% \tag{4-12}$$

式中，P 为回收的城市固体废物(按照电子固体废物与非电子固体废物分类)；N 为城市固体废物总量(表 4-22)。

表 4-22　固废安全处理比例的计算参数

参数代码	参数名称	概念	数据源	更新频率与方法
P	回收的城市固体废物	定期收集并得到最终排放的城市固体废物	《全国大、中城市固体废物污染环境防治年报》、全国固废管理信息系统	每年更新一次
N	城市固体废物总量	生产、生活和其他活动过程中产生的丧失原有利用价值或虽然未丧失利用价值但被抛弃或者放弃的固体、半固体和置于容器中的气态物品、物质以及法律、行政法规规定纳入废物管理的物品、物质	《全国大、中城市固体废物污染环境防治年报》、《中国环境统计年鉴》、全国固废管理信息系统	每年更新一次

3) 相关指标

与固废安全处理比例相关的指标有垃圾填埋场转移的城市固体废物百分比、固体废物管理、万元产值工业固体废弃物排放量、固体废弃物排放强度、工业固体废弃物综合利用率、工业固体废弃物资源化比率、工业固体废弃物排放密度、工业固体废弃物排放量、都市固体废弃物排放强度、一般工业固体废物综合利用率、工业固体废物处置量、工业固体废物处置利用率、单位工业增加值固体废弃物排放量、人均工业固体废弃物排放量等。

6. 化肥施用强度

1) 概念

化肥施用强度(ACG 2.2.3)指本年内单位播种面积上实际用于农业生产的化肥数量。化肥施用量按折纯量进行计算(李建平等, 2014; 中国科学院可持续发展战略研究组, 2015)。

2) 计算方法

化肥施用强度的计算公式为

$$I_{\mathrm{f}} = \frac{P_{\mathrm{f}}}{S} \times 100\% \tag{4-13}$$

式中，I_{f}为单位播种面积化肥施用量；P_{f}为农作物化肥施用总折纯量；S为农作物播种面积(表 4-23)。

表 4-23　化肥施用强度的计算参数

参数代码	参数名称	概念	数据源	更新频率与方法
P_{f}	农作物化肥施用总折纯量	折纯量是指将氮肥、磷肥、钾肥分别按含氮、含五氧化二磷、含氧化钾的百分之百成分进行折算后的数量	《全国农产品成本收益资料汇编》《中国农村统计年鉴》《中国统计年鉴》	每年更新一次
S	农作物播种面积	可以用来种植农作物、经常进行耕锄的田地	《全国农产品成本收益资料汇编》《中国农村统计年鉴》《中国统计年鉴》	每年更新一次

3) 相关指标

与化肥施用强度相关的指标有化肥使用量、人均化肥施用量、单位农林牧渔总产值化肥施用量。

7. 自然保护区面积比例

1) 概念

自然保护区面积比例(ACG 2.3.1)指官方公布的有确定边界的自然保护区与某区域总土地面积的比例(IUCN)(李建平等, 2014; 中国科学院可持续发展战略研究组, 2012, 2015)。

2) 计算方法

自然保护区面积比例的计算公式为

$$\eta = \frac{p}{N} \times 100\% \tag{4-14}$$

式中，η 为陆地自然保护区面积比例；p 为某一地区内自然保护区总面积；N 为某一地区总土地面积(表 4-24)。

表 4-24　自然保护区面积比例的计算参数

参数代码	参数名称	概念	数据源	更新频率与方法
p	自然保护区面积	某区域内各类自然保护区的总面积	《中国城市统计年鉴》、各省区统计年鉴及其环境状况公报	每年更新一次
N	某一地区总土地面积	某一地区总土地面积	遥感影像、《中国城市统计年鉴》、各省区统计年鉴及其环境状况公报	每年更新一次

3) 相关指标

与自然保护区面积比例相关的指标有自然保护区占辖区面积比、自然保护区个数、陆地保护区面积占国土面积比重、海洋保护区面积占领海面积比重、海洋保护区面积、自然保护区面积占国土面积比例。

8. 生态系统多样性指数(香农多样性指数)

1) 概念

香农多样性指数(ACG 2.3.2)是用于调查植物群落局域生境内多样性的指数，可反映景观异质性，对景观中各拼块类型非均衡分布状况较为敏感(IUCN et al., 1997; 李建平等, 2013)。

2) 计算方法

生态系统多样性指数的计算公式为

$$H = -\sum_{i=1}^{s} P_i \ln P_i \tag{4-15}$$

式中，H 为香农多样性指数；P_i 为景观类型 i 占面积的比例；s 为景观类型数目。H=0 表明整个景观仅由一个拼块组成；H 增大，说明拼块类型增加或各拼块类型在景观中呈均衡化趋势分布(表 4-25)。

表 4-25 生态系统多样性指数的计算参数

参数代码	参数名称	概念	数据源	更新频率与方法
P_i	各斑块类型的面积比	区域景观类型 i 占总面积的比例	中国陆地生态系统类型空间分布数据集	每年更新一次
s	景观类型数目	区域景观类型数目	中国陆地生态系统类型空间分布数据集	每年更新一次

3) 相关指标

与生态系统多样性指数相关的指标有辛普森多样性指数、α 多样性指数、β 多样性指数、γ 多样性指数。

9. 生境质量指数

1) 概念

生境质量指数(ACG 2.3.3)指区域内生物栖息地质量，用单位面积上不同生态系统类型在生物物种数量上的差异表示(中华人民共和国生态环境部, 2015)。

2) 计算方法

生境质量指数的计算公式为

$$\mathrm{HQ} = A_{\mathrm{bio}} \times (0.35 \times f + 0.21 \times g + 0.28 \times w + 0.11 \times l + 0.04 \times c + 0.01 \times u) / s \tag{4-16}$$

式中，HQ 为生境质量指数；A_{bio} 为生境质量指数的归一化系数；f 为林地面积；g 为草地面积；w 为水域湿地面积；l 为耕地面积；c 为建设用地面积；u 为未利用地面积；s 为区域面积(表 4-26)。

表 4-26 生境质量指数的计算参数

参数代码	参数名称	数据源	更新频率与方法
A_{bio}	生境质量指数的归一化系数	生态环境状况评价技术规范	每年更新一次

3) 相关指标

与生境质量指数相关的指标有森林覆盖率、草原综合植被覆盖度、生物多样性、土地覆盖。

4.4.3　水清指标的计算方法

1. 安全饮用水人口比例

1) 概念

安全饮用水人口比例(ACG 3.1.1)指区域内能够安全、便捷、稳定地获取饮用水的人口占区域总人口的比例(OECD, 2011; Allin, 2014; 贾绍凤和吕爱锋, 2017; 李建平等, 2014)。

2) 计算方法

安全饮用水人口比例的计算公式为

$$W_{pc} = P_w \times S_w \times (1 - R_w) \tag{4-17}$$

式中，W_{pc}为区域安全饮用水人口比例；P_w为区域自来水普及率；S_w为区域饮用水水源水质达标率；R_w为区域水安全风险事件影响系数(表 4-27)。

表 4-27　安全饮用水人口比例的计算参数

参数代码	参数名称	概念	数据源	更新频率与方法
P_w	区域自来水普及率	自来水入户率，反映区域用水普及便捷程度	住房和城乡建设部《城市建设统计年鉴》、《中国县城建设统计年鉴》	每年一次
S_w	区域饮用水水源水质达标率	集中饮用水水源水质达标率，反映区域水源地水质情况	各省、市环境监测部门水源地水质监测数据	每年一次
R_w	区域水安全风险事件影响系数	区域因发生水安全风险事件而导致无法安全供水的时间占总供水时间的比例，反映突发水安全事件对水安全的影响程度	网络舆情数据	每年一次

3) 相关指标

与安全饮用水人口比例相关的指标有可持续获得安全饮用水的人口、获得安全用水和卫生设施的人口百分比、可获得改善的饮用水供应的人口比例、城市符合饮用水水质标准的供水人口占总人口的比例、农村人口获得改善水源的百分比、水质安全人口比例、饮用水水源达标率、城镇自来水供水水质达标率等。

2. 用水紧缺度

1) 概念

用水紧缺度(ACG 3.1.2)指淡水汲取量占区域可取用水资源总量的比例(FAO

and Mateo-Sagasta, 2011; Yale University Center for Environmental Law and Policy, 2005; Allin, 2014; OECD, 2011; 贾绍凤和吕爱锋, 2017; 中国科学院可持续发展战略研究组, 2015)。

2) 计算方法

用水紧缺度的计算公式为

$$S_{\mathrm{w}} = \frac{\mathrm{TWW}}{\mathrm{TRWR}} \times 100\% \tag{4-18}$$

式中，S_{w}为用水紧缺度；TWW 为淡水汲取量；TRWR 为区域总可用水资源量（表 4-28）。

表 4-28　用水紧缺度的计算参数

参数代码	参数名称	概念	数据源	更新频率与方法
TWW	淡水汲取量	从其源头（河流、湖泊、含水层）中提取的淡水，用于农业、工业和城市	《中国统计年鉴》《城市建设统计年鉴》	每年更新一次
TRWR	区域总可用水资源量	区域内每年可取用的水资源总量（实际计算中以水利部三条红线考核中的水资源总量考核指标替代）	三条红线考核指标	每年更新一次

3) 相关指标

与用水紧缺度相关的指标有水压力、取水量占内部可再生水源供应的百分比、可利用的淡水资源和相关的提取率、生活供水量占标准需水量的比重、水资源开发利用程度、累计地下水超采量占多年平均地下水资源量的比例、水资源过度开发率、地下水超采率、水资源开发利用总强度、缺水时用于诊断缺水性质的判别指标、水资源紧缺状态等。

3. 人均用水量

1) 概念

人均用水量（ACG 3.1.3）指在一个地区内某一时期平均每人所用的水资源量（Yale University Center for Environmental Law and Policy, 2005; 李建平等, 2014; 中国科学院可持续发展战略研究组, 2015）。

2) 计算方法

人均用水量的计算公式为

$$W_{\mathrm{p}} = \frac{W_{\mathrm{t}}}{P_{\mathrm{t}}} \tag{4-19}$$

式中，W_p 为人均用水量；W_t 为地区总用水量；P_t 为地区总人口(表 4-29)。

表 4-29　人均用水量的计算参数

参数代码	参数名称	概念	数据源	更新频率与方法
W_t	地区总用水量	地区总用水量	国家统计局《中国统计年鉴》、各区域统计年鉴	每年更新一次
P_t	地区总人口	地区人口总数	国家统计局《中国统计年鉴》、各区域统计年鉴	每年更新一次

3) 相关指标

与人均用水量相关的指标有人均水资源量、供水量、用水量、居民人均生活用水量等。

4. 废污水达标处理率

1) 概念

废污水达标处理率(ACG 3.2.1)指废污水排放达标量占废污水排放总量的百分比(Social Progress Imperative, 2017; UNESCAP, 2009; ARCADIS, 2017; 中国科学院可持续发展战略研究组，2012; 李建平等，2014; 张文忠等，2016; 方创琳，2014; 国家市场监督管理总局和国家标准化管理委员会, 2015)。

2) 计算方法

废污水达标处理率的计算公式为

$$P_w = \frac{W_d}{W_t} \times 100\% \tag{4-20}$$

式中，P_w 为废污水达标处理率；W_d 为废污水排放达标量；W_t 为废污水排放总量(表 4-30)。

表 4-30　废污水达标处理率的计算参数

参数代码	参数名称	概念	数据源	更新频率与方法
W_d	废污水排放达标量	废污水达标到标准的排放总量	《中国环境统计年鉴》	每年更新一次
W_t	废污水排放总量	农业、工业、第三产业和居民生活等用水户排放的废污水总量	《中国环境统计年鉴》《城市建设统计年鉴》	每年更新一次

3) 相关指标

与废污水达标处理率相关的指标有废水处理率、废水排放强度、工业废水达标排放率、工业企业废水排放处理率、工业废水排放强度等。

5. 氨氮超排率

1）概念

氨氮超排率（ACG 3.2.2）指氨氮排放量超出环境纳污能力的幅度（中华人民共和国生态环境部, 2015；李建平等, 2014）。

2）计算方法

氨氮超排率的计算公式为

$$C = \frac{Q - X}{X} \times 100\% \tag{4-21}$$

式中，C 为 NH_3-N 超排率；Q 为 NH_3-N 排放量；X 为区域环境纳污能力（水体能够容纳和代谢氨氮的能力）（表 4-31）。

表 4-31　氨氮超排率的计算参数

参数代码	参数名称	概念	数据源	更新频率与方法
Q	NH_3-N 排放量	水（废水）中氨氮含量	《中国生态环境状况公报》《中国环境统计年鉴》	每月更新一次
X	区域环境纳污能力	区域水体能够容纳和代谢的氨氮的最大量（实际计算中以水利部三条红线中区域氨氮排放考核量为计算依据）	水利部三条红线环境纳污红线中的区域氨氮排放考核量	每年更新一次

3）相关指标

与氨氮超排率相关的指标有氨氮排放密度、氨氮排放量、人均氨氮排放量、单位工业氨氮排放量、工业污染源氨氮排放量等。

6. COD 超排率

1）概念

COD 超排率（ACG 3.2.3）指 COD 排放量超出环境纳污能力的幅度（中华人民共和国生态环境部, 2015；李建平等, 2014）。

2）计算方法

COD 超排率的计算公式为

$$S = \frac{E - T}{T} \times 100\% \tag{4-22}$$

式中，S 为 COD 超排率；E 为 COD 排放量；T 为区域环境纳污能力（水体能够容纳和代谢 COD 的能力）（表 4-32）。

表 4-32　COD 超排率的计算参数

参数代码	参数名称	概念	数据源	更新频率与方法
E	COD 排放量	废水中 COD 排放量与生活污水中 COD 排放量之和	生态环境部	每月更新一次
T	区域环境纳污能力	区域水体能够容纳和代谢的氨氮的最大量（实际计算中以水利部三条红线中区域 COD 排放考核量为计算依据）	水利部三条红线环境纳污红线中的区域 COD 排放考核量	每年更新一次

3）相关指标

与 COD 超排率相关的指标有 COD 排放密度、COD 排放量、人均 COD 排放量、单位工业 COD 排放量、废水中 COD 排放量、工业污染源 COD 排放量、制造业 COD 排放强度等。

7. 涉水生态系统面积变化

1）概念

涉水生态系统面积变化（ACG 3.3.1）指在一定的空间和时间范围内，水域环境中栖息的各种生物和它们周围的自然环境在人为干扰和自然影响下随着时间发生生态系统面积变化（UNEP and UNU-IHDP, 2012）。

2）计算方法

涉水生态系统面积变化通过过程模型与经验模型相结合、配合地面调查和卫星遥感数据，对与水有关的生态系统（湿地、河流、湖泊）面积随时间的变化可在遥感影像中进行单一指标（或指数）的提取（表 4-33）。

表 4-33　涉水生态系统面积变化的计算参数

参数代码	参数名称	概念	数据源	更新频率与方法
S_{WE}	涉水生态系统面积	在一定的空间和时间范围内，水域环境中栖息的各种生物和它们周围的自然环境所共同构成的基本功能单位的面积	高时空分辨率的遥感数据、自然资源部土地调查数据	每月更新一次

3）相关指标

与涉水生态系统面积变化相关的指标有湿地、河流、湖泊等面积，湿地保护区面积，海洋保护区面积，流域面积，沼泽面积等。

8. 水质良好的地表水水体比例

1）概念

水质良好的地表水水体比例（ACG 3.3.2）指以陆地为边界的天然水域，包括河流、湖泊、水库等地表水体中水质良好的水体占比。按照《地表水环境质量标准》(GB 3838—2002)中的描述，将地表水质达到Ⅰ、Ⅱ、Ⅲ类的水体定义为良好水质水体。评价中按照监测断面水质反映水体水质(UNEP and UNU-IHDP, 2012；北京师范大学科学发展观与经济可持续发展研究基地等, 2011)。

2)计算方法

水质良好的地表水水体比例计算公式为

$$C=\frac{n}{N}\times 100\% \tag{4-23}$$

式中，C 为水质良好的陆地水体比例；n 为年均水质达到良好标准的监测断面的总数；N 为区域国控、省控水质监测断面总数(表 4-34)。

表 4-34　水质良好地表水水体比例的计算参数

参数代码	参数名称	概念	数据源	更新频率与方法
n	水质良好的地表水监测断面数	某地区年均水质达到Ⅰ、Ⅱ、Ⅲ类的国控、省控监测断面的数量	《中国生态环境状况公报》《全国地表水水质月报》	每年更新一次
N	总水功能区个数	某区域国控、省控地表水监测断面的总数	《中国生态环境状况公报》《全国地表水水质月报》	每年更新一次

3)相关指标

与水质良好的地表水水体比例相关的指标有良好或高等级的地表水水体比例、重要江河湖泊水功能区水质达标率、地表水达到或好于Ⅲ类水体比例、地表水功能区达标率等。

9. 新增水土流失治理面积

1)概念

新增水土流失治理面积(ACG 3.3.3)指某区域特定时间(一年)内新增的水土流失治理面积。

2)计算方法

新增水土流失治理面积用区域内新增水土保持综合治理面积表征，具体数据可参考各地区《水土保持公报》中的综合治理面积(表 4-35)。

表 4-35　新增水土流失治理面积的计算参数

参数代码	参数名称	概念	数据源	更新频率与方法
S_c	新增水土保持面积	水土流失面积经适当综合治理后可利用的总量	《水土保持公报》	每年更新一次

3) 相关指标

与新增水土流失治理面积相关的指标有水土保持量、水土流失面积、水土保持累计治理面积、重点小流域治理面积等。

10. 再生水利用率

1) 概念

再生水利用率(ACG 3.3.4)指再生水利用量占污水排放总量的比例(Yale University Center for Environmental Law and Policy, 2005; 李建平等, 2014; 中国科学院可持续发展战略研究组, 2015)。

2) 计算方法

再生水利用率的计算公式为

$$P = \frac{R}{S} \times 100\% \tag{4-24}$$

式中，P 为再生水利用率；R 为再生水利用量；S 为污水排放总量(表 4-36)。

表 4-36　再生水利用率的计算参数

参数代码	参数名称	概念	数据源	更新频率与方法
R	再生水利用量	污水经适当处理后可利用总量	《城市建设统计年鉴》	每年更新一次
S	污水排放总量	污水排放的总和	《城市建设统计年鉴》	每年更新一次

3) 相关指标

与再生水利用率相关的指标有城市再生水利用率、城镇污水再生水利用率、国内人均可再生水资源、使用可再生水资源的强度等。

4.4.4　人和指标的计算方法

1. 万元 GDP 用水量

1) 概念

万元 GDP 用水量(ACG 4.1.1)是指年末地区水资源利用总量与 GDP 的比值(方创琳, 2014; 中国科学院可持续发展战略研究组, 2015)。

2) 计算方法

万元 GDP 用水量额计算公式为

$$I = \frac{T_{\mathrm{w}}}{\mathrm{GDP}} \tag{4-25}$$

式中，I 为万元 GDP 用水量；T_w 为地区水资源利用总量；GDP 为地区生产总值(表 4-37)。

表 4-37　万元 GDP 用水量的计算参数

参数代码	参数名称	概念	数据源	更新频率与方法
T_w	地区水资源利用总量	地区水资源利用总量	《中国统计年鉴》	每年更新一次
GDP	地区生产总值	按市场价格计算的一个国家(或地区)所有常住单位在一定时期内生产活动的最终成果	《中国统计年鉴》	每年更新一次

3) 相关指标

与万元 GDP 用水量相关的指标有万元 GDP 能耗、节水量、用水总量、用水消耗量、耗水率。

2. 万元 GDP 能耗

1) 概念

万元 GDP 能耗(ACG 4.1.2)是指年末地区能源消耗总量与 GDP 的比值(中华人民共和国国家发展和改革委员会, 2017)。

2) 计算方法

万元 GDP 能耗的计算公式为

$$I_e = \frac{T_e}{\text{GDP}} \tag{4-26}$$

式中，I_e 为万元 GDP 能耗；T_e 为地区能源消耗总量；GDP 为地区生产总值(表 4-38)。

表 4-38　万元 GDP 能耗量的计算参数

参数代码	参数名称	概念	数据源	更新频率与方法
T_e	地区能源消耗总量	地区能源消耗总量	《中国能源统计年鉴》及各省(市)统计年鉴、夜间灯光数据	每年更新一次
GDP	地区生产总值	一个国家(或地区)所有常住单位在一定时期内生产活动的最终成果	《中国能源统计年鉴》及各省(市)统计年鉴	每年更新一次

3) 相关指标

与万元 GDP 能耗相关的指标为单位 GDP 总能源消费、能源使用强度、能源使用密度、单位 GDP 能耗、单位 GDP 水耗。

3. 生态环境管理人员投入

1) 概念

生态环境管理人员投入(ACG 4.2.1)是指水利、环境和公共设施管理从业人员(生态环境管理方面的从业总人数)占城镇从业人员的比重。

2) 计算方法

生态环境管理人员投入的计算公式为

$$P_{\mathrm{i}} = \frac{E_{\mathrm{e}}}{P_{\mathrm{u}}} \tag{4-27}$$

式中，P_{i} 为生态环境管理人员投入占城镇从业人员的比重；E_{e} 为水利、环境和公共设施管理从业人员数；P_{u} 为城镇单位从业人员期末人数(表 4-39)。

表 4-39　生态环境管理人员投入的计算参数

参数代码	参数名称	概念	数据源	更新频率与方法
E_{e}	资源环境管理从业人员数	水利、环境和公共设施管理从业人员数	《中国城市统计年鉴》、各省市统计年鉴、统计公报	每年更新一次
P_{u}	城镇从业人员数	城镇单位从业人员期末人数	《中国城市统计年鉴》、各省市统计年鉴、统计公报	每年更新一次

3) 相关指标

与生态环境管理人员投入相关的指标有每千人拥有的环境保护工作人员数、企业专业环保人数。

4. 生态环境保护经费投入

1) 概念

生态环境保护经费投入(ACG 4.2.2)指某地区的生态环境污染治理投资总额占该区生产总值(GDP)的比重(中国科学院可持续发展战略研究组, 2012, 2015)。

2) 计算方法

生态环境保护经费投入的计算公式为

$$P = \frac{E_{\mathrm{i}}}{\mathrm{GDP}} \times 100\% \tag{4-28}$$

式中，P 为环境污染治理投资总额占 GDP 比重；E_{i} 为环境污染治理投资总额；GDP 为国内生产总值(表 4-40)。

表 4-40　生态环境保护经费投入的计算参数

参数代码	参数名称	概念	数据源	更新频率与方法
E_i	环境污染治理投资总额	用于环境污染治理的投资总额	中国环境统计年鉴	每年更新一次
GDP	国内生产总值	一个国家(或地区)所有常住单位在一定时期内生产活动的最终成果	各省(市)统计年鉴	每年更新一次

3)相关指标

与生态环境保护经费投入相关的指标有人均环境污染治理投资额、工业污染治理投资占工业增加值比重。

5. 天蓝满意度

1)概念

天蓝满意度(ACG 4.3.1)为主观调查指标，指公众对空气质量等指标的满意程度，可通过全国范围的抽样调查获取数据。调查采取分层多阶段抽样调查方法，随机抽取城镇和农村居民进行问卷调查，根据调查结果综合计算各省(区、市)公众对天蓝的满意度。

2)计算方法

天蓝满意度的计算公式为

$$S = \frac{1}{n}\sum_{i=1}^{n} S_{id} \tag{4-29}$$

式中，S 为某区域的天蓝满意度；S_{id} 为第 i 个调查者对 d 个问题的满意程度赋值；n 为某地区被调查者的数量(表 4-41)。

表 4-41　天蓝满意度的计算参数

参数代码	参数名称	概念	数据源	更新频率与方法
S_{id}	满意程度赋值	指被调查者对空气质量等指标的满意程度赋值	问卷调查	每年更新一次
n	某地区被调查者的数量	指某地区被调查者的总数	问卷调查	每年更新一次

3)相关指标

与天蓝满意度相关的指标有公众对生态文明建设、生态环境改善的满意程度，对灰霾污染的满意度，对交通污染的满意度，对空气质量的关注度等。

6. 地绿满意度

1) 概念

地绿满意度(ACG 4.3.3)为主观调查指标，指公众对居住绿化程度、天然植被保护与修复等指标的满意程度，可通过全国范围的抽样调查获取数据。调查采取分层随机抽样法选取城镇和农村居民进行调查，根据调查结果综合计算各省(区、市)公众对地绿的满意度。

2) 计算方法

地绿满意度的计算公式为

$$L = \frac{1}{2n}\left(\sum_{i=1}^{n} L_{ij} + \sum_{i=1}^{n} L_{ik}\right) \tag{4-30}$$

式中，L 为地绿满意度；L_{ij} 为第 i 位受访者对居住绿化程度满意度 j 的赋值；L_{ik} 为第 i 位受访者对天然植被保护与修复满意度 k 的赋值；n 为某地区受访者数量(表 4-42)。

表 4-42　地绿满意度的计算参数

参数代码	参数名称	概念	数据源	更新频率与方法
L_{ij}	居住绿化程度满意度	某受访者对本地区居住绿化程度的满意程度	问卷调查	每年更新一次
L_{ik}	天然植被保护与修复满意度	某受访者对本地区天然植被保护与修复程度的满意程度	问卷调查	每年更新一次
n	地区受访者数量	某区域受访者数量	问卷调查	每年更新一次

3) 相关指标

与地绿满意度相关的指标有公众对植被覆盖的关注度、对居住区周边绿化的满意度及关注度等。

7. 水清满意度

1) 概念

水清满意度(ACG 4.3.2)为主观调查指标，是指公众对水质及用水紧缺的满意度，可通过全国范围的抽样调查获取数据。调查采用分层抽样法，随机抽取城镇和乡村居民进行调查，根据调查结果综合计算各省(区、市)公众对水清的满意度。

2) 计算方法

水清满意度的计算公式为

$$F_{\text{wac}} = \frac{1}{2n}\left(\sum_{i=1}^{n} S_{ij} + \sum_{i=1}^{n} S_{ik}\right) \tag{4-31}$$

式中，F_{wac}为水清满意度；S_{ij}为第 i 个调查者对水质满意程度 j 的赋值；S_{ik}为第 i 个调查者对用水紧缺满意度 k 的赋值；n 为某地区被调查者的数量(表 4-43)。

表 4-43　水清满意度的计算参数

参数代码	参数名称	概念	数据源	更新频率与方法
S_{ij}	水质满意度	指被调查者对本地区水质的满意程度	问卷调查	每年更新一次
S_{ik}	用水紧缺的满意度	指被调查者对本地区用水紧缺的满意程度	问卷调查	每年更新一次
n	地区被调查者的数量	指某地区被调查者的总数	问卷调查	每年更新一次

3)相关指标

与水清满意度相关的指标为公众对水清的关注度。

参 考 文 献

北京师范大学科学发展观与经济可持续发展研究基地, 西南财经大学绿色经济与经济可持续发展研究基地, 国家统计局中国经济景气监测中心. 2011. 中国绿色发展指数年度报告. 北京: 北京师范大学出版社.

曹彩虹, 韩立岩. 2015. 雾霾带来的社会健康成本估算. 统计研究, 32(7): 19-23.

陈明星, 梁龙武, 王振波, 等. 2019. 美丽中国与国土空间规划关系的地理学思考.地理学报, 74(12): 2467-2481.

方创琳. 2014. 中国新型城镇化发展报告. 北京: 科学出版社.

方创琳, 王振波, 刘海猛. 2019. 美丽中国建设的理论基础与评估方案探索. 地理学报, 74(4): 619-632.

高卿, 骆华松, 王振波, 等. 2019. 美丽中国的研究进展及展望. 地理科学进展, 38(7): 1021-1033.

郭华东. 2018. 科学大数据:国家大数据战略的基石. 中国科学院院刊, 33(8): 768-773.

国家市场监督管理总局, 国家标准化管理委员会. 2015. 美丽乡村建设指南(GB/T 32000—2015). http://www.wanfangdata.com.cn/details/detail.do?_type=standards&id=GB/T 2000-2015. [2015-4-29].

贾绍凤, 吕爱锋. 2017. 中国水资源安全发展报告. 北京: 科学出版社.

康宝荣, 刘立忠, 刘焕武, 等. 2019. 关中地区细颗粒物碳组分特征及来源解析. 环境科学, 40(8): 3431-3437.

李建平, 李闽榕, 王金南. 2013. 全球环境竞争力报告. 北京: 社会科学文献出版社.

李建平, 李闽榕, 王金南. 2014. “十二五”中期中国省域环境竞争力发展报告. 北京: 社会科学文献出版社.
秦耀辰, 谢志祥, 李阳. 2019. 大气污染对居民健康影响研究进展.环境科学, 40(3): 1512-1520.
谢炳庚, 向云波. 2017. 美丽中国建设水平评价指标体系构建与应用. 经济地理, 37(4): 15-20.
张文忠, 尹卫红, 张锦秋, 等. 2006. 中国宜居城市研究报告. 北京: 社会科学文献出版社.
张文忠, 余建辉, 湛东升, 等. 2016. 中国宜居城市研究报告. 北京: 社会科学出版社.
中国科学院可持续发展战略研究组. 2012. 2012 中国可持续发展战略报告. 北京: 科学出版社.
中国科学院可持续发展战略研究组. 2015. 2015 中国可持续发展报告——重塑生态环境治理体系. 北京: 科学出版社.
中华人民共和国国家发展和改革委员会. 2017. 循环经济发展评价指标体系. https://www.ndrc.gov.cn/fggz/hjyzy/fzxhjj/201701/W020191114579186961271.pdf [2016-12-27].
中华人民共和国生态环境部. 2012. 环境空气质量标准(GD 3095—2012). 北京: 中国环境科学出版社.
中华人民共和国生态环境部. 2015. 生态环境状况评价技术规范 HJ-192-2015. http://www.mee.gov.cn/ywgz/fgbz/bz/bzwb/stzl/201503/W020150326489785523925.pdf [2015-3-13].
Allin P. 2014. The Well-Being of Nations. Wiley Stats Ref: Statistics Reference Online. Manhattan: John Wiley and Sons Ltd.
ARCADIS. 2017. Sustainable Cities Mobility Index 2017. https://www.arcadis.com/assets/images/sustainable-cities-mobility-index spreads.pdf.[2017-10-30].
Esty D C, Levy M A, Kim C H. 2008. Environmental Performance Index. Encyclopedia of Quantitative Risk Analysis and Assessment. Manhattan: John Wiley and Sons Ltd.
FAO, Mateo-Sagasta J. 2011. The State of the World's Land and Water Resources for Food and Agriculture. New York: Food and Agriculture Organization of the United Nations(FAO) and Earthscan.
Hsu A, Zomer A. 2016. Environmental Performance Index. Wiley StatsRef: Statistics Reference Online. Manhattan: John Wiley and Sons Ltd.
IUCN, Strategies for Sustainability Programme, International Development Research Centre. 1997. An Approach to Assessing Progress toward Sustainability: Tools and Training Series for Institutions, Field Teams and Collaborating agencies. Ottawa: IUCN set of 8 booklets.
Michalos A C. 2014. Encyclopedia of Quality of Life and Well-Being Research. Berlin: Springer Netherlands.
OECD. 2011. Towards green growth: Monitoring progress: OECD indicators. https://www.oecd.org/greengrowth/48224574.pdf [2011-5-25].
Social Progress Imperative. 2017. Social progress index. http://www.indiaenvironmentportal.org.in/files/file/English-2017-Social-Progress-Index-Findings-Report_embargo-d-until-June-21-2017.pdf [2017-6-21]
UN. 2016. Progress towards the sustainable Development Goals. https://digitallibrary.un.org/record/3810131.pdf [2016-6-3].

UNEP, UNU-IHDP.2012.Inclusive Wealth Report 2012. New York: Cambridge University Press.

UNESCAP. 2009. Eco-efficiency indicators: measuring resource-use efficiency and the impact of economic activities on the environment. https://sustainabledevelopment.un.org/c2ontent/documents/785eco.pdf [2010-1-1].

Yale University Center for Environmental Law and Policy. 2005. Environmental Sustainability Index: Benchmarking National Environmental Stewardship. New Haven: World Economic Forum Annual Meeting 2005.

Yeoman A. 2017. Global Power City Index. Tokyo: Institute for Urban Strategies, The Mori Memorial Foundation.

第 5 章

地球大数据支撑的全景美丽中国评价

美丽中国建设作为联合国 2030 年可持续发展目标的中国实践(高峰等, 2019; 葛全胜等, 2020)，不仅是推进人与自然和谐发展，守住“绿水青山”赢得“金山银山”的重要手段，也是实现生态文明和全面建成小康社会的必由之路，更是构建人类命运共同体的新目标和美好愿景(陈明星等, 2019)。科学系统地进行美丽中国建设水平评价不仅有助于识别美丽中国建设面临的关键问题，为贯彻落实美丽中国建设路线图和时间表提供决策依据；也有助于与其他国家进行横向对比，向全球推广中国经验。为此，利用遥感数据、监测数据、网络数据、统计数据等地球大数据，从天蓝、地绿、水清、人和维度的单项指标评价、综合评价及公众满意度评价出发，开展美丽中国建设水平全景评价。

5.1 天蓝维度

5.1.1 单项评价

1. 清洁能源利用水平(ACG 1.1.1)

2015 年中国清洁能源利用水平为 4456.13t 标准煤/万人。其中，仅有 31.07%的地级市的清洁能源利用水平高于全国平均水平，尚有 68.93%的地级市的清洁能源利用水平低于全国平均水平。从空间分布来看，“胡焕庸线”以东地区的清洁能源利用水平相对较高，以西地区相对较低(图 5-1)。具体来看，清洁能源利用水平高值区主要分布在内蒙古、新疆、青海、西藏等清洁能源丰富的省区，低值区则主要分布在东北平原、华北平原、黄土高原、四川盆地、长江中下游平原、云贵高原和东南丘陵等地区。

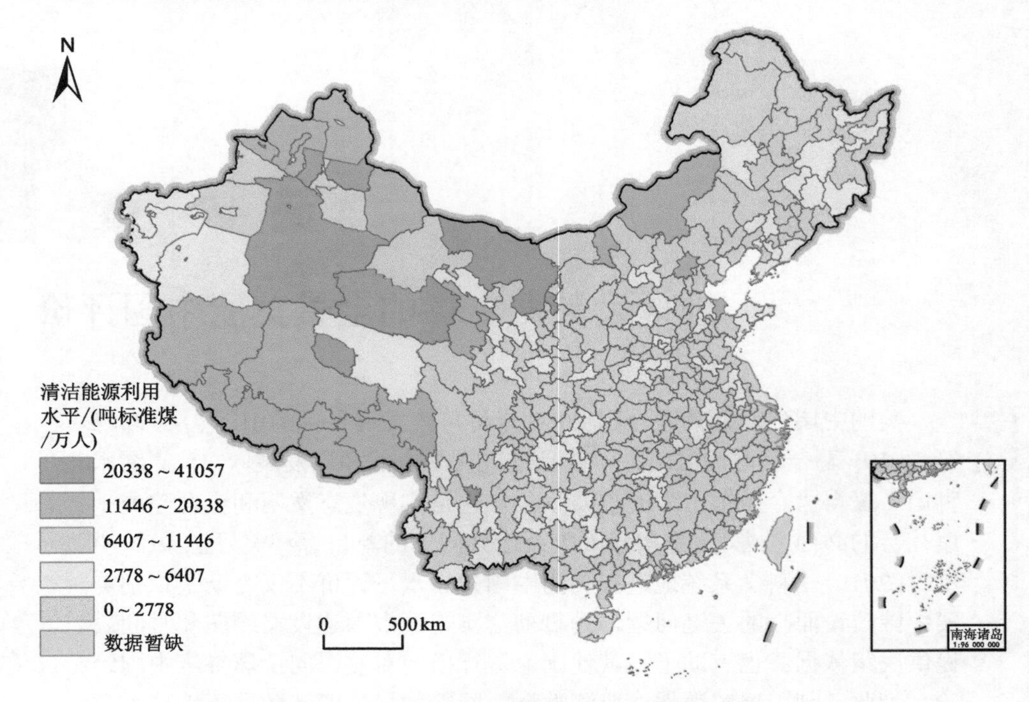

图 5-1　中国清洁能源利用水平的空间分布

2. 城市细颗粒物(ACG 1.2.1)

2015 年中国城市细颗粒物平均浓度为 49.90μg/m^3。其中，城市细颗粒物平均浓度高于全国平均水平的地级市占 46.90%，尚有 53.1%的地级市细颗粒物浓度低于全国平均水平。从空间分布来看，城市细颗粒物浓度高值区呈现集中连片分布特征，主要分布在华北平原、东北平原和塔里木盆地以西等地区，而低值区主要分布在云贵高原、藏南谷地、横断山脉等地区(图 5-2)。从城市群尺度来看，哈长城市群、京津冀城市群、中原城市群、江淮城市群等城市细颗粒物浓度普遍较高，而滇中城市群、北部湾城市群、珠三角城市群等的城市细颗粒物浓度普遍较低(周亮等, 2017; 王振波等, 2019)。

3. 臭氧浓度(ACG 1.2.2)

2015 年中国的臭氧浓度为 83.91μg/m^3，其中，52.07%的地级市臭氧浓度低于全国平均水平，尚有 47.93%的地级市臭氧浓度高于全国平均水平(图 5-3)。从空间分布来看，臭氧浓度的空间分布较零散，低值区主要分布在秦淮线以南、东北

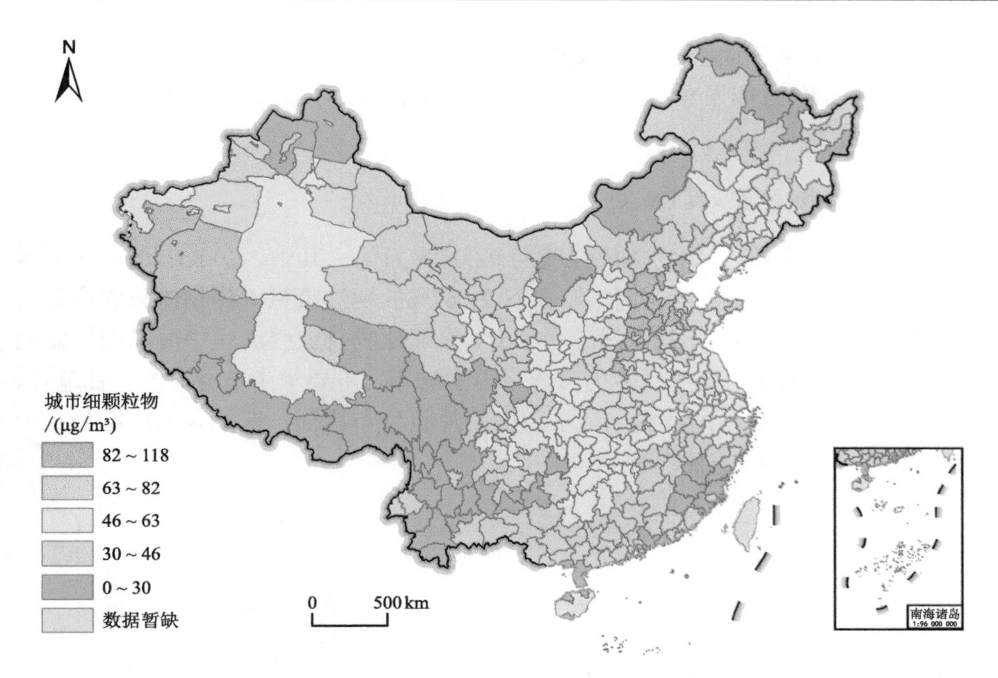

图 5-2　中国城市细颗粒物的空间分布

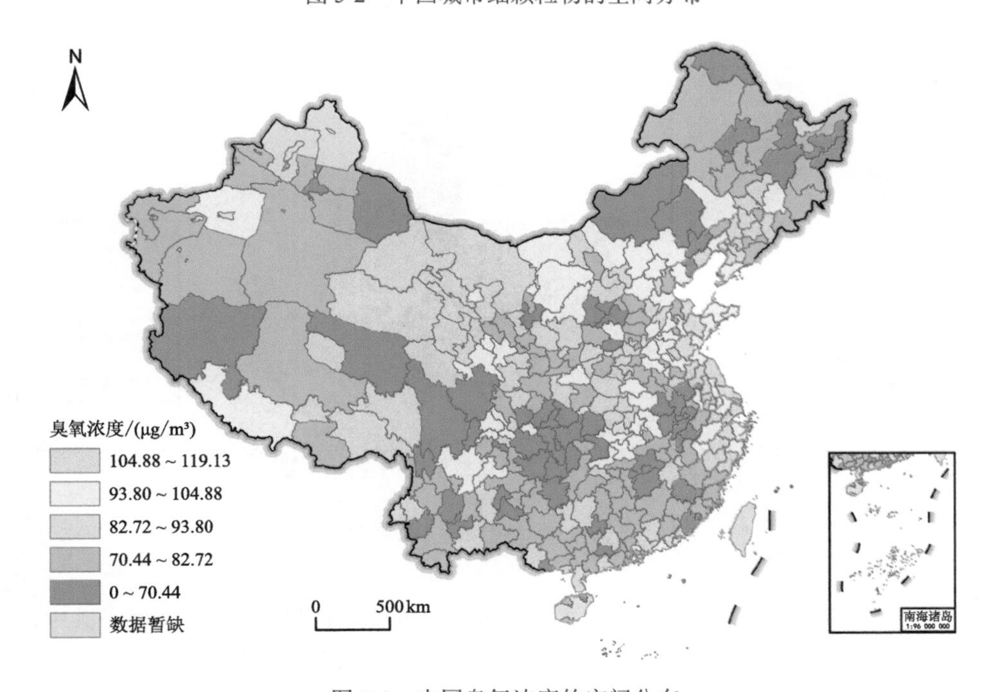

图 5-3　中国臭氧浓度的空间分布

及新疆、西藏大部分地区，臭氧浓度大多在70.45μg/m^{3}以下，而青海北部、甘肃中部、内蒙古中西部及华北平原等地的臭氧浓度相对最高，臭氧浓度值高于104.89μg/m^3。

4. 氮氧化物排放强度(ACG 1.2.3)

2015年中国的氮氧化物排放强度为0.0039t/万元。其中，76.33%的地级市氮氧化物排放强度低于全国平均水平，仅有23.67%的地级市氮氧化物排放强度则高于全国平均水平(图5-4)。从空间分布来看，氮氧化物排放强度呈中间高四周低的空间分布特征。其中，高值区多为资源衰退型城市，主要集中在青海省、甘肃省、山西省和宁夏回族自治区境内，呈小范围的片状分布特征，低值区则广泛分布于“胡焕庸线”以南和新—藏等地区。

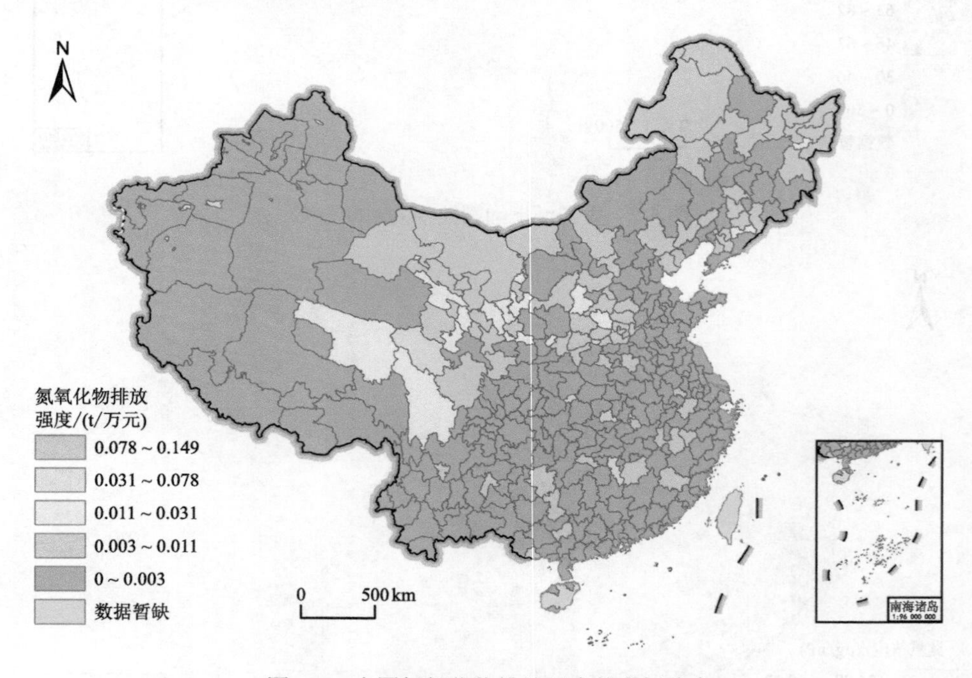

图5-4　中国氮氧化物排放强度的空间分布

5. 空气质量指数(ACG 1.2.4)

2015年中国的空气质量指数为163.34，空气质量优良率达72.16%。其中，近99.41%的地级市空气质量指数高于全国平均水平，仅有0.59%的地级市空气质量指数低于全国平均水平(图5-5)。从空间分布来看，空气质量指数高值区呈集中连片分布，主要分布在塔里木盆地、东北北部及华北平原等地区，低值区则主要分布在云贵高原、藏南谷地、准噶尔盆地、横断山脉、小兴安岭等地区。从城市群尺度来看，哈长城市群、京津冀城市群、中原城市群、江淮城市群等空气质量普遍较差，而滇中城市群、北部湾城市群、珠三角城市群等空气质量普遍较好(蔺雪琴和王岱, 2016; 张向敏等, 2020)。

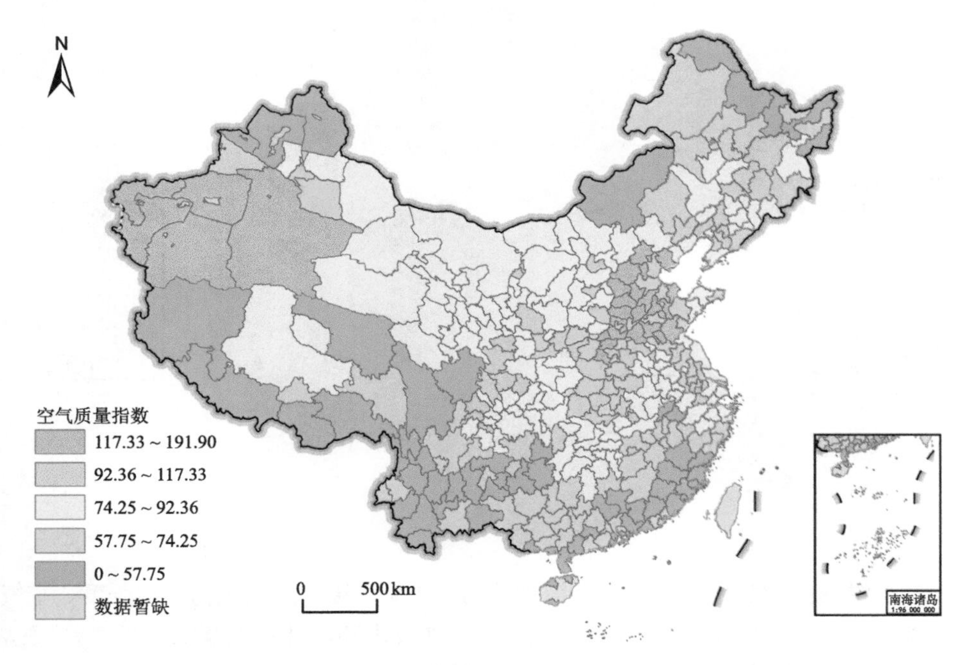

图 5-5　中国空气质量指数的空间分布

6. *严重空气污染程度*(ACG 1.3.1)

2015 年中国严重空气污染天数占全年监测总天数的比重为 2.52%，其中，近 63.31%的地级市严重空气污染程度低于全国平均水平，仅 36.69%的地级市严重空气污染程度高于全国平均水平(图 5-6)。从空间分布来看，严重空气污染程度高值区呈点状分布，主要分布在塔里木盆地以西、东北北部及华北平原等地区，低值区则集中连片分布于青藏高原、云贵高原、长江中下游平原以南、准噶尔盆地、大兴安岭等地区。具体来看，新疆西部、哈尔滨、北京、天津、石家庄、济南等地区重度污染天气比例较高，其余地区的严重空气污染程度比例均较低。

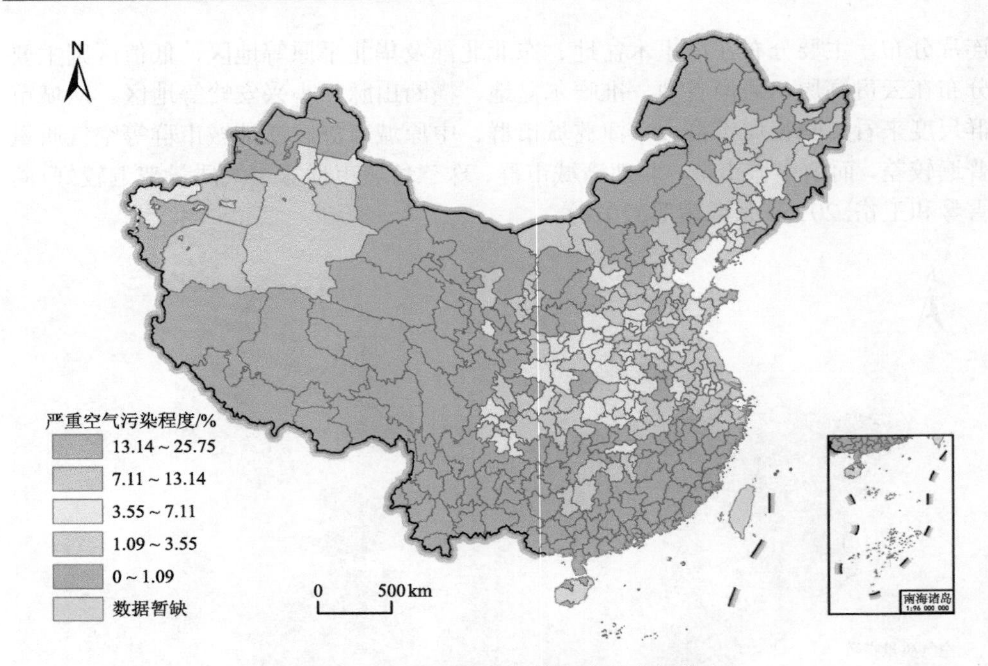

图 5-6　中国严重空气污染程度的空间分布

5.1.2　综合评价

基于清洁能源利用水平、城市细颗粒物、臭氧浓度、氮氧化物排放强度、空气质量指数、严重空气污染程度 6 个指标，采用加权求和法计算天蓝综合指数。首先，利用熵值法计算上述指标的权重，权重分别为 0.212、0.031、0.007、0.425、0.019 和 0.306；其次，计算各省、市的天蓝综合指数；最后，采用自然断点法将 31 个省(直辖市、自治区)及 338 个地级以上城市的天蓝综合指数划分为 5 类(图 5-7)。

从省级尺度来看[图 5-7(a)]，2015 年全国各省份天蓝综合指数均值为 0.752，其中，48.39%的省份天蓝综合指数高于全国平均水平，51.61%的省份天蓝综合指数低于全国平均水平。具体来看，天蓝综合指数呈以京津冀城市群为中心塌陷型半圈层结构分布格局。高值区及较高值区占比为 41.94%，形成了内蒙古高原—塔里木盆地—青藏高原—云贵高原—东南丘陵的团状连片分布区；低值区及较低值区占比为 25.81%，集中连片分布于华北平原和黄土高原东部地区。

从地级市尺度来看[图 5-7(b)]，2015 年全国各地级行政单元天蓝综合指数均值为 0.750，其中，51.58%的地级行政单元天蓝综合指数高于全国平均水平，41.42%的地级行政单元天蓝综合指数低于全国平均水平。高值区呈点(内蒙古高

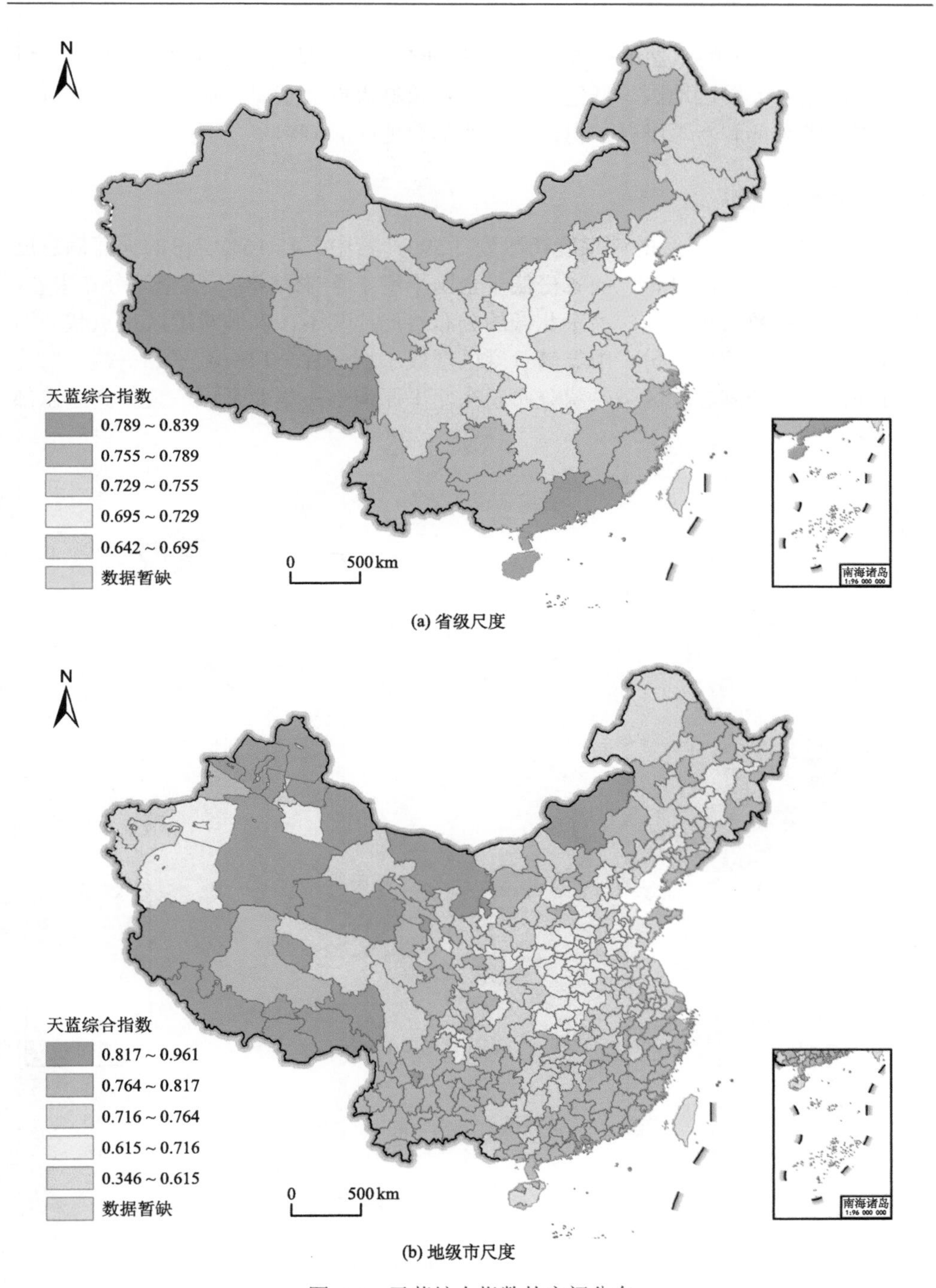

图 5-7　天蓝综合指数的空间分布

原中西部)、片(准噶尔盆地—青藏高原)状分布态势，且均集中在“胡焕庸线”以西等经济相对欠发达地区。低值区主要为哈长城市群、京津冀城市群、中原城市群、青海省东部和新疆维吾尔自治区中西部等地区。

5.1.3 满意度评价

2020 年公众对天蓝的满意度指数为 3.599，其中，45.16%省份的天蓝满意度高于全国平均水平，54.84%的省份低于全国平均水平(图 5-8)。从空间分布来看，天蓝满意度指数大致呈西南高东北低的分布格局，其中，高满意度区呈点状分布在藏—贵—闽—琼等省份，中等满意度区形成了新—甘—川—渝—湘—赣—粤连片分布区，而低满意度区呈带状分布于东北平原南部—华北平原—黄土高原东部等地区。

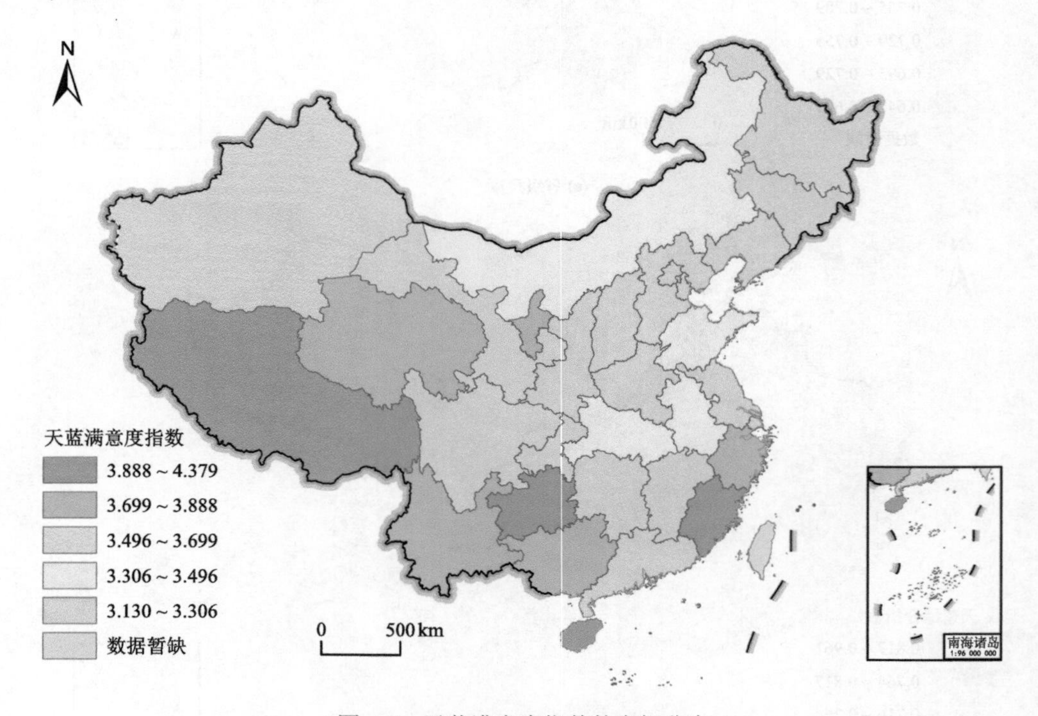

图 5-8 天蓝满意度指数的空间分布

5.2 地绿维度

5.2.1 单项评价

1. 森林覆盖率(ACG 2.1.1)

2015 年中国的森林覆盖率为 24%。其中，有 44.67%的地级市森林覆盖率高于“十三五”规划目标值(21.66%)，其余 55.33%的地级市森林覆盖率低于这一目标值。从空间分布来看，森林覆盖率大致以“胡焕庸线”为界，“胡焕庸线”以东地区多为森林覆盖率高值区，以西地区多为森林覆盖率低值区(图 5-9)。具体来看，森林覆盖率低值区分布范围较大，连片分布于西北地区、华北平原等地区；高值区分布范围较小，连片分布于云贵高原、东南丘陵、三江平原、长白山脉等地区(张琨等, 2020)。

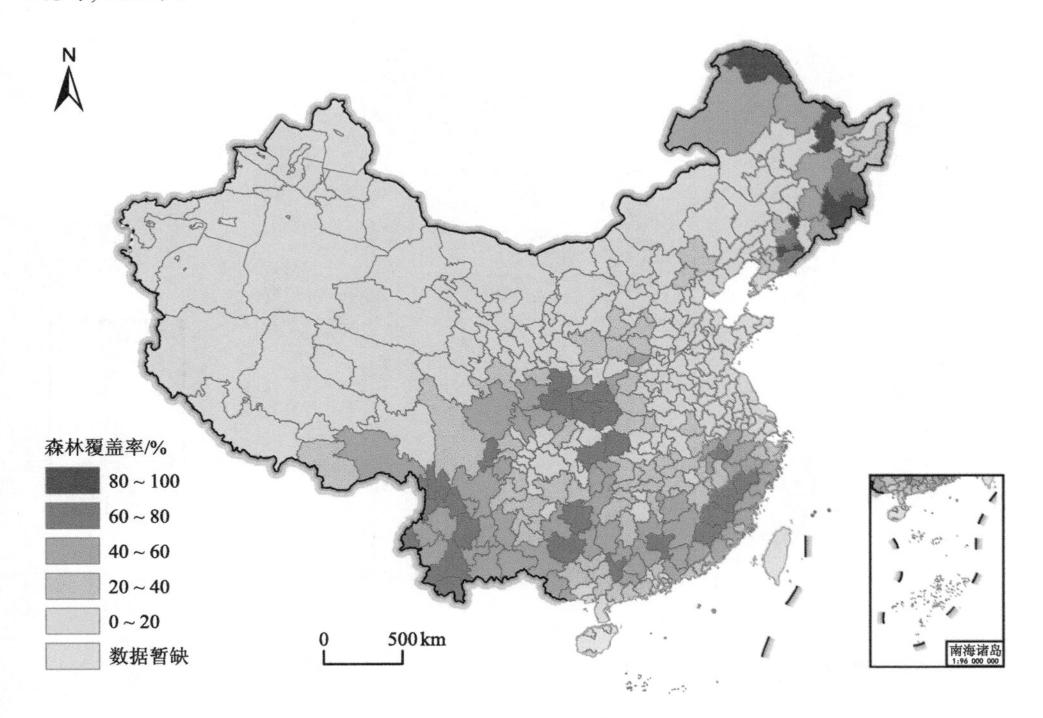

图 5-9　中国森林覆盖率的空间分布

2. 草地覆盖度(ACG 2.1.2)

2015 年中国的草地覆盖度为 35.29%，其中，有 42.31%的地级市草地覆盖度高于全国平均水平，57.69%的地级市低于全国平均水平(图 5-10)。从空间分布来看，草地覆盖度大体沿“胡焕庸线”呈西高东低的分布特征，高值区主要沿“胡焕庸线”集中分布在内蒙古东部—黄土高原中部—青藏高原中东部一线(周伟等, 2014)，且草地面积相对较大，草地覆盖度远高于全国平均水平，草地覆盖度介于 81%～100%，而华中地区北部、华东地区中部、内蒙古西部的草地覆盖度则相对较低，草地覆盖度在 20%左右。

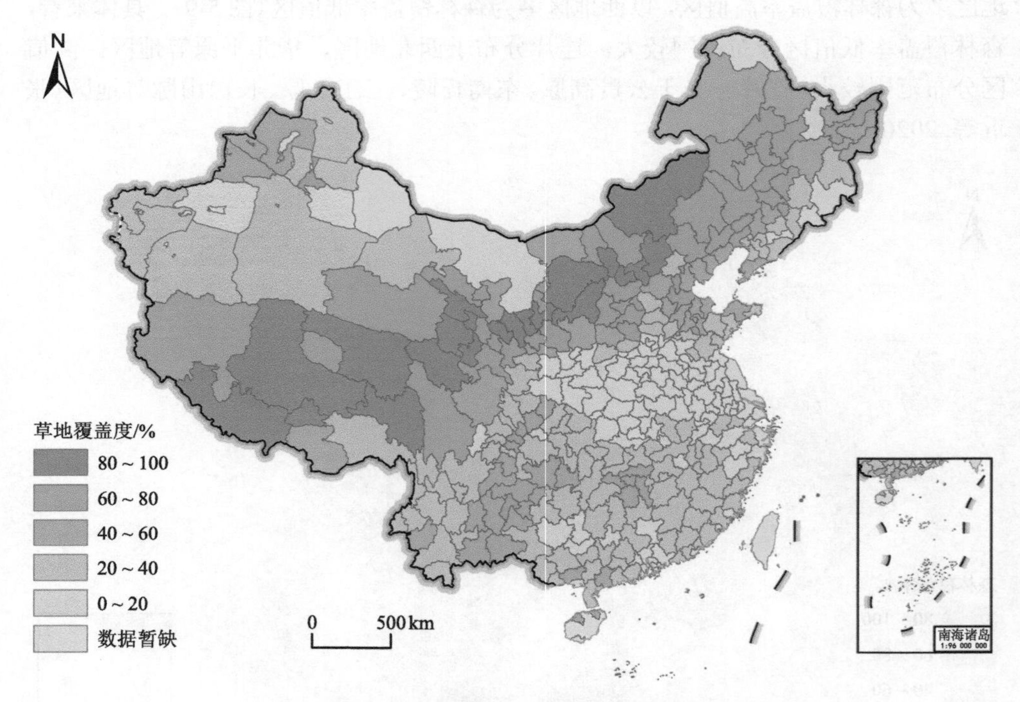

图 5-10 中国草地覆盖度的空间分布

3. 净初级生产量(ACG 2.1.3)

2015 年中国的净初级生产量为 523.60g C/(m^2·a)。其中，50.89%的地级市净初级生产量高于全国平均水平，低于全国平均水平的地级市占 49.11%。从空间分布来看，净初级生产量的空间分布大体沿“胡焕庸线”呈西北低东南高的分布格局(图 5-11)。具体来看，“胡焕庸线”以西地区净初级生产量相对较低，大部分地区的净初级生产量值小于 213.57g C/(m^2·a)，而高值区则主要分布在“胡焕庸线”以东，占所有地级市的 80%以上，其中，云南及四川小部分地区为最高值区，净初级生产量超过 957.70g C/(m^2·a)(尤南山等, 2020)。

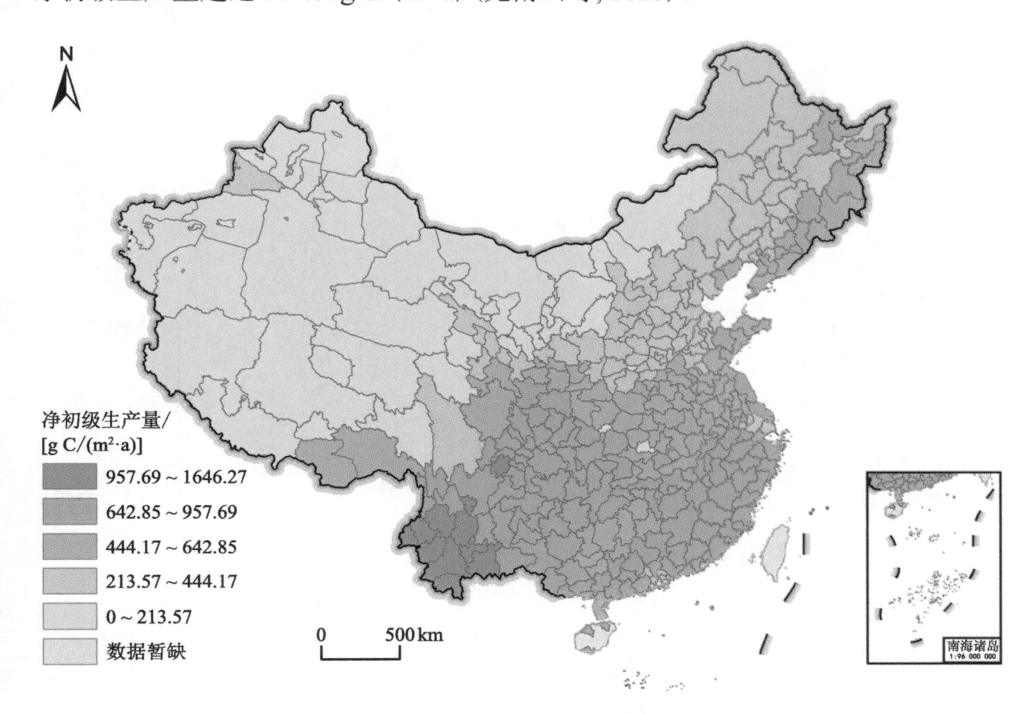

图 5-11　中国净初级生产量的空间分布

4. 退化土地占土地总面积(不包括水域面积)比例(ACG 2.2.1)

2015 年中国的退化土地占土地总面积(不包括水域面积)比例为 5.41%,其中，有 15.09%的地级市退化土地占土地总面积(不包括水域面积)的比例高于全国平均水平，而 84.91%的地级市低于全国平均水平(图 5-12)。从空间分布来看，“胡焕庸线”以东地区的退化土地占土地总面积(不包括水域面积)比例整体较低，而“胡焕庸线”以西地区的退化土地占土地总面积(不包括水域面积)比例普遍较高。具体来看，退化土地占土地总面积(不包括水域面积)比例高值区主要集中在内蒙古西北部、甘肃西北部、青海西北部以及新疆维吾尔自治区，低值区则连片分布在“胡焕庸线”以东。

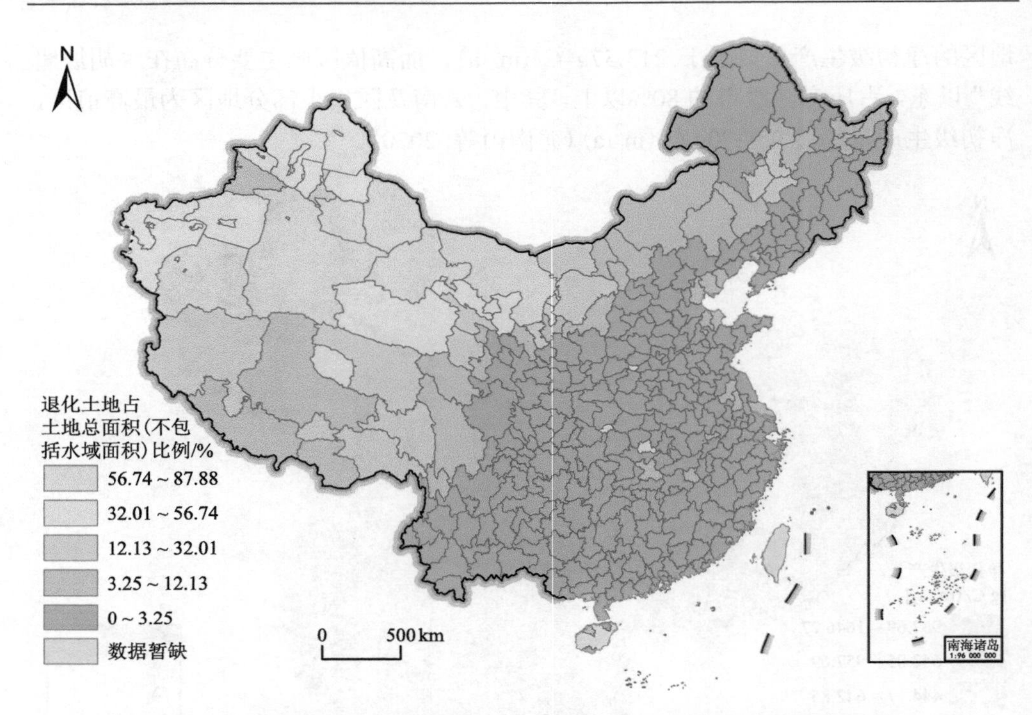

图 5-12　中国退化土地占土地总面积(不包括水域面积)比例的空间分布

5. 固废安全处理比例(ACG 2.2.2)

2015 年中国的固废安全处理比例为 87.12%。其中，有 63.02%的地级市固废安全处理比例高于全国平均水平，其余 36.98%的地级市固废安全处理比例低于全国平均水平(图 5-13)。从空间分布来看，固废安全处理比例大致呈“T”字形分布格局。其中，固废安全处理比例高值区呈带状分布于东部沿海及新—青—川—渝地区，低值区则主要分布在内蒙古和西藏地区。

6. 化肥施用强度(ACG 2.2.3)

2015 年中国的化肥施用强度为 0.36t/hm^2。其中，有 39.35%的地级市化肥施用强度高于全国平均水平，尚有 60.65%的地级市化肥施用强度低于全国平均水平。从空间分布来看，化肥施用强度大致以“胡焕庸线”为界，“胡焕庸线”以东地区化肥施用强度整体较高，而“胡焕庸线”以西地区化肥施用强度则普遍较低(图 5-14)。具体来看，浙闽丘陵、两广丘陵等东南沿海地区，华北平原、山东半岛等北方地区，以及塔里木盆地、河西走廊等西北地区的化肥施用强度较高，而

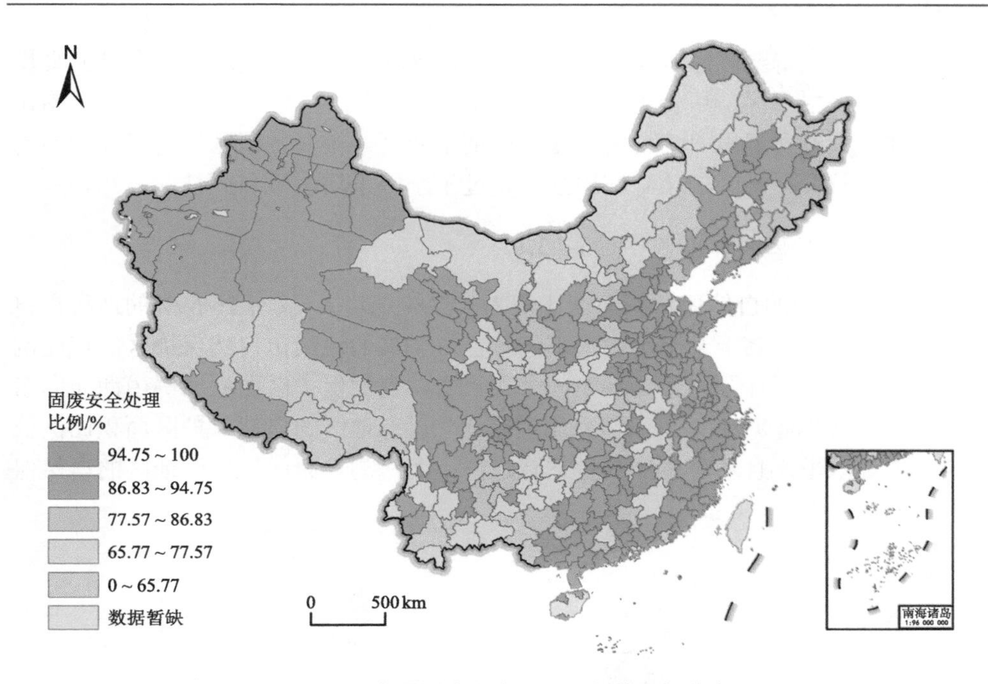

图 5-13　中国固废安全处理比例的空间分布

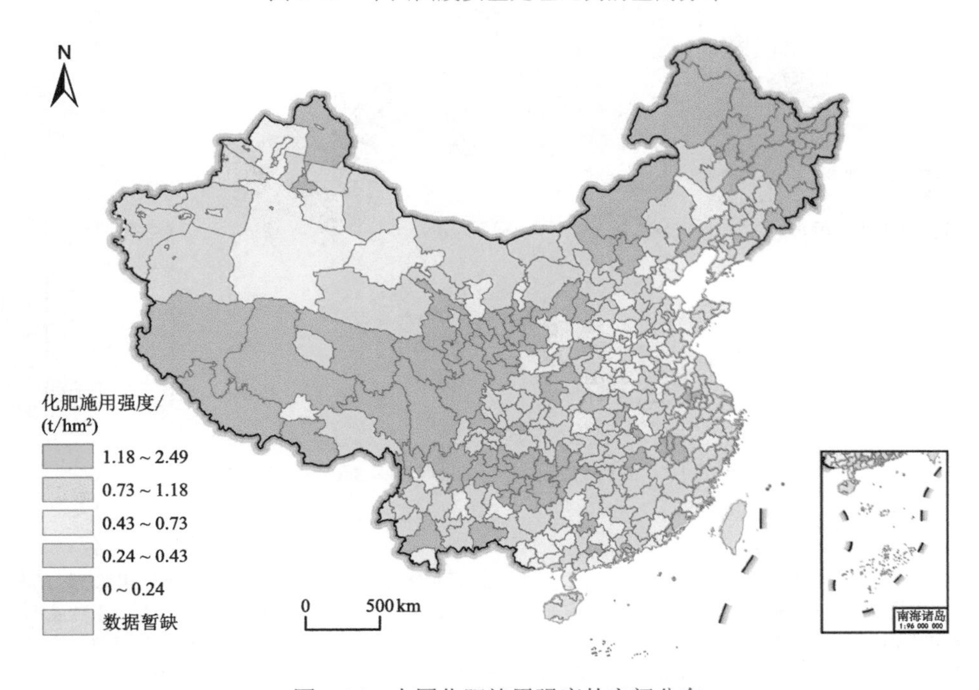

图 5-14　中国化肥施用强度的空间分布

小兴安岭一带、青藏高原以及黄土高原以西地区化肥施用强度均低于全国的平均水平。从粮食主产区、粮食主销区、产销平衡区[①]三个区域来看，2015 年全国化肥施用强度大致呈现出“粮食主产区—产销平衡区—粮食主销区”逐级递减的趋势，其中，粮食主产区的化肥施用强度超过了全国平均水平(赵雪雁等, 2019)。

7. 自然保护区面积比例(ACG 2.3.1)

2015 年中国的自然保护区面积比例为 5.53%。其中，仅有 26.69%的地级市自然保护区面积比例高于全国平均水平，尚有 73.31%的地级市自然保护区面积比例低于全国平均水平(图 5-15)。从空间分布来看，自然保护区面积比例由西北向东南递减，且以“胡焕庸线”为界，“胡焕庸线”以东地区的自然保护区面积比例低于全国平均水平，且随海拔降低呈下降趋势；而“胡焕庸线”以西地区的自然保

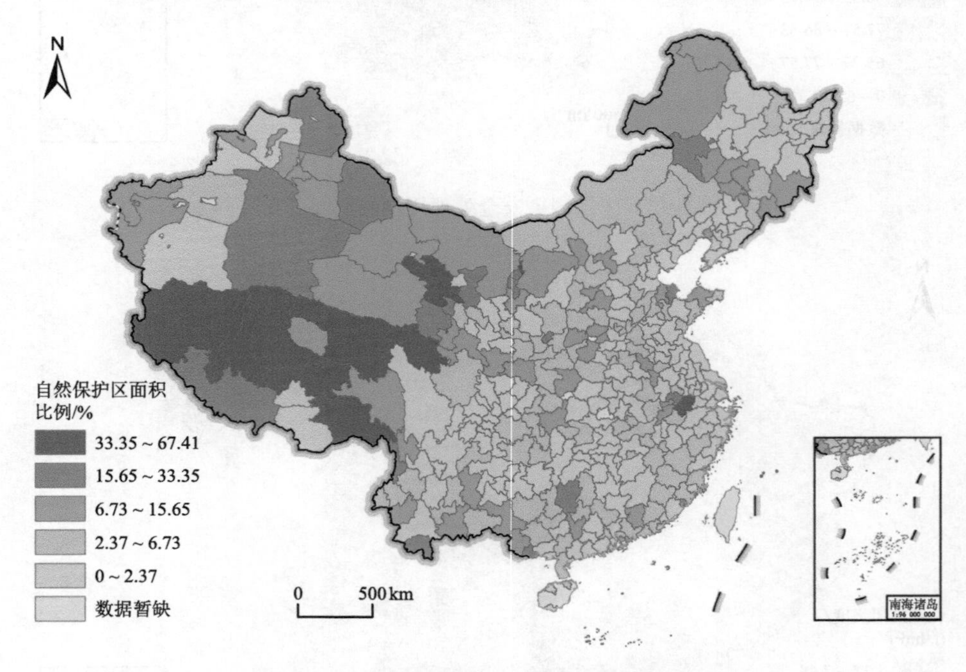

图 5-15 中国自然保护区面积比例的空间分布

① 粮食主产区是指具有一定的地理、土壤、气候、技术等比较优势的粮食重点生产区，包括黑龙江、吉林、辽宁、内蒙古、河北、河南、山东、江苏、安徽、江西、湖北、湖南、四川 13 个省(自治区)。粮食主销区是指经济相对发达，但人多地少，粮食自给率低，粮食产量和需求缺口较大的粮食消费区，包括北京、天津、上海、浙江、福建、广东、海南 7 个省(直辖市)。其余包括山西、宁夏、青海、甘肃、西藏、云南、贵州、重庆、广西、陕西、新疆在内的 11 个省(直辖市、自治区)为产销平衡区，粮食基本能保持自给自足。

护区面积比例高于全国平均水平，高值区主要分布在西藏、新疆东部、甘肃中部等地区(杨喆和吴健, 2019)。

8. 生态系统多样性指数(ACG 2.3.2)

2015 年中国的生态系统多样性指数为 1.71。其中，56.60%的地级市生态系统多样性指数高于全国平均水平，尚有 43.40%的地级市生态系统多样性指数低于全国平均水平(图 5-16)。从空间分布来看，生态系统多样性指数总体呈“X”形分布格局，高值区呈点、面状分布格局，在新疆北部、天山及祁连山等地区形成片状分布的高值区，低值区则主要分布在东北平原、华北平原和东南丘陵等部分地区。

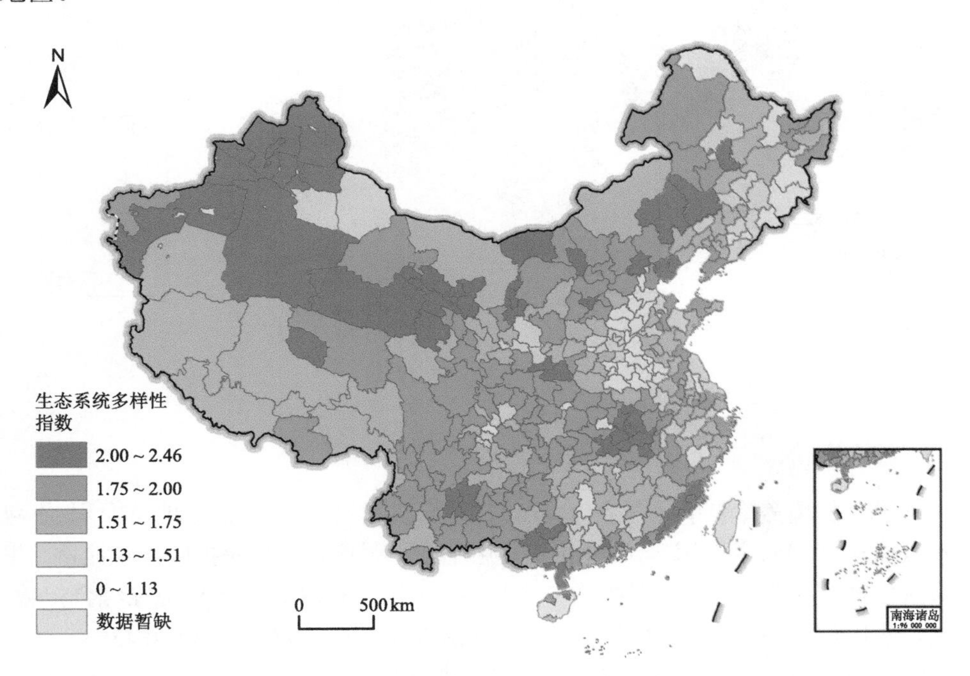

图 5-16　生态系统多样性指数的空间分布

9. 生境质量指数(ACG 2.3.3)

2015 年中国的生境质量指数为 101.53，其中，51.32%的地级市生境质量指数高于全国平均水平，尚有 48.68%的地级市生境质量指数低于全国平均水平(图 5-17)。从空间分布来看，生境质量指数总体呈东南高、西北低的分布格局，高值区主要分布在长江以南地区和东北地区东部等地区，低值区则主要分布在西北地区和华北平原等地区(张学儒等, 2020)。

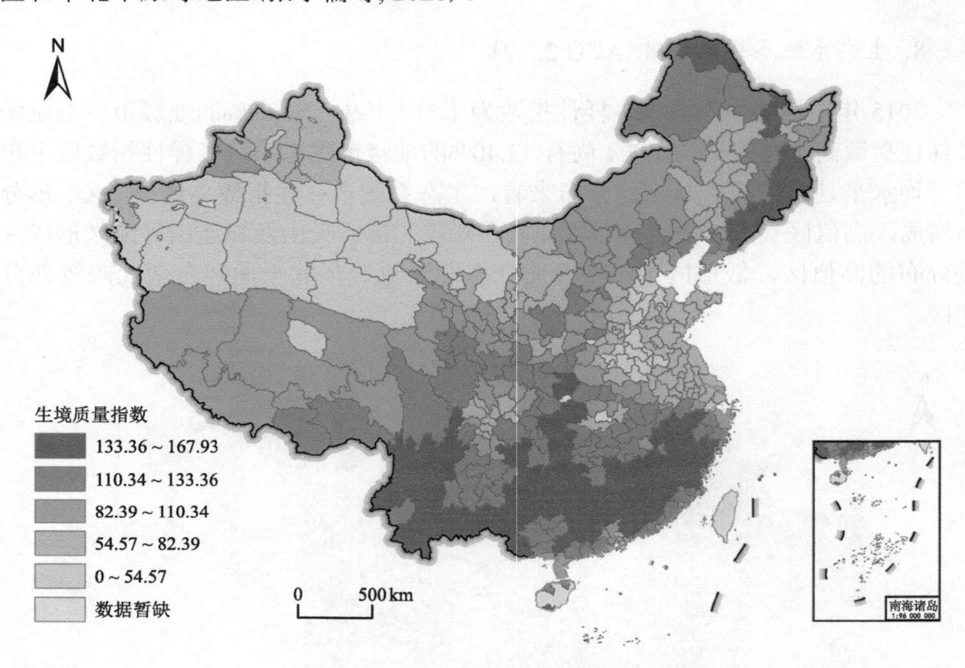

图 5-17　生境质量指数的空间分布

5.2.2　综合评价

基于森林覆盖率、草地覆盖度、净初级生产量、退化土地占土地总面积(不包括水域面积)比例、固废安全处理比例、化肥施用强度、自然保护区面积比例、生态系统多样性指数、生境质量指数 9 个指标，采用加权求和法计算地绿综合指数。首先，利用熵值法确定各指标权重，权重分别为 0.152、0.073、0.039、0.439、0.003、0.048、0.223、0.007、0.016；其次，计算各省(自治区、直辖市)的地绿综合指数；最后，采用自然断点法将 31 个省(自治区、直辖市)及 338 个地级以上城市划分为 5 类(图 5-18)。

从省级尺度来看[图 5-18(a)]，2015 年有 67.74%的省份地绿综合指数高于全国平均水平，32.26%的省份低于全国平均水平。从空间分布来看，地绿综合指数呈南高北低的分布格局，大致以昆仑山脉—秦岭—太行山脉—大兴安岭一线为界，该线以北多为低值区，以南多为高值区。其中，高值区占省份总数的 45.17%，呈“箭头”形(黑—吉—京—陕—晋—青—川—滇—黔—桂—湘—皖—闽—浙)分布，

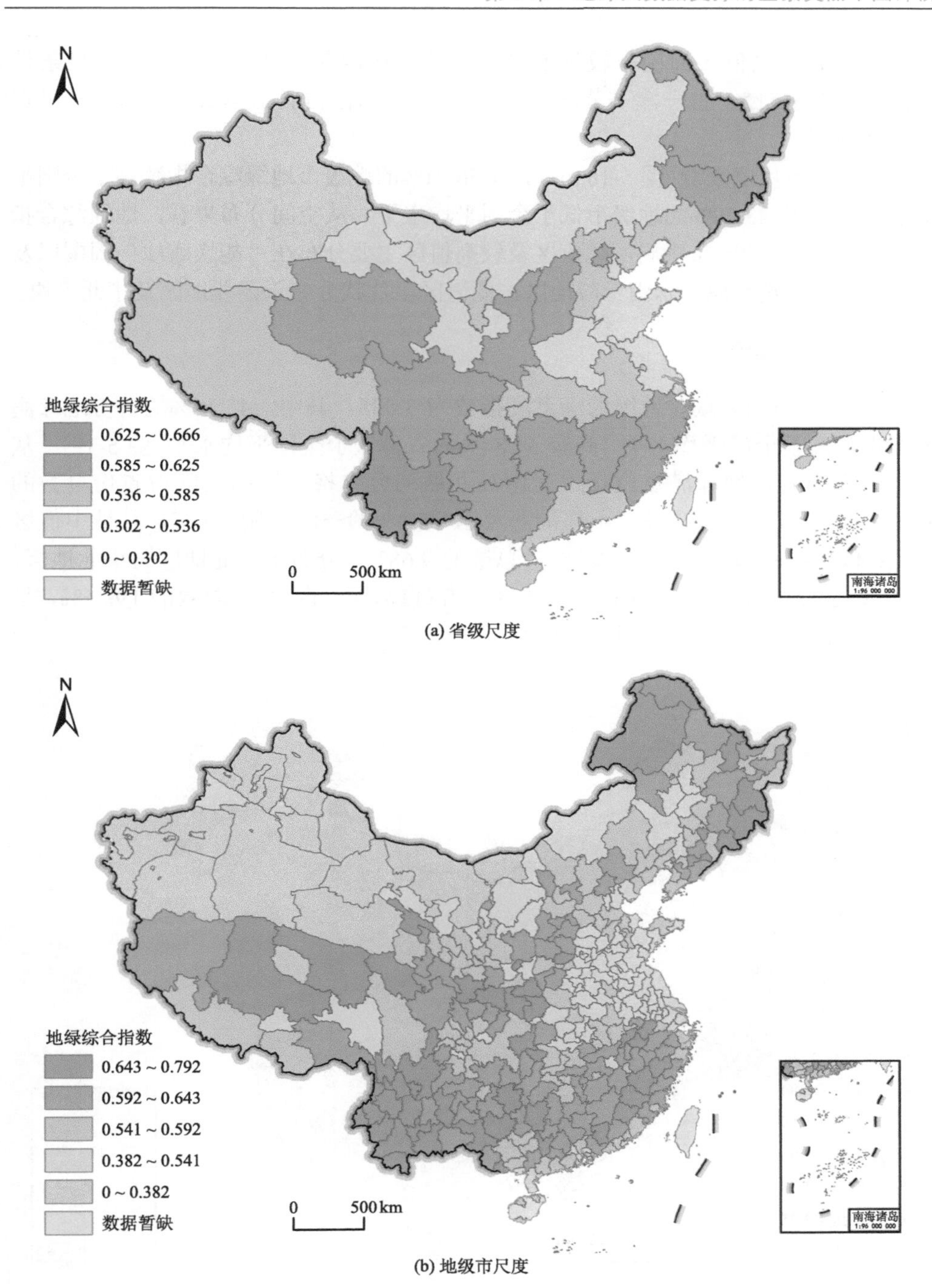

(a) 省级尺度

(b) 地级市尺度

图 5-18　地绿综合指数的空间分布

中值区分布于高值区周围；较低值区集中分布在西北地区及华北平原，呈条带（甘—蒙）及片（豫—鲁—津—苏—沪）状分布；低值区占省份总数的 3.22%，呈点（新）状分布。

从地级市尺度来看[图 5-18(b)]，有 56.21%的地级市地绿综合指数高于全国平均水平，还有 43.79%的地级市低于全国平均水平。从空间分布来看，地绿综合指数呈"T"字形的分布格局，高值区及较高值区主要分布在"胡焕庸线"周围以及青藏高原、云贵高原、东南丘陵地区，低值区呈片状分布于西北地区及华北平原。

5.2.3 满意度评价

2020 年中国公众对地绿的满意度指数为 3.538，其中，45.16%的省份地绿满意度指数高于全国平均水平，尚有 54.84%的省份低于全国平均水平（图 5-19）。从空间分布来看，地绿满意度指数呈南高北低的分布格局。高值区占省份总数的 9.68%，呈点（藏、琼）、片（东部沿海及渝—桂—黔—湘—闽）分布，且被中值区包围；低值区占省（自治区、直辖市）总数的 9.68%，分布于西北地区与华北地区，也呈点（京）片（甘—青）分布；较低值区占省（自治区、直辖市）总数的 19.35%，呈点（吉）、团（冀—豫—晋—津）状分布。

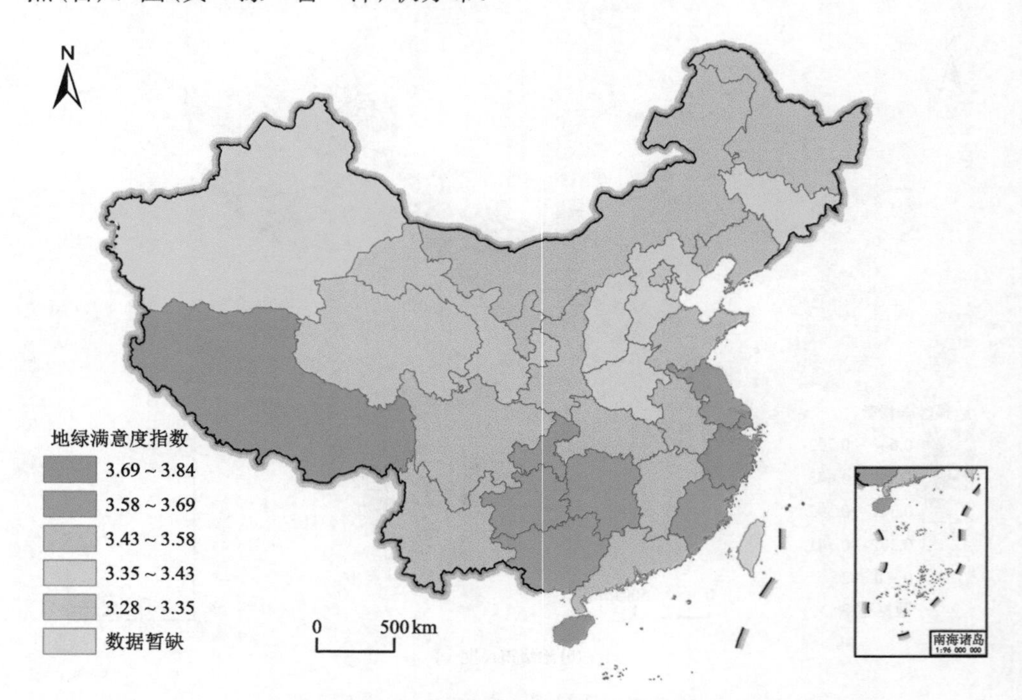

图 5-19 地绿满意度指数的空间分布

5.3 水清维度

5.3.1 单项评价

1. 安全饮用水人口比例(ACG 3.1.1)

2015 年中国的安全饮用水人口比例达到 60%。其中，仅有 48.82%的地级市安全饮用水人口比例高于全国平均水平(图 5-20)。从空间分布来看，高值区主要集中分布在东部沿海和西北地区，而低值区则主要分布在青藏高原、云贵高原、黄土高原、华北平原南部和东北平原西北部地区。

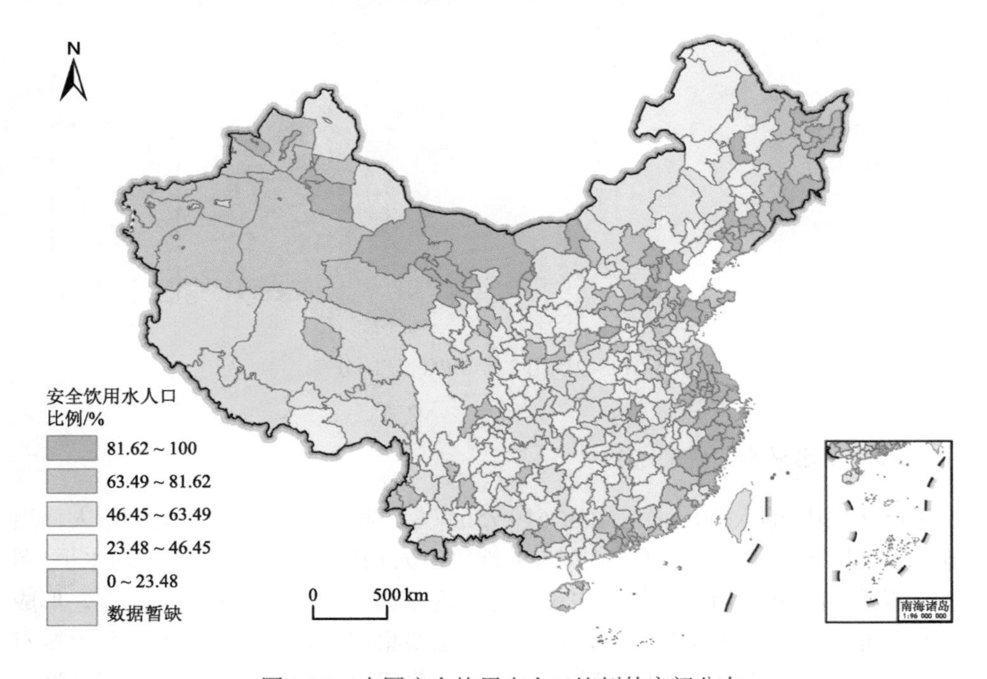

图 5-20　中国安全饮用水人口比例的空间分布

2. 用水紧缺度(ACG 3.1.2)

2015 年中国的用水紧缺度为 0.87。其中，仅有 19.53%的地级市用水紧缺度高于全国平均水平，尚有 80.47%的地级市低于全国平均水平(图 5-21)。从空间分布来看，南北地区用水紧缺度存在较大差异，大致呈“北高南低”的分布格局，具体而言，用水紧缺度高值区主要集中在塔克拉玛干沙漠北部、巴丹吉林沙漠、腾格里沙漠、乌兰布和沙漠以及山东丘陵等地区，而低值区则广泛分布在秦岭—淮河以南地区、青藏地区以及东北地区。

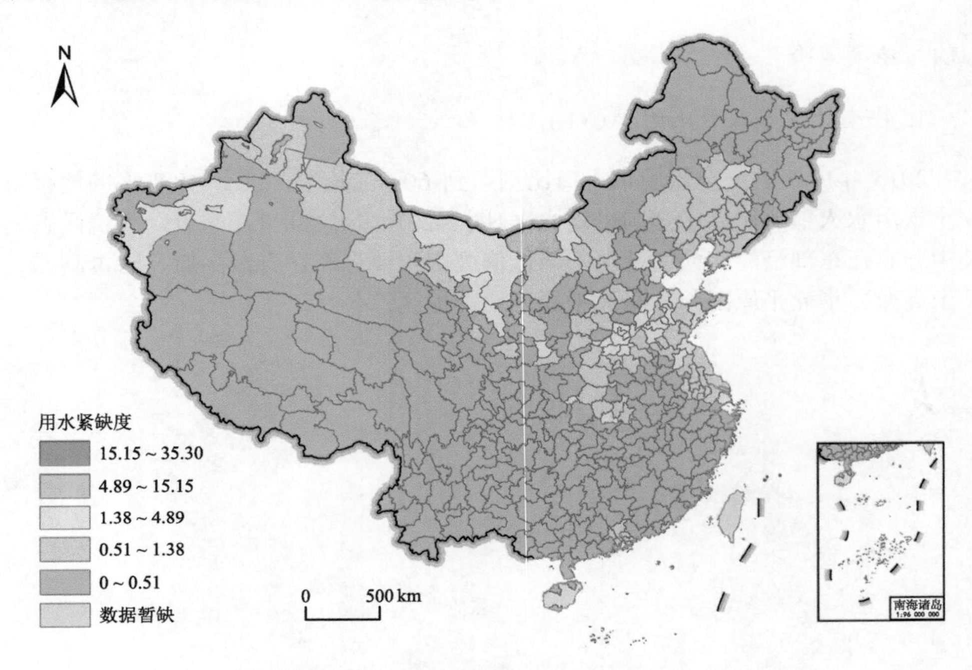

图 5-21 中国用水紧缺度的空间分布

3. 人均用水量(ACG 3.1.3)

2015 年中国的人均用水量约为 619.75m^3/人。其中，76.92%的地级市人均用水量低于全国平均水平，尚有 23.08%的地级市人均用水量高于全国平均水平(图 5-22)。从空间分布来看，人均用水量总体呈现东南低、西北高的分布格局，形成“X”形分布的人均用水量低值区，较低值区主要集中在京津冀城市群、晋中城市群、关中城市群、兰西城市群、黔中城市群、北部湾城市群和山东半岛城市群等地区，而人均用水量高值区主要集中在内蒙古西部、甘肃西部以及新疆等地区(任玉芬等, 2020)。

4. 废污水达标处理率(ACG 3.2.1)

2015 年中国的废污水达标处理率为 91.24%。其中，有 64.20%的地级市废污水达标处理率高于全国平均水平，而 35.80%的地级市废污水达标处理率低于全国平均水平(图 5-23)。从空间分布来看，废污水达标处理率高值区主要分布在华北

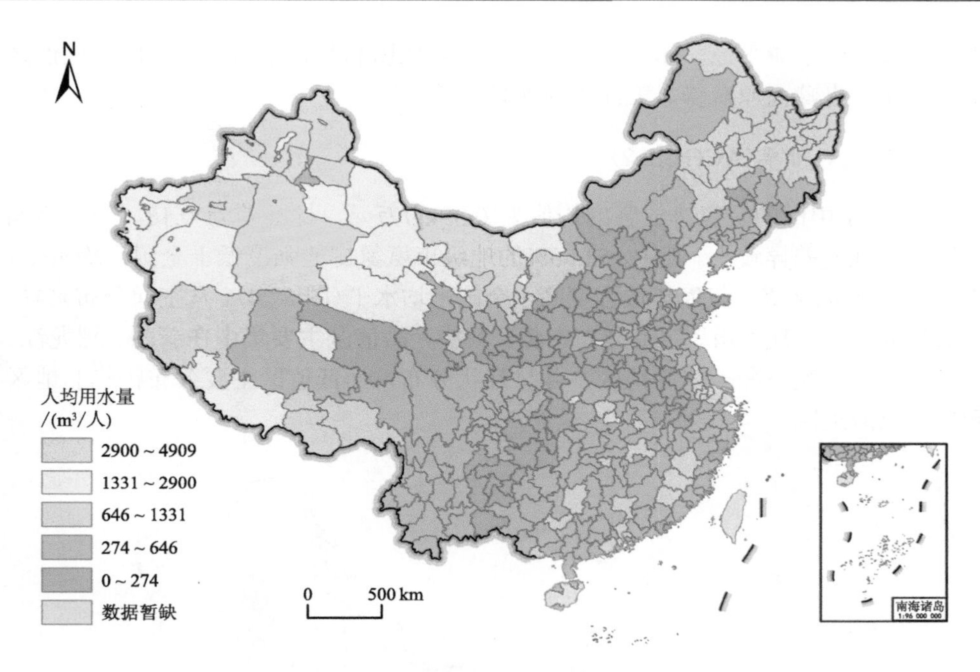

图 5-22　中国人均用水量的空间分布

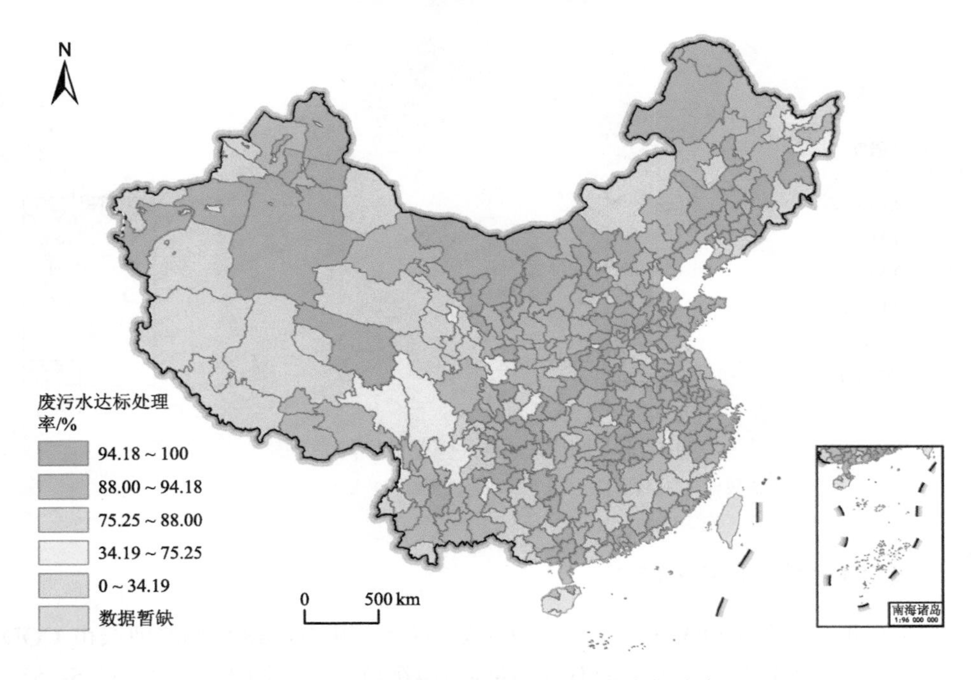

图 5-23　中国废污水达标处理率的空间分布

平原、长江中下游平原、东北平原、塔里木盆地以北及祁连山北部地区，低值区主要分布在青藏高原东缘、三江平原等地区。

5. 氨氮超排率(ACG 3.2.2)

2015 年中国的氨氮排放强度均值为 0.39kg/万元，标准差为 0.18，地级市间氨氮排放强度差异较小。其中，53.55%的地级市氨氮排放强度低于全国平均水平，尚有 46.45%的地级市氨氮排放强度高于全国平均水平(图 5-24)。从空间分布来看，氨氮排放强度呈现“川”字形分布态势。其中，高值区主要集中在新疆、黑龙江、川—陇、皖—赣—湘—桂等地区，并呈片状分布，而低值区主要分布在华北地区和东部沿海地区。

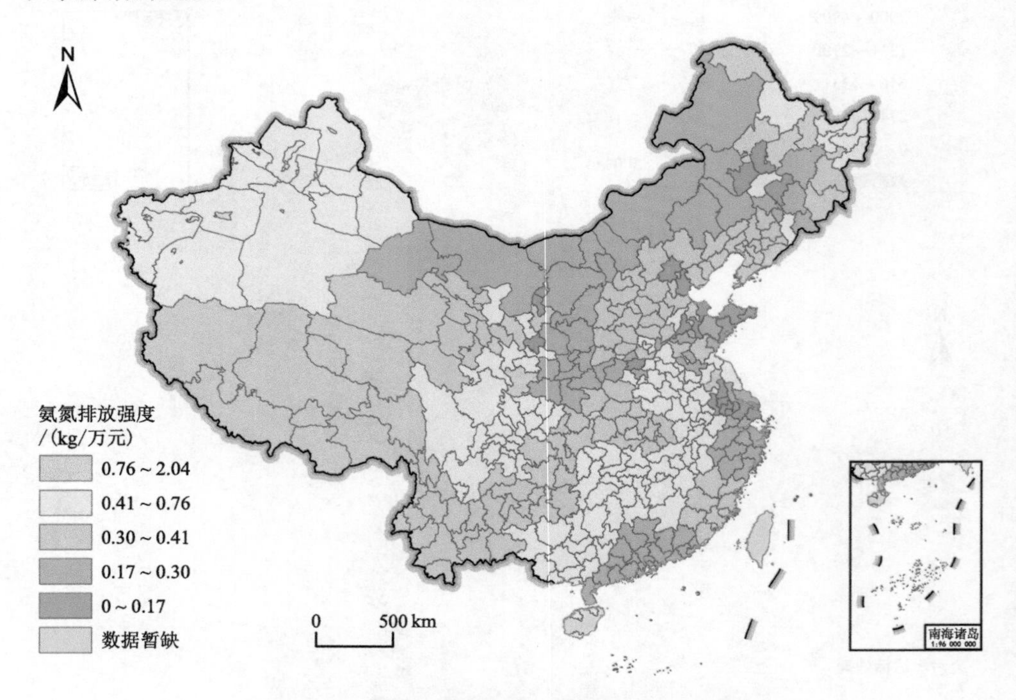

图 5-24　中国氨氮排放强度的空间分布

因数据获取限制，选用氨氮排放强度数据代替氨氮超排率数据

6. COD 超排率(ACG 3.2.3)

2015 年中国的 COD 排放强度为 4.02kg/万元。其中，48.82%的地级市 COD 排放强度高于全国平均水平，尚有 51.18%的地级市低于全国平均水平(图 5-25)。

从空间分布来看， COD 排放强度大致沿“胡焕庸线”一分为二，“胡焕庸线”以西地区多为 COD 排放强度高值区，“胡焕庸线”以东地区多为 COD 排放强度低值区。其中，COD 排放强度高值区在黑龙江中部、甘肃南部及新疆等地区连片分布，低值区主要在西南地区、东南沿海等地区连片分布。

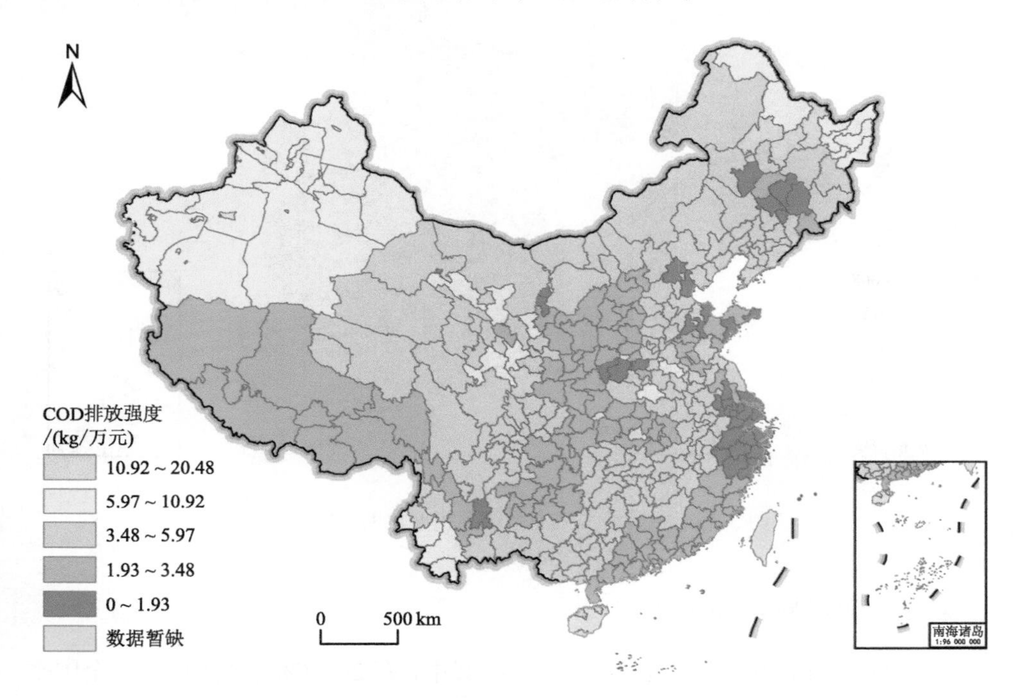

图 5-25　中国 COD 排放强度的空间分布

因数据获取限制，用 COD 排放强度代表 COD 超排率

7. 涉水生态系统面积变化(ACG 3.3.1)

2015 年中国的涉水生态系统面积为 13.092km^2。其中，40.53%的地级市涉水生态系统面积与 2010 年相比有所减少，而 57.99%的地级市较 2010 年有所增加(图 5-26)。从空间分布来看，涉水生态系统面积变化大致呈“西—中—东”递减的空间格局，其中，面积减少区集中分布于东北地区、东南沿海地区、黄土高原地区及内蒙古、新疆两自治区的西部地区,而其余地区的涉水生态系统面积均呈增加趋势，且西部地区较为显著。

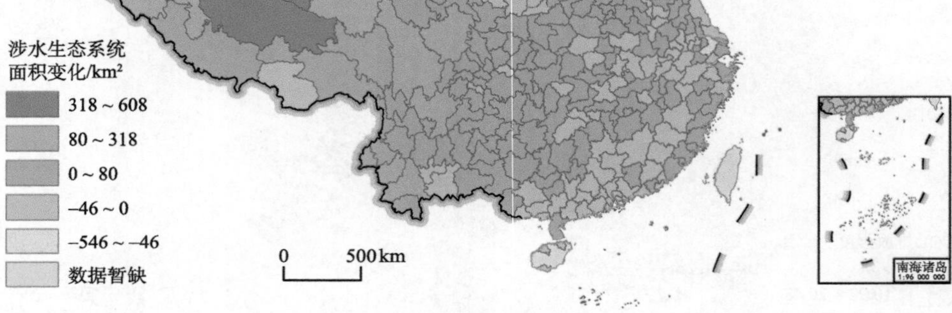

图 5-26　中国涉水生态系统面积变化的空间分布

8. 再生水利用率(ACG 3.3.4)

2015 年中国的再生水利用率为 6.98%。其中，有 24.93%的地级市高于全国平均水平，尚有 75.07%的地级市低于全国平均水平(图 5-27)。从空间分布来看，再生水利用率大致以秦岭—淮河线为界，秦岭—淮河以北多为再生水利用率高值区，以南多为再生水利用率低值区。具体来看，再生水利用率高值区主要分布在华北平原、内蒙古西部、大兴安岭及新疆北部等地区；而低值区在青藏高原、云贵高原、长江中下游平原、东北平原、长白山脉、三江平原等地区连片分布。

5.3.2　综合评价

基于安全饮用水人口比例、用水紧缺度、人均用水量、废污水达标处理率、氨氮排放强度、COD 排放强度、涉水生态系统面积变化等指标，采用加权求和法计算地绿综合指数。首先，利用熵值法确定各指标权重，权重分别为 0.028、0.458、0.170、0.032、0.052、0.258 和 0.002；其次，计算各省(自治区、直辖市)的水清综合指数；最后，采用自然断点法将 31 个省(自治区、直辖市)及 338 个地级以上城市划分为 5 类(图 5-28)。

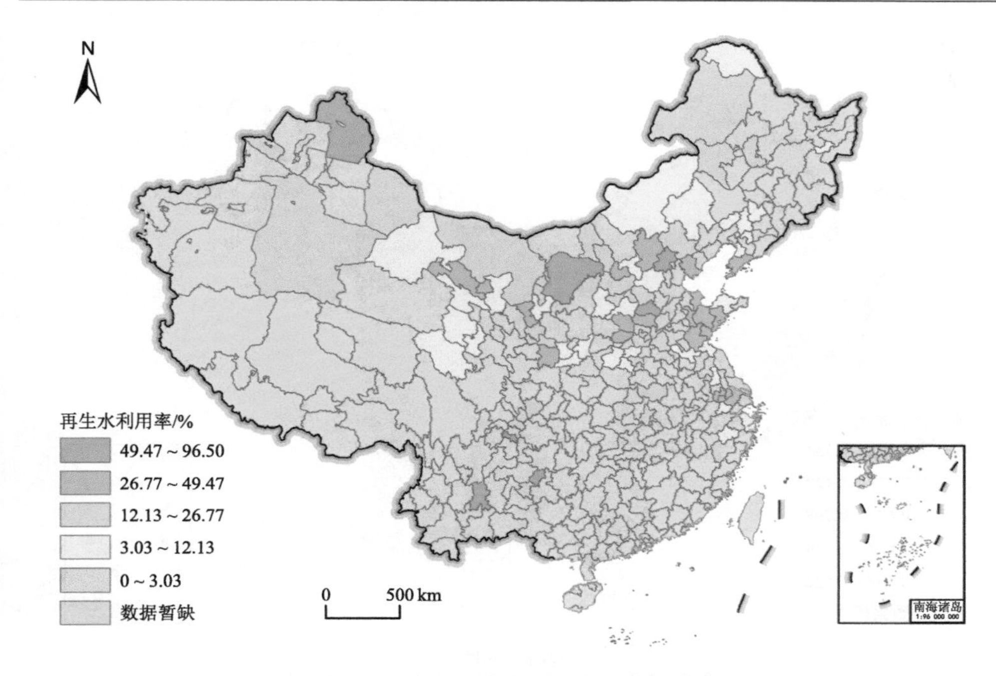

图 5-27　中国再生水利用率的空间分布

从省级尺度来看[图 5-28(a)]，2015 年中国水清综合指数整体呈南高北低的分布格局，其中，低值区占省(自治区、直辖市)总数的 9.68%，且呈“L”形分布于西北地区(甘—宁—新)；中值区占省(自治区、直辖市)总数的 54.84%，主要呈条带状分布于四川盆地、云贵高原、东南丘陵以及华北平原等地区；高值区仅占省(自治区、直辖市)总数的 6.45%，呈点状(藏、渝)分布。

从地级市尺度来看[图 5-28(b)]，2015 年有 63.91%的地级市高于全国平均水平，尚有 36.09%的地级市低于全国平均水平。具体来看，水清综合指数的空间分布大致以贺兰山—河西走廊—塔里木盆地一线为界，该线以北多为较低值区、以南多为较高值区。其中，低值区连片分布于内蒙古高原西部、准噶尔盆地北部等地区；较低值区则呈片状分布于河西走廊、塔里木盆地等地区；较高值区呈带状分布于京津冀、兰西城市群、长江经济带等地区，且被中值区包围，而高值区仅在那曲市呈点状分布。

5.3.3　满意度评价

2020 年中国公众的水清满意度指数为 3.252，其中，有 58.06%的省份低于全国平均水平，41.94%的省份高于全国平均水平(图 5-29)。从空间分布来看，水清

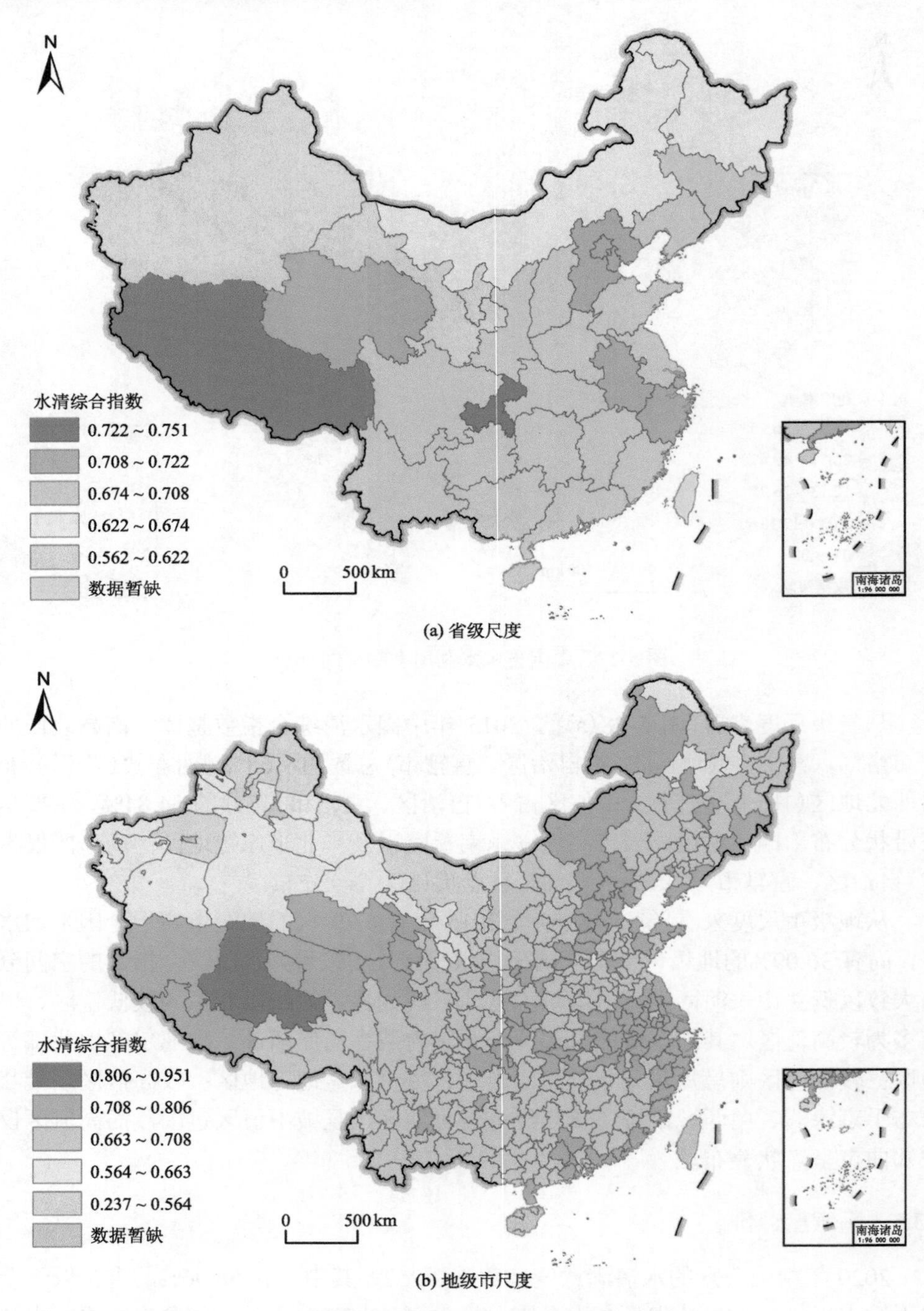

图 5-28　水清综合指数的空间分布

满意度指数大致呈“西—中—东”的马鞍形分布格局，其中，低满意度区主要在甘—宁、冀—晋—豫等省份连片分布，且被中值区包围；中等满意度区呈“工”字形分布，形成新—青、蒙—陕—渝—湘—桂—滇—粤两个连片区，而高满意度区呈点(藏、浙)状分散分布。

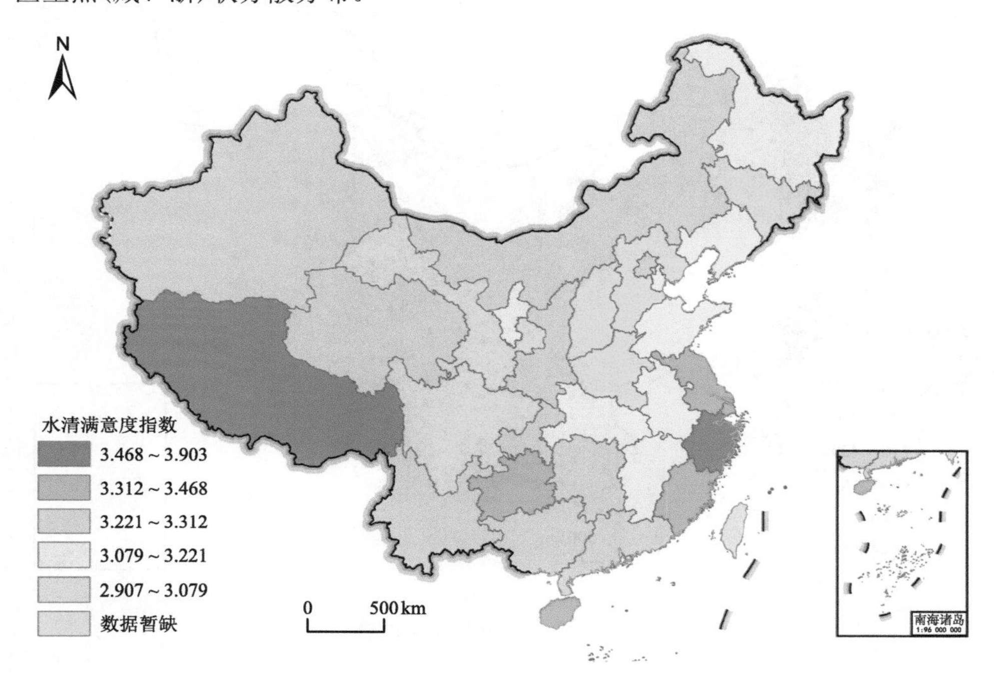

图 5-29　水清满意度指数的空间分布

5.4 人和维度

5.4.1 单项评价

1. *万元* GDP *用水量*(ACG 4.1.1)

2015 年中国的万元 GDP 用水量为 147.46m^3/万元。其中，仅 28.11%的地级市万元 GDP 用水量高于全国平均水平，尚有 71.89%的地级市万元 GDP 用水量低于全国平均水平(图 5-30)。从空间分布来看，万元 GDP 用水量大致以“胡焕庸线”为界，“胡焕庸线”以东地区多为万元 GDP 用水量的低值区，“胡焕庸线”以西地区多为万元 GDP 用水量的高值区。具体来看，万元 GDP 用水量低值区分布范围较广，主要在华北平原、东北平原、云贵高原和东南丘陵等地区呈大规模连片分布；高值区则分布较为分散，主要集中在塔里木盆地、准噶尔盆地及西藏西南部等地区。

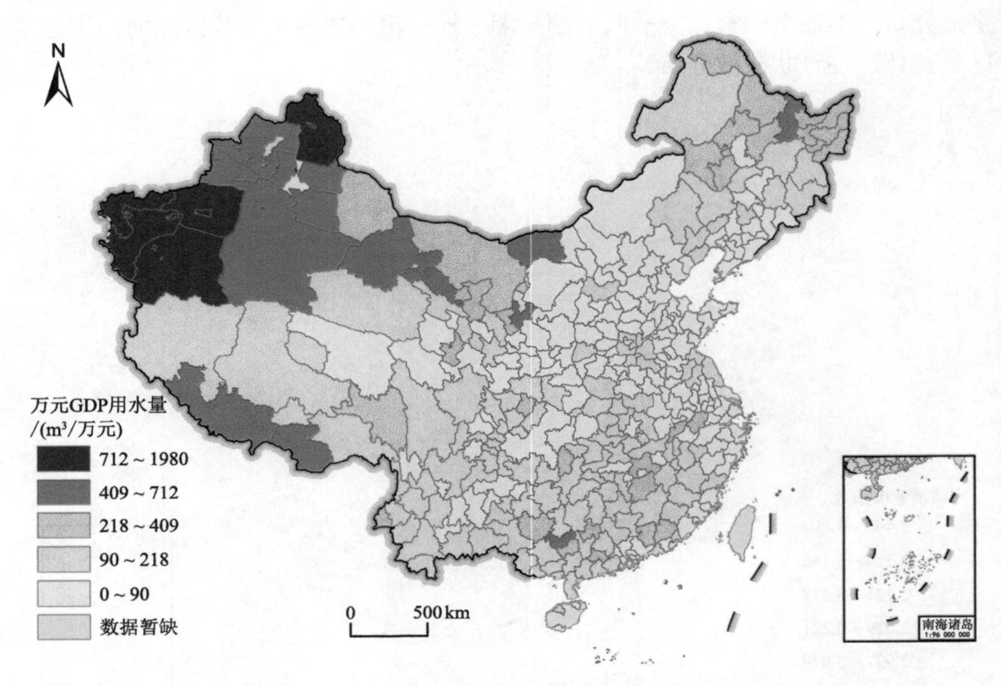

图 5-30　中国万元 GDP 用水量的空间分布

2. 万元 GDP 能耗(ACG 4.1.2)

2015 年中国的万元 GDP 能耗为 0.8873t 标准煤/万元。其中， 67.46%的地级市万元 GDP 能耗低于全国平均水平，而 32.54%的地级市万元 GDP 能耗高于全国平均水平(图 5-31)。从空间分布来看，万元 GDP 能耗呈西高东低的阶梯式分布格局。具体来看，万元 GDP 能耗低值区主要分布在哈长城市群和秦岭—淮河以南地区，而高值区主要分布在西北地区、青藏地区以及晋中城市群等地区。

3. 生态环境管理人员投入(ACG 4.2.1)

2015 年中国的生态环境管理人员数量约占城镇从业人员总人数的 1.64%。其中，仅 37.24%的地级市生态环境管理人员投入比例高于全国平均水平，尚有 62.76%的地级市普遍低于全国平均水平(图 5-32)。从空间分布来看，生态环境管理人员所占比重呈点状分散分布格局，高值区主要分布在各省省会城市，如甘肃

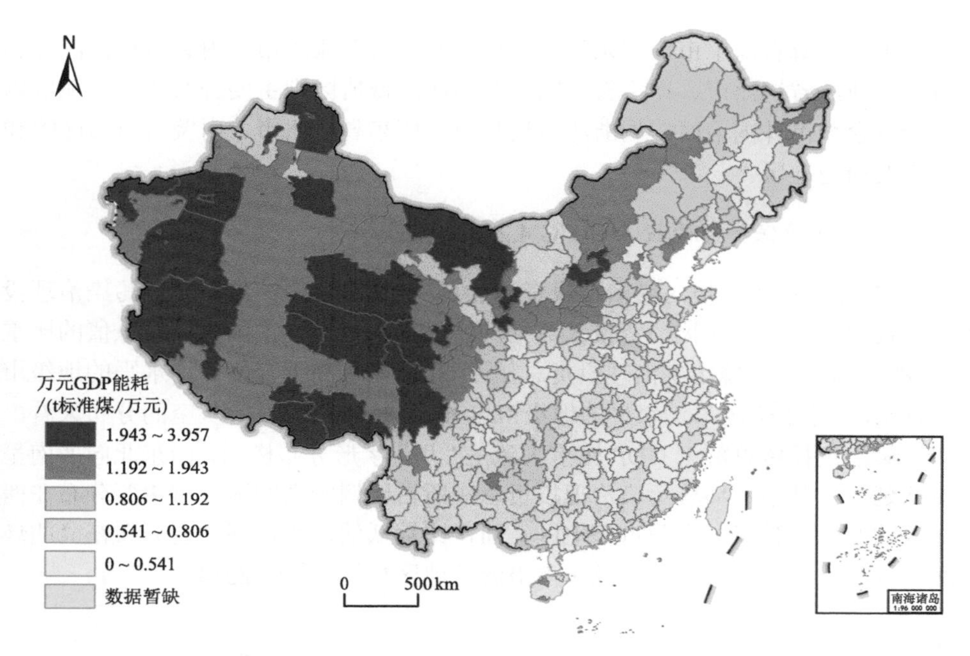

图 5-31　中国万元 GDP 能耗的空间分布

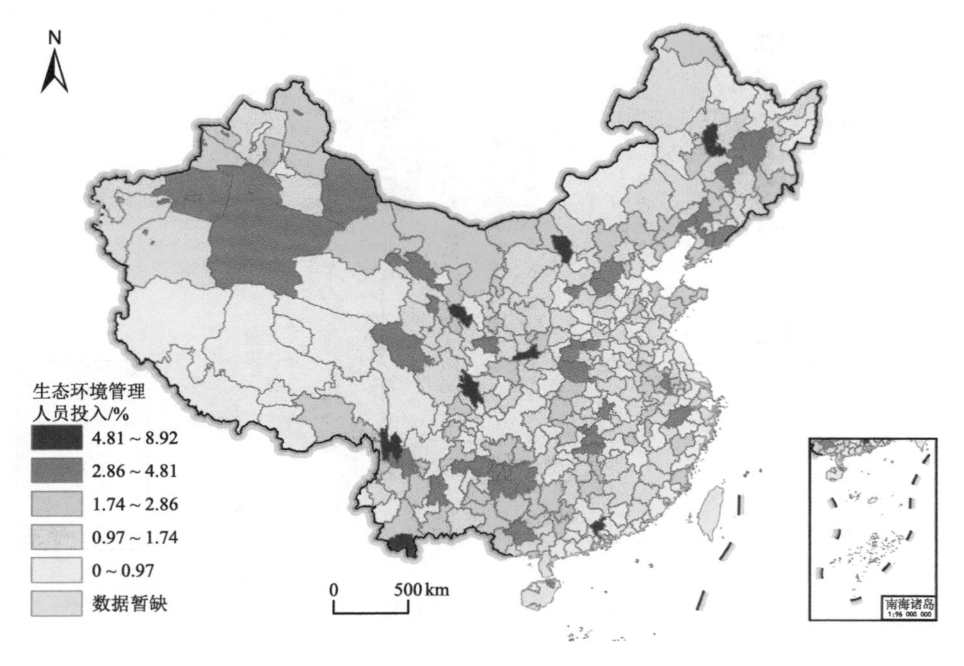

图 5-32　中国生态环境管理人员投入的空间分布

省兰州市、青海省西宁市、广东省广州市、河北省石家庄市、内蒙古自治区呼和浩特市、浙江省杭州市、辽宁省沈阳市等地区；低值区则主要分布在青藏地区以及部分省会城市外围地区，如浙江省杭州市、广东省广州市、内蒙古自治区呼和浩特市的周边地区。

4. 生态环境保护经费投入(ACG 4.2.2)

2015 年中国的环境污染治理投资总额(在实证分析中，常用环境污染治理投资总额代替生态环境保护经费投入数据)为 8806.4 亿元，占国内生产总值的比重为 1.28%。其中，环境污染治理投资总额占 GDP 比重高于全国平均水平的地级市占 36.95%，低于全国平均水平的地级市占 63.05%(图 5-33)。从空间分布来看，环境污染治理投资总额占 GDP 比重大致呈“川”字形分布格局，由东北向西南呈条带状延伸。其中，环境污染治理投资总额所占比例较高的地级市主要分布在西北地区的新疆、甘肃、内蒙古等地区，而占比较低的地级市则主要分布在“胡焕庸线”以东沿线、青藏地区以及东南沿海等地区(马国霞等, 2014)。

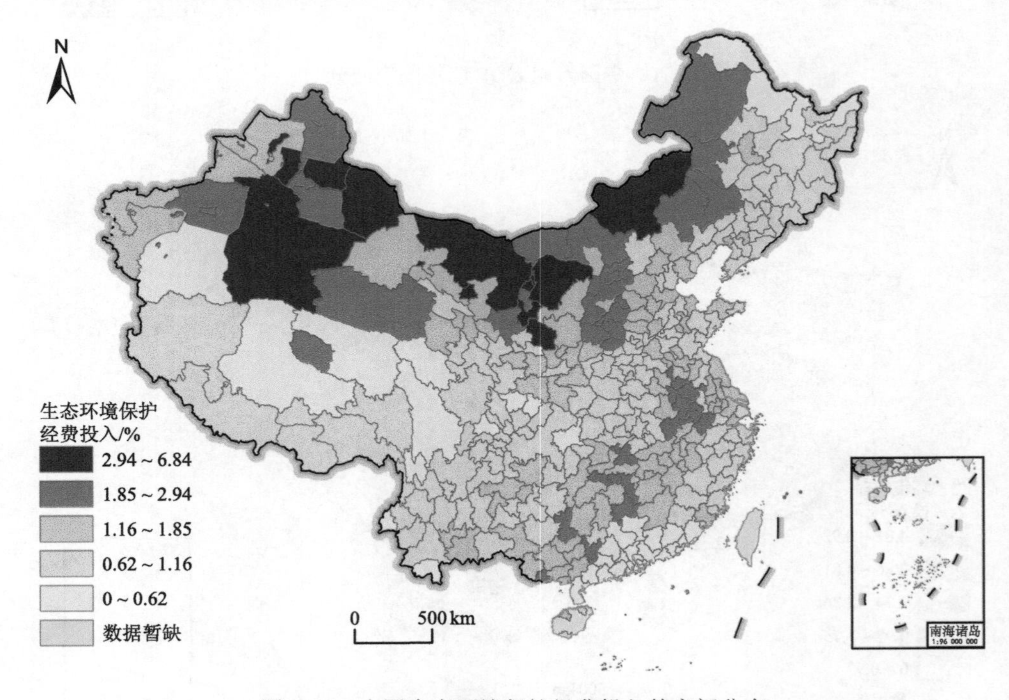

图 5-33　中国生态环境保护经费投入的空间分布

5. 天蓝关注度(ACG 4.3.1)

2015 年中国居民的天蓝关注度(因为 2015 年满意度数据难以获取，所以数据源采用了百度指数，用居民的天蓝关注度来代替满意度，下同)为 0.003 次/(人·年)。其中，仅有 34.31%的地级市高于全国平均水平，尚有 65.69%的地级市低于全国平均水平(图 5-34)。从空间分布来看，天蓝关注度大致以“胡焕庸线”为界，“胡焕庸线”以东地区居民的天蓝关注度整体较高，以西地区则较低。其中，天蓝关注度高值区主要分布在京津冀、长三角和珠三角等城市群以及新疆北部等地区，关注度低值区则主要分布在西部省份和秦岭—淮河线以南地区。

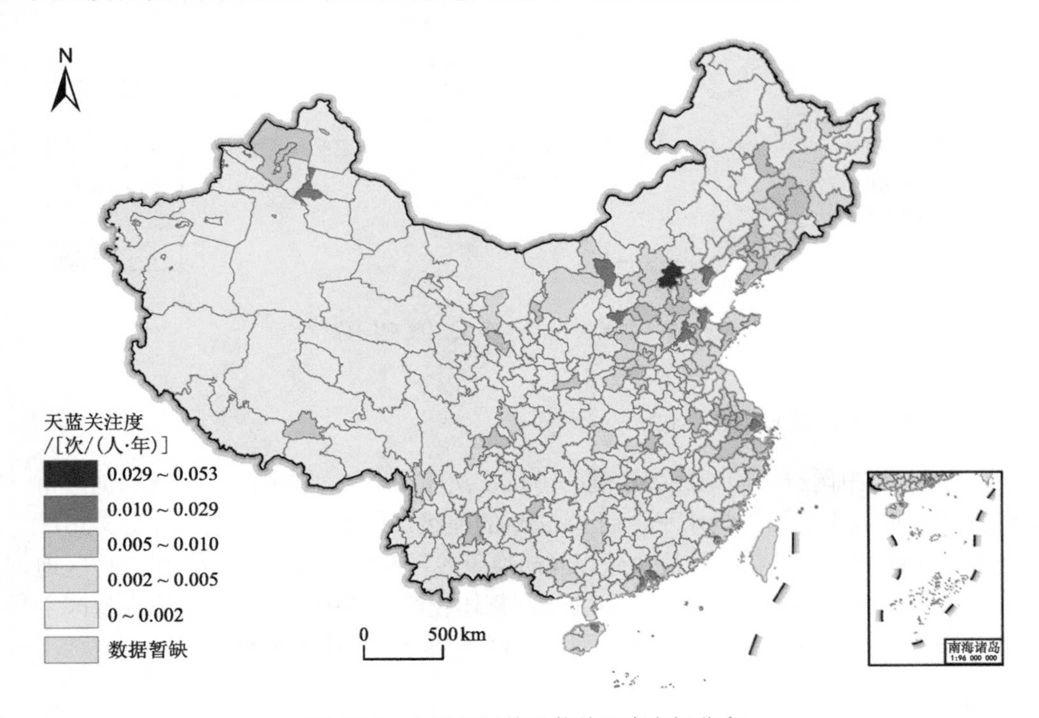

图 5-34　中国居民的天蓝关注度空间分布

6. 水清关注度(ACG 4.3.2)

2015 年中国居民的水清关注度为 0.002 次/(人·年)。其中，15.84%的地级市水清关注度高于全国平均水平，而 84.16%的地级市低于全国平均水平(图 5-35)。从空间分布来看，水清关注度的高值区分布于大兴安岭地区和湖北省随州市；而低值区主要分布于西部省份、东北地区、华北地区和秦岭—淮河线以南等地区。

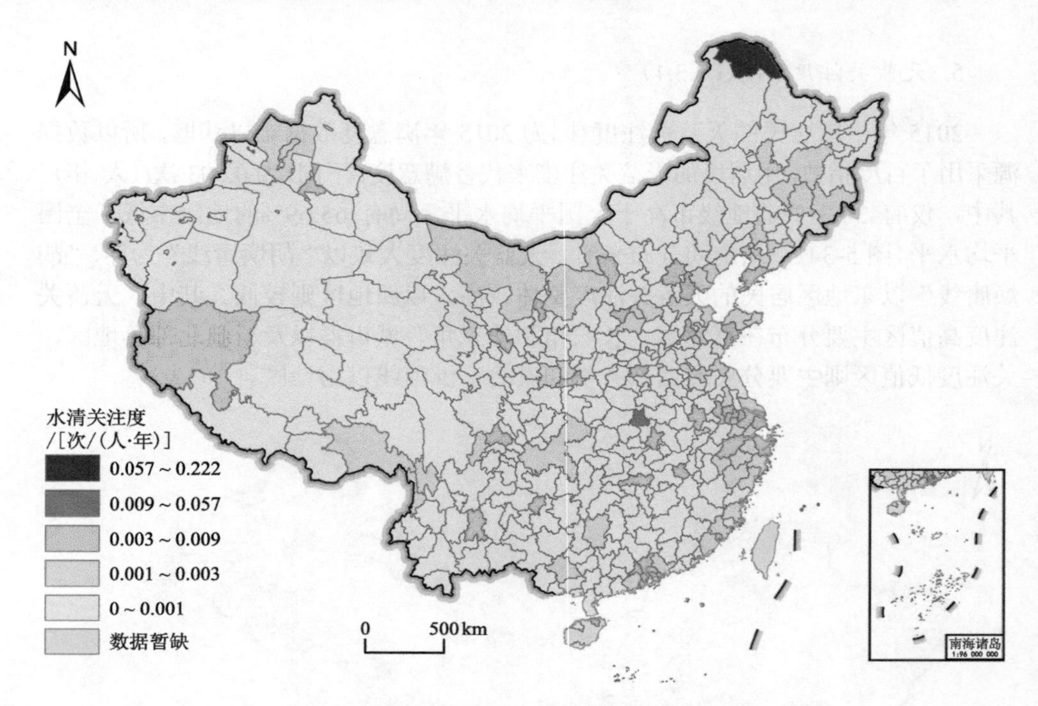

图 5-35　中国居民的水清关注度空间分布

7. 地绿关注度(ACG 4.3.3)

2015 年中国居民的地绿关注度为 0.006 次/(人·年)。其中，34.02%的地级市地绿关注度高于全国平均水平，而 65.98%的地级市低于全国平均水平(图 5-36)。从空间分布来看，地绿关注度大致以“胡焕庸线”为界，“胡焕庸线”以东地区地绿关注度整体较高，以西地区地绿关注度整体较低。其中，地绿关注度高值区主要分布于大兴安岭、新疆北部等，而低值区主要分布于中西部地区。

5.4.2　综合评价

基于万元 GDP 用水量、万元 GDP 能耗、生态环境管理人员投入、生态环境保护经费投入指标，首先，利用熵值法确定各指标权重，权重分别为 0.509、0.154、0.195、0.142；其次，计算各省(自治区、直辖市)的人和综合指数；最后，采用自然断点法将 31 个省(自治区、直辖市)及 338 个地级以上城市划分为 5 类(图 5-37)。

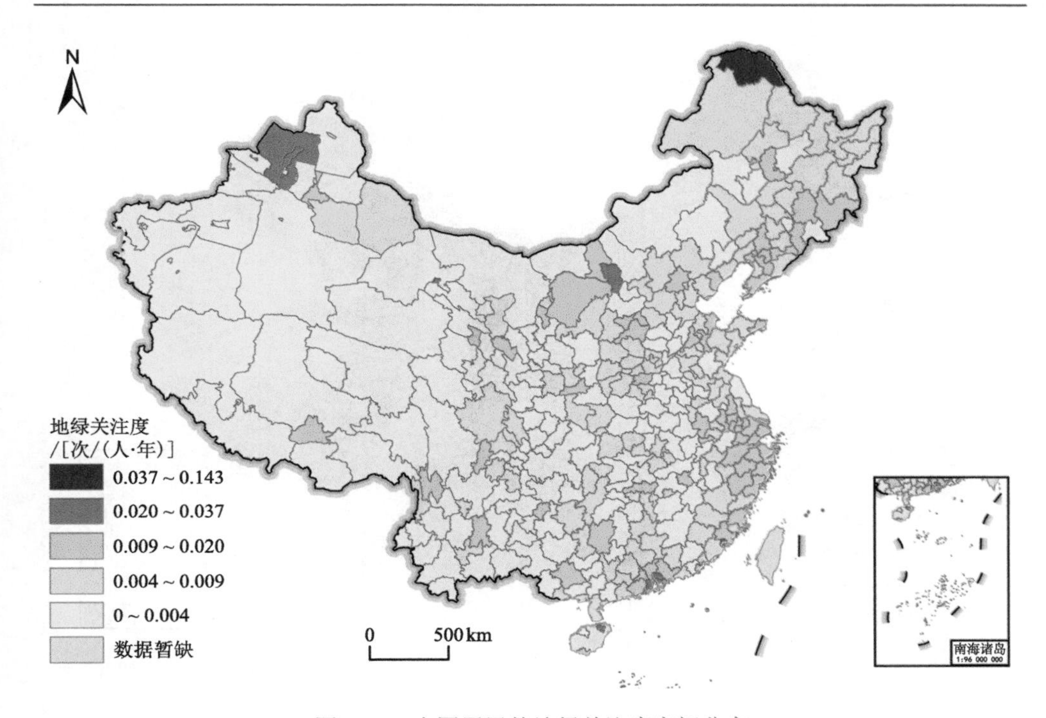

图 5-36　中国居民的地绿关注度空间分布

2015 年中国的人和综合指数为 0.66。从省级尺度来看[图 5-37(a)]，70.97%的省级行政单元高于全国平均水平，29.03%的省级行政单元低于全国平均水平。具体来看，人和综合指数呈“西—中—东”的阶梯状式递增分布格局，高值区占省份总数的 9.68%，包括京、皖、陕；较高值区占省份总数的 35.48%，集中于蒙—吉—辽—冀—鲁—苏—沪—浙的“人”字形分布格局，此外，还形成了湘—贵片状分布格局，且被中值区包围；较低值区占省份总数的 9.68%，分散分布于黑、青、宁三省；低值区占省份总数的 6.45%，主要分布于西北地区，形成“C”字形的藏—新片区。

从地级市尺度来看[图 5-37(b)]，57.69%的地级行政单元高于全国平均水平，42.31%的地级行政单元低于全国平均水平。从空间分布来看,人和综合指数呈“西—中—东”的阶梯状式递增分布格局，高值区主要分布在中部的大部分地区和东部沿海地区；而低值区主要分布于西部地区和小兴安岭。

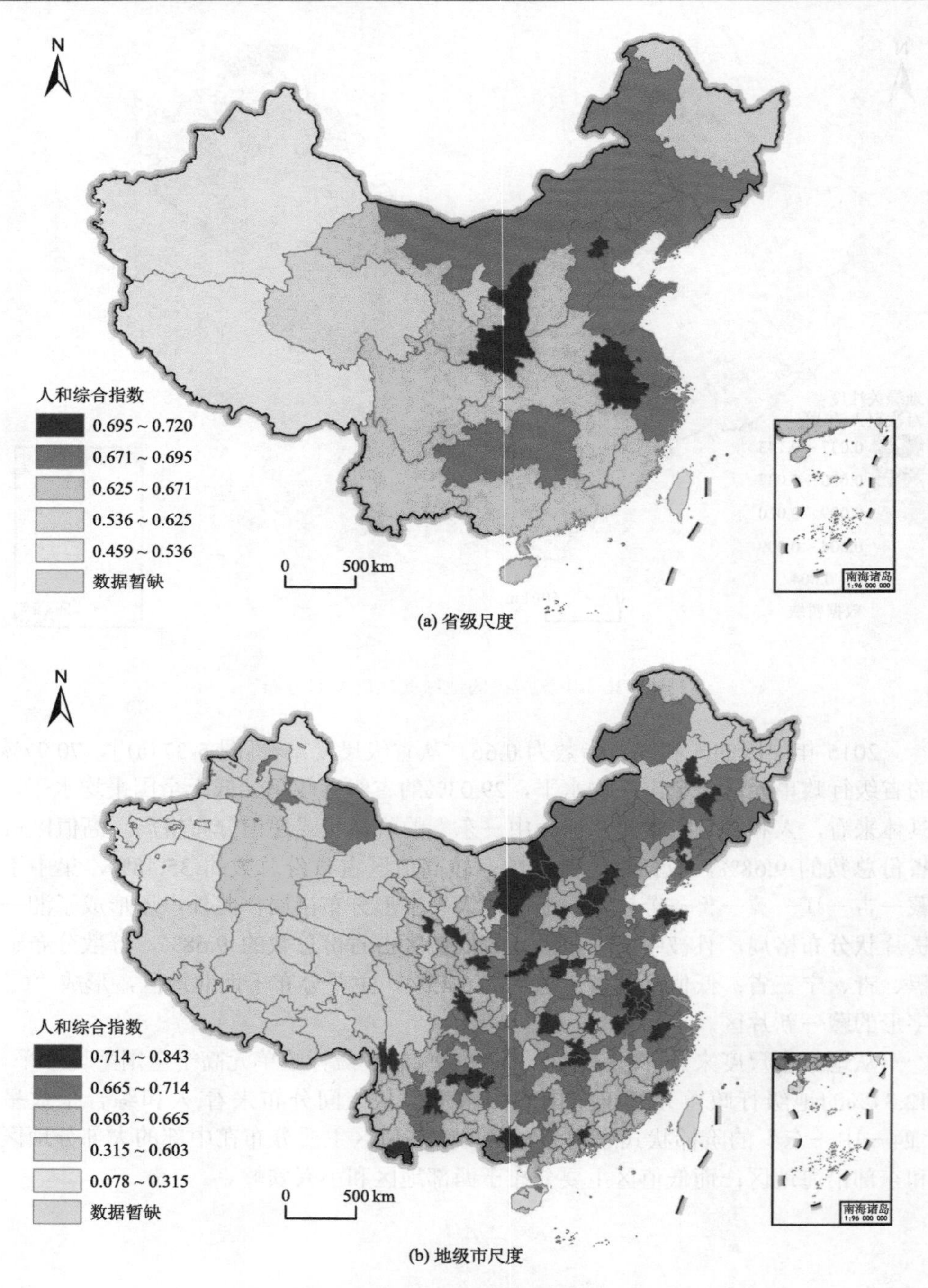

图 5-37　人和综合指数的空间分布

5.4.3　满意度评价

2015 年中国的人和满意度指数为 3.429，其中，45.16%的省份高于全国平均水平，54.84%的省份低于全国平均水平(图 5-38)。从空间分布来看，人和满意度指数大致以秦岭—淮河线为界，秦岭—淮河线以北多为人和满意度低值区，以南多为高值区。其中，人和满意度指数高值区与较高值区空间分布相对分散，形成点(藏、京、桂)及东部沿海苏—浙—闽连片区；而低值区与较低值区分布相对集中，形成黑—吉、冀—晋连片低值区以及青—陕—川—渝—滇—黔—鄂—豫较低值连片区。

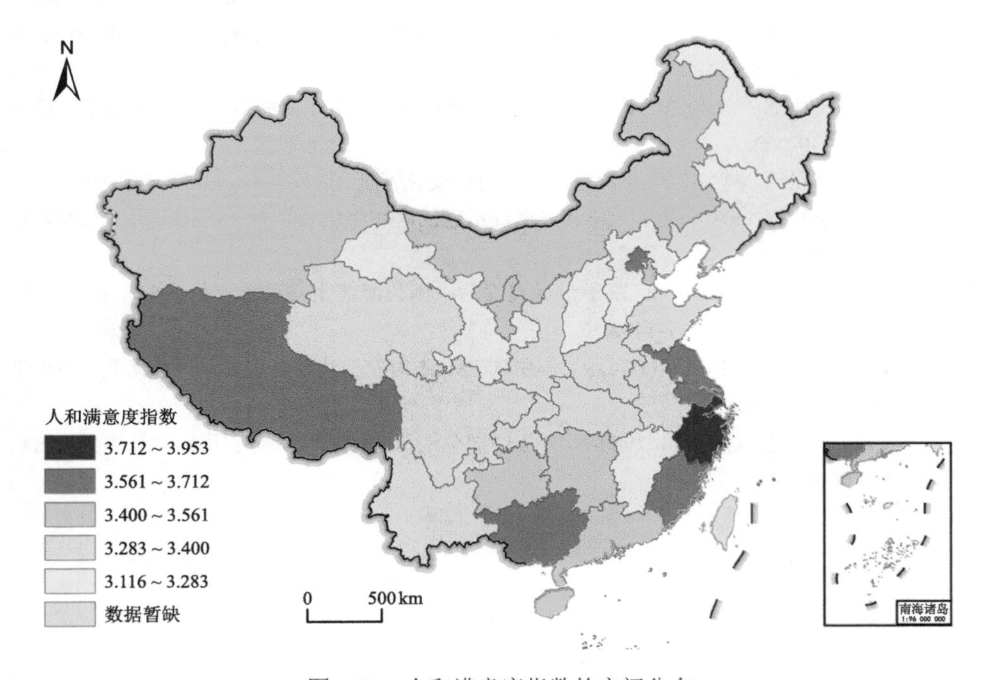

图 5-38　人和满意度指数的空间分布

参 考 文 献

陈明星, 梁龙武, 王振波, 等. 2019. 美丽中国与国土空间规划关系的地理学思考. 地理学报, 74(12): 2467-2481.

高峰, 赵雪雁, 宋晓谕, 等. 2019. 面向 SDGs 的美丽中国内涵与评价指标体系. 地球科学进展, 34(3): 295-305.

葛全胜, 方创琳, 江东. 2020. 美丽中国建设的地理学使命与人地系统耦合路径. 地理学报,

75(6): 1109-1119.

蔺雪芹, 王岱. 2016. 中国城市空气质量时空演化特征及社会经济驱动力. 地理学报, 71(8): 1357-1371.

马国霞, 於方, 齐霁, 等. 2014. 基于绿色投入产出表的环境污染治理成本及影响模拟. 地理研究, 33(12): 2335-2344.

任玉芬, 方文颖, 王雅晴, 等. 2020. 我国城市水资源利用效率分析. 环境科学学报, 40(4): 1507-1516.

王振波, 梁龙武, 王旭静. 2019. 中国城市群地区PM2.5时空演变格局及其影响因素. 地理学报, 74(12): 2614-2630.

杨喆, 吴健. 2019. 中国自然保护区的保护成本及其区域分布.自然资源学报, 34(4): 839-852.

尤南山, 董金玮, 肖桐, 等. 2020. 退耕还林还草工程对黄土高原植被总初级生产力的影响. 地理科学, 40(2): 315-323.

张琨, 吕一河, 傅伯杰, 等. 2020. 黄土高原植被覆盖变化对生态系统服务影响及其阈值.地理学报, 75(5): 949-960.

张向敏, 罗燊, 李星明, 等. 2020. 中国空气质量时空变化特征. 地理科学, 40(2): 190-199.

张学儒, 周杰, 李梦梅. 2020. 基于土地利用格局重建的区域生境质量时空变化分析. 地理学报, 75(1): 160-178.

赵雪雁, 刘江华, 王蓉, 等. 2019. 基于市域尺度的中国化肥施用与粮食产量的时空耦合关系. 自然资源学报, 34(7): 1471-1482.

周亮, 周成虎, 杨帆, 等. 2017. 2000-2011年中国PM2.5时空演化特征及驱动因素解析. 地理学报, 72(11): 2079-2092.

周伟, 刚成诚, 李建龙, 等. 2014. 1982-2010年中国草地覆盖度的时空动态及其对气候变化的响应. 地理学报, 69(1): 15-30.

第 6 章

天蓝重要领域评价

优化能源结构、改善空气质量不仅是建设美丽中国的题中之义，也是联合国《2030 年可持续发展议程》的主要目标。SDG 2030 明确将“确保人人获得负担得起的、可靠和可持续的现代能源（SDG 7）”作为可持续发展的主要目标，提出“到 2030 年,确保人人都能获得负担得起的、可靠的现代能源服务（SDG 7.1）”“大幅增加可再生能源在全球能源结构中的比例（SDG 7.2）”“减少城市的人均负面环境影响，尤其要关注空气质量（SDG 11.6）”。为了改善大气质量，国务院也制定了《打赢蓝天保卫战三年行动计划》等政策措施。鉴于此，从工业污染水平、城市居民生活能源碳排放、农村能源贫困等出发,对天蓝重要领域进行综合评价，为优化能源结构、改善空气质量提供决策支持。

6.1 中国工业污染水平的时空特征

6.1.1 引言

工业革命在促使世界经济飞速发展的同时也带来了空前的能源与资源危机、生态与环境危机等多重挑战，节能减排是应对全球环境问题的必然选择，也是中国实现可持续发展的现实需求。进入 21 世纪，中国工业化进程持续加快，然而，工业化在助推经济高速发展的同时也造成了举世瞩目的资源消耗与环境污染问题。当前，中国主要污染物排放量仍居世界前列，工业污染排放量占全国污染总量的 70%以上，而城市是工业污染的主要源地。2015 年城市工业废水、工业 SO_2 和工业烟（粉）尘排放量分别占全国污染总量的 27.1%、83.7%、80.1 %。面对如此严峻的挑战，国家全力推行工业污染治理战略，并将工业污染源全面达标排放作为 25 项国家生态环境保护重大工程之一；十九大报告也再次强调“绿水青山就是金山银山”的发展理念和坚持节约资源与保护环境的基本国策，中国环保事业已从简单的环境污染治理上升到生态文明建设和构建人与自然和谐的国家战略高度。当前，急需辨明工业污染的时空格局及影响因素，为政府制定有效的环境政策及推动生态文明建设提供参考借鉴。

如何推进绿色发展以及解决突出环境问题，已成为环境地理学研究的重要挑战。国际上关于环境污染的研究始于 20 世纪 90 年代，最初针对环境质量与经济水平的倒"U"形关系提出了环境库兹涅茨曲线假说，引发大量学者进行实证研究(Brock and Taylor, 2005; Luzzati et al., 2018; Shen, 2006; Dinda, 2004)。进入 21 世纪，研究视角逐渐转至工业化领域，主要采用平均迪氏指数法(Chen et al., 2016)、空间自相关(Chen et al., 2016; Lin et al., 2018, 2014; Cheng et al., 2016)、最小二乘回归(Lin et al., 2018)、地理加权回归(Cheng et al., 2016)及空间计量模型(Li et al., 2014)等方法，研究了能源消费与污染水平(Lin et al., 2018)、产业集群与环境质量(Verhoef and Nijkamp, 2002)、工业污染与人类健康(Fernández-Navarro et al., 2017)、工业污染与公共安全(Liu, 2017)以及工业污染的影响因素(Lin et al., 2018, 2014; Cheng et al., 2016; Miao et al., 2015; Verhoef and Nijkamp, 2002)等方面的内容。研究发现，工业污染对健康、房价及公共安全等均产生了显著影响。经济增长、能源消耗、产业集聚等是影响污染的主要因素，但制度与政策缺陷是污染排放加剧的根本原因。国内对环境污染的研究聚焦于环境库兹涅茨曲线(吴玉鸣和田斌, 2012)、碳排放强度(程叶青等, 2013)、环境污染源(周侃和樊杰, 2016)、环境污染事件(丁镭等, 2015)、污染健康压力(杨振等, 2017)、空气污染(刘海猛等, 2018; 周亮等, 2017; 蔺雪芹和王岱, 2016)以及工业污染(韩楠和于维洋, 2016; 胡志强等, 2016; 马丽, 2016; 赵海霞等, 2014; 唐志鹏等, 2011)等的演变趋势、时空格局或驱动机制探索，研究方法涉及 EKC 模型(Miao et al., 2015)、空间自相关(刘海猛等, 2018; 周亮等, 2017; 蔺雪芹和王岱, 2016)、空间计量模型(刘海猛等, 2018; 蔺雪芹和王岱, 2016; 胡志强等, 2016)、地理探测器(周亮等, 2017)、重心转移曲线(丁镭等, 2015; 赵海霞等, 2014)、LMDI 指数(马丽, 2016; 赵雪雁等, 2017)及 STIRPAT 模型(韩楠和于维洋, 2016)等。学者普遍认为，中国环境污染并未随经济增长得到改善。省份、地级市等尺度的工业污染均表现出显著的空间集聚性和空间溢出效应，但不同时段、不同类型污染物的空间分布、区域差异、重心演变及驱动机制存在较大差异，并强调应从经济、产业、外资、能源及政策等多方面因地制宜地制定差异化工业污染防治措施。

综合来看，已有研究多针对截面数据或单一污染源的空间格局或影响因素进行分析，对多污染源导致的工业综合污染的时空演变特征及驱动因素探析较少，且采用的方法未能综合考虑污染的时间和空间溢出效应以及影响因素对污染的直接和间接效应。另外，研究视角多从国家或省域层面出发，尺度略显单一，难以全面反映污染的时空分异特征及机理差异。鉴于此，本书以 2005～2015 年为研究时段，以全国 285 个地级市为基本研究单元，基于工业废水、工业 SO_2 和工业烟(粉)尘排放量计算工业污染综合指数，并采用变异系数、泰勒指数、EDSA 及 SDM 模型等方法，从大区—城市群—城市的多尺度出发剖析中国城市工业污染的时空分异特征及影响因素，旨在为政府制定有效的环境政策及推动生态文明建设提供参考(李花等, 2019)。

6.1.2　数据来源与研究方法

1. 数据来源

以全国地级市为基本研究单元，地级市工业废水、工业 SO_2 和工业烟(粉)尘排放量数据来源于 2006～2016 年《中国城市统计年鉴》，工业产值、人口密度、城市化率、产业结构、外资水平、环境管制强度、科技水平等数据来源于 2006～2016 年《中华人民共和国全国分县市人口统计资料》《中国城市统计年鉴》《中国区域经济统计年鉴》以及相关省(自治区、直辖市)、地市级统计年鉴及环境统计公报，个别指标缺失数据采用插值法进行补充。因数据获取有限，研究区域不包括台湾、西藏、香港和澳门等，最终统计研究单元共计 285 个。

2. 研究方法

1) 工业污染综合指数测度

计算工业污染综合指数来评估城市工业污染程度。因为熵值法能有效反映指标信息的效应价值并降低评价者的主观性，故采用熵值法(陈祖海和雷朱家华, 2015)确定指标权重。首先采用极差法[①]对各指标进行标准化处理，再计算各指标的熵值、冗余度和权重；然后计算 2001 年、2010 年和 2015 年三个时间节点的指标权重平均值，得到工业废水、工业 SO_2 及工业烟(粉)尘的权重分别为 0.25、0.17、0.58；最后采用加权求和法得到各城市的工业污染综合指数 P_{ij}。计算公式如下：

$$P_{ij} = \sum_{j=1}^{3} Z_{ij} \times w_{ij} \tag{6-1}$$

式中，P_{ij} 为 i 城市的工业污染综合指数；Z_{ij} 为 i 城市 j 变量的标准化值；w_{ij} 为 j 变量的权重。P_{ij} 值越大，表明工业污染程度越高。

2) 区域差异分析

采用变异系数和泰勒指数(陈祖海和雷朱家华, 2015)分别测度不同区域工业

① 采用 $Z_{ij}=(x_j-x_{j\min})/(x_{j\max}-x_{j\min})$ 对指标进行标准化处理。

污染的差异程度和区域内及区域间工业污染的相对差异，变异系数和泰勒指数越大，表明区域差异越大，反之则越小。

3）空间格局分析

采用 ESDA 方法中的全局 Moran's I 指数测定工业污染的空间集聚程度，$I>0$ 表示相似属性集中，$I<0$ 表示相异属性集中，I 为 0 表示随机分布。采用 Getis-Ord G^*统计量测度工业污染在局部空间的依赖性及异质性，$G_i^*(d)$值显著为正表示高值聚类，即“热点区”；反之为低值聚类，即“冷点区”。计算公式详见参考文献(陈祖海和雷朱家华, 2015; 赵雪雁等, 2017)；采用重心曲线(赵海霞等, 2014)进一步探明工业污染时空格局变化，计算过程中的权重采用各城市的工业污染综合指数。

4）影响因素分析

根据地理学第一定律，空间距离较近的事物存在明显空间依赖性，而空间计量模型可有效解决这种空间依赖性问题。常见的空间回归模型中，空间滞后模型(SLM)可以解释因变量的内生依赖性，空间误差模型(SEM)可以解释误差项的交互效应，而空间杜宾模型(SDM)既可考察因变量的内生依赖性，又可探测外部因子的直接和交互效应(蔺雪芹和王岱, 2016; 周亮等, 2017; 刘海猛等, 2018)。研究发现工业污染存在明显空间依赖性，且周边环境也对其存在一定影响(胡志强等, 2016)。因此，采用 SDM 模型能更精确地估计工业污染的空间依赖性及各因子对工业污染的影响。计算公式如下：

$$W=\sum_{j}^{n} w_{ij}$$

$$y_{it}=\beta\sum_{j=1}^{n} w_{it}y_{jt}+\delta\sum_{j=1}^{n}\gamma w_{ij}x_{i,j,t-1}+\mu_i+\lambda_i+\varepsilon_{it} \tag{6-2}$$

式中，β 为回归系数；W 为空间权重矩阵；w_{ij} 为 W 矩阵中的元素；y_{jt} 为 j 单元 t 时期工业污染指数；δ 为回归残差的空间相关系数；$x_{i,j,t-1}$ 为 i 单元 t–1 时期自变量的行变量；γ 为空间滞后系数；μ_i 表示空间固定效应；λ_i 表示时间固定效应；ε_{it} 表示空间随机误差项。

6.1.3 中国城市工业污染的时空分异特征

1. 工业污染的时序变化特征

2005～2015 年中国城市工业污染指数总体呈波动下降趋势(图 6-1)，工业污染指数从 0.125 降至 0.062，降幅为 50.4%。分时段看：2005～2010 年，工业污染指数从 0.125 上升至 0.151，增幅达 20.8%。该时段主要受上轮金融危机冲击，多地区采取了资源驱动型发展策略促进经济增长，加之环境监管体系不健全，致使工业污染程度加剧；2010～2015 年，工业污染指数呈波动下降趋势，尤其是 2011 年工业污染指数较 2012 年相比降幅高达 65%，主要是因为 2010 年国家提出“调整产业结构、发展低碳经济”战略，并明确规定了污染物排放硬指标，同时也开展了环境税征收试点工作，这一系列举措使得工业污染程度急速下降。到 2013 年，中国雾霾天气显著增加，中央出重拳“对雾霾宣战”，将原本未统计的细颗粒物等也纳入烟(粉)尘排放量指标中，致使 2014 年工业污染指数突增至 0.094。此后，随着国家对环保的高度重视以及工业生产工艺水平的不断提升，工业污染指数又回落至 0.062。

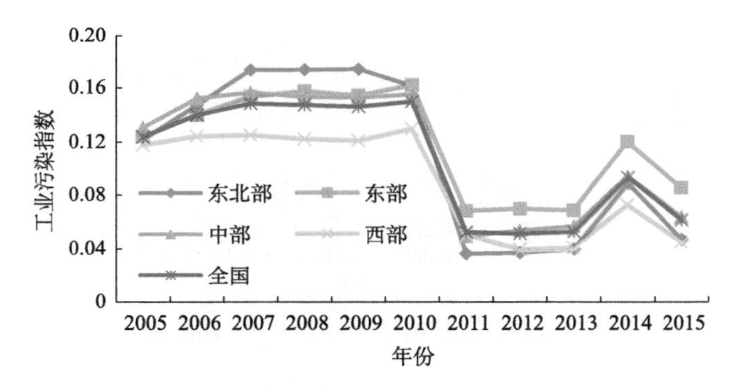

图 6-1　2005～2015 年中国城市工业污染指数变化趋势

从变异系数和泰勒指数变化来看(图 6-2)，2005～2015 年中国城市工业污染总体差异呈现先缓慢下降后波动上升趋势。变异系数从 0.895 下降至 0.828 后波动上升至 1.022，总体增幅为 14.2%；泰勒指数从 0.329 下降至 0.286 后波动上升至 0.332，总体增幅为 0.9%，工业污染总体差异在波动中逐渐增大。同时，工业污染区内差异波动下降，区间差异稳步上升，区内差异与总体差异趋势基本一致，其中区内差异平均贡献率高达 95.7%，可见总体差异主要是由区内差异引起的。

1) 大区尺度的工业污染时序变化特征

大区[①]间工业污染指数存在明显差异(图 6-1)，但总体均呈现波动下降趋势。2005～2010 年，西部工业污染程度显著低于其他三区，主要是西部发展相对落后，

① 参照“十三五”规划提出的西部开发、东北振兴、中部崛起和东部率先的区域发展战略：东部包括北京、天津、河北、山东、江苏、浙江、上海、广东、福建、海南；中部包括山西、河南、安徽、湖南、湖北、江西；西部包括内蒙古、宁夏、陕西、四川、重庆、云南、贵州、广西、甘肃、青海、新疆、西藏；东北包括黑龙江、吉林、辽宁。

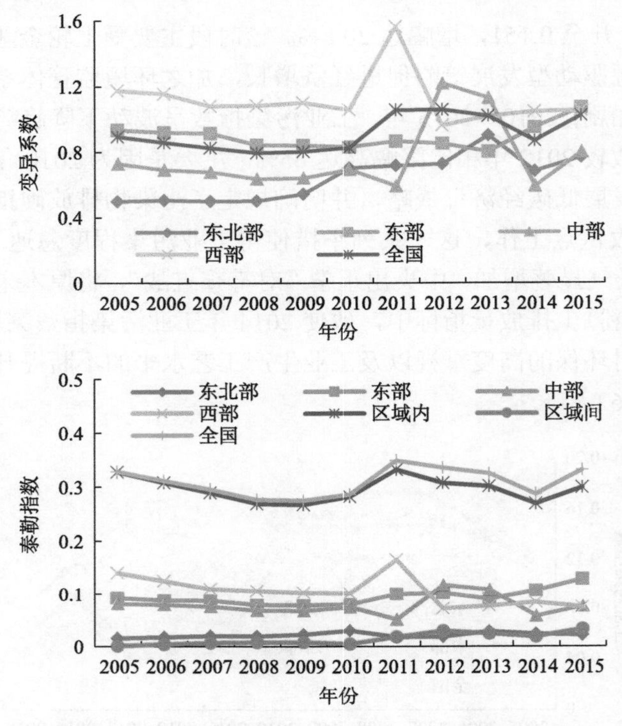

图 6-2　2005～2015 年中国城市工业污染区域差异

自西部大开发战略实施后经济发展才略微增强，工业污染指数也仅增长 10%。而东北一直以重工业发展方式为主，工业污染指数高速增长，年均增速高达 6.45%。东部和中部经济发展水平相近，工业污染指数交替增长且分别提高 30%和 20%。大区间工业污染指数总体呈“东北>东部>中部>西部”的“东高西低”递减态势；2010～2015 年，东部工业污染指数下降 47.3%，但污染程度跃居首位，中部紧随其后。东北污染程度下跌至第三位，主要受国家产业结构改革影响，一些重化工企业被迫关停，致使工业污染程度显著下降，降幅高达 70.8%。西部受经济发展影响，其工业发展规模较小，同时生态重点保护区较多导致工业限制发展区也较多，另外，其数据缺失区域较多，导致其污染程度较真实值偏低，所以总体处于最低水平。大区间工业污染总体呈“东部>中部>东北>西部”的“东高西低”格局。

从变异系数和泰勒指数来看(图6-2)，大区间工业污染差异较大，整体呈西部>东部>中部>东北的演变趋势。西部工业污染差异呈波动收敛趋势，变异系数降幅为 10.4%，泰勒指数降幅为 47%，而其他三区均呈波动上升趋势，表明西部工业污染差异逐年缩小。变异系数东北呈波动上升趋势，东部先呈现稳定下降态势，至 2013 年转变为上升趋势，而中部在 2011 年出现低谷后急剧上升，2012 年达到峰值后又急剧下降，波动剧烈但总体减幅最小，说明中部工业污染差异变动强烈，而东北和东部工业污染差异变动较为平稳。总体上，变异系数与泰勒指数变化趋势相似，表明二者对工业污染区域差异测度的吻合度较高。

2) 城市群尺度的工业污染时序变化特征

参照《中国城市群发展报告 2015》中确定的 20 个城市群，剔除未列入“十三五”规划中的江淮城市群以及数据缺失的天山北坡城市群，共计 18 个城市群单元。其中，国家级、区域性及地区性城市群数量分别为 5 个、7 个、6 个。

2005～2015 年城市群工业污染指数总体呈波动下降趋势，与全国和大区变化趋势基本一致(图 6-3)。城市群工业污染指数在 2005～2010 年由 0.132 缓慢上升至 0.159，在 2010～2015 年由 0.159 波动下降至 0.071，工业污染程度总体降低 46.37%。从城市群等级来看，国家级城市群城市平均污染指数高于区域性和地区性城市群，且城市群城市平均工业污染指数显著高于非城市群城市，工业污染“集群化”特征显著。2005～2010 年，国家级、区域性和地区性城市群工业污染指数均呈增大趋势，增幅分别为 20.7%、21%、17.9%，可见低等级城市群工业污染增幅较小；2010～2015 年，城市群工业污染指数虽有波动，但总体呈下降趋势，国家级、区域性和地区性城市群工业污染指数分别降低 55.5%、50.5%、60.1%，可见低等级城市群工业污染降幅更大，从侧面反映出范围较小区域更容易改善其工业污染程度。

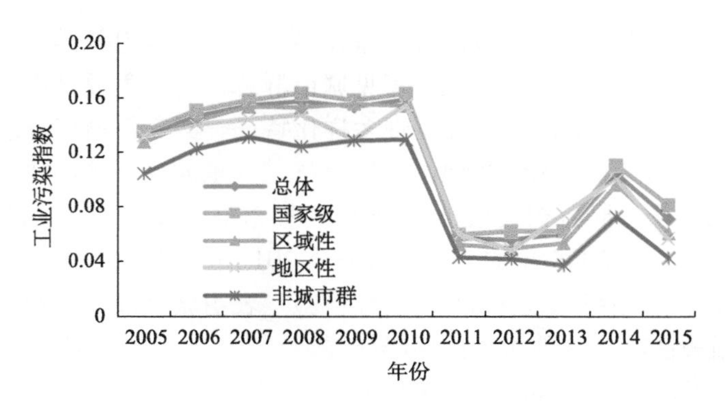

图 6-3　2005～2015 年城市群工业污染指数变化趋势

从变异系数和泰勒指数变化来看(图 6-4)，2005～2015 年城市群工业污染总体差异呈先缓慢下降后波动上升趋势，变异系数从 0.893 下降至 0.778 后波动上升至 1.011，总体增幅为 13.2%；泰勒指数总体从 0.308 下降至 0.254 后波动上升至 0.322，总体增幅为 4.5%，城市群工业污染差异在波动中逐趋增大。其中，城市

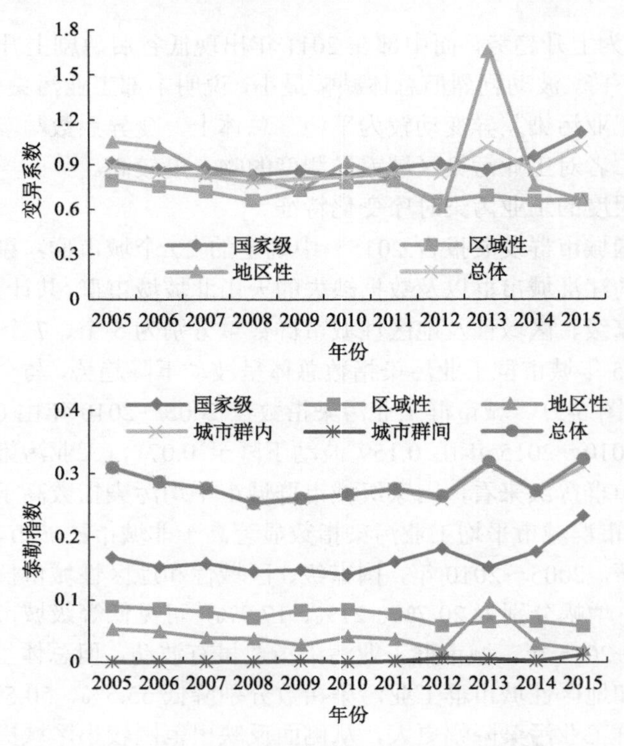

图 6-4　2005～2015 年城市群工业污染差异

群内工业污染差异波动下降，城市群间差异稳步上升，群内差异与总体差异变化趋势一致，且平均贡献率高达 99%，可见城市群总体差异主要是由群内差异引起的。此外，城市群间工业污染差异呈现多样化特征。国家级城市群差异呈波动上升趋势，增幅为 39%，区域性和地区性城市群差异呈波动下降趋势，降幅分别为 35.7%、61.6%。从全局自相关来看(图 6-5)，城市群间 Moran's I 值呈现“M”形的波动增长趋势，从 2005 年的 0.097 增加至 2012 年的峰值 0.178 后波动下降至 2015 年的 0.11，且始终通过 1%的显著性检验，表明城市群间工业污染始终保持显著空间自相关性，且这种相关性逐趋增强。

3）城市尺度的工业污染时序变化特征

从城市工业污染指数变化来看(图 6-6)，2005～2010 年工业污染程度最轻城市为三亚市，且污染程度持续转良，工业污染指数由 0.0008 下降至 0.0001，降幅为 87.5%。重庆市为污染最严重城市，且污染程度持续恶化，工业污染指数由 0.7738 上涨至 0.8903，增幅为 15.1%，最大与最小污染指数的差距由 967 倍扩大至 8903 倍。可见城市间工业污染存在明显“级差化”分异现象，且这种现象趋于

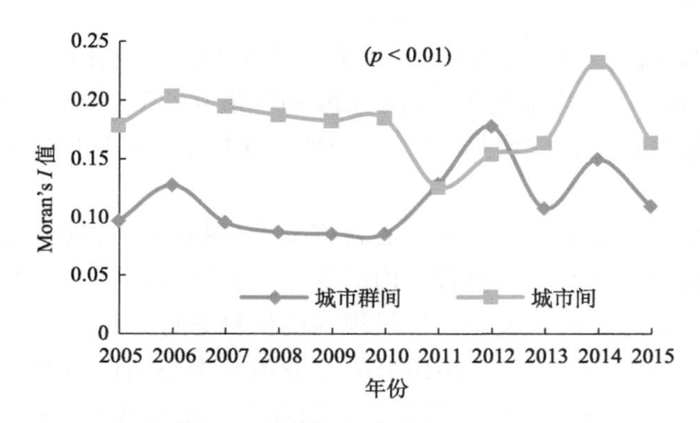

图 6-5 工业污染指数的 Moran's I 值变化趋势

增强态势；2010～2015 年工业污染程度最低的仍为三亚市，污染指数在 0.00001～0.0001 范围内微弱波动，总体处于不断改善状态。工业污染最严重的城市出现更替变化现象，按年份依次为重庆—赤峰—临汾—晋中—唐山—秦皇岛，工业污染指数在[0.628,0.890]区间内波动下降，污染程度显著下降 29.4%，工业污染差距也由 8903 倍缩小到 7500 倍。可见城市间工业污染“级差化”分异特征依然明显，但这种分异趋势在不断缩小。

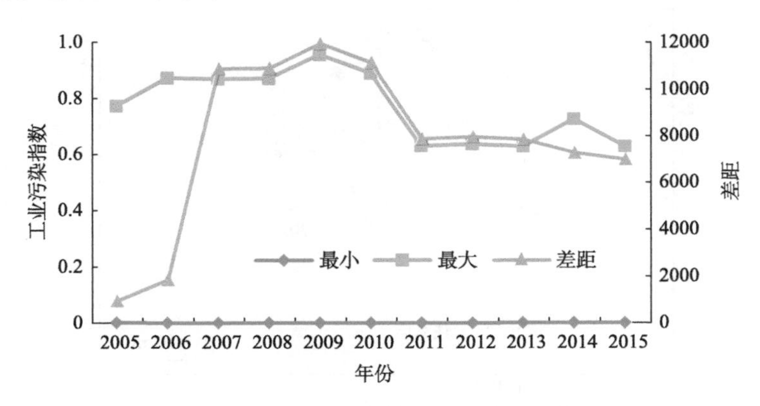

图 6-6 2005～2015 年城市工业污染指数变化

从全局自相关来看(图 6-5)，2005～2015 年城市间 Moran's I 值在[0.126,0.233]区间变化，且均通过 1%的显著性检验，表明城市工业污染存在正空间自相关关系，工业污染程度相近的城市呈现显著空间集聚态势。但 Moran's I 值总体呈下降趋势，表明工业污染的空间相关性趋于减弱。此外，城市 Moran's I 值普遍大于对应年份城市群 Moran's I 值，表明城市工业污染空间集聚性更强。分时段看，城市间 2005～2010 年 Moran's I 值波动增长 0.006，工业污染空间关系较稳定；2010～

2015 年 Moran's I 值波动下降 0.021，工业污染空间关系变化明显，其中 2011 年和 2014 年 Moran's I 值分别达到低谷 0.126 和峰值 0.233，说明 2011～2013 年工业污染的空间集聚趋势日益增强，进一步表明 2010～2015 年工业污染空间关系复杂多变。

进一步观察中国城市工业污染重心轨迹发现（图 6-7），2005～2015 年工业污染重心总体上偏向东部并在河南省境内的许昌、驻马店和周口市内移动，但与区域几何中心相离较远，污染重心整体呈现向南偏移态势，进一步说明中国城市工业污染空间分布不均衡。2005～2010 年，工业污染重心由许昌市向东部方向的周口市偏移，偏移距离为 39.4km，偏移角度为 22.67°，重心整体变化幅度较小；2010～2015 年，工业污染重心转移变化明显且呈现复杂趋势，与前文分析的中国城市工业污染变化剧烈相符。总体可分为 3 个阶段，2010～2012 年，工业污染重心向西南方向偏移至驻马店市，偏移距离为 128.5km，偏移角度为 61.51°。2012～2014 年，工业污染重心沿东北方向逆转，偏移至周口市，偏移距离为 147.7km，偏移角度为 52.93°。2014～2015 年，工业污染重心在周口市境内向南偏移，偏移距离为 69.4km，偏移角度为 85.4°。

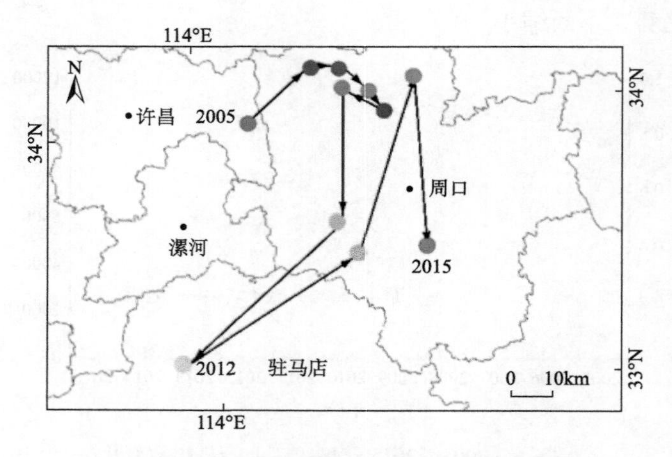

图 6-7　2005～2015 年中国城市工业污染重心轨迹

2. 工业污染的空间分异

基于节能减排战略及中国社会经济发展规划时段，以 2005 年、2010 年及 2015 年为时间节点，将城市工业污染指数由高到低划分为高污染区、较高污染区、中度污染区、较低污染区及低污染区五种类型。

从污染类型变化来看(图 6-8)，2005～2010 年，高污染区、中度污染区均显著减少，减幅分别为 25%、22.5%，低污染区急剧增加，增幅为 37.8%，较低污染区和较高污染区基本不变，环境质量极大改善。统计发现 23.5%的城市向低水平转移，9.5%的城市向高水平转移，其中跳跃式转移占比 4.6%，污染转移较简单，主要以高水平向低水平转移为主；2010～2015 年，仅较低污染区增加 19.4%，其余类型均为减少趋势，高污染区、较高污染区、中度污染区及低污染区依次减少 33.33%、21.1%、12.7%及 6.9%，工业污染程度大幅下降。其中，24.2%的城市向低水平转移，21.8%的城市向高水平转移，跳跃式转移占比 8.1%，污染转移路径趋于复杂且跳跃式转移明显。

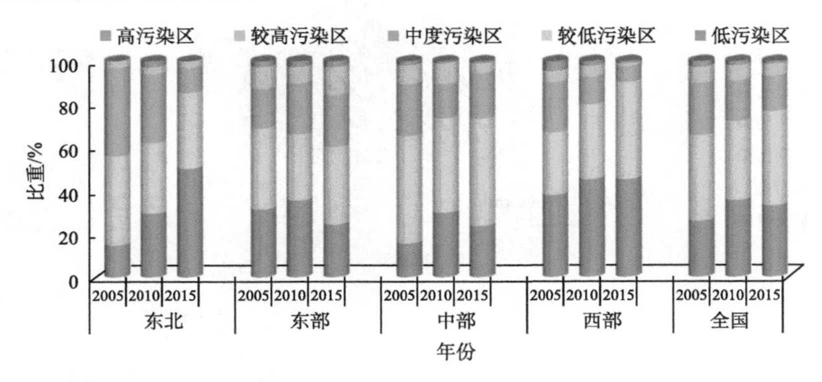

图 6-8　不同区域的工业污染类型变化

1) 大区尺度的工业污染空间分异

从大区尺度来看(图 6-8)，2005～2015 年，东北和中部地区均从以较低污染区和中度污染区为主转变为以低污染区、较低污染区为主，总占比分别由 82.36%和 73.22%转为 85.29%和 73.3%，工业污染程度显著减小；东部地区以低污染区及较低污染区为主且交替变化，总占比由 68.57%转为 60%，工业污染程度略有增大；西部地区低污染区及较低污染区持续增加，总占比由 56.67%增加至 90.48%，工业污染大幅改善。其中，东北、中部和西部城市间污染类型以高水平向低水平转移为主，转移比分别为 61.76%、38.14%、36.9%，东部地区以低水平向高水平转移为主，转移比为 22.86%。可见大区工业污染整体呈下降趋势，但“东部>中部>东北>西部”的“东高西低”的污染格局并未改变，且区内差异依然显著。

2) 城市群尺度的工业污染空间分异

从城市群尺度来看(图 6-9)，工业污染集聚区与中国主要城市群分布相吻合，工业污染“集群化”特征愈加显著。2005～2010 年，工业污染程度较高的城市主要集中于京津冀、长三角、成渝、中原、哈长、山东半岛和呼包鄂榆城市群，珠

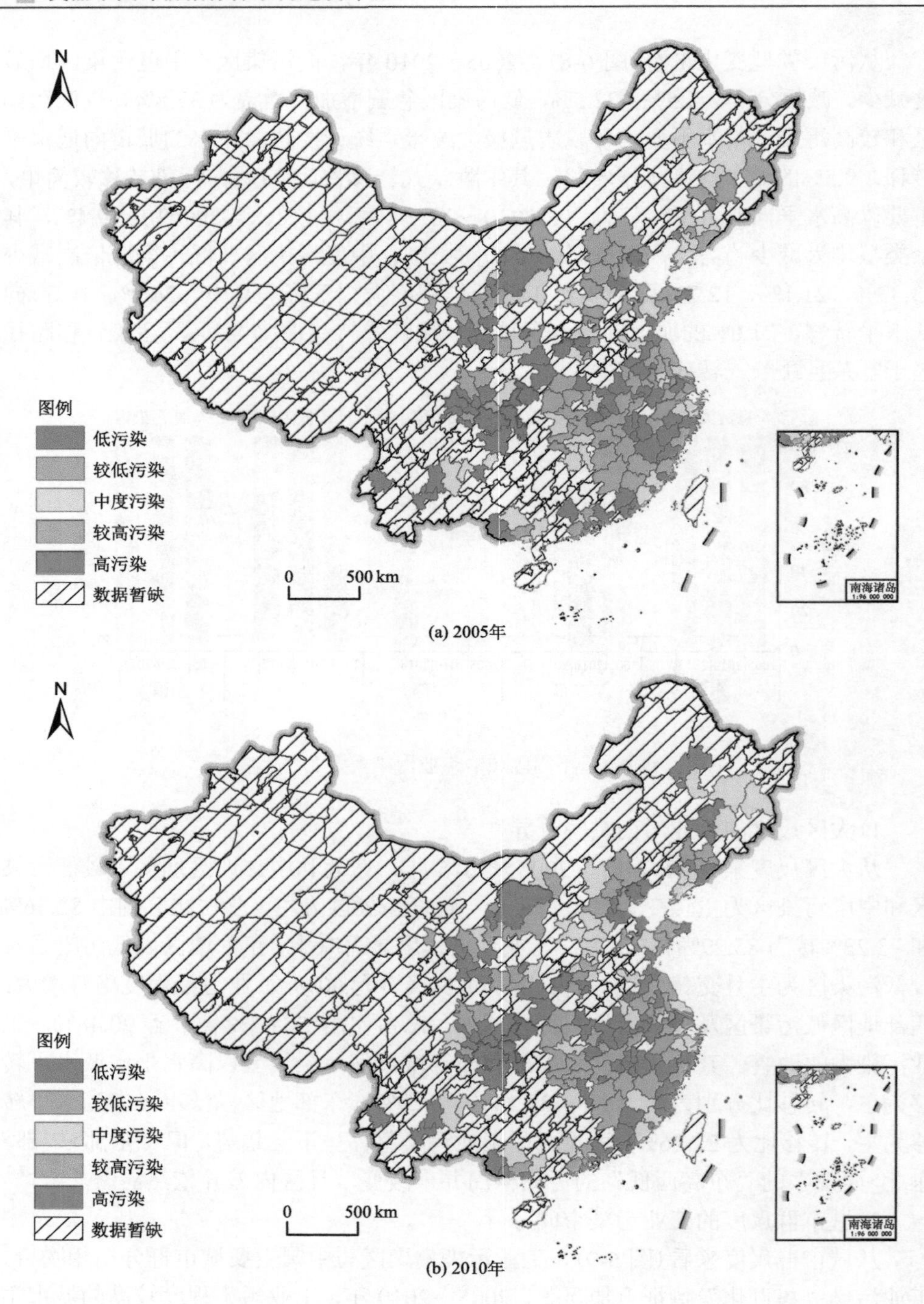

(a) 2005年

(b) 2010年

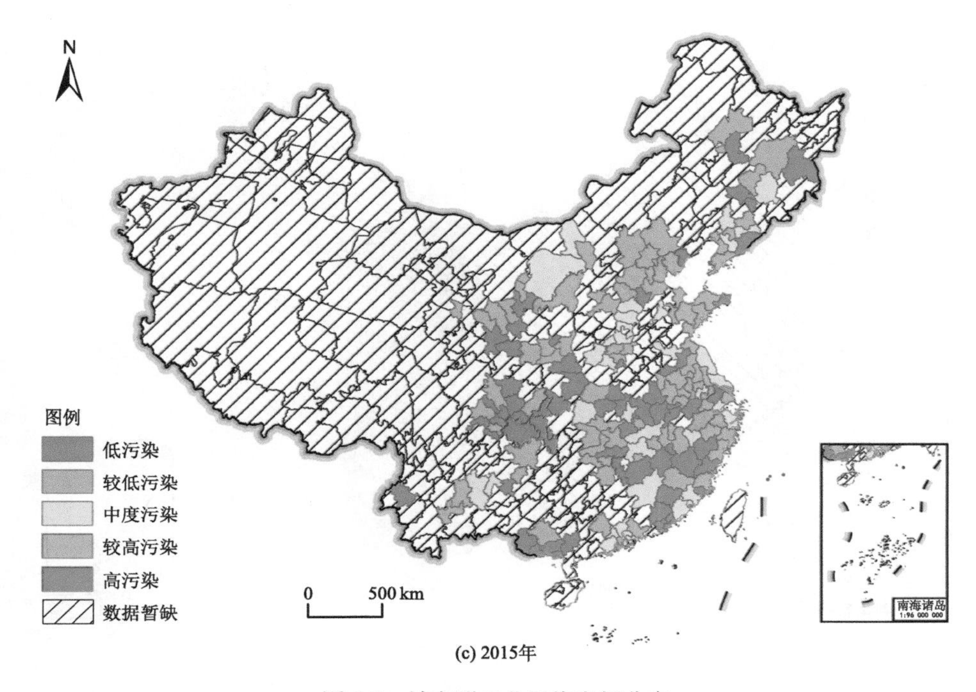

(c) 2015年

图 6-9　城市群工业污染空间分布

三角、北部湾、海峡两岸和滇中城市群工业污染程度持续在中度水平，长江中游、关中和晋中城市群工业污染程度有所改善，而辽中南城市群污染程度有所上升，较低污染区主要分布在各城市群边缘；2010～2015 年，京津冀、成渝、长三角、辽中南和中原城市群工业污染程度依然保持高水平，珠三角、北部湾和滇中城市群保持稳定中低水平，哈长、关中、晋中、呼包鄂榆城市群工业污染程度有所下降，而长江中游、海峡两岸和山东半岛城市群工业污染程度却呈加重趋势。整体而言，北部和内陆城市群工业污染有所改善，南部和沿海城市群污染有所加重，城市群工业污染呈现由北向南、由内向外跃迁的演化格局。

3) 城市尺度的工业污染空间分异

从城市尺度来看(图 6-10)，工业污染总体呈现出从中心向外围缩减、碎片化向集中分布的演化格局。2005～2010 年，污染类型区空间分布变化明显。高污染区缩减呈点状分布在长春、唐山、鄂尔多斯、洛阳、苏州及重庆市，较高污染区趋于集中并在山西形成连片高排放区；中度污染区大幅收缩，形成冀—晋—鲁与黑—吉—辽两大连绵区及湖南、广西、云南和福建境内四小片区；较低污染区与低污染区交错分布，且低污染区范围明显扩张，整体上污染格局由最初多中心的碎片化格局转变为相对集中分布；2010～2015 年，污染类型区空间分布更趋集中。

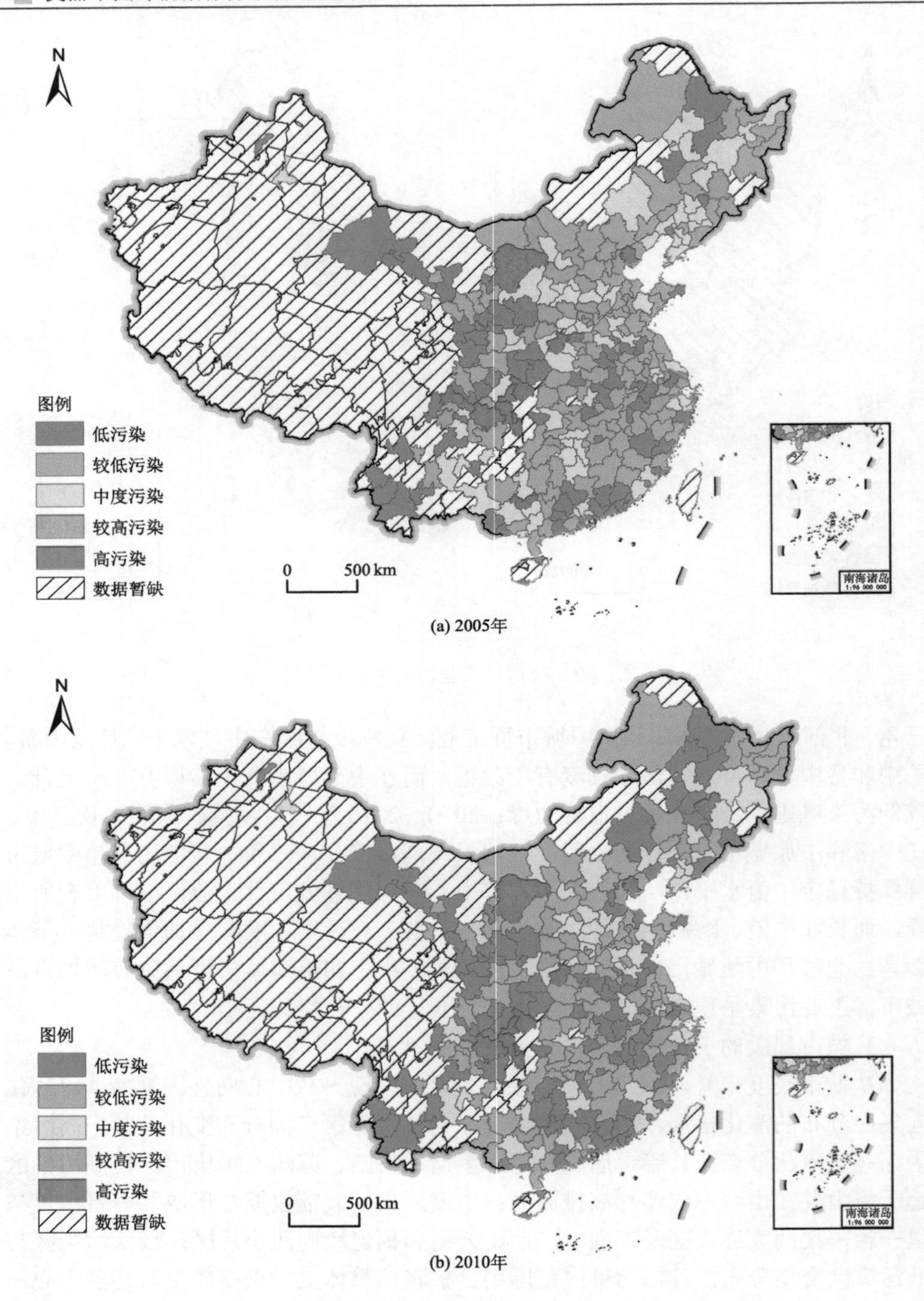

(a) 2005年

(b) 2010年

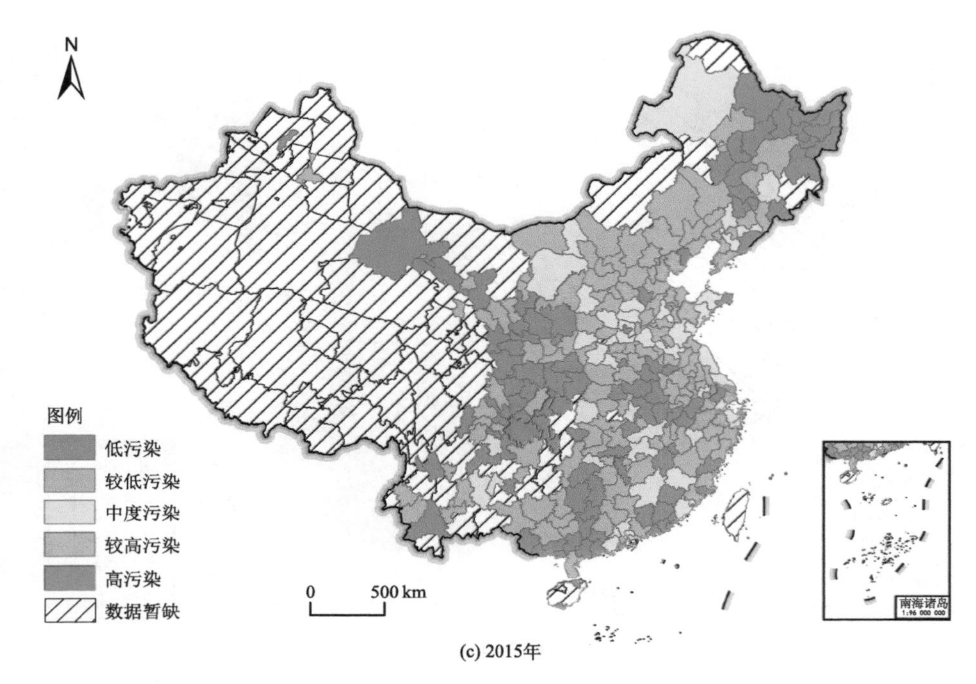

图 6-10　城市工业污染空间分布

高污染区持续缩减，呈点状分布且表现出从大城市向小城市转移的趋势，如鄂尔多斯市；较高污染区大幅收缩且由内陆向沿海地区扩散，在环渤海湾及长江出海口处形成连片高排放区；中度污染区略有缩减且向长江经济带两侧区域集聚靠拢，并将较低污染区和低污染区割裂为南北两端及甘—陕—长江经济带三大分布区；较低污染区范围明显扩张，集聚趋势更为显著，低污染区略有收缩但仍被较低污染区包围，工业污染格局整体呈现出由中心向外围缩减态势。

引入局部 G^*统计量测度工业污染的局部关联程度(图 6-11)。2005～2010 年，工业污染热点格局变化明显，热点区及次热区大幅扩张，增幅分别为 88.89%及 44.74%，次冷区略有扩大，冷点区明显收缩，降幅为 25%，其中稳定性城市占比 60%；2010～2015 年，工业污染热点格局变化依然显著，热点区大幅收缩，减幅为 64.71%，次热区略有收缩，次冷区继续扩张，增幅为 18.87%，冷点区保持不变，其中稳定性城市占比 57.9%。总体而言，2005～2015 年中国城市工业污染热点区和冷点区均呈收缩态势，表明工业高污染及低污染城市的空间集聚性均趋于减弱，且高污染区的减弱趋势更明显；两个时段稳定性城市占比均高于 50%，表明中国城市工业污染空间分布具有一定依赖性。蒙—晋—冀—鲁、长三角及川渝地区始终形成“近朱者赤”的高排放俱乐部区，而西北、西南及华南片区大部分

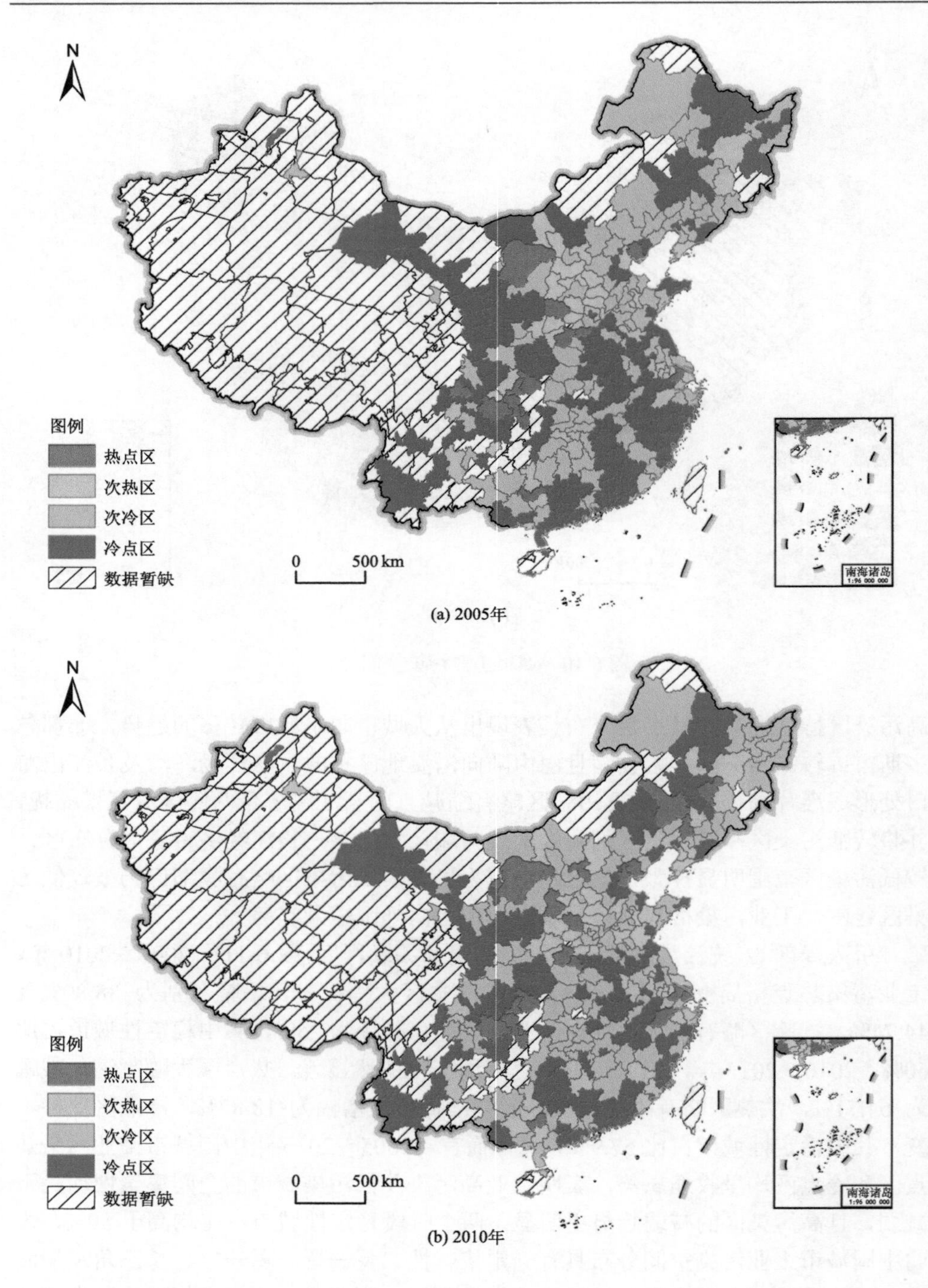

(a) 2005年

(b) 2010年

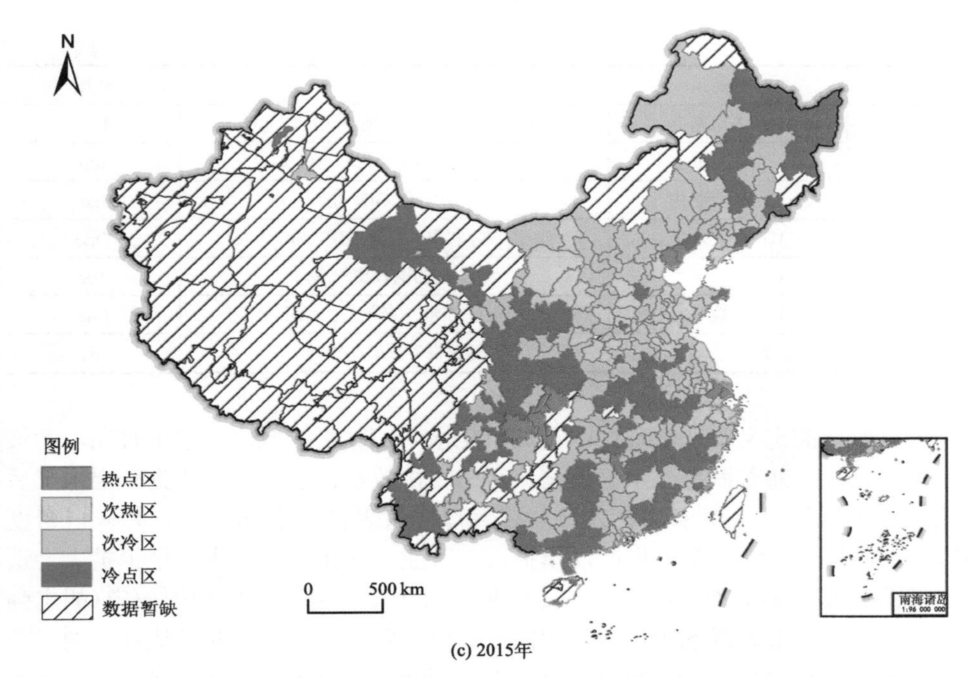

图 6-11 中国城市工业污染的时空格局

城市形成了"近墨者黑"的低排放组团片区，这也反映出区域重点城市发展较快，但整体发展不均衡，工业污染首位度较高。

6.1.4 影响因素分析

工业污染是社会经济发展的伴生物，其排放量也受多种因素影响。已有研究(唐志鹏等, 2011; 赵海霞等, 2014; 马丽, 2016; 胡志强等, 2016; 韩楠和于维洋, 2016; 刘海猛等, 2018)表明工业污染是人口密度、产业结构及能源强度等多因素综合作用的结果。借鉴已有研究，本小节以 2005～2015 年 285 个城市的工业污染指数为因变量，以工业发展水平、人口密度、城市化水平、产业结构、外资水平、环境管制强度、科技水平及能源强度为自变量(表 6-1)，引入 SDM 模型探讨各因子对不同尺度工业污染指数变化的影响。

表 6-1 影响因素指标及定义解释

项目	指标	定义	代码
因变量	Y：工业污染指数	工业废水、SO_2 及工业烟粉尘排放量加权得出	Plu
自变量	X_1：城市化水平	年末非农人口/总人口(%)	Urb

续表

项目	指标	定义	代码
自变量	X_2：人口密度	年末总人口/行政土地面积(人/km^2)	Pop
	X_3：工业发展水平	工业产值/年末总人口(元/人)	Idp
	X_4：产业结构	工业产值/GDP(%)	Ind
	X_5：外资水平	实际利用外资额/GDP(%)	Ope
	X_6：科技水平	科技支出/财政支出(‰)	Tec
	X_7：能源强度	工业用电量/工业总产值(万 kW·h/亿元)	Eng
	X_8：环境管制强度	环保投资额/GDP(%)	Inv

各自变量的定义和选取理由：①城市化水平(X_1)：低城市化水平时期，污染程度通常较轻。随着城市化水平提高，污染物排放量也会增加，达到一定水平后污染又趋于减缓。用年末非农人口与总人口比值表征城市化水平。②人口密度(X_2)：人口集聚通常会带来生产规模扩大和产业专业化集聚，生产规模扩大会造成资源消耗及污染增加，而产业专业化集聚对污染却有先促后抑的效应(胡志强等, 2016)。③工业发展水平(X_3)：相比于工业不发达地区，工业发达地区的工业污染程度也较高(赵海霞等, 2014)。用人均工业产值来表征工业发展水平。④产业结构(X_4)：工业高排放、高污染的特点与其他产业相比，对环境的胁迫效应更明显，尤其是重工业发展，必将导致污染加剧。用工业产值占 GDP 总量的比值表征产业结构。⑤外资水平(X_5)：有学者认为外商投资与环境污染呈显著相关(胡志强等, 2016)。一方面，外资会加重污染，同时，外资的技术效应又会减弱污染。以城市实际利用外资额占 GDP 的比例作为外资水平。⑥科技水平(X_6)：科技对污染控制有巨大支撑作用，较高科技水平可以提高资源消费效率和生产工艺水平，进而降低污染排放。选取地级市全年财政支出中科技支出比例表征科技水平。⑦能源强度(X_7)：能源消耗推动经济发展，但也会带来环境污染。通常用煤炭消费量与能源消费总量的比重表征能源强度，由于数据限制，用工业用电量与工业总产值比重表示能源强度。⑧环境管制强度(X_8)：政府对环境保护的投资力度不同，对其工业污染排放的影响也有所差异。取环保投资额占 GDP 的比重表征环境管制强度。

在模型估计前对数据进行取对数处理来消除模型异方差性，并进行 Hansam 检验选择拟合优度较高的模型，结果见表 6-2。从各尺度模型估计结果来看，空间自回归系数均通过 0.01 的显著性检验，表明工业污染存在很强的空间内生交互效应，即邻近地区的工业污染程度会显著影响本地的工业污染程度。除科技水平因子未通过显著性检验外，其他因子对本地或邻近地区工业污染均产生不同程度的促进或抑制作用。具体而言，各尺度工业污染的主导因素存在显著差异。

表 6-2　基于大区及城市群尺度的 SDM 模型参数估计结果

项目	lnUrb	lnPop	lnIdp	lnInd	lnOpe	lnTec	lnEng	lnInv
东部	0.051	0.08	0.071	0.381***	0.025	–0.01	0.127***	–0.093***
东北	–0.023	0.184	0.333**	–0.301	0.117**	0.099	0.039	–0.029
中部	–0.105**	0.195**	0.05	0.214	–0.094**	–0.014	0.033	0.032
西部	0.036	0.203**	0.027	0.04	0.013	0.001	–0.004	0.044
城市群	–0.556**	0.151	–0.145	–0.451**	–0.044	0.016	0.068	–0.037
城市	0.039	0.132***	0.053	0.184***	–0.007	0.001	0.028**	–0.056***
项目	*W*×lnUrb	*W*×lnPop	*W*×lnIdp	*W*×lnInd	*W*×lnOpe	*W*×lnTec	*W*×lnEng	*W*×lnInv
东部	–0.444***	–0.093	–0.031	0.211	0.099**	0.017	–0.088	–0.057*
东北	–0.861	0.384	–0.396**	–0.378	–0.147**	0.005	0.125	–0.002
中部	0.067	–0.155	0.043	–0.755***	–0.027	0.09	–0.118***	0.046
西部	–0.243***	–0.281***	–0.117	–0.604***	0.022	–0.081	0.005	0.006
城市群	–0.501	–0.293	0.129	0.932	0.022	0.063	–0.068	0.087
城市	0.178***	–0.104*	0.088	–0.272**	0.001	0.016	0.028	–0.034**

***、**、*分别表示 0.01、0.05 和 0.1 的显著性水平；*W*×ln*X* 表示各因子的空间溢出效应。

1. 大区尺度的影响因素

从大区尺度来看，东部地区工业污染主要受产业结构、能源强度和环境管制强度的影响，工业产值占比及能源强度每增加 1%，将分别引起工业污染指数增加 0.381%和 0.127%，而环保投资占比每增加 1%会使其污染程度降低 0.093%，可见产业结构是加剧当地工业污染程度的关键因子；在东北地区，工业发展水平和外资水平对工业污染均表现出正向效应，且工业发展水平每提高 1 个百分点，工业污染指数相应增长 0.333 个百分点；在中部地区，城市化水平、人口密度和外资水平的弹性系数分别为–0.105、0.195、–0.094，表明人口密度增加会加重工业污染，而城市化通过产业的集聚效应及技术效应等对工业污染产生消减作用。外资水平提高会抑制污染，这与东北地区相反，反映出中部地区外资的技术效应大于规模效应，而东北地区外商投资集中于污染较大的第二产业，使得该区工业发展水平较高，但污染也较为严重；在西部地区，仅人口密度对工业污染产生了显著影响，主要是西部发展相对落后，随着西部大开发战略推进，人口逐渐增加并促进工业生产规模扩大，进而导致资源消耗及污染增加。

观察因子外生交互效应发现，东部地区内，城市化水平、外资水平及环境管制强度的弹性系数分别为–0.444、0.099、–0.057，表明邻近城市的城市化水平与环境管制强度提高有助于缓解本地工业污染，而外资水平提高却会加重本地污染，主要是东部地区经济发展水平较高，外资多集中于污染较低的科技及服务产业，外资水平提高促使高能耗产业向周边转移，进而导致周边城市污染加重；东北地区内，工业发展水平及外资水平的弹性系数均显著为负，即邻近城市的产业集聚化及外商投资比例增加会导致本地污染程度趋于下降，尤其是工业发展水平每增加1%，将导致本地工业污染指数下降0.396%；中部地区内，产业结构及能源强度的弹性系数均为负，表明邻近城市的工业产值占比及能源强度增加，会吸引本地产业追求规模经济而向外转移，进而降低本地污染程度；西部地区内，城市化率、人口密度及产业结构均表现出负向交互效应，表明邻近城市的工业产值占比、人口密度及城市化水平升高会减缓本地污染程度，原因可能是西部地区发展相对落后，且依赖工业发展经济，随着邻近地区城市化率及工业产值占比升高，企业为追求集聚经济向外转移，而人口向邻近城市迁移也减缓了本地的环境承载力和经济发展压力，进而有助于降低本地工业污染。

2. *城市群尺度的影响因素*

从城市群尺度来看，仅城市化率与产业结构通过0.05 的显著性检验，其弹性系数分别为–0.556、–0.451，即城市化水平及工业产值占比每增加1%，将促使工业污染指数分别降低 0.556%和 0.451%。城市群是工业化、城市化进程中区域空间形态的最高组织形式，其工业集聚程度高，集聚的正外部性也较强。加之城市群雄厚的经济实力、较高的城市化率和先进的科技水平促使其工业发展转向专业化、高级化及清洁化生产为主，致使其规模效应大于污染效应，而城市化水平提高也会促使污染较重的企业向外迁移，因此工业产值占比和城市化水平升高有助于降低工业污染。观察因子外生交互效应后发现，城市群因子的空间交互效应并不显著，可能是由于城市群是群内大小城市依赖于核心城市集聚形成的内部联系紧密的城市组团，且彼此相距较远，因而邻近城市群因素对当地工业污染并未产生明显影响。

3. *城市尺度的影响因素*

从城市尺度来看，人口密度、产业结构和环境管制强度均在0.01 水平上显著，而能源强度在0.05 水平上显著，表明人口密度、产业结构、环境管制强度和能源强度对工业污染均有显著影响。环境管制强度、人口密度、产业结构和能源强度的弹性系数分别为–0.056、0.132、0.184 和 0.028，表明环保投资额度增加会改善当地工业污染程度，而其余3个因素则会加剧当地工业污染。其中，工业产值占比和人口密度每增加1%，当地工业污染指数相应升高0.184%和0.132%，可见产业结构和人口密度是造成工业污染的主要因子。通过探析各因子的外生交互效应发现，人口密度、产业结构和环境管制强度的弹性系数分别为–0.104、–0.272和–0.034，城市化水平弹性系数为 0.178，表明周边城市的人口数量、工业产值占比以及环保投资额增加对本地的工业污染有一定的减缓作用，而周边城市的城市化水平提高可能会引起高污染产业向邻近低城市化地区转移，对改善当地污染产生消极作用。

6.1.5 结论与建议

1. 结论

本节采用变异系数、泰勒指数、ESDA 及 SDM 模型等方法，从大区—城市群—城市尺度出发剖析了中国城市工业综合污染的时空分异特征及影响因素，主要结论如下。

(1) 2005～2015 年中国城市工业污染指数呈波动下降态势，但总体差异逐趋增大；大区间工业污染指数呈现“东高西低”特征，区域差异呈西部>东部>中部>东北部的演变趋势；城市群工业污染“集群化”特征显著，总体差异波动增大而城市群间差异呈现多样化；城市工业污染呈明显“级差化”特征且存在显著正空间自相关，污染重心呈现向南偏移态势。

(2) 2005～2015 年中国城市工业污染空间转移由简单转移过渡为复杂转移；大区间保持“东部>中部>东北>西部”的污染格局不变；城市群工业污染呈由北向南、由内向外跃迁的演化格局；城市工业污染呈现由中心向外围缩减、碎片化向集中分布的演化格局。

(3) 大区尺度，除科技水平外，其他因素对各区域工业污染产生不同程度的直接或交互效应；城市群尺度，城市化水平与产业结构对工业污染表现出抑制作用，而因素的交互效应并不显著；城市尺度，产业结构、人口密度、环境管制强度及能源强度对工业污染产生显著直接效应，而城市化水平、产业结构、环境管制强度及人口密度对工业污染产生显著交互效应。

2. 对策建议

工业污染作为影响人类健康、社会进步以及可持续发展的热点问题，引起了国际的高度关注。本节基于多尺度分析了中国城市工业污染的时空分异特征及影响因素，丰富了工业污染与环境质量等方面的研究，也为政府制定环境政策及推动生态文明建设提供参考。

研究发现，中国城市工业污染的区域差异较大，其主导因素也存在明显差异，在制定污染治理政策时需采取差异化策略。例如，东部、东北应大力优化工业结构并推进创新减排技术，而中西部要提高产业集聚水平，发挥集聚正外部性的节能减排作用，同时也要评估产业质量和效率，抑制产业规模无序扩张；另外，工业污染存在显著空间溢出效应，因而在环境治理中要加强区域合作。例如，环境保护方面，不仅要加大环保投资、完善环保监测体系、制定环境保护法以及污染排放收费标准，还要加强区域间的联防联控才能有效遏制污染外溢。

解决工业污染的根本措施是大幅降低工业污染排放，因而，促进产业结构转型升级是当前污染治理的首要任务，急需加强重工业结构调整，淘汰落后及产能过剩产业；要加快新型城镇化建设，提高城市化发展质量；人口密度只在中西部地区对工业污染表现出正向效应，说明人口与污染之间存在门槛效应，西部地区积极促进人口合理集中也有助于污染减排；外资水平对工业污染存在促进和削减“双重效应”，引进外资时需综合考虑区域环境，如东中部要积极引入环保型产业投资，东北和西部地区要有选择地引入相对高效益、低污染的外商投资；同时，积极促进城市群协调合理发展也会有效降低工业污染。

随着区域间产业转移，工业污染的时空格局和影响因素也处于动态变化中。本节进行了多尺度分析，但由于数据缺乏，对工业污染未做完全嵌套的尺度效应研究。另外，本节仅关注了城市化水平、人口密度等因素，对区域发展政策、城市职能及企业生产模式等因素还未涉猎，未来应注重工业污染的尺度效应分析，并深入挖掘其他因素对工业污染的作用机制。

6.2 中国城市居民生活能源碳排放的时空特征

6.2.1 引言

21 世纪以来，全球气候变化作为人类社会面临的严峻挑战，得到了全社会的广泛关注(IPCC, 2007)。IPCC 第四次评估指出，过去的 50 年间全球平均气温升高，超过 90%与人类燃烧化石燃料排放的温室气体有关(IPCC, 2007)，其中 CO_2 被认为是引起全球变暖最重要的温室气体之一(方精云等, 2011)，因此减少 CO_2 排放量、建立低碳环保型社会已成为当前应对气候变化的基本共识(Soytas et al., 2007; 谢鸿宇等, 2008; 朱永彬等, 2009; World Resources Institute, 2010)。随着城市化进程的加快，我国城市居民生活能源消费已成为仅次于工业能源消费的第二大部门(李科, 2013)，城市居民完全能源消耗的 CO_2 排放量已占城市总碳排放量的 30%～60%(Rosa et al., 2010; IPCC, 2007; 国家统计局, 2008; 张艳等, 2012)，从而使城市居民生活能源消费成为碳排放增长的新源头，未来城市居民生活能源碳排放对环境造成的胁迫效应将更加显著。鉴于此，当前急需探明城市居民生活能源碳排放的时空格局及其影响因素，以便寻求减少碳排放的有效措施。

近年来，城市居民生活能源碳排放作为碳排放增长的新源头，引起了国内外学者的关注。王妍和石敏俊(2009)利用投入-产出的分析方法，测算了 1995～2004 年中国城镇居民生活消费诱发的完全能源消耗；Wei 等(2007)采用 CLA 法，对比分析了 1999～2002 年中国城乡居民生活方式对能源消费及 CO_2 排放的直接和间接影响；冯玲等(2011)分析了中国 1999～2007 年城镇居民生活直接、间接能源消费及其碳排放的动态变化特征，并对其潜在的影响因素进行了分析；张钢锋等(2014)利用美国劳伦斯伯克利国家实验室开发的 Urban-RAM 模型，对上海市居民生活碳排放情况进行了定量分析；柴彦威等(2011)利用北京市居民活动日志调查数据，探讨了居民家庭日常出行碳排放的发生机制及调控策略；其他学者(Kerkhof et al., 2009; Rosa et al., 2010)分别对居民消费、环境与碳排放之间的关系进行了研究；Liu 等(2009)研究了 1985～1995 年中国居民消费模式的变化对 CO_2 与 SO_2 排放的影响，发现居民生活的直接能源消费及对强排放消费品的需求是影响温室气体排放的主要因素；Carolina(2015)通过聚类分析方法研究了居民的生活能源消费方式，发现目前人们对衣、食、住、行等生活方式所产生的能源消费愈发关注，且对电力的使用大大提高。然而，现有研究更关注城市居民生活能源碳排放量的估算，而缺乏对城市居民生活能源碳排放的空间依赖性和异质性的探讨。为此，本节采用泰勒指数、空间自相关等方法，分析 2001～2012 年我国城市居民生活能源碳排放的时空格局演变特征，并利用 STIRPAT 模型分析影响城市居民生活能源碳排放的关键因素，旨在为我国建设低碳型社会提供参考和借鉴(万文玉等, 2016)。

6.2.2　数据来源与研究方法

1. 数据来源

城市居民生活能源碳排放包括直接碳排放和间接碳排放，其中，直接碳排放是指居民直接消费能源载体用于照明、供暖、制冷、炊事、交通出行等项目所产生的碳排放；间接碳排放是家庭生活过程中使用的各项产品与服务在其开发、生产、流通、使用和回收整个过程中所产生的 CO_2(王莉等, 2015)。目前，我国城市居民家庭生活中主要使用的能源有煤炭(指原煤、其他洗煤和型煤的总和)、油品(指汽油、煤油、柴油及液化石油气的总和)、天然气、电力和热力。本节主要以城市居民直接碳排放能源为研究对象，选取煤炭、原油、汽油、煤油、柴油、燃料油、天然气、电力、热力 9 类能源作为核算指标。数据来源于 2002～2013 年《中国能源统计年鉴》，其核算参照《IPCC 国家温室气体清单指南》中的表观消费量法，并将各能源消费量统一折算成标准煤消耗量。

2. 研究方法

1) CO_2排放量的测算方法

排放系数法是当前国内外研究中经常使用的方法，本节采用《IPCC 国家温室气体清单指南》中所提供的基准方法，通过不同化石燃料的消耗量估算各种燃料产生的CO_2，计算公式如下：

$$C_{\mathrm{E}} = \sum_{j} \mathrm{AC}_j \times \mathrm{NCV}_j \times \mathrm{CC}_j \times O_j \times 44/12 \tag{6-3}$$

式中，C_{E}指居民生活直接CO_2排放量，Gt；j指燃料品种；AC_j指消费的化石燃料实物量，万 t 或亿 m^3；NCV_j指各燃料低位热值，kJ/kg 或 kJ/m^3，低位热值取自《中国能源统计年鉴》；CC_j指燃料含碳量，kg/GJ，含碳量均采用 IPCC 参考值；O_j指氧化率，采用 IPCC 默认值 100%，均视为完全燃烧；44/12 为 C 转换为CO_2的系数。

2) 泰勒指数

为了分析我国城市居民人均生活能源碳排放的区域差异性，根据国务院发展研究中心的《地区协调发展的战略和政策》，将全国 30 个省份划分为八大经济区①，利用泰勒指数来衡量城市居民人均生活能源碳排放的区域差异。泰勒指数越小，说明城市居民人均生活能源碳排放的区域差异越小，反之则反。可将泰勒指数分解为八大经济区间城市居民人均生活能源碳排放的差异和八大经济区内部城市居民人均生活能源碳排放的差异，以考察它们对全国整体差异的影响和贡献。其计算公式为

$$T = \sum_{i} \left(\frac{C_i}{C} \right) \ln \left(\frac{C_i / C}{X_i / X} \right) \tag{6-4}$$

$$T_{\mathrm{w}i} = \sum \left(\frac{C_{ij}}{C_j} \right) \ln \left(\frac{C_{ij} / C_j}{X_{ij} / X_j} \right) \tag{6-5}$$

$$T_{\mathrm{w}} = \sum \left(\frac{C_j}{C} \right) T_{\mathrm{w}i} = \sum_{j} \sum_{i} \left(\frac{C_j}{C} \right) \left(\frac{C_{ij}}{C_j} \right) \ln \left(\frac{C_{ij} / C_j}{X_{ij} / X_j} \right) \tag{6-6}$$

① 根据国务院发展研究中心《地区协调发展的战略和政策》，将我国划分为八大经济区域：东北综合经济区（辽宁、吉林、黑龙江）；北部沿海综合经济区（北京、天津、河北和山东）；东部沿海综合经济区（上海、江苏、浙江）；南部沿海经济区（福建、广东、海南）；黄河中游综合经济区（陕西、山西、河南和内蒙古）；长江中游综合经济区（湖北、湖南、江西和安徽）；西南综合经济区（云南、贵州、四川、重庆和广西）；西北综合经济区（甘肃、青海、宁夏和新疆）。鉴于西藏、台湾、香港和澳门的相关数据缺失，因此本节中不包括。

$$T_{\mathrm{b}} = \sum_{j} \left(\frac{C_j}{C} \right) \ln \left(\frac{C_j / C}{X_j / X} \right) \tag{6-7}$$

式中，T 指城市居民人均生活能源碳排放的总体泰勒指数；$T_{\mathrm{w}i}$ 指八大区域内各省城市居民人均生活能源碳排放的泰勒指数；T_{w} 指八大区域内城市居民人均生活能源碳排放的泰勒指数；T_{b} 指八大区域间城市居民人均生活能源碳排放的泰勒指数，分别代表八大经济区域内部与八大经济区域间城市居民人均生活能源碳排放的差异；C 代表全国城市居民人均生活能源碳排放量；C_j 代表 j 经济区城市居民人均生活能源碳排放量；C_i 代表 i 省城市居民人均生活能源碳排放量；C_{ij} 代表 j 经济区内 i 省的城市居民人均生活能源碳排放量；X 代表各省城市人口数；X_j 代表 j 经济区城市人口数；X_i 代表 i 省城市人口数；X_{ij} 代表 j 经济区内 i 省的城市人口数。

3）空间自相关

空间自相关是空间场中数值聚集程度的一种量度，它以空间权重为基础，通过测度城市居民人均生活能源碳排放量在空间上的集聚或分散程度，反映城市居民人均生活能源碳排放的空间格局及变化特征，可分为全局自相关和局部自相关（赵荣钦和黄贤金, 2010）。本节采用一阶 Queen 空间权重矩阵。全局自相关用于探测整个区域的空间模式，即从空间的整体上描述城市居民人均生活能源碳排放空间分布的集聚情况，用 Moran's I 指数来衡量，可用式(6-8)表示：

$$\text{Moran's } I = \sum_{i=1}^{n} (x_i - \overline{x}) \sum_{j=1}^{n} W_{ij} \left(x_j - \overline{x} \right) / \sum_{j=1}^{n} (x_i - \overline{x})^2 \sum_{i=1}^{n} \sum_{j=1}^{n} W_{ij} \tag{6-8}$$

式中，n 为研究区域的空间样本个数；x_i 和 x_j 表示空间样本单元的相应属性值；W_{ij} 是空间权重系数矩阵，表示空间单元的邻近关系。Moran's I 指数值介于[–1,1]，值越接近 1，表明具有相似属性的空间单元越集中；值越接近–1，表明具有相异属性的空间单元越集中；若值接近或等于 0，表明空间单元属性属于随机分布状态（赵云泰等, 2011）。

全局自相关能够较好地描述整体的综合指标，但整体空间中存在部分正或负的空间自相关共存，因此，运用局部自相关测度来揭示可能的空间变异性，采用 Getis-Ord G_i^* 模型检验局部地区是否存在统计显著的高值或低值，公式如下：

$$Z\left(G_i^*\right) = \left[G_i^* - E\left(G_i^*\right) \right] / \sqrt{\mathrm{Var}\left(G_i^*\right)} \tag{6-9}$$

式中，$E(G_i^*)$ 和 $\mathrm{Var}(G_i^*)$ 是其理论期望和理论方差，若 $Z(G_i^*)$ 为正，且 Z 值显著，表明位置 i 周围的值相对较高，属于高值空间集聚，即热点区；反之，为冷点区。

4) STIRPAT 模型

1970 年初，美国斯坦福大学教授 Ehrlich 和 Holdrens(1971)为了研究人口对环境变化的影响，建立了著名的 IPAT 等式：

$$I = PAT \tag{6-10}$$

式中，I、P、A、T 分别表示环境压力、人口数量、富裕度及技术。

York 等(2003)在经典的 IPAT 等式基础上改造而成的人口、富裕和技术随机回归影响模型(STIRPAT 模型)，由于能较好地衡量人文因素对环境的影响而得到了广泛应用，本节采用 STIRPAT 模型分析影响城市居民生活能源碳排放的关键因素：

$$I = aP^b A^c T^d e \tag{6-11}$$

式中，a 为该模型的系数；b、c、d 分别为人口数量、富裕度、技术等人文驱动力指数；e 为模型的误差。STIRPAT 模型是定量分析人文驱动力对环境压力影响的一种有效的方法，目前已被广泛用于碳排放研究中。该模型容许增加社会或其他控制因素来分析它们对城市居民生活能源碳排放的影响，但增加的变量要与式(6-11)指定的乘法形式具有概念上的一致性。另外，由于当前缺乏统一的技术测量指标，实际应用中都是将 T 归于残差项，而不是单独估计。为了衡量各因素对城市居民生活能源碳排放的影响作用大小，可将式(6-11)转换成对数形式：

$$\ln I = a + b\ln P + c\ln A + e \tag{6-12}$$

转变为对数形式的 STIRPAT 模型中的估计系数与经济学中弹性的解释一致。如果估计系数(b 或 c)等于 1，说明城市居民生活能源碳排放与各因素(P 或 A)存在同比例的单调变化；如果估计系数大于 1，说明增加该因素引起的城市居民生活能源碳排放量的增加速度超过该因素的变化速度；如果估计系数小于 1(但大于 0)，说明增加该因素引起的城市居民生活能源碳排放量的增加速度小于该因素的变化速度；如果估计系数小于 0，则说明增加该因素具有降低城市居民生活能源碳排放量的作用(赵雪雁, 2010)。

6.2.3 中国城市居民生活能源碳排放的时空格局

1. 中国城市居民生活能源碳排放的总体特征

随着城镇化进程的加快，我国城镇人口数量不断增长，从 2001 年的 4.81 亿人上升到 2012 年的 7.12 亿人，年增长率为 3.63%；城市居民生活能源碳排放总量也由 2.34Gt 增加到 6.47Gt(1Gt=10^9t)，年增长率为 9.69%；城市居民人均生活能源碳排放量从 4.86t/人增加到 6.94t/人，年增长率为 3.29%。进一步分析发现，

2001～2002 年我国城市居民生活能源碳排放增长相对平缓，其中生活能源碳排放总量年均增长率为 10.26%，人均生活能源碳排放量年均增长率为 3.97%；2003～2005 年我国城市居民生活能源碳排放快速增长，其中，生活能源碳排放总量年均增长率达 13.61%，人均生活能源碳排放量年均增长率达 9.93%；2006～2012 年我国城市居民生活能源碳排放增速减缓，其中，生活能源碳排放总量年均增长率下降至 10.21%，而人均生活能源碳排放量年均增长率下降至 2.15%(图 6-12)。

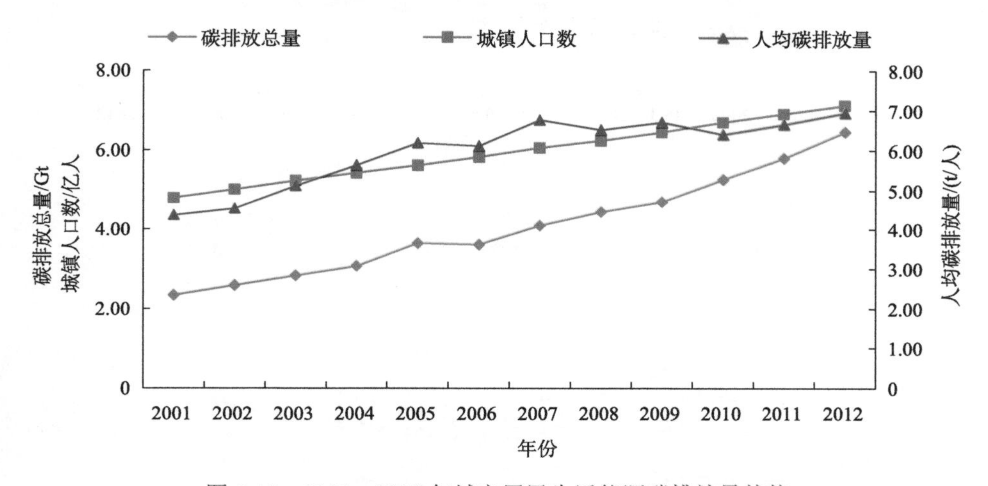

图 6-12 2001～2012 年城市居民生活能源碳排放量趋势

从经济区尺度来看，东部、西南、黄河中游及长江中游经济区城市居民生活能源碳排放总量、人均生活能源碳排放量增长速度均较快；而北部和西北经济区城市居民生活能源碳排放总量、人均生活能源碳排放量增长速度较慢。如图 6-13 所示，八大经济区城市居民生活能源碳排放总量的极化现象显著，其中，北部经济区的城市居民生活能源碳排放总量历年来一直居于八大经济区之首，2012 年该区城市居民生活能源碳排放总量达 11.60Gt，而西北经济区历年来一直处于八大经济区之末，2012 年城市居民生活能源碳排放总量仅为 3.30Gt，高值区与低值区的城市居民生活能源碳排放总量差异达到 3 倍以上。从人均生活能源碳排放量来看，八大经济区的城市居民人均生活能源碳排放量分化明显，其中，东北经济区位于第一层级，人均生活能源碳排放量均为 10.00t/人以上(除 2001 年黄河中游地区较低)；北部、西北和黄河中游经济区位于第二层级，人均生活能源碳排放量均为 6.00～10.00t/人；东部、西南和长江中游经济区为第三层级，人均生活能源碳排放量为 6.00t/人以下。

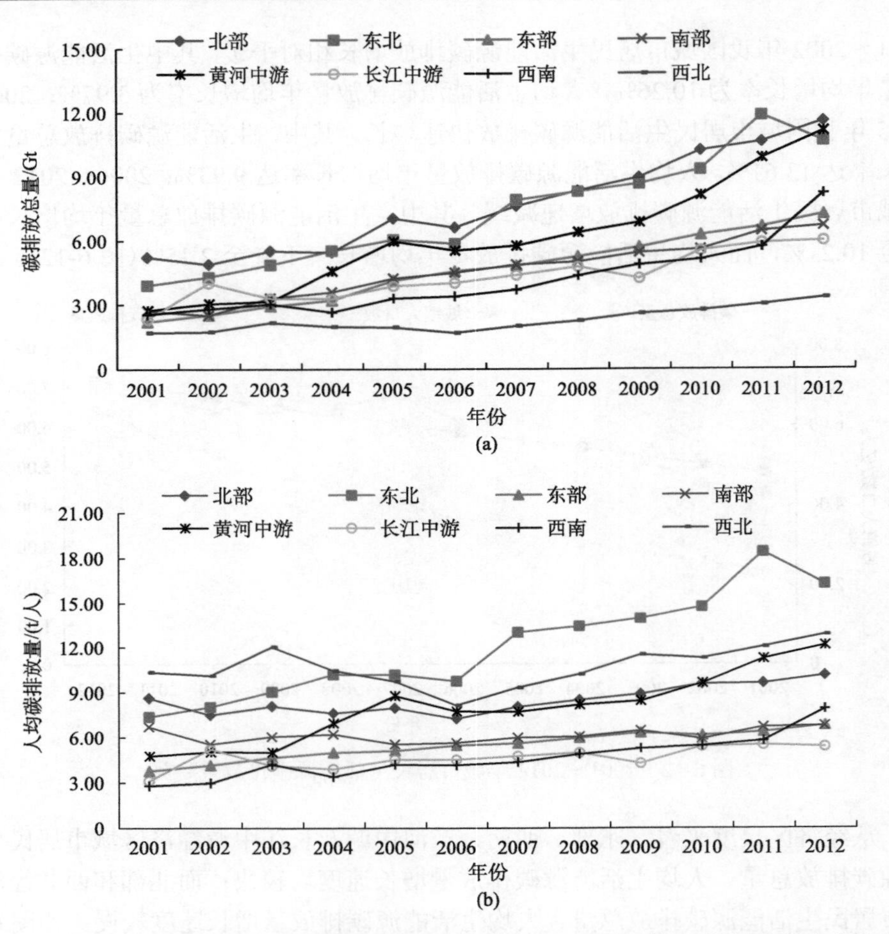

图 6-13　八大经济区城市居民生活能源碳排放总量(a)和人均生活能源碳排放量(b)变化趋势

从省域尺度来看，2001～2012 年山东、广西和内蒙古的城市居民生活能源碳排放总量增长幅度较大(图 6-14)，其中，山东的城市居民生活能源碳排放总量增幅最大，为 31.90%；而浙江、江西、河北和甘肃的城市居民生活能源碳排放总量增长幅度较小，其中，浙江的增幅为–0.52%。与此同时，内蒙古、宁夏、广西的城市居民人均生活能源碳排放量增长幅度较大，其中，内蒙古的增幅为 22.59%；而青海、甘肃、云南的增长幅度均较小，其中，青海城市居民人均生活能源碳排放量从 2001 年的 0.03t/人下降到 2012 年的 0.02t/人，年均下降率为 3.6%(图 6-14)。

2. 城市居民人均生活能源碳排放量的区域差异

2001～2012 年，我国城市居民人均生活能源碳排放量的区域差异总体上呈缩小趋势，其泰勒指数的变化趋势为 0.04 /10a，但期间存在较大的波动性（图 6-15）。其中，2001～2003 年区域差异趋于缩小，泰勒指数从 0.18 降为 0.12；2003～2004 年区域差异趋于增大，其中，2004 年的泰勒指数达到 0.17；而 2004～2006 年区域差异又趋于缩小，泰勒指数由 0.17 降为 0.07；2006～2012 年区域差异又趋于增大，泰勒指数由 0.07 增大为 0.13。

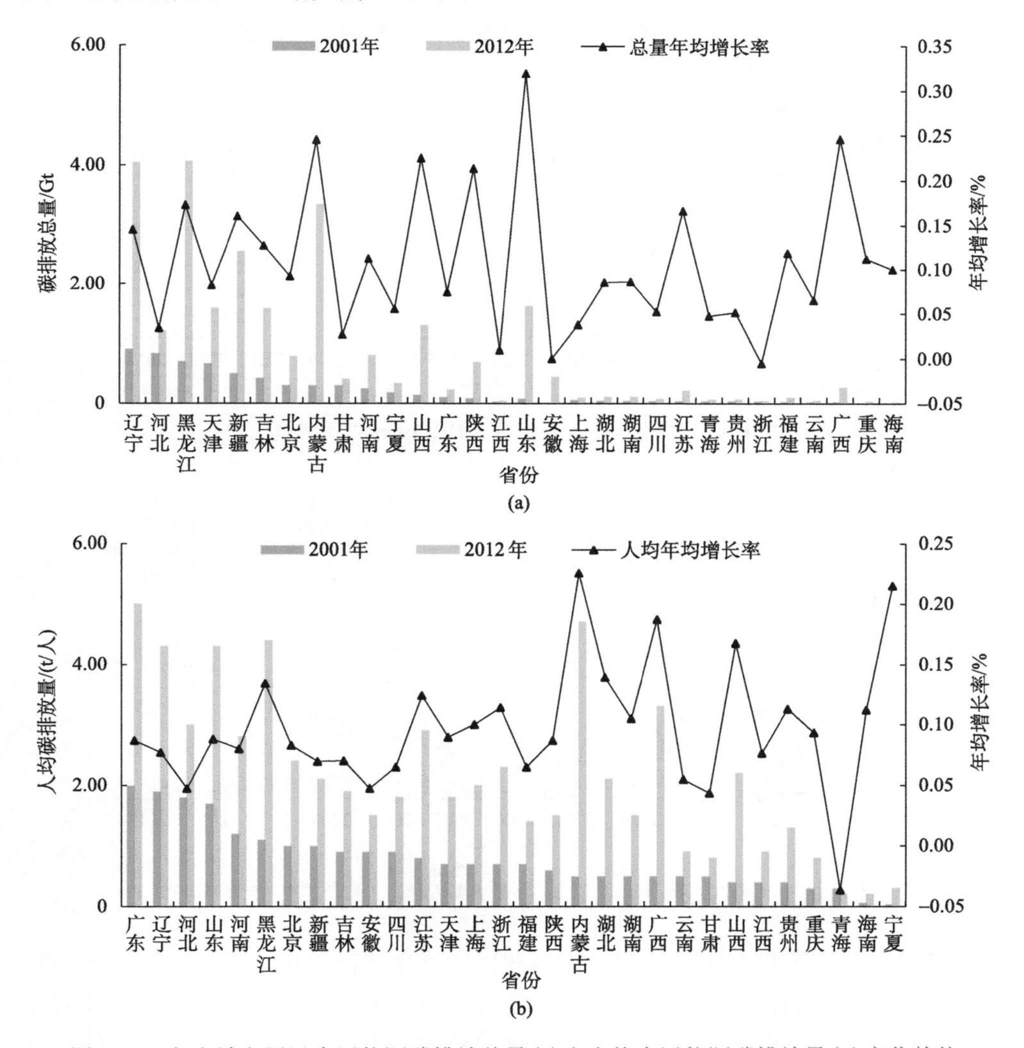

图 6-14　各省城市居民生活能源碳排放总量(a)和人均生活能源碳排放量(b)变化趋势

从各经济区城市居民人均生活能源碳排放泰勒指数的变化趋势来看（图 6-16），2001～2012 年北部、西南和黄河中游经济区的泰勒指数呈增大趋势，说明这些经济区城市居民人均生活能源碳排放的差异逐渐拉大，其中，黄河中游经济区泰勒指数的增幅最大，达 1.99 %；而东部、南部、西北、东北及长江中游经济区的泰勒指数呈减小趋势，说明这些经济区城市居民人均生活能源碳排放的差异逐渐缩小，其中东部经济区泰勒指数的降幅最大，达 3.02%。

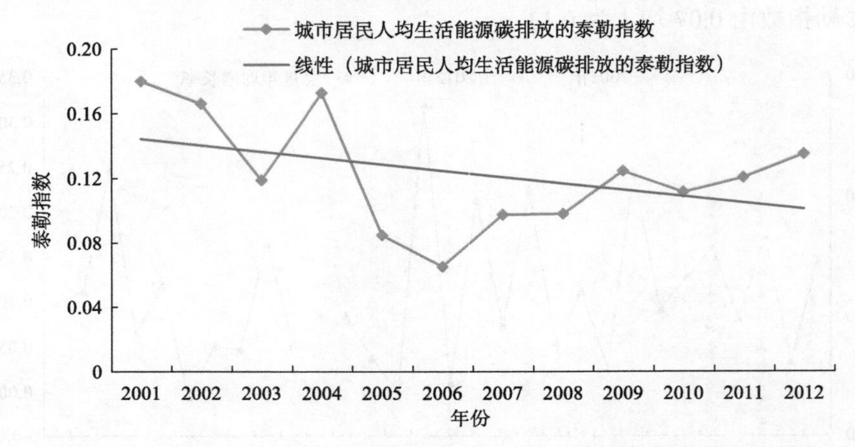

图 6-15　城市居民生活能源人均碳排放的区域差异

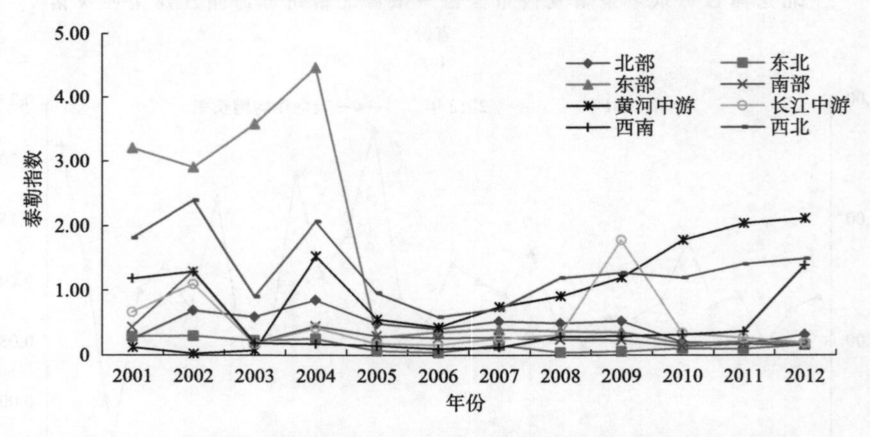

图 6-16　八大区域城市居民生活能源人均碳排放泰勒指数的演变趋势

通过分解泰勒指数，可将我国城市居民人均生活能源碳排放的总体差异分解为八大经济区间的差异和各经济区内部差异。由表 6-3 可知，八大经济区间的差异是导致我国城市居民人均生活能源碳排放总体差异的主要原因，其对总体差异的贡献率达到了 57.90%，而各经济区内部城市居民人均生活能源碳排放的水平相近，其差异的贡献率为 42.10%。其中，西北经济区内部差异最大，黄河中游经济区次之，东北经济区最小。从对城市居民人均生活能源碳排放总体差异的贡献率变化趋势来看，2001 年、2003 年、2007～2010 年八大经济区内的泰勒指数高于八大经济区间的泰勒指数，说明这些年份八大经济区内部差异对全国总体差异的贡献率高于八大经济区间差异的贡献率；而 2002 年、2004～2006 年、2011～2012 年八大经济区内的泰勒指数低于八大经济区间的泰勒指数，说明这些年份八大经济区内部差异对全国总体差异的贡献率低于八大经济区间差异的贡献率。

表 6-3　城市居民人均生活能源碳排放泰勒指数的贡献率　　（单位：%）

年份	区域间	区域内	北部	东北	东部	南部	黄河中游	长江中游	西南	西北
2001	42.61	57.39	3.19	3.64	40.23	5.46	1.52	8.30	14.88	22.78
2002	60.45	39.55	6.91	3.00	29.04	12.99	0.24	10.98	12.93	23.91
2003	45.51	54.49	9.95	3.88	60.18	3.31	1.29	3.00	3.21	15.18
2004	68.26	31.74	8.32	2.49	43.71	4.38	15.04	4.09	1.72	20.25
2005	85.95	14.05	16.46	2.17	9.29	10.01	18.69	5.93	5.03	32.42
2006	79.15	20.85	17.36	1.71	15.10	11.30	18.36	6.76	4.21	25.20
2007	38.57	61.43	16.44	4.90	12.46	8.64	23.47	7.94	3.86	22.29
2008	42.77	57.23	12.80	1.11	9.63	6.20	23.65	7.99	7.55	31.07
2009	48.00	52.00	9.17	0.97	6.19	4.01	21.02	31.20	5.13	22.31
2010	41.03	58.97	4.77	2.44	4.19	3.31	41.87	7.92	7.44	28.06
2011	62.14	37.86	3.83	2.02	4.41	3.69	42.98	5.60	7.74	29.73
2012	80.40	19.60	5.28	2.67	3.09	2.65	35.12	3.25	23.11	24.83
总体	57.90	42.10	9.54	2.58	19.80	6.33	20.27	8.58	8.07	24.83

3. 城市居民人均生活能源碳排放的空间格局

从 2001～2012 年中国城市居民人均生活能源碳排放的空间自相关分析可知(表 6-4)，各年份 Moran's *I* 值均为正，且均在 99%的置信水平以上，其检验结果显著，表明我国城市居民人均生活能源碳排放具有显著的空间正相关性，即各省城市居民人均生活能源碳排放的空间分布并非呈现完全的随机性，而表现出相似值之间的空间集聚，即城市居民人均生活能源碳排放较高的省份相对地趋于和城市居民人均生活能源碳排放较高的省份相邻，反之则反；2001 年以来，城市居民人均生活能源碳排放水平相似的省域在空间上呈集中分布，“集中”趋势较为稳定，且集聚态势愈发明显。

表 6-4　中国城市居民生活能源人均碳排放全局自相关 Moran's *I* 值及检验值

项目	2001 年	2002 年	2003 年	2004 年	2005 年	2006 年	2007 年	2008 年	2009 年	2010 年	2011 年	2012 年
Moran's *I*	0.23	0.19	0.26	0.24	0.35	0.34	0.33	0.30	0.28	0.28	0.25	0.21
$Z(I)$	3.26	2.70	3.68	3.43	4.74	4.57	4.68	4.07	3.85	3.9	3.54	3.00

注：$Z(I)>2.58$ 表明在 1%的显著性水平。

依据 Moran 散点图，其中，“高-高”(HH)和“低-低”(LL)象限表明城市居民人均生活能源碳排放的观测值存在较强的空间正相关性，即具有均质性；“高-低”(HL)和“低-高”(LH)表示存在较强的空间负相关，即空间单元存在异质性(Wong and Lee, 2005)。HL 区是局部高值离群点类型，即城市居民人均生活能源碳排放相对高于周围省份；LH 区是局部低值离群点类型。从 2001 年、2005 年、2009 年及 2012 年的 Moran 散点图来看，各年份中位于 HH 和 LL 象限的样本数分别为总样本量的 56%、65%、65%和 56%，相对应地，HL 和 LH 象限的样本比例分别为 44%、35%、35%和 44%。这表明研究时段内城市居民人均生活能源碳排放的空间异质性先上升后下降，但总体上城市居民人均生活能源碳排放在局部范围内仍具有较高的空间相关性，局部集聚格局显著，且除 2012 年以外，HH 集聚类型的省份均比 LL 集聚类型的省份多，但统计检验显著区较少，因此趋于显现的“凹点”现象仅为概率事件。

2001～2012 年，我国城市居民人均生活能源碳排放的冷点区(LL 集聚区)空间格局相对较为稳定，主要分布于东部和南部经济区(图 6-17)。近年来，该地区通过采取产业结构升级、节能减排等措施提高了能源利用效率，从而使得城市居民人均生活能源碳排放量降低；同时，受东部和南部经济区辐射带动效应的影响，长江中游经济区部分省域也呈现出向低值区发展的趋势，如江西、安徽等。

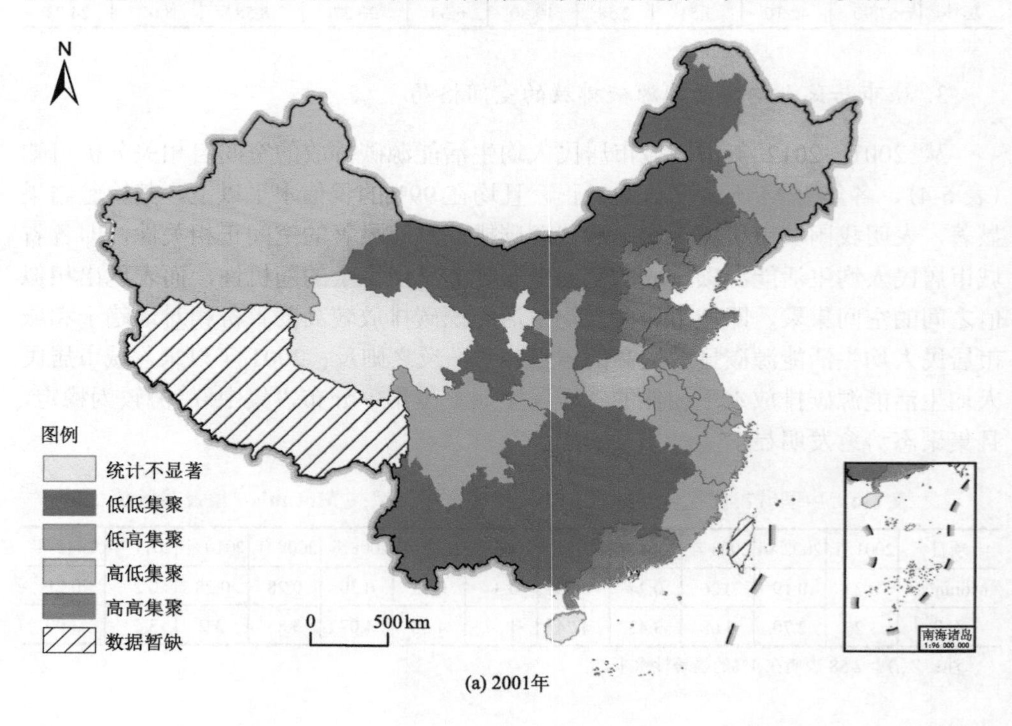

(a) 2001年

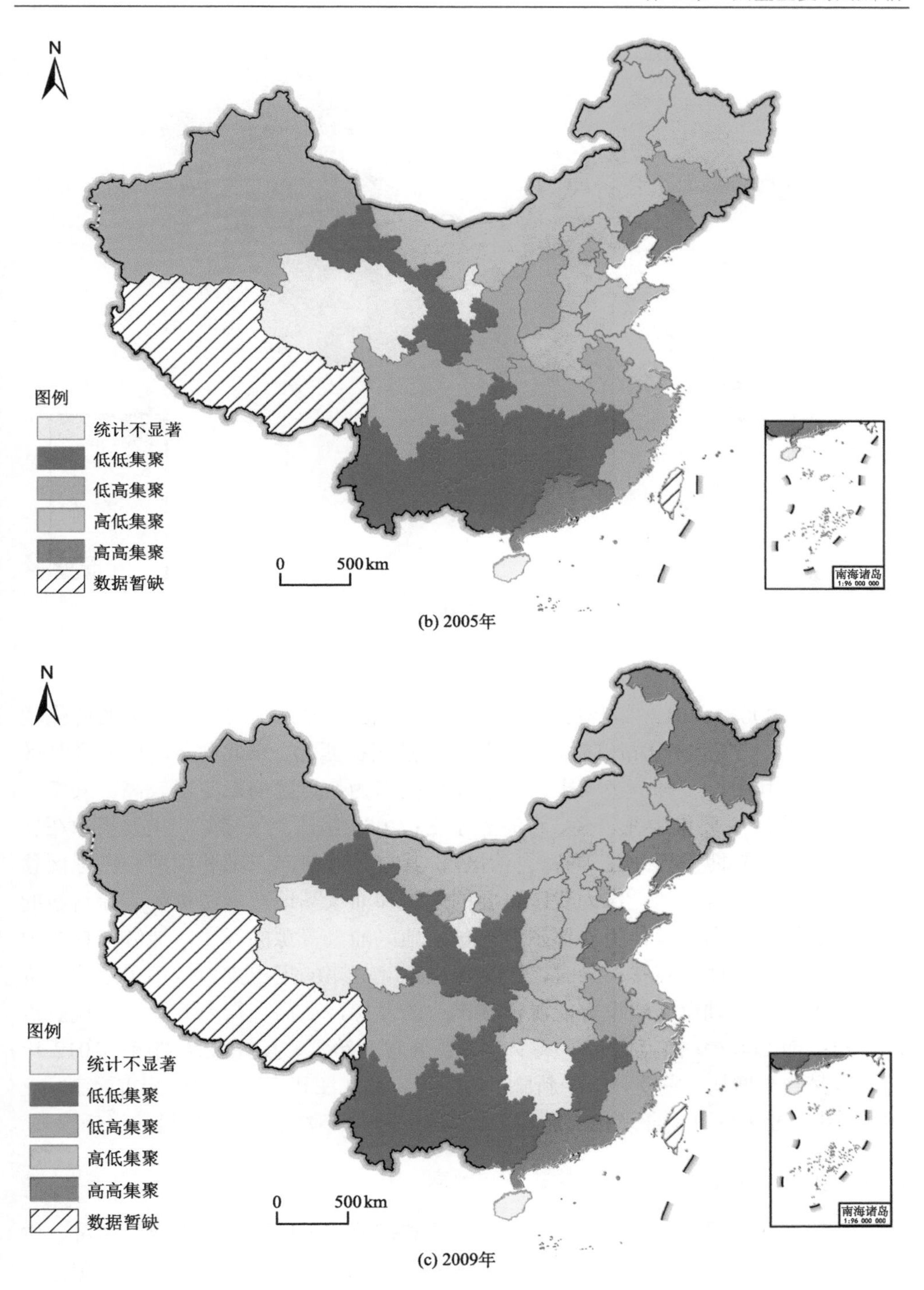

(b) 2005年

(c) 2009年

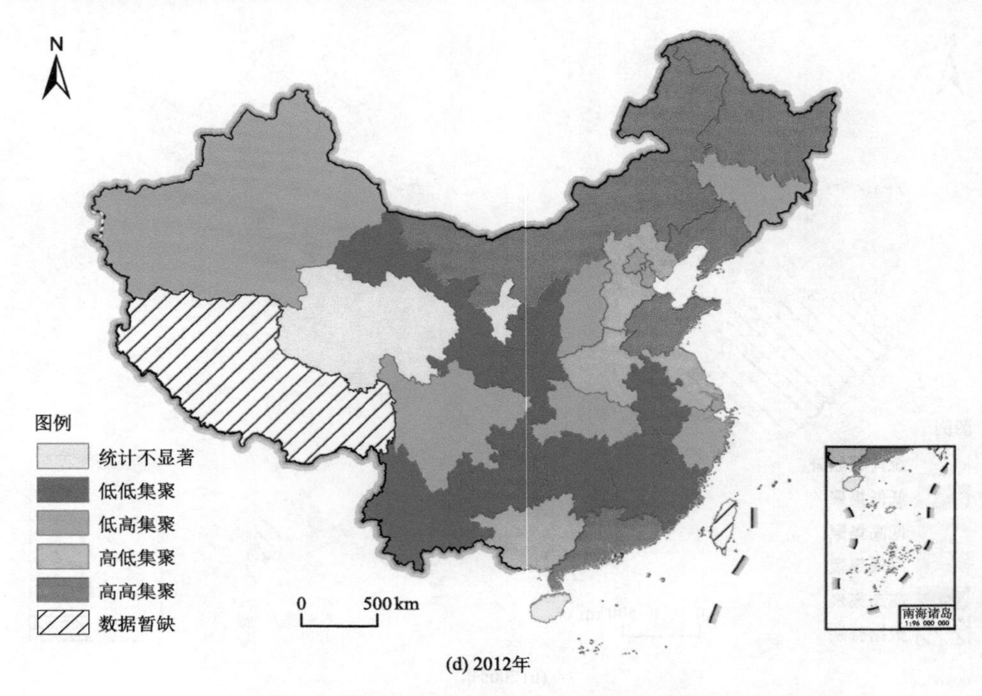

(d) 2012年

图 6-17　中国主要年份城市居民生活能源人均碳排放空间集聚格局

然而，2001～2012 年我国城市居民人均生活能源碳排放的热点区的变化较大，除 2012 年广西有分布以外，其余年份热点区在西北、东北和黄河中游经济区均有分布，其中，新疆、黄河中游与东北地区作为热点区的稳定度较高。其中，2001 年热点区主要集中在新疆、青海和宁夏；2005 年热点区增加，主要集中在新疆、内蒙古、陕西及黑龙江等省(自治区)，其总体趋势向东部和黄河中游地区移动，究其原因，西北地区作为我国重要的煤炭和油气基地，能源资源等原材料的开采消费比例较高，但伴随着鄂尔多斯盆地地区油气资源的开发，能源消耗的中心逐渐向内蒙古地区转移；同时，国家振兴东北战略的提出大力推动了东北经济区的重工业和基础设施建设等能源消耗产业的发展，从而使得东北地区呈现热点区分布；而 2009 年热点区趋于减少，主要分布在新疆、黑龙江及湖南；2012 年热点区又趋于增加，主要分布于新疆、内蒙古、黑龙江和广西，就内蒙古而言，近年来，其工业多以重工业及化工能源工业为主，因此，对能源和原材料的消耗较大。

6.2.4　城市居民生活能源碳排放的影响因素

现有研究表明，影响居民生活能源消费碳排放的主要因素有人口、经济、生活方式以及政策等(孙涵等, 2015)。为了进一步考察我国城市居民生活能源碳排放的影响因素，本节将城市人口规模、城市居民可支配收入、城市居民生活消费支出、城市居民能源消费结构(家庭电力消耗占总家庭能耗的比率)、城市居民年龄结构[青壮年(15～65 岁)人口比例]、地区虚拟变量(南方取 0，北方取 1)等引入STIRPAT 模型。

由于 STIRPAT 模型是随机形式，如果理论上合适，可以增加人文因素对数形式的二项式或多项式来验证是否存在环境库兹涅茨曲线假说。为此，在 STIRPAT 模型自变量中增加了城市居民可支配收入的二次平方项，构成 STIRPAT 模型 2。为避免引入城市居民可支配收入的二次项与城市居民可支配收入的共线性，对城市居民可支配收入的二次项进行标准化处理。城市居民可支配收入二次项标准化的具体处理过程为用城市居民可支配收入的对数减去城市居民可支配收入对数的平均值，然后平方来减少与城市居民可支配收入的共线性，得到影响城市居民生活能源碳排放关键因素的 STIRPAT 模型，见表 6-5。

表 6-5　影响城市居民生活能源碳排放关键因素的最小二乘法估计结果

项目	模型 1			模型 2		
	非标准化系数	标准化系数	T 检验值	非标准化系数	标准化系数	T 检验值
常数项	–4.271 (0.513)		–8.319***	–4.229 (0.513)		–8.251***
城市人口规模	0.872 (0.023)	0.792	37.184***	0.872 (0.023)	0.792	37.302***
城市居民能源消费结构	–0.522 (0.050)	–0.301	–10.435***	–0.526 (0.050)	–0.303	–10.534***
城市居民生活消费支出	1.009 (0.076)	0.488	13.205***	1.032 (0.077)	0.499	13.335***
城市居民可支配收入	0.492 (0.067)	0.261	7.404***	0.512 (0.067)	0.271	7.605***
可支配收入的平方项				–0.154 (0.091)	–0.035	1.704*
青壮年人口比重	1.118 (0.478)	0.052	2.338**	1.282 (0.486)	0.060	2.635**
地区虚拟变量(南方=0，北方=1)	0.249 (0.050)	0.144	4.939***	0.244 (0.050)	0.142	4.844***
R^2	0.863			0.863		
F 统计量	376.549***			324.911***		
Durbin-Watson 统计量	2.020			1.989		
样本量	360			360		

***、**、*分别表示 0.001、0.05 和 0.1 的显著性水平；括号内为标准差。

模型 1 的拟合优度达到 0.863，F 统计量为 376.549，在 0.001 水平上显著，Durbin-Watson 统计量为 2.020，说明城市人口规模、城市居民可支配收入、城市居民生活消费支出、城市居民能源消费结构、青壮年人口比重、地区虚拟变量对城市居民生活能源碳排放的解释度达到 86.3%；模型 2 在模型 1 的基础上增加了城市居民可支配收入的二次项，拟合优度为0.863，*F* 统计量达 324.911，在 0.001 水平上显著，Durbin-Watson 统计量为 1.989，方程拟合非常好。

拟合结果显示，在模型 1 中，城市居民生活消费支出、青壮年人口比重的非标准化系数都大于 1，分别为 1.009、1.118；模型 2 中二者的非标准化系数分别达 1.032、1.282，说明增加城市居民生活消费支出和青壮年人口比重引起的碳排放量的增加速度超过了其自身的变化速度。模型 1、模型 2 中的标准化系数显示，城市居民生活消费支出作为影响我国城市居民生活能源碳排放的重要因素，其标准化系数分别为 0.488、0.499，究其原因在于消费增长带动能源需求增长，从而增加了城市居民生活能源碳排放量；而青壮年人口比重的标准化系数较低，模型 1、模型 2 中分别为 0.052、0.060，似乎显得其对碳排放量的影响不大，但实际上城市居民年龄结构也是影响城市居民生活能源碳排放的重要因子（彭希哲和朱勤，2010）。

模型 1 和模型 2 中，城市人口规模、城市居民可支配收入及地区虚拟变量的非标准化系数均小于 1 但大于 0，说明增加人口数量、提高居民富裕水平引起的城市居民生活能源碳排放量的增加速度低于其本身的变化速度，且在模型 1 和模型 2 中，城市人口规模的标准化系数均高达 0.792，是引起我国城市居民生活能源碳排放的主要因素，因此，有效控制我国城市人口规模对减少城市居民生活能源碳排放非常关键；同时，地区虚拟变量的标准化系数显示，受地区差异的影响，北方城市居民生活能源碳排放量明显高于南方。

模型 1 和模型 2 中，城市居民能源消费结构的非标准化系数均小于 0，分别为–0.522、–0.526；表明提高电力能源的使用率具有降低城市生活居民生活能源碳排放量的作用；其标准化系数也均小于 0，分别为–0.301、–0.303，充分说明合理调整能源消费结构对减少城市居民生活能源碳排放非常重要。

模型 2 在模型 1 的基础上增加了城市居民可支配收入的二次项，拟合优度为 0.863，*F* 统计量达 324.911，在 0.001 水平上显著，Durbin-Watson 统计量为 1.989，方程拟合非常好。模型 2 中，城市居民可支配收入二次项的系数为负（–0.154），且在 0.1 水平上显著不为零，说明现有样本数据支持环境库兹涅茨曲线假说，随着经济的发展，城市居民生活能源碳排放量存在转折点，这表明经济的发展有助于解决我国城市居民生活能源碳排放问题。

6.2.5 结论与建议

1. 结论

（1）2001～2012 年我国城市居民生活能源碳排放总量及人均生活能源碳排放

量均呈增长趋势，其年均增长率分别为 9.69%和 3.29%。

(2) 八大经济区间城市居民生活能源碳排放的差异是构成我国城市居民生活能源碳排放总体差异的主要原因，其对总体差异的贡献率达到了 57.90%。

(3) 我国城市居民人均生活能源碳排放具有显著的空间正相关性。2001～2012 年城市居民人均生活能源碳排放的冷点区变化较为稳定，主要分布在东部和南部经济区，而热点区主要分布在西北、东北和黄河中游经济区。

(4) 城市人口规模、城市居民可支配收入、城市居民生活消费支出、青壮年人口比重对城市居民生活能源碳排放量具有加剧作用，而城市居民能源消费结构对其具有减缓作用，且北方城市居民生活能源碳排放量明显高于南方。

(5) 现有样本数据支持环境库兹涅茨曲线假说，随着经济的发展，城市居民生活能源碳排放量存在转折点。

2. 建议

基于以上结论，提出以下建议：首先，对于碳排放量较高的地区，尤其是过度依赖煤炭资源的地区，如西北、东北等工业区，急需优化能源消费结构，提高清洁能源的利用率，降低煤炭使用比重，从而减少城市居民生活能源的碳排放量；其次，提倡“低碳交通”也是降低城市居民生活能源碳排放的有效措施，即通过加快转变交通发展方式，推进节能型综合交通运输体系建设，从而有效控制交通领域的温室气体排放；此外，应提高城市居民节能环保意识，培养低碳生活理念，从根源上降低碳排放量，同时，政府应给予相应的经济刺激，引导居民改变高耗能的消费习惯；最后，受地区差异的影响，冬季采暖是我国北方地区城镇居民的基本生活需求，因此，需通过改革城镇供热体制，如完善供热价格形成机制、推进供热商品化和货币化、培育和完善供热市场及切实保障低收入困难群体采暖、优化配置城镇供热资源和大力促进热采暖节能等具体工作来解决福利供热制度中存在的矛盾和问题，从而为北方地区居民供暖及落实建设节约型社会提供有力保障。

6.3　农村能源贫困

6.3.1　引言

国际能源机构(International Energy Agency，IEA)估计，目前全球仍有 12.6 亿人无法获得电力服务，26.4 亿人仍依赖传统生物质能进行炊事活动，其中 95%的人口集中在亚洲和非洲地区(郝宇等, 2014)。这种持续存在的能源贫困不仅影响着居民健康和生活质量，更制约着国家经济发展与社会进步，目前已成为全球共同面临的重要问题。能源贫困作为发展中国家贫困的主要标志(Herington and Malakar, 2016)，日益引起了国际组织与学术界的关注(Sovacool et al., 2012)。联合国将 2012 年定为“人人享有可持续能源国际年”，并提出了“人人享有可持续能源”的倡议，号召全世界共同行动，捍卫人人享有现代、清洁及高效生活能源的权利，共同应对能源贫困。此后，世界银行发布了“人人享有可持续能源”《全球跟踪框架》报告，呼吁世界各国、民间团体、私营部门及国际组织加大能源普及、可再生能源与能源效率等方面的投资。欧盟议会提出低收入、脆弱家庭更易受能源贫困的影响，呼吁欧盟委员会、各成员方、地方当局及有关社会团体共同制定解决方案以应对能源贫困问题。2015 年联合国在后发展议程的可持续发展目标中，更明确地将消除能源贫困列为目标之七，提出要确保“人人获得价廉、可靠、可持续的现代能源”。随着人口增长、经济发展及能源消耗的大幅增加，全球生态环境受到严重挑战，推动清洁能源发展，使能源更加绿色和低碳化已成为全球能源合作的主要方向。鉴于此，2015 年中国提议构建“全球能源互联网”，呼吁通过大规模开发清洁能源、加快电网全球互联、创建先进智能电网以及消费能源电气化，共同推动以绿色和清洁方式来满足全球电力的需求。2016 年北京召开的 G20 能源部长会议也在“构建低碳、智能、共享的能源未来”主题下，呼吁 G20 成员分享可再生能源、煤炭清洁利用等方面的先进技术，实现世界能源包容发展。

中国作为世界上最大的发展中国家，面临的能源贫困问题更严峻、更复杂，尤其在广大农村地区，用能水平较低、用能结构较差、用能能力较弱，能源贫困问题更为严重。目前仍有部分农村家庭以传统生物质能(薪柴、秸秆等)作为主要生活能源，无法享受稳定的电力及其他清洁能源服务。这不仅加剧了农村居民的健康风险，更引发了森林砍伐、生物多样性损失等问题，加剧了生态环境退化。近年来，随着社会经济发展水平的稳步提升，中国在能源普及、可再生能源与能源效率等方面的投资大幅增加，联合国环境规划署发布的《2016 年全球可再生能源投资趋势》报告显示，2015 年中国在可再生能源领域投资达 1029 亿美元，占全球可再生能源投资总和的三分之一以上。中国农村能源贫困状况有了明显改善，清洁能源供应能力也有所提高，人均拥有沼气由 2000 年的 1.566kg 标准煤/年增加到 2015 年的 16.104kg 标准煤/年，年均增长率为 18.11%；太阳灶普及率由 2000 年的 0.460 台/百户增加到 2015 年的 2.604 台/百户、太阳能热水器及太阳房覆盖面积由 2000 年的 0.030m^2 增加到 2015 年的 0.278m^2，年均增幅分别为 12.25%、16.00%。但目前，与以电力等非固体能源为主要生活能源的城镇地区相比，中国广大农村地区不仅缺乏使用清洁高效能源的家庭设备，更缺乏对现代能源的支付能力，能源消费结构仍呈现高碳化和非清洁化特征。据调查，2010 年中国仍有 76% 的农户依赖煤炭和柴草等固体能源作为主要炊事燃料，能源贫困问题依旧非常突出，严重制约着农村可持续发展。为此，中国将减缓能源贫困纳入国民经济和社会发展长期规划中，并明确提出农村地区应发展清洁能源，开创清洁、绿色新局面。

能源贫困作为世界能源体系面临的严峻挑战之一，严重制约着人类社会的可持续发展。国际上对能源贫困的研究始于 20 世纪 80 年代，但已有研究主要集中在能源贫困的测量(Patrick et al., 2012)、能源贫困与健康(Christine and Chris, 2010)、能源贫困政策(Pereira et al., 2010)、能源贫困预测(Fahmy et al., 2011)等领域。其中，Patrick 等(2012)提出了侧重于测量剥夺现代能源服务机会的多维度能源贫困指数(MEPI)；Douglas 等(2011)则将能源贫困线定义为能源消费随家庭收入增加而开始上升的临界点，若家庭消耗处于或低于该临界点则被视为能源不足；Boardman(1993)指出贫困户的能源支出占其总收入的比例要高于非贫困户；Christine 和 Chris(2010)则系统回顾了近 10 年来能源贫困与健康的关系研究进展，分析了能源贫困对不同人群的心理健康、呼吸道感染、身体发育等造成的差异性。相对而言，国内能源贫困研究较少，相关研究主要集中在能源贫困识别、能源贫困现状分析、农牧民能源贫困状况、固体燃料健康风险等方面。其中，李慷等(2014)从可获得性、清洁性、完备性、可支付性和高效性等出发构建了中国区域能源贫困评估体系；张忠朝(2014)、孙威等(2014)分别对贵州省盘县和云南省怒江傈僳族自治州的家庭生活用能进行了调查；吴文恒和姜银萍(2013)分析了煤炭开采对陕北农户生活用能的影响。总体来看，目前缺乏对农村能源贫困的区域差异性、时空格局演变及其影响因素的深入研究(古杰等, 2013)。

能源贫困作为全球性问题，在发展中国家农村地区尤为严峻，当前急需辨明农村能源贫困的时空格局，探明影响农村能源贫困的关键因素，并寻求减轻农村能源贫困的有效策略。鉴于此，本节以 2000～2015 年作为研究时段，以 2000 年、2008 年、2015 年为时间节点，以中国 30 个省级行政单位(限于数据未包括西藏)为基本单元，采用泰勒指数分析中国及三大地带农村能源贫困程度及其差异的时序演变特征，利用 Moran's *I* 指数分析中国农村能源贫困的时空格局演变特征，并借助计量经济模型分析影响中国农村能源贫困的关键因素，旨在为中国制定有效的农村能源政策提供科学依据和参考(赵雪雁等, 2018)。

6.3.2　数据来源与研究方法

1. 数据来源

以全国 30 个省、自治区、直辖市(未包括西藏自治区、香港特别行政区、澳门特别行政区、台湾地区）为研究单元，表征农村能源贫困程度的农村每百户拥有的抽油烟机台数、农村人均生活用电量、液化气使用量、沼气使用量、太阳能热水器与太阳房覆盖面积、太阳灶台数来源于2001～2016年的《中国农村统计年鉴》《中国农村能源年鉴》《中国能源统计年鉴》及各省（自治区、直辖市）统计年鉴。表征居民受教育程度的农村劳动力平均受教育年限、表征能源供给水平的农村生活供电量、表征能源价格的水电燃料价格分类指数、表征能源投资水平的国有经济能源工业固定资产投资、表征农村能源基础设施水平的农村污水净化沼气池数量、表征农村能源管理水平的农村能源管理机构数均来源于2001～2016年的《中国农村统计年鉴》。表征地区经济发展水平的人均GDP来源于2001～2016年的《中国统计年鉴》。

2. 研究方法

1）农村能源贫困的测度

与电力等现代能源相比，薪柴等传统生物质能及煤炭不仅效能低，而且容易引发环境破坏和居民健康受损等问题，因而大量使用薪柴与煤炭被当作能源贫困的典型标志。国际社会一般也认为能源贫困是指没有电力和清洁燃料接入而无法享受到现代能源服务的状况。因而，能源接入与能源服务成为考量能源贫困的核心，其中，能源接入是指为所有人提供电力等现代能源服务；现代能源服务具体指家庭接入电力和使用清洁厨具，淘汰在室内造成空气污染的燃料（如传统生物质能、煤炭）和炉灶。世界银行也指出，在东亚和太平洋地区积极推广电力及高效、清洁的炊事燃料和炉具是全面普及现代能源的两条重要途径（Bank, 2011）。

鉴于此，本节基于能源接入与能源服务情况考察中国农村能源贫困程度。考虑到目前中国农村地区的能源利用情况以及国家对农村地区能源利用的政策导向，用人均生活用电量、人均液化气使用量、人均沼气使用量、人均太阳能热水器覆盖面积与人均太阳房覆盖面积来表征能源接入程度，用清洁炊具普及率（每百户拥有的抽油烟机台数、每百户拥有的太阳灶）来表征能源服务程度。其中，人均生活用电量、人均液化气使用量、人均沼气使用量、太阳能热水器与太阳房人均覆盖面积、清洁炊具普及率越低，能源贫困程度越高。

为了评估不同区域的农村能源贫困水平，首先对上述指标进行标准化处理[①]，然后利用熵值法确定权重，最后采用加权求和法计算不同省份的农村能源贫困指数：

---

① 由于选取指标值越大，能源贫困程度越小，故采用 $z=(x_{max}-x)/(x_{max}-x_{min})$ 对指标进行标准化处理。

$$P=\sum_{i=1}^{n} w_{ij}\cdot y_{ij} \tag{6-13}$$

式中，P 为 i 省农村能源贫困指数；w_{ij} 为 i 省农村的第 j 项指标的标准化值；y_{ij} 为第 j 项指标的权重。P 越大，即能源贫困指数越大，则能源贫困状况越显著。其中，人均生活用电量、人均液化气使用量、人均沼气使用量、人均太阳能热水器覆盖面积、人均太阳房覆盖面积、每百户拥有的抽油烟机台数、每百户拥有的太阳灶的权重分别为 0.22、0.12、0.17、0.11、0.13、0.10、0.15。

2) 农村能源贫困的区域差异测度

采用泰勒指数测度中国农村能源贫困的区域差异程度，泰勒指数越大，表示区域差异越大。利用泰勒指数可进一步将中国农村能源贫困的总体差异分解为东、中、西三大区域内及区域间的差异。具体方法详见赵雪雁等(2017)。

3) 空间自相关

空间自相关是一种空间统计方法，反映某种地理现象或其中的一个属性与相邻的地理空间单元上统一的程度，一般可分为全局空间自相关和局部空间自相关(赵雪雁等, 2017)。采用全局 Moran's I 值来衡量农村能源贫困的分布是否存在统计上的集聚或分散现象。计算公式为

$$\text{Moran's } I=\frac{\sum_{i=1}^{n}\left(x_i-\bar{x}\right)\sum_{j=1}^{n}W_{ij}\left(x_j-\bar{x}\right)}{\sum_{j=1}^{n}\left(x_i-\bar{x}\right)^2\sum_{i=1}^{n}\sum_{j=1}^{n}W_{ij}} \tag{6-14}$$

式中，Moran's I 数值范围为[−1,1]，I<0 为负相关，I=0 表示不相关，I>0 为正相关；W_{ij} 为空间权重矩阵，表示空间单元的邻近关系。通常对 Moran's I 值进行 Z 检验，其计算公式为

$$Z(I)=\left[I-E(I)\right]\Big/\sqrt{\text{Var}(I)} \tag{6-15}$$

式中，若 Z 值为正且显著时，表明存在正的空间自相关；若为负且显著时，表明存在负的空间自相关；若为 0 时，则区域间相似值呈随机分布。

采用 G^{*}指数识别农村能源贫困空间依赖性和空间异质性。计算公式为

$$G_i^{*}(d)=\sum_{i=1}^{n}W_{ij}(d)X_i\Big/\sum_{i=1}^{n}X_i \tag{6-16}$$

式中，$G_i^{*}(d)$ 值为正，且 G_i 显著，表明地区 i 周围的值相对较高，即热点区；反之则为冷点区。X_i 为地区 i 的观测值；W_{ij} 为空间权重矩阵，空间相邻取为 1，不相邻取为 0。

4)空间计量模型

采用嵌套时间和空间双向固定效应的 SDM(Lesage and Pace, 2009; Elhorst, 2003)来分析关键因素对农村能源贫困时空格局变化的影响。

设定省级单元为i=1, …, 30,时间序列为t=1, …, 16(时段为2000～2015年)。分析农村能源贫困指数及其影响因素关系的SDM模型为

$$y_{it} = \delta\sum_{j=1}^{n} w_{ij} y_{jt} + \beta x_{it} + \sum_{j=1}^{n} w_{ij} x_{ijt}\gamma + \mu_i + \lambda_t + \varepsilon_{it}, \varepsilon_{it} \sim i.i.d(0, \delta^2) \tag{6-17}$$

式中，y_{jt}表示j单元t时期农村能源贫困指数的观测值；δ表示空间回归系数；w_{ij}是空间权重矩阵W中的一个元素，反映因变量的空间矩阵；γ为k维列向量，表示空间滞后解释变量的系数；μ_i表示空间固定效应，其控制了所有空间固定且不随时间变化的变量；参数λ_t表示时间固定效应，其控制了所有时间固定且不随空间变化的变量；ε_{it}表示随机误差项(赵雪雁等, 2017)。

6.3.3 农村能源贫困的区域差异

1. 农村能源贫困的变化趋势

2000～2015 年我国农村能源贫困波动较频繁，东、中、西部地区[①]的波动趋势与全国基本一致，出现连续倒“U”形波动，总体呈先增后降的倒“U”形趋势(图 6-18)。2000～2010 年我国能源贫困程度在波动中加剧，能源贫困指数由 0.760增加为 0.857，增幅为 12.76%。其间，东—中—西部地区能源贫困指数的增幅呈阶梯式递减趋势，其中，东部地区的增幅高达 15.54%，而西部地区的增幅为11.13%；2010～2015 年我国农村能源贫困程度趋于缓解，能源贫困指数由 0.857降为 0.791，降幅为 7.70%。此期间，东—中—西部地区能源贫困指数的降幅也呈阶梯式递减，其中，东部地区的降幅高达 11.75%，而中、西部地区的降幅分别为5.82%、5.81%。究其原因，主要在于随着新型城镇化战略和精准扶贫战略的推进，我国农村能源基础设施建设投资力度加大，农村能源综合供给能力增强，电力普遍服务水平提升，加之地方政府积极鼓励和引导农村居民使用风能、太阳能等清洁能源，因而农村能源贫困程度趋于降低。总体来看，2000～2015 年，中、西部地区农村能源贫困程度一直高于全国水平，而东部地区一直低于全国平均水平，使得我国农村能源贫困程度一直保持着“中部高、东西部低”的马鞍形分布格局。

① 东部地区包括北京、天津、河北、辽宁、上海、江苏、浙江、福建、山东、广东、海南；中部地区包括山西、吉林、黑龙江、安徽、江西、河南、湖北、湖南；西部地区包括内蒙古、重庆、四川、贵州、云南、西藏、陕西、甘肃、青海、宁夏、新疆、广西。

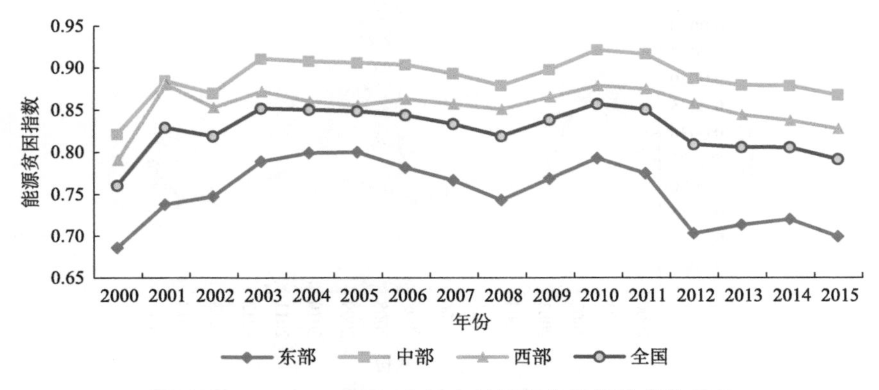

图 6-18　2000～2015 年中国农村能源贫困指数变化趋势

2. 农村能源贫困的区域差异

2000～2015 年中国农村能源贫困的区域差异波动较大，且整体呈缩小趋势，泰勒指数由 0.009 下降到 0.008，降幅为 11.11%[图 6-19(a)]。泰勒指数表明，地带间差异的演变与总体差异基本一致，其中 2000～2011 年地带内差异大于地带间差异，总体差异主要由地带内差异引起，其贡献率平均为 65.49%；2012～2015 年地带间差异大于地带内差异，总体差异主要由地带间差异引起，其贡献率平均为 56%。总体来看，2000～2015 年中国农村能源贫困的地带间差异趋于扩大，其泰勒指数增幅为 41.94%；地带内差异趋于缩小，其泰勒指数的降幅为 38.93%。然而，东、中、西部地带内差异变化情况存在较大差别[图 6-19(b)]。其中，东、中部地带内差异虽均趋于缩小，但东部地区波动较大，降幅也更显著，泰勒指数降幅高达 47.25%，而中部地区波动较为平稳，泰勒指数降幅仅为 7.09%；西部地带

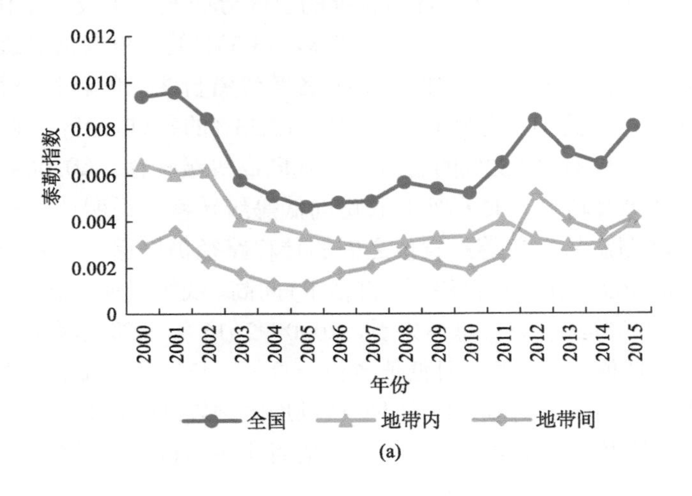

(a)

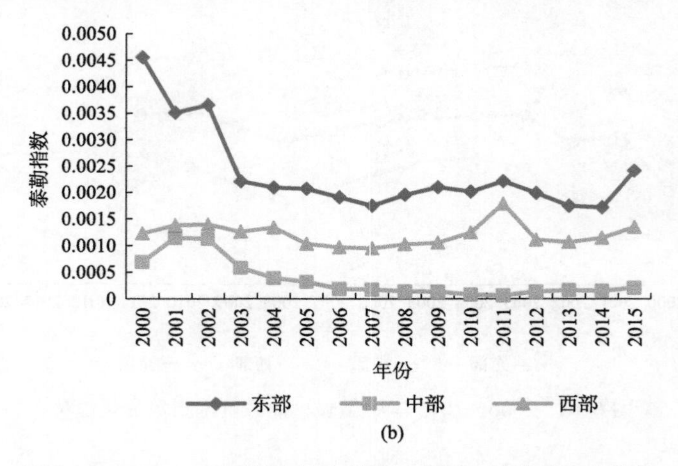

图 6-19　2000～2015 年中国农村能源贫困区域差异变化趋势

内差异则在波动中增加，泰勒指数增幅为 9.71%。可见，中国东部地区农村能源贫困的区域差异收敛更为显著，但东部地带内差异一直高于中、西部地区。

6.3.4　中国农村能源贫困的时空分布

1. 中国农村能源贫困的空间分布变化

为了更直观反映中国农村能源贫困的空间分布特征，基于 2000 年、2008 年、2015 年的农村能源贫困指数，利用 ArcGIS 软件，采用自然断点分级法将 30 个省(自治区、直辖市)划分为农村能源贫困高值区、中高值区、中等值区、中低值区和低值区五种类型(魏一鸣等, 2014)。

2000～2015 年中国农村能源贫困状况的空间分布发生了较大变化(图 6-20)。①2000～2008 年，40%的省份向高等级转移，13.33%的省份向低等级转移，说明该时期中国农村能源贫困程度呈加剧态势。各等级省份之间的转移路径比较复杂，但以递次转移为主。其中，分别有 26.67%、13.33%的省(自治区、直辖市)向高、低等级递次转移，仅有 13.33%的省份跨越式向高等级转移。②2008～2015 年，20%的省份向高等级转移，46.67%的省份向低等级转移，说明该时期中国农村能源贫困程度呈减弱态势。各等级省份之间的转移路径仍以递次转移为主，其中，分别有 13.33%、46.67%的省(自治区、直辖市)向高、低等级递次转移，仅有 6.67%的省份跨越式向高等级转移。总体来看，2000～2015 年东部地区农村能源贫困程度以中等值与中低值省份为主，且低值省份一直处于该区；中部地区则由以高值及中高值省份为主转为以中高值省份为主；西部地区则以高值、中低值省份为主转变为以高值、中高值及中等值省份为主，但高值省份占该区省份数的比例有所下降。

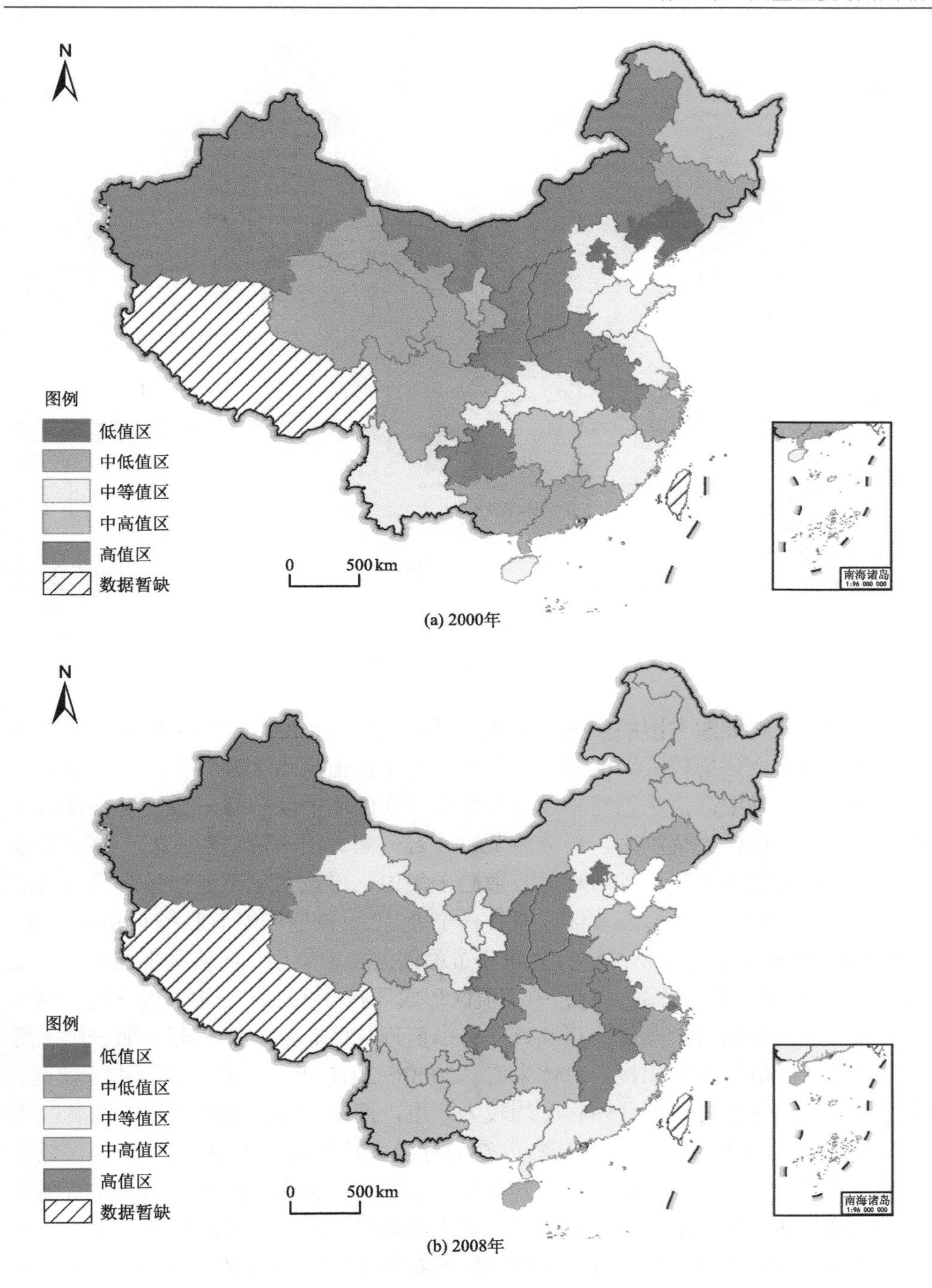

(a) 2000年

(b) 2008年

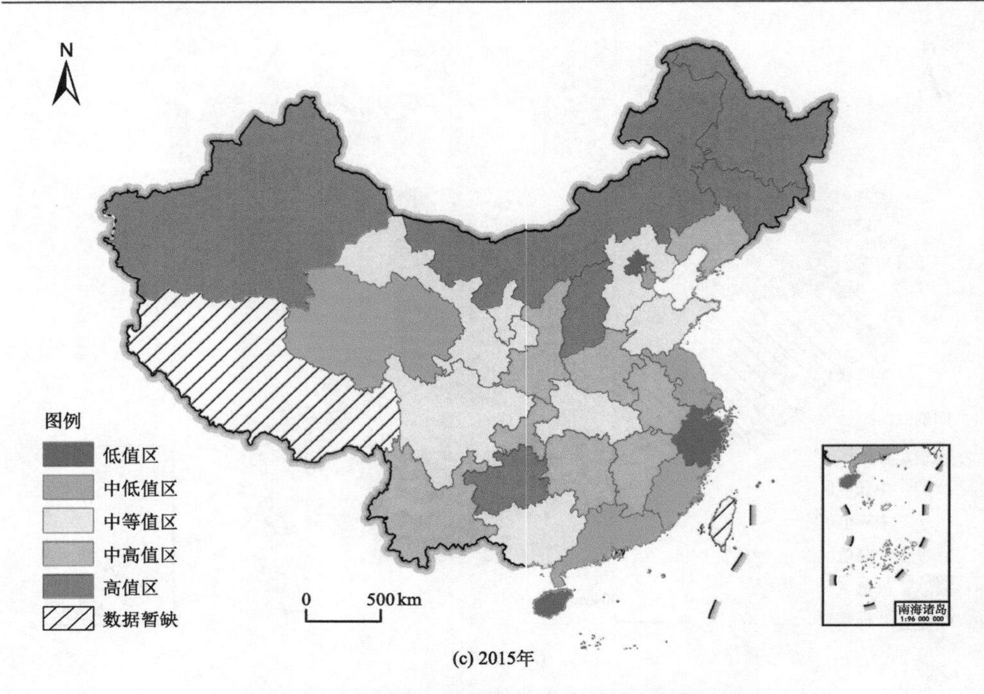

图 6-20　中国农村能源贫困水平的空间分布

从中国农村能源贫困的空间分布来看(图 6-20)：①2000～2008 年不同等级省域的空间分布变化均较大。能源贫困高值区与中低值区均大幅收缩，且由相对集中趋于分散，其中高值区为新疆以及马蹄形分布的渝—陕—晋—豫—皖—赣两个连片区；中高值区大幅扩张，形成内蒙古—吉—黑、川—滇—黔—湘、鲁三个连片区；中值区略有扩张，且由相对分散趋于集中，形成了呈不连续条带状分布的津—冀—苏—闽—粤—桂连片区以及甘—宁连片区；低值区略有收缩且趋于分散。②2008～2015 年不同等级省域的空间分布总体上趋于集中，高值区形成新、内蒙古—晋—黑—吉、黔三个连片区；中高值区形成环状分布的陕—渝—豫—皖—赣—湘连片区，其外围与宁—甘—川及冀—鲁中值连片区、京—津—苏—浙—闽—粤等中低值及低值连片区相接。总体来看，2000～2015 年，新疆、内蒙古、陕西、山西及东北地区农村能源贫困程度均较为严重，而东部沿海地区农村能源贫困程度相对较轻，使中国农村能源贫困程度空间分异大致形成了“中部高、东西部低”以及“北高南低”的分布格局。究其原因，主要在于新疆、陕西、山西是我国主要的能源基地，尤其是陕西、山西的煤炭资源储量丰富，东北地区作为老工业基地，固体商品能源也相对丰富，这些地区的农村生活用能以煤炭及薪柴为主，能源清洁化程度较低，因而农村能源贫困程度较严重；而东部为经济发达地区，农户受教育程度相对较高，具有较强的节能环保意识，加之我国已建成西气东输工程，现代能源供给保障度大幅增强，能源清洁化程度较高，故农村能源贫困程度较轻(梁育填等, 2012)。

2. 中国农村能源贫困的时空格局变化

2000 年、2008 年、2015 年中国农村能源贫困的全局 Moran's I 值均通过了 1%的显著性检验，且均为正值，说明中国农村能源贫困总体具有正的空间自相关性(表 6-6)，即我国农村能源贫困总体上具有显著的集聚特征，即农村能源贫困程度较高的省份相对地趋于和农村能源贫困程度较高的省份相邻，反之亦然(胡志强等, 2016)。在此期间，农村能源贫困的 Moran's I 值呈增大趋势，说明农村能源贫困的空间自相关性趋于增强。

表 6-6　中国农村能源贫困全局自相关 Moran's *I* 指数及检验值

项目	2000 年	2008 年	2015 年
I	0.167	0.183	0.212
Z	1.850	1.977	2.178
P	0.064	0.048	0.028

注：$Z(I)>1.65$ 表明通过 1%的显著性水平检验。

利用冷热点分析(程叶青等, 2014)可进一步发现中国农村能源贫困的局部空间关系(图 6-21)。①2000～2008 年中国农村能源贫困的热点区及次热区均呈缩小态势，冷点区及次冷区呈扩张态势。其中，热点区省份占省(自治区、直辖市)总数的比例由 23.33%减少为 13.33%，而冷点区省份占省(自治区、直辖市)总数的比例由 16.67%增加为 26.67%。其间，稳定性省份占省(自治区、直辖市)总数的比例为 63.33%，其中陕—渝—豫—鄂为稳定性热点区，而京—津—冀—沪为稳定性冷点区。②2008～2015 年，中国农村能源贫困的空间关系变化较大，热点区扩张，次冷区缩小，而次热区及冷点区保持稳定。其中，热点区省份占省(自治区、直辖市)总数的比例分别由 13.33%增加为 26.67%，而次冷区省份占省(自治区、直辖市)总数的比例分别由 36.67%减少为 23.33%。其间，稳定性省份占省(自治区、直辖市)总数的 60%，其中陕—渝—鄂为稳定性热点区，京—津—冀—苏—沪—浙—闽—琼为稳定性冷点区。总体来看，2000～2015 年中国农村能源贫困的热点区和冷点区均呈扩张态势，且形成一定的时间稳定性分布格局，中部形成一定规模的稳定性热点区，而东部沿海形成稳定性冷点区，从而使中国农村能源贫困的“中部高、东西部低”分异格局更为显著。

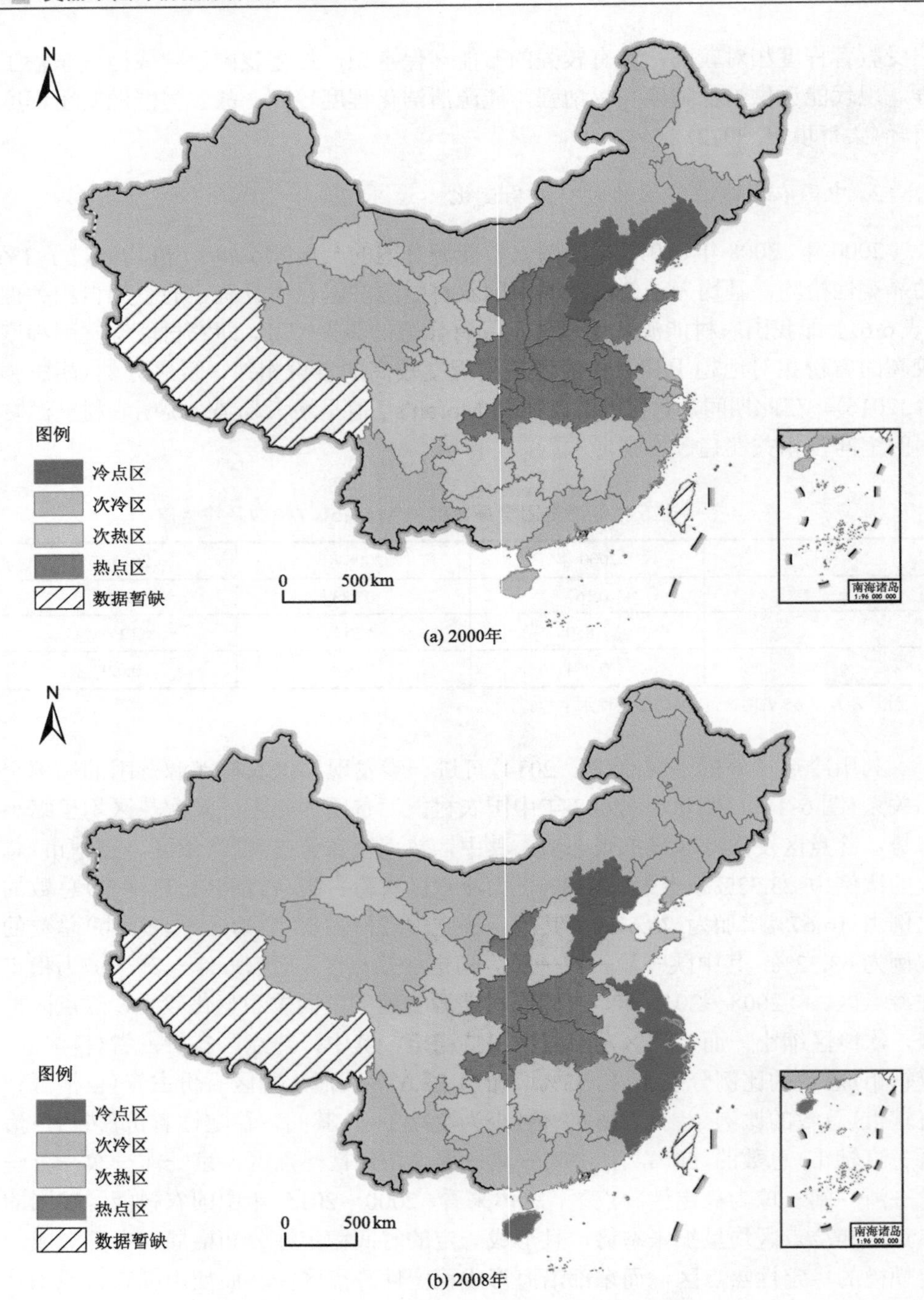

(a) 2000年

(b) 2008年

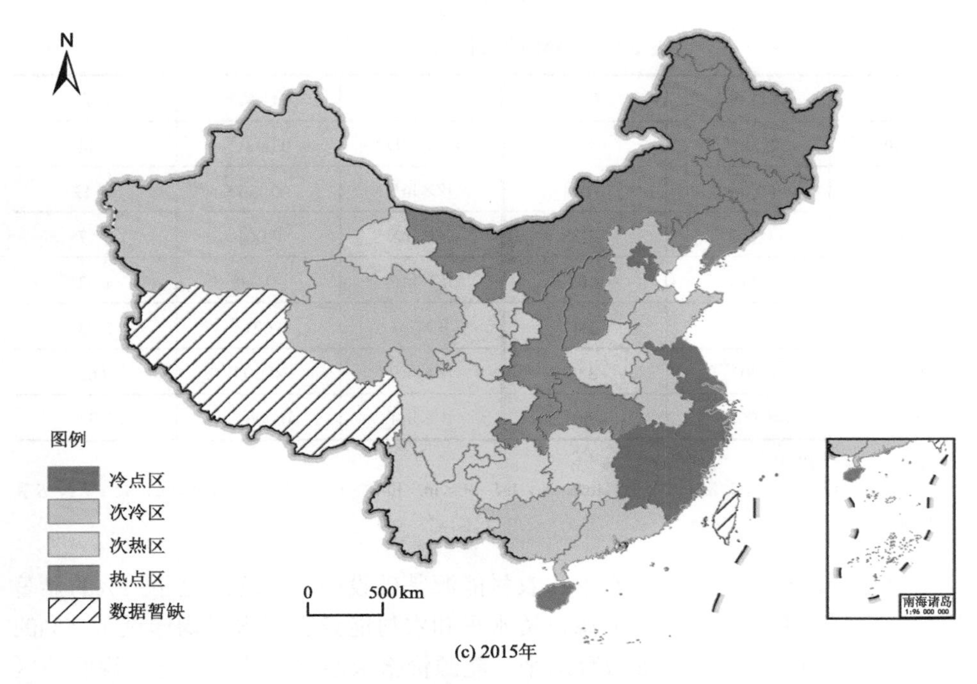

图 6-21　中国农村能源贫困水平的时空格局

6.3.5 中国农村能源贫困的影响因素

能源贫困既是社会经济技术问题，也是历史文化问题，其成因错综复杂，表现形式多样。已有研究表明，影响能源贫困的因素主要有经济发展水平（薛静静等, 2014）、能源投资水平（关伟和许淑婷, 2015）、能源供给水平（薛静静等, 2014）、能源基础设施水平（姚建平, 2013）、能源价格（张欢和成金华, 2011）、能源管理水平（李慷等, 2011）、居民收入水平及受教育水平（郝宇等, 2014）等。基于此，本节以能源贫困指数为被解释变量，以地区经济发展水平（人均 GDP）、农村居民受教育程度（E）、农村能源供给水平（S）、农村能源价格（P）、农村能源投资水平（I）、农村能源基础设施水平（B）和农村能源管理水平（A）为解释变量。其中，以人均 GDP 表征地区经济发展水平，以农村劳动力平均受教育年限表征农村居民受教育程度，以农村生活供电量表征农村能源供给水平，以水电燃料价格分类指数表征农村能源价格，以国有经济能源工业固定资产投资表征能源投资水平，以农村污水净化沼气池数量表征农村能源基础设施水平，以农村能源管理机构数表征农村能源管理水平。基于 Hausma 检验，选择具有固定效应的 SDM 来定量甄别中国农村能源贫困水平的影响因素（表 6-7）。

表 6-7　SDM 的估计与检验结果

变量	弹性系数	T值	变量	弹性系数	T值
lnGDP	-0.081^{***}	–4.43	$W\times$lnGDP	0.093^{***}	4.44
ln$E$	–0.004	–0.04	$W\times$ln$E$	–0.1175	–1.12
ln$S$	-0.003^{**}	–2.25	$W\times$ln$S$	0.001	0.47
ln$P$	0.002	0.03	$W\times$ln$P$	–0.098	1.32
ln$I$	-0.013^{**}	–2.47	$W\times$ln$I$	0.021^{**}	2.23
ln$B$	-0.007^{***}	–3.99	$W\times$ln$B$	-0.003^{*}	0.62
ln$A$	-0.003^{**}	–2.01	$W\times$ln$A$	0.006^{***}	2.74

$^{***}p<0.01$；$^{**}p<0.05$；$^{*}p<0.1$。

注：$W\times$lnGDP、$W\times$ln$E$、$W\times$ln$S$、$W\times$ln$P$、$W\times$ln$I$、$W\times$ln$B$ 和 $W\times$ln$A$ 分别表示 GDP、E、S、P、I、B 和 A 的空间滞后。

结果显示，地区经济发展水平和农村能源基础设施水平均通过了 1%的显著性检验，农村能源供给水平、能源投资水平和农村能源管理水平均通过了 5%的显著性检验，而农村劳动力受教育水平和能源价格未通过显著性检验，说明地区经济发展水平、农村能源基础设施水平、农村能源供给水平、农村能源投资水平和农村能源管理水平是影响中国农村能源贫困的关键因素。

其中，地区经济发展水平、农村能源供给水平、农村能源投资水平、农村能源基础设施水平和农村能源管理水平的弹性系数分别为–0.081、–0.003、–0.013、–0.007 和–0.003，说明随着该地区经济发展水平、农村能源供给水平、农村能源投资水平、农村能源基础设施水平和农村能源管理水平的提高，农村能源贫困程度将趋于缓解。究其原因，主要在于地区经济发展水平越高，其对清洁、绿色能源越有支付能力，从而有助于减缓能源贫困水平；农村供电量越大，说明农村居民使用电力的及时性和方便性越高，因而能源贫困程度越低；国家对能源工业投资额越大，会使能源产业发展水平提高，可在一定程度上改善能源贫困状况；扩大农村能源基础设施及完善农村能源管理机构建设也可降低能源贫困程度。

地区经济发展水平、农村能源投资水平和农村能源管理水平空间滞后项的弹性系数分别为 0.093、0.021 和 0.006，表明某一省份的经济发展水平、能源投资水平和农村能源管理水平的提高对降低相邻省份的农村能源贫困程度产生消极影响；而农村能源基础设施水平空间滞后项的弹性系数为–0.03，说明某一省份的能源基础设施水平提高将对降低相邻省份的农村能源贫困产生积极影响。

地区经济发展水平、农村能源供给水平、农村能源投资水平和农村能源基础设施水平对农村能源贫困的直接效应分别为–0.073、–0.003、–0.011 和–0.008。其中，地区经济发展水平的直接效应最大，是影响农村能源贫困的关键因素，且地区经济发展水平、农村能源供给水平、农村能源投资水平和农村能源基础设施水平每提高 1%，会使本省份的农村能源贫困程度分别降低 0.073%、0.003%、0.011% 和 0.008%。地区经济发展水平、农村能源投资水平及农村能源管理水平的间接效应分别为 0.095、0.027 和 0.009，说明地区经济发展水平、农村能源投资水平、农村能源管理水平具有正的空间溢出效应，即某一省份的经济发展水平、能源投资水平、农村能源管理水平的提高会对缓解相邻省份的农村能源贫困产生消极影响；而能源价格及能源基础设施水平的间接效应为–0.173 和–0.012，说明能源价格及能源基础设施水平具有负的空间溢出效应，即某一省份的能源价格和能源基础设施水平提高会对缓解相邻省份的农村能源贫困产生积极效应（表 6-8）。

表 6-8　能源贫困指数影响因素的直接效应与间接效应估计

变量	直接效应	P 值	间接效应	P 值
lnGDP	-0.073^{***}	0.000	0.095^{***}	0.000
ln$E$	–0.029	0.749	–0.310	0.202
ln$S$	-0.003^{**}	0.017	0.001	0.922
ln$P$	0.014	0.818	-0.173^{*}	0.088
ln$I$	-0.011^{**}	0.049	0.027^{*}	0.083
ln$B$	-0.008^{***}	0.000	-0.012^{*}	0.081
ln$A$	–0.002	0.165	0.009^{**}	0.037

***$p<0.01$；** $p<0.05$；* $p<0.1$。

由此可见，为了有效减缓中国农村地区的能源贫困程度，实现人人享有可持续能源，当前应紧密结合精准扶贫战略，积极拓宽农村居民的收入渠道，切实提高农户的收入水平，增强其对现代能源服务的支付能力；应进一步完善农村电力基础设施建设，提升及加快农村电力供应的可靠性、稳定性与持续性，深化农村电力服务的普遍程度；应加大农村清洁能源开发及相关基础建设的投入，尤其应充分发挥西部地区的清洁能源禀赋优势，大力开发风能、太阳能、地热能等清洁能源，提升清洁能源基础设施水平及其完备程度，构建“智能电网+特高压电网+清洁能源”；应制定相关优惠政策，鼓励和引导农村居民改善生活用能结构，提高能源利用效率，逐步从以低效、污染严重的传统生物质能等为主的生活用能结构转向以清洁高效的现代能源为主的用能结构；应加大清洁能源消费知识宣传力度和清洁能源使用示范工作，积极推广清洁高效的现代用能设备，引导农村居民使用现代生活用能设备，提高现代生活用能设备的普及率。

6.3.6 结论与讨论

1. 结论

利用泰勒指数、ESDA 及空间杜宾模型，分析了中国农村能源贫困的时空格局变化及影响因素，结果表明：①2000～2015 年中国农村能源贫困呈先增后降的倒“U”形趋势。其间，农村能源贫困的区域差异波动较大，但整体呈缩小趋势，泰勒指数降幅为 13.71%。总体来看，地带间差异趋于扩大，而地带内差异趋于缩小。②中国农村能源贫困在空间上呈明显的“中部高、东西部低”的马鞍形分布格局，且呈显著的空间集聚特征，热点区和冷点区均在波动中呈扩张态势，其中稳定性热点区主要集中分布在中部地区，而稳定性冷点区主要集中在东部沿海地区。③随着地区经济发展水平、农村能源供给水平、能源投资水平、农村能源基础设施水平和农村能源管理水平的提高，农村能源贫困状况将得到有效缓解。

2. 讨论

本节分析了 2000～2015 年中国农村能源贫困变化趋势，发现其间农村能源贫困整体呈下降趋势。从空间分布来看，中国农村能源贫困一直保持着“中部高、东西部低”的马鞍形分布格局，稳定性冷点区集中分布在东部沿海地区，而稳定性热点区集中在中部地区，这与郝宇等(2014)的研究结论一致。究其原因，主要在于东部沿海地区经济发展水平比较高，农村居民生活用能的支付能力强，且用能清洁化程度较高。但受数据可得性的限制，本节仅从能源接入和能源服务入手选取指标来测度农村能源贫困，虽与已有研究结果基本一致(魏一鸣等, 2014)，但能源贫困具有多维度，未来还需进一步探索能够系统刻画能源贫困的指标。此外，能源贫困不仅是一个经济、社会、技术问题，也是一个文化历史问题(仇焕广等, 2015)。本节仅从人均 GDP、居民受教育水平、能源投资、能源价格、能源基础设施、能源管理等方面分析了影响农村能源贫困的主要因素，尚未深入、全面解析农村能源贫困的形成机制，未来还需深入探索农村能源贫困的形成机制，考察气候变化、经济发展水平、清洁能源发展水平、能源政策、历史基础以及居民的价值观、生活习惯与能源消费偏好等因素对农村能源贫困的影响和与各因素的交互作用(Barnes et al., 2011)，探明农村能源贫困的形成过程与形成机制。同时，本节限于数据的可得性，仅以省域为研究单元，开展了农村能源贫困的时空变化研究，空间尺度偏大，致使研究结论的实践指导意义在一定程度上降低。未来将以家庭、村域、县域为研究尺度，深入探讨农村能源贫困的形成机制，以便获得更具有操作性和针对性的政策启示。

参考文献

柴彦威, 肖作鹏, 刘志林. 2011. 居民家庭日常出行碳排放的发生机制与调控策略: 以北京市为例. 地理研究, 31(2): 334-344.

陈祖海, 雷朱家华. 2015. 中国环境污染变动的时空特征及其经济驱动因素. 地理研究, 34(11): 2165-2178.

程叶青, 王哲野, 马靖. 2014. 中国区域创新的时空动态分析. 地理学报, 69(12): 1779-1789.

程叶青, 王哲野, 张守志, 等. 2013. 中国能源消费碳排放强度及其影响因素的空间计量. 地理学报, 68(10): 1418-1431.

丁镭, 黄亚林, 刘云浪, 等. 2015. 1995～2012 年中国突发性环境污染: 事件时空演化特征及影响因素. 地理科学进展, 34(6): 749-760.

方精云, 朱江玲, 王少鹏, 等. 2011. 全球变暖、碳排放及不确定性. 中国科学(D 辑: 地球科学), 41(10): 1385-1395.

冯玲, 吝涛, 赵千钧. 2011. 城镇居民生活能耗与碳排放动态特征分析. 中国人口·资源与环境, 21(5): 93-100.

古杰, 周素红, 闫小培, 等. 2013. 中国农村居民生活水平的时空变化过程及其影响因素. 经济地理, 33(10): 124-131.

关伟, 许淑婷. 2015. 中国能源生态效率的空间格局与空间效应. 地理学报, 70(6): 980-992.

国家统计局. 2008. 中国统计年鉴. 北京: 中国统计出版社.

韩楠, 于维洋. 2016. 中国工业废气排放的空间特征及其影响因素研究. 地理科学, 36(2): 196-203.

郝宇, 尹佳音, 杨东伟. 2014. 中国能源贫困的区域差异探究. 中国能源, 36(11): 34-38.

胡志强, 苗健铭, 苗长虹. 2016. 中国地市尺度工业污染的集聚特征与影响因素. 地理研究, 35(8): 1470-1482.

李花, 赵雪雁, 王伟军, 等. 2019. 基于多尺度的中国城市工业污染时空分异及影响因素. 地理研究, 38(8): 1993-2007.

李慷, 刘春锋, 魏一鸣. 2011. 中国能源贫困问题现状分析. 中国能源, 33(8): 31-35.

李慷, 王科, 王亚璇. 2014. 中国区域能源贫困综合评价. 北京理工大学学报(社会科学版), 16(2): 1-12.

李科. 2013. 我国城乡居民生活能源碳排放的影响因素分析. 消费经济, 29(2): 73-76, 80.

梁育填, 樊杰, 孙威, 等. 2012. 西南山区农村生活能源消费结构的影响因素分析: 以云南省昭通市为例. 地理学报, 67(2): 221-229.

蔺雪芹, 王岱. 2016. 中国城市空气质量时空演化特征及社会经济驱动力. 地理学报, 71(8): 1357-1371.

刘海猛, 方创琳, 黄解军, 等. 2018. 京津冀城市群大气污染的时空特征与影响因素解析. 地理学报, 73(1): 177-191.

马丽. 2016. 基于LMDI的中国工业污染排放变化影响因素分析. 地理研究, 35(10): 1857-1868.

彭希哲, 朱勤. 2010. 我国人口态势与消费模式对碳排放的影响分析. 人口研究, 34(1): 48-58.

仇焕广, 严健标, 李登旺, 等. 2015. 我国农村生活能源消费现状发展趋势及决定因素分析: 基于四省两期调研的实证研究. 中国软科学, (11): 28-38.

孙涵, 王洪建, 彭丽思, 等. 2015. 中国城镇居民生活完全能源消费影响因素的实证研究. 中国矿业大学学报(社会科学版), (3): 53-59.

孙威, 韩晓旭, 梁育填. 2014. 能源贫困的识别方法及其应用分析: 以云南省怒江州为例. 自然资源学报, 29(4): 575-586.

唐志鹏, 刘卫东, 刘志高, 等. 2011. 中国工业废水达标排放的区域差异与收敛分析. 地理研究, 30(6): 1101-1109.

万文玉, 赵雪雁, 王伟军. 2016. 中国城市居民生活能源碳排放的时空格局及影响因素分析. 环境科学学报, 36(9): 3445-3455.

王莉, 曲建升, 刘莉娜, 等. 2015. 1995-2011年我国城乡居民家庭碳排放的分析与比较. 干旱区资源与环境, 29(5): 6-11.

王妍, 石敏俊. 2009. 中国城镇居民生活消费诱发的完全能耗消耗. 资源科学, 31(12): 2093-2100.

魏一鸣, 廖华, 王科, 等. 2014. 中国能源报告(2014): 能源贫困研究. 北京: 科学出版社.

吴文恒, 姜银苹. 2013. 煤炭开采对农户生活用能的影响研究. 中国软科学, (5): 64-73.

吴玉鸣, 田斌. 2012. 省域环境库兹涅茨曲线的扩展及其决定因素: 空间计量经济学模型实证. 地理研究, 31(4): 627-640.

谢鸿宇, 陈贤生, 林凯荣, 等. 2008. 基于碳循环的化石能源及电力生态足迹. 生态学报, 28(4): 1729-1735.

薛静静, 沈镭, 刘立涛, 等. 2014. 中国能源供给安全综合评价及障碍因素分析. 地理研究, 33(5): 842-852.

杨振, 敖荣军, 王念, 等. 2017. 中国环境污染的健康压力时空差异特征. 地理科学, 37(3): 339-346.

姚建平. 2013. 中国农村能源贫困现状与问题分析. 华北电力大学学报(社会科学版), (3): 7-15.

张钢锋, 李莉, 黄成, 等. 2014. 基于Urban-RAM模型的上海居民生活碳排放研究. 环境科学学报, 34(2): 457-465.

张欢, 成金华. 2011. 中国能源价格变动与居民消费水平的动态效应: 基于VAR模型和SVAR模型的检验. 资源科学, 33(5): 806-813.

张艳, 秦耀辰, 闫卫阳, 等. 2012. 我国城市居民直接能耗的碳排放类型及影响因素. 地理研究, 31(2): 345-356.

张忠朝. 2014. 农村家庭能源贫困问题研究: 基于贵州省盘县的问卷调查. 中国能源, 36(1): 29-33, 39.

赵海霞, 蒋晓威, 崔建鑫. 2014. 泛长三角地区工业污染重心演变路径及其驱动机制研究. 环境科学, 35(11): 4387-4394.

赵荣钦, 黄贤金. 2010. 基于能源消费的江苏省土地利用碳排放与碳足迹. 地理研究, 29(9): 1639-1649.

赵雪雁. 2010. 甘南牧区人文因素对环境影响的作用. 地理学报, 65(11): 1411-1420.

赵雪雁, 陈欢欢, 马艳艳, 等. 2018. 2000～2015 年中国农村能源贫困的时空变化与影响因素. 地理研究, 37(6): 1115-1126.

赵雪雁, 王伟军, 万文玉. 2017. 中国居民健康水平的区域差异: 2003-2013. 地理学报, 72(4): 685-698.

赵云泰, 黄贤金, 钟太洋, 等. 2011. 1999-2007 年中国能源消费碳排放强度空间演变特征. 环境科学, 32(11): 3145-3152.

周侃, 樊杰. 2016. 中国环境污染源的区域差异及其社会经济影响因素: 基于 339 个地级行政单元截面数据的实证分析. 地理学报, 71(11): 1911-1925.

周亮, 周成虎, 杨帆, 等. 2017. 2000～2011 年中国 PM2.5 时空演化特征及驱动因素解析. 地理学报, 72(11): 2079-2092.

朱永彬, 王铮, 庞丽, 等. 2009. 基于经济模拟的中国能源消费与碳排放高峰预测. 地理学报, 64(8): 935-944.

Bank W. 2011. One goal, two paths: Achieving universal access to modern energy in East Asia and the Pacific. World Bank Publications, 26(2): 167-168.

Barnes D F, Khandker S R, Samad H A. 2011. Energy poverty in rural Bangladesh. Energy Policy, 39(2): 894-904.

Boardman B. 1993. Fuel poverty: From cold homes to affordable warmth. Energy Policy, 21(10): 1071-1072.

Brock W A, Taylor M S. 2005. Economic growth and the environment: A review of theory and empirics. Handbook of Economic Growth, 1(5): 1749-1821.

Carolina H. 2015. Factors influencing residents' energy use-A study of energy-related behavior in 57 Swedish homes. Energy and Buildings, 87: 243-252.

Chen K, Liu X, Ding L, et al. 2016. Spatial characteristics and driving factors of provincial wastewater discharge in China. International Journal of Environmental Research and Public Health, 13(12): 1221-1239.

Cheng J, Dai S, Ye X. 2016. Spatiotemporal heterogeneity of industrial pollution in China. China Economic Review, 40: 179-191.

Christine L, Chris M. 2010. Fuel poverty and human health: A review of recent evidence. Energy Policy, 38(6): 2987-2997.

Dinda S. 2004. Environmental Kuznets Curve hypothesis: A survey. Ecological Economics, 49(4): 431-455.

Dougla B F, Khandker S R, Samad H A. 2011.Energy poverty in rural Bangladesh. Energy Policy,

39(2): 894-904.

Ehrlich P R, Holdrens J P . 1971. The impact of population on growth. Science, 171: 1212-1217.

Elhorst J P. 2003. Specification and estimation of spatial panel data models. International Regional Science Review, 26(3): 244-268.

Fahmy E, Gordon D, Patsios D. 2011. Predicting fuel poverty at a small-area level in England. Energy Policy, 39(7): 4370-4377.

Fernández-Navarro P, García-Pérez J, Ramis R, et al. 2017. Industrial pollution and cancer in Spain: An important public health issue. Environmental Research, 159: 555-563.

Herington M J, Malakar Y. 2016. Who is energy poor? Revisiting energy (in) security in the case of Nepal. Energy Research and Social Science, 21: 49-53.

IPCC. 2007. Climate Change 2007: The Fourth Assessment Report of the Inter-governmental Panel on Climate Change. England: Cambridge University Press.

IPCC. 2007. Climate change 2007: the physical science basis //Solomon S, Qin D, Manning M, et al. Contribution of Working Group I to the Fourth Assessment Report of the Intergovernmental Panel on Climate Change. England: Cambridge University Press.

Kerkhof A C S, Nonhebel S, Moll H C. 2009. Relating the environmental impact of consumption to household expenditures: An input-output analysis. Ecological Economics, 68(4): 1160-1170.

Lesage J, Pace R K. 2009. Introduction to Spatial Econometrics. New York: CRC Press.

Li Q, Song J, Wang E, et al. 2014. Economic growth and pollutant emissions in China: A spatial econometric analysis. Stochastic Environmental Research and Risk Assessment, 28(2): 429-442.

Lin Z, Adom P K, Yao A.2018. Regulation-induced structural break and the long-run drivers of industrial pollution intensity in China. Journal of Cleaner Production, 198: 121-132.

Liu H T, Guo J E, Qian D, et al. 2009. Comprehensive evaluation of household indirect energy consumption and impacts of alternative energy policies in China by input-output analysi. Energy Policy, 37(8): 3194-3204.

Liu Y. 2017. Industrial pollution resulting in mass incidents: Urban residents' behavior and conflict mitigation. Journal of Cleaner Production, 166: 1253-1264.

Luzzati T, Orsini M, Gucciardi G. 2018. A multiscale reassessment of the Environmental Kuznets Curve for energy and CO_2 emissions. Energy Policy, 122: 612-621.

Miao X, Tang Y, Wong C W Y, et al. 2015. The latent causal chain of industrial water pollution in China. Environmental Pollution, 196: 473-477.

Patrick N, Morgan B, Vijay M. 2012. Measuring energy poverty: Focusing on what matters. Renewable and Sustainable Energy Reviews, 16(1): 231-243.

Pereira M G, Freitas M A V, da Silva N F. 2010. Rural electrification and energy poverty: Empirical evidences from Brazil. Renewable and Sustainable Energy Reviews, 14(4): 1229-1240.

Rosa D, Alfredo M, Julio S. 2010. The impact of household consumption patterns on emissions in

Spain. Energy Economics, 32(1): 176-185.

Shen J. 2006. A simultaneous estimation of Environmental Kuznets Curve: Evidence from China. China Economic Review, 17(4): 383-394.

Sovacool B K, Cooper C, Bazilian M, et al. 2012. What moves and works: Broadening the consideration of energy poverty. Energy Policy, 42(2): 715-719.

Soytas U, Sari R, Ewing B T. 2007. Energy consumption, income, and carbon emissions in the United States. Ecological Economics, 62: 482-489.

Verhoef E T, Nijkamp P. 2002. Externalities in urban sustainability: Environmental versus localization-type agglomeration externalities in a general spatial equilibrium model of a single-sector monocentric industrial city. Ecological Economics, 40(2): 157-179.

Wei Y M, Liu L C, Ying F, et al. 2007. The impact of lifestyle on energy use and CO_2 emission: An empirical analysis of China's resident. Energy Policy, 35(1): 247-257.

Wong D W S, Lee J. 2005. Statistical Analysis of Geographic Information with ArcView GIS and ArcGIS. Manhattan: John Wiley and Sons Inc.

World Resources Institute. 2010. Climate Analysis Institute Tool(CAIT). http: //cait. Wri. Org [2010-11-05].

York R, Rosa E A, Dietz T. 2003. STIRPAT, IPAT and ImPACT: Analytic tools for unpacking the driving forces of environmental impacts. Ecological Economics, 23: 351-365.

第7章 地绿重点领域评价

绿水青山就是金山银山，稳定和持续改善的陆地生态系统、安全的土壤环境不仅是美丽中国建设的重要内容，也是联合国《变革我们的世界：2030年可持续发展议程》的主要目标。SDGs 2030 明确将“保护、恢复和可持续利用陆地生态系统及其服务，防治土壤退化，遏制生物多样性丧失(SDG 15)” 作为可持续发展的主要目标，提出要“保护山地生态系统，加强山地生态系统的能力(SDG 15.4)”“提高土地使用率，建设可持续、包容的人类住区(SDG 11.3)”。为了防止土壤退化，中国政府也制定了《土壤污染防治行动计划》。鉴于此，从山地绿色覆盖指数、城市土地扩张及化肥施用水平出发，对地绿重点领域进行综合评价，为稳步推进陆地生态系统保护、维护土壤安全提供决策支持。

7.1 山地绿色覆盖指数

7.1.1 引言

山地具有集中而丰富的生物气候垂直带谱，在维持生物多样性、调节区域气候和涵养水源等方面具有重要的生态服务功能，是社会发展的资源基地和重要的生态屏障。山地绿色覆盖指数定义为山地所有绿色植物，包括森林、灌丛、林地、牧场、农田等面积与山地所在区域总面积的比值，被国际山地综合发展中心中国委员会认定为是反映山区生态环境保护状态的一个重要指标而被选进 SDG 15 指标体系中。当前比较一致地认为，山地绿色覆盖指数和山区生态系统健康状态、山区生态系统功能之间有着直接的联系。通过对一段时间内山地绿色覆盖指数的监测，可以诊断出山地生态系统的保育能力和健康状态，可以对森林、林地和通常的绿色植被管理提供有效信息。连续多年的指数变化则能反映出该地区植被健康状况的变化。例如，绿色覆盖指数的下降将意味着过度放牧、植被破坏、城市化、森林砍伐、伐木、收集薪柴、火灾等众多的植被破坏行为。相应地，绿色覆盖指数的增加则应归结为植被的积极恢复，如有效的水土保持、植树造林或森林的工程恢复等。

"一带一路"倡议涉及众多多山国家，六大经济走廊穿越众多山脉，如中巴经济走廊穿越了喀喇昆仑山脉、兴都库什山脉、帕米尔高原、喜马拉雅山脉西端，地形十分复杂，生态环境较为脆弱，需要采用遥感技术进行精细化的山地绿色覆盖指数提取。采用地球大数据方法，对"一带一路"国家、地区和经济廊道山地绿色覆盖指数进行精细化监测与评价，对倡议区域生态环境保护与绿色可持续发展具有十分重要的意义，可对联合国《变革我们的世界：2030 年可持续发展议程》目标实现提供技术、方法和决策支撑。

7.1.2　数据来源与研究方法

数据包括 MODIS 250m 地表反射率数据、归一化植被指数（NDVI）、Landsat TM 和 OLI 地表反射率数据、地球大数据工程"一带一路"廊道生态系统类型数据、地球大数据工程中亚生态系统类型数据、ASTER GDEM V2 30m 数字地形数据、中国 1000m 数字山地数据、UNEP-WCMC 500m 全球山地类型数据。

融合 MODIS、Landsat 等多源卫星地表反射率数据、NDVI 数据、UNEP-WCMC 山地类型数据、中国数字山地类型数据、ASTER GDEM 数据、地球大数据工程生态系统类型等多源数据，采用影像分割、多分类器耦合植被信息提取模型、山地表面积计算模型、空间统计模型等方法，对涉及 SDG 15.4.2 的三个数据指标：植被分布、山地类型与山地表面积、格网单元等进行提取，并以"一带一路"倡议的六大经济廊道和典型山地国家（如中国、塔吉克斯坦、吉尔吉斯斯坦、哈萨克斯坦、乌兹别克斯坦和土库曼斯坦）为案例区进行山地绿色覆盖指数监测。

采用公里格网作为基本计算单元体现山地垂直地带性和高度时空异质性特征，并依据 SDG 15.4.2 元数据，进行指标计算和空间格局对比分析。

7.1.3　山地绿色覆盖指数空间格局

各区域山地面积比例及山地平均绿色覆盖指数见表 7-1。在经济廊道方面，山地面积比例从高到低依次为：中国—中亚—西亚（51.44%）、中巴（46.39%）、中国—中南半岛（41.89%）、孟中印缅（36.75%）、新欧亚大陆桥（19.85%）和中蒙俄经济走廊（15.59%）。其中，孟中印缅、中国—中南半岛和中蒙俄经济走廊平均山地绿色覆盖指数均高于 96%，新欧亚大陆桥和中国—中亚—西亚经济走廊平均山地绿色覆盖指数相对较低，分别为 64.43%和 58.47%。中巴经济走廊绿色覆盖指数最低，仅为 33.58%。在经济走廊建设过程中需要重点关注对孟中印缅、中国—中南半岛和中蒙俄经济走廊的山地生物多样性保护以及中巴、新欧亚大陆桥、中国—中亚—西亚经济廊道的生态环境保护与植被恢复。

表 7-1 “一带一路”倡议案例区山地面积及山地绿色覆盖指数

	区域	山地面积比例/%	平均山地绿色覆盖指数/%
“一带一路”倡议典型经济廊道	中国—中亚—西亚	51.44	58.47
	中巴	46.39	33.58
	中国—中南半岛	41.89	99.67
	孟中印缅	36.75	99.77
	新欧亚大陆桥	19.85	64.43
	中蒙俄	15.59	96.78
“一带一路”倡议案例国家	中国	64.89	89.48
	塔吉克斯坦	93.19	43.66
	吉尔吉斯斯坦	89.20	60.04
	哈萨克斯坦	15.20	79.89
	乌兹别克斯坦	13.82	65.87
	土库曼斯坦	5.11	49.94

注：中国山地划分及山地绿色覆盖指数计算以中国科学院水利部成都山地灾害与环境研究所中国数字山地图为依据，其余区域以 UNEP-WCMC 为标准进行山地划分和山地绿色覆盖指数计算。

在国家尺度方面，中国山地面积约占国土面积的 64.89%(中国数字山地图)，平均山地绿色覆盖指数为 89.48%，山地绿色覆盖指数表现出显著的空间异质性特点，其中湿润区山地绿色覆盖指数最高，半干旱区较高，干旱区最低。而“一带一路”沿线中亚五国山地面积约占中亚五国山地总面积的 15.2%，其中塔吉克斯坦和吉尔吉斯斯坦为多山国家，山地面积分别为 93.19%和 89.2%，山地绿色覆盖指数分别为 43.66%和 60.04%。山地是干旱区生态与发展的“命脉”。没有山地的生态稳定，就没有干旱区的可持续发展。中亚五国区域气候干旱，山地生态系统脆弱，需重点关注山地生态系统健康的评价与保护。

7.1.4 展望

本节仅利用遥感卫星获取的植被信息实现了“SDG 15.4.2 山地绿色覆盖指数”的高时间分辨率(天、旬、月、年)和高空间分辨率(250m 及以上)计算，由于山地生态系统的高度空间异质性和垂直地带性，未来需考虑山地的三维空间特征，探索基于星空地多尺度观测和工程化、业务化的指标监测模式；还需将案例监测技术推广至全球尺度的长时间序列精细化监测，为发展中国家及全球提供山地绿色覆盖指数变化的监测与评估。同时，还应积极挖掘山地绿色覆盖指数与环境保护内涵，指导区域、国家山地生态环境可持续发展措施实施。

7.2　城市土地扩张

7.2.1　引言

城市化最显著的特征包括城市空间扩张和人口增长(Grimm et al., 2008)。发达国家和发展中国家的大部分城市具有高速率的郊区扩张模式，其特征是城市边界通常延伸到更远的边缘，甚至远远超出行政区划边界。据报道，1970～2000 年，全世界监测到的城市土地面积增加了 58000km^2，估计到 2030 年将增加 1527000km^2 (Seto et al., 2011)。在过去 10 年中，随着农村人口大规模迁移到城市，中国城市的建成区增长了 78.5%，而城市人口增长了 46%(Bai et al., 2014)。一方面，城市的物理增长常常与人口增长不成比例，导致土地利用在许多形式上效率较低。另一方面，快速城市化对淡水供应、污水处理、生活环境和公众健康等都带来了压力(Wang et al., 2012)。因此，为有效监测城市化进程，不仅需要掌握现有城市空间扩张强度，还需要监测人口的增长速率(Zhu, 2005)。至关重要的是，不仅需要掌握过去和现有的土地使用信息，还需要计划未来城市空间范围和人口承载能力，以适应新的繁荣的城市功能。

SDGs 和 UN-Habitat 也关注到该问题。目标 11 以城市可持续发展为核心，具体包括建设包容、安全、有抵御灾害能力和可持续的城市和人类住区。其中的具体指标 SDG 11.3.1 定义为土地消耗率(LCR)与人口增长率(PGR)之比，用于描述城市扩张与人口统计之间的关系。LCR 反映了城市中用于城市化用途的土地增长率，衡量城市的紧凑程度，并代表了城市空间的逐步扩张。而人口变化可以通过 PGR 反映，PGR 是一个时期内某一地区自然人口变化和迁移变化造成的人口增长率。为了定量描述土地变化与人口增长之间的关系，计算时使用 2013 年行政边界数据，地级市数量为 340 个，依据指标 SDG 11.3.1 中的概念和公式，定量描述土地消耗率与人口增长率之间的关系。最后，研究 SDG 11.3.1 指标不仅用于评估城市可持续发展，而且还为其他指标(如 SDG 11.7.1、SDG 11.2.1、SDG 11.6 和 SDG 11.a.1 等)起到支撑桥梁作用。

7.2.2　数据来源与研究方法

1. 数据来源

本节使用了多源遥感数据和人口普查数据，数据来源见表 7-2。

表 7-2 SDG 11.3.1 指标数据来源

数据集	分辨率	年份	数据来源
土地利用数据	30m	1990 2000 2010	中国科学院资源环境科学与数据中心
DMSP/OLS 夜间灯光数据	1km	1992 2000 2010	美国国家海洋和大气管理局国家地理数据中心
人口普查数据	县级统计数据	1990 2000 2010	第四次、第五次和第六次中国人口普查数据

2. *研究方法*

SDG 11.3.1 计算包括三个步骤，以北京市为例，图 7-1 显示了 2000～2010 年北京市 1km×1km 空间分辨率的 LCR 和 PGR 计算流程。

1）提取城市建成区

土地利用数据包括耕地、林地、草地、水域、建设用地和未利用地在内的 6 个一级类型（Liu et al., 2005）。本节在提取中国地级市的建成区面积时，仅保持城市核心区域的连续性，并删除了独立像素（5 个像素内）、城市边缘的小区域以及卫星城市（Song et al., 2018）。最后，获得了 1km×1km 空间分辨率的建成区面积百分数据。

2）人口数据空间化

为了准确计算建成区范围内的人口，首先，通过土地利用数据和 DMSP/OLS 夜间灯光数据构建与人口相关的 9 个自变量（Wang et al., 2018）；其次，采用地理回归加权（geographic regression weighted, GWR）构建人口空间化模型并计算回归系数；最后，获得了 1km×1km 空间分辨率的网格化人口。

3）SDG 11.3.1 计算过程

根据步骤 1）和 2）的结果，可以获得不同时期 1km×1km 格网尺度城市建成区面积百分比和人口空间分布数据。依托 SDG 11.3.1 中 LCR 与 PGR 计算公式，可以计算 1km×1km 格网尺度上 LCR、PGR 和 LCRPGR（即 LCR 与 PGR 的比值）数值。此外，还可以通过聚合格网尺度上建成区域面积百分比和人口数据，获得城市地级市尺度的 LCR、PGR 和 LCRPGR 数值。

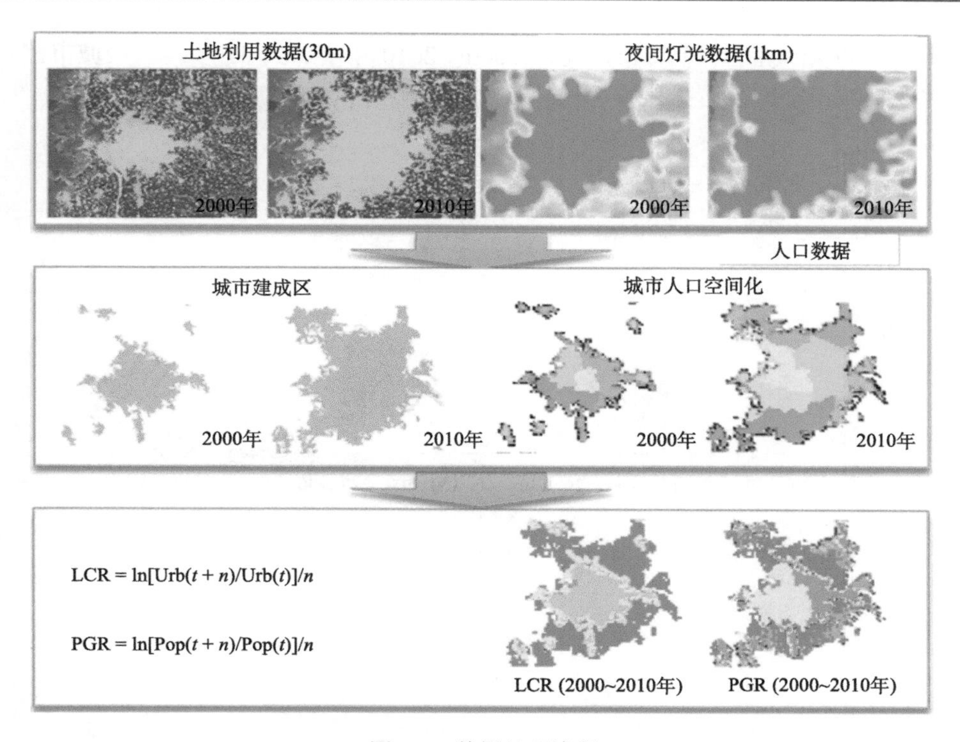

图 7-1　数据处理流程

7.2.3　城市建设用地空间格局

为了监测 SDG 11.3.1 在中国的进展状况，计算了 1990～2000 年和 2000～2010 年中国内地 340 个地级市的 LCR、PGR 和 LCRPGR。理想情况下，土地消耗率与人口增长率的可接受比率应等于 1。LCRPGR>1 表明城市正朝着人均土地增多的方向发展，同时 LCRPGR<1 表明城市正朝着人均土地减少的方向发展。如图 7-2 所示，有 216 个城市(63.53%)的建成区和人口均增长(LCRPGR>0)。在这 216 个城市中，LCR、PGR 和 LCRPGR 的平均值分别为 0.032、0.042 和 1.41。2000～2010 年，建成区和人口均增长的城市个数(LCRPGR>0)迅速增加，达到 260 个(76.47%)城市。对应的城市 LCR、PGR 和 LCRPGR 的平均值分别达到 0.063、0.064 和 1.94。相对 1990～2000 年，2000～2010 年建成区的增长速度较人口增速更快。此外，由于人口减少，LCRPGR 有部分城市为负值。LCRPGR 为负值的城市数量在 1990～2000 年约有 112 个(32.94%)，2000～2010 年减少到 69 个(20.29%)。城市人口减少主要因为出生率低(一是育龄妇女持续减少，二是生育水平比上年略有下降)和城市人口外流。此外，还发现 LCRPGR 较高的城市(LCRPGR>3)，在

1990～2000 年共有 19 个城市，而在 2000～2010 年增加到 47 个，这些城市需要有效控制城市空间范围扩张。

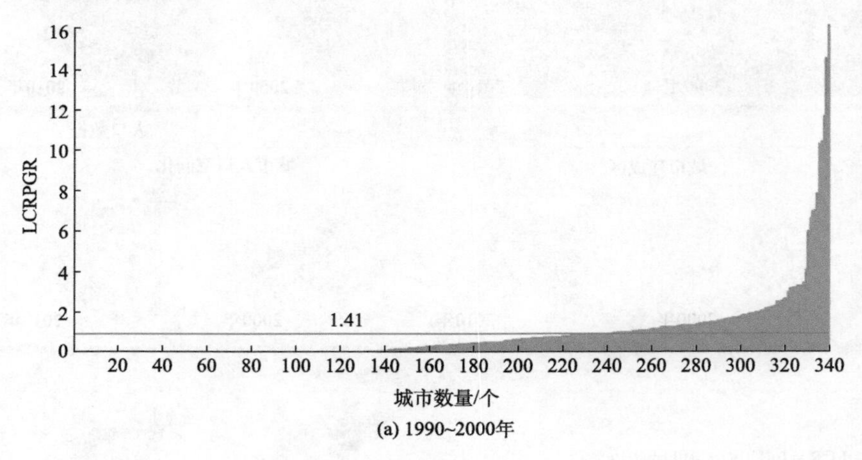

(a) 1990~2000年

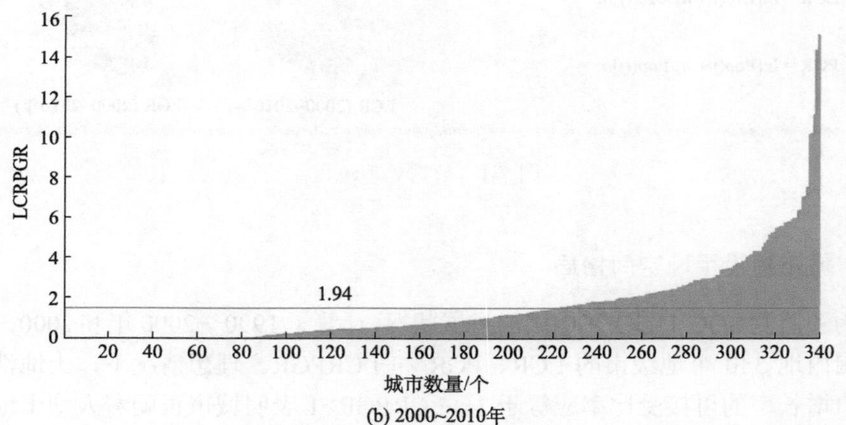

(b) 2000~2010年

图 7-2　中国 340 个大陆城市 SDG 11.3.1 计算结果

根据联合国人居署提供的 SDG 11.3.1 的分类(表 7-3)，即人口密度(定义为城市总人口与城市连续建成区和开发空间等范围内面积的比值)与 LCRPGR 值之间的关系，图 7-3 显示了该指标在地级市尺度空间分布。橙色图例表示土地消耗率与人口增长率趋向于有效、协调的发展关系；而蓝色图例表示土地消耗率与人口增长率趋向于无效、不协调的发展关系，应当引起重视；橙色图例和蓝色图例颜色越深，表示该城市人口密度增大。其中，1990～2000 年，LCRPGR>1 的城市个数为 93 个(27.35%)，LCRPGR<1 的城市个数为 247 个(72.65%)；2000～2010 年，

LCRPGR>1 的城市个数为 154 个(45.29%)，而 LCRPGR<1 的城市个数为 186 个(54.71%)。1990～2010 年 LCRPGR 的变化反映出，相对于人口增长率，土地消耗率增速更快。而 1990 年人口密度＞250 人/hm^2 的城市有 243 个(71.47%)，150 人/hm^2＜人口密度≤250 人/hm^2 的城市有 39 个(11.47%)，人口密度≤150 人/hm^2 的城市有 58 个(17.06%)；2000 年人口密度>250 人/hm^2 的城市有 267 个(78.53%)，150 人/hm^2＜人口密度≤250 人/hm^2 的城市有 46 个(13.53%)，人口密度≤150 人/hm^2 的城市有 27 个(7.94%)；2010 年人口密度>250 人/hm^2 的城市有 181 个(53.23%)，150 人/hm^2＜人口密度≤250 人/hm^2 的城市有 80 个(23.53%)，人口密度≤150 人/hm^2 的城市有 79 个(23.24%)，1990～2010 年人口密度的变化反映了人口高密度城市个数(人口密度>250 人/hm^2)呈先增加后减少的趋势。

表 7-3　SDG 11.3.1 联合国人居署分类标准

城市人口密度/(人/hm^2)	指标分类
10～150	LCRPGR <1：有效使用土地
	LCRPGR >1：低效使用土地
151～250	LCRPGR <1：趋向有效使用土地
	LCRPGR >1：趋向低效使用土地
超过 250	LCRPGR <1：人均土地不足
	LCRPGR >1：人均土地充足

而在省级尺度上，中国 31 个省级行政区建设用地面积增长和来源如图 7-4 所示。1990～2000 年，新疆、西藏、青海等西部省(自治区)和湖南、湖北、江西、安徽等中部省份建设用地面积增长不足 200km^2，而东部北京、上海、浙江等省份建设用地面积增长超过 200km^2，东部山东、江苏、广东等省(直辖市)建设用地面积增长超过 800km^2。2000～2010 年，西藏、青海、甘肃等西部省(自治区)和广西、贵州两个中部省(自治区)建设用地面积增长不足 200km^2，中部湖南、湖北、江西、重庆等省(直辖市)建设用地面积增长超过 200km^2，中部河南、河北、山西等省份建设用地面积增长超过 800km^2，东部山东、江苏、浙江、广东等省份建设用地面积增长超过 800km^2。建成区的增长需要消耗其他土地利用类型，南方各省以水田、旱地、农村居民点用地、林地为建设用地增长的主要来源；北方各省以旱地、水田、农村居民点用地、草地为建设用地增长的主要来源。

省级尺度上建成区内人口增长数量空间分布如图 7-4 所示。1990～2000 年，以建成区范围内人口数量为定量研究对象，湖北、湖南、山东、河南等省份人口减少，甘肃、新疆、西藏等西部省(自治区)人口增长数量不足 500 万人，四川、

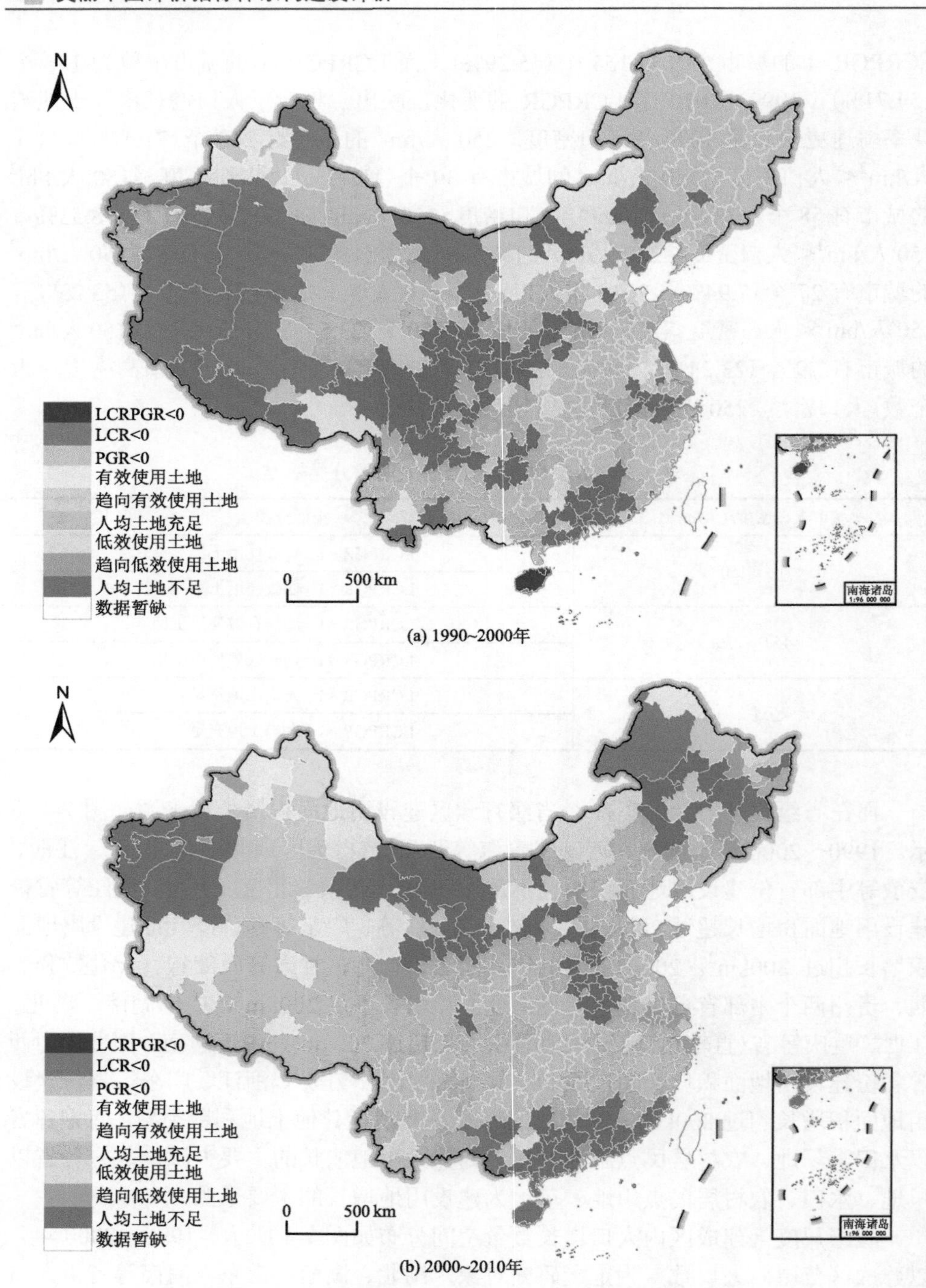

图 7-3　中国 340 个地级市尺度 SDG 11.3.1 计算结果空间分布

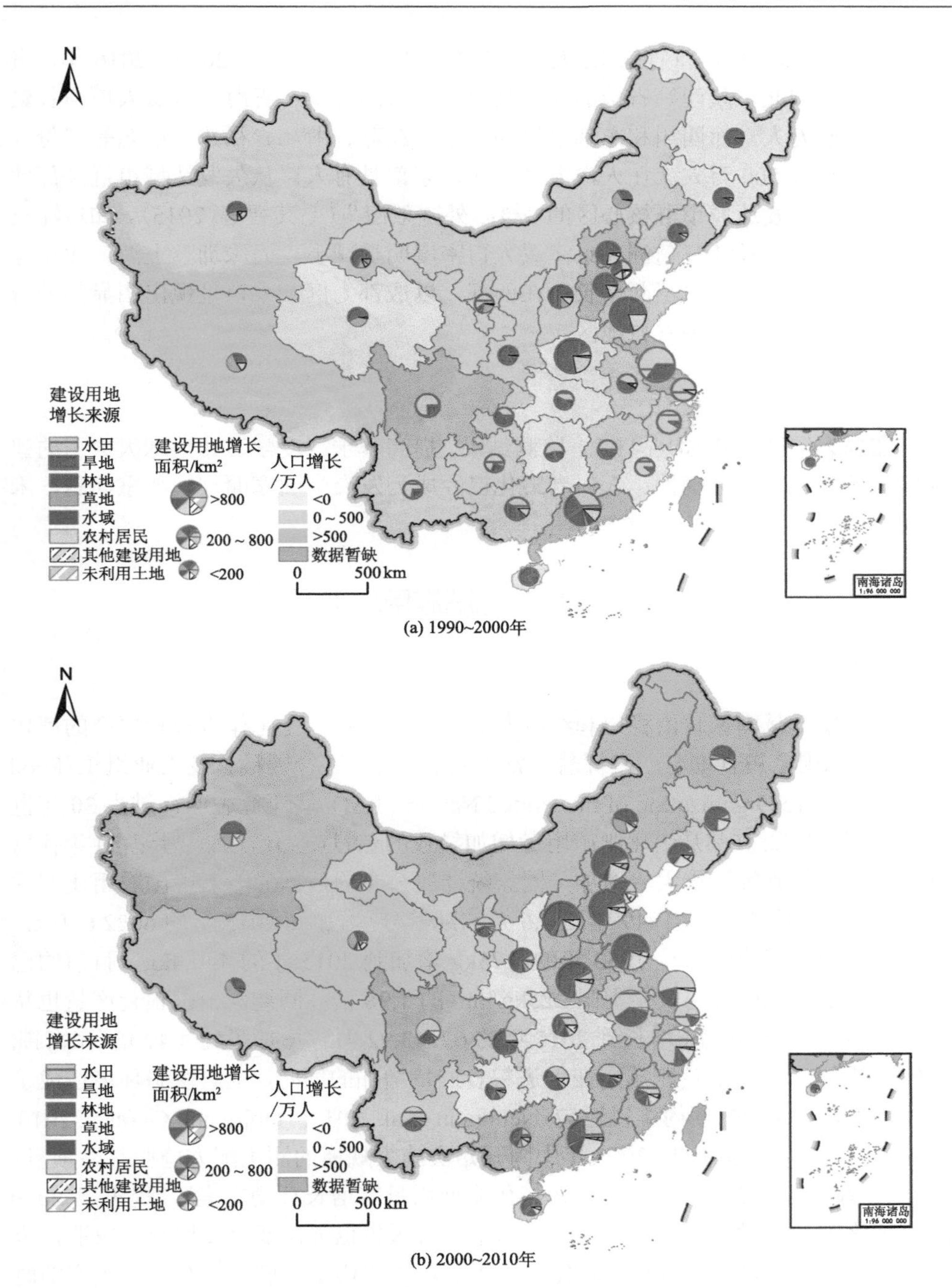

图 7-4　中国 31 个省级行政区建设用地增长面积及其来源以及建成区内人口增长数量空间分布图

广东、江苏、北京等省(直辖市)人口增长数量超过 500 万人。2000～2010 年，贵州、湖南、湖北、陕西等省份的人口减少，西部的甘肃、青海、西藏人口增长数据不足 500 万人，而四川和东部沿海的山东、江苏、浙江、福建、广东等省份人口增长均超过 500 万人。在人口流动方面，东部具有人口从欠发达城市群外部地区迁移到经济发达城市群核心区的“核心外围效应”(毛其智等, 2015)，如珠江三角洲周边地区、长江三角洲、京津冀人口密度明显减小，而深圳、上海、北京等城市群的核心城市人口不断增长。在西部，以成都为例，人口呈现出明显的外流现象，特别是在郊区和农村地区。

7.2.4 展望

在未来继续更新 SDG 11.3.1 监测结果，提高基于深度学习和地球大数据的建成区自动化程度和准确性；人口老龄化已经成为发展中国家面临的严重问题，未来还将进一步考虑年龄分层。

7.3 农村化肥施用水平

7.3.1 引言

粮食安全是国家政治稳定和经济发展的重要保障，化肥作为粮食生产的催化剂，在保障国家粮食安全中发挥着非常重要的作用。联合国粮食及农业组织(Food and Agriculture Organization of the United Nations, FAO)的研究表明，过去 30 年世界粮食产量增加 50%是由化肥施用量增加导致的(潘丹, 2014)。20 世纪 50 年代以来，中国的化肥施用量大幅增加，国家统计局公布的数据显示，中国农用化肥施用量(折纯，下同)已从 1949 年的 0.6 万 t(纯养分)增加到 2015 年的 6022.6 万 t，每公顷耕地化肥施用量从 1952 年的 0.75kg 增加到 2015 年的 446.4kg，目前约已达到国际公认化肥施用安全上限 225kg/hm^2 的 1.98 倍；同期，中国粮食产量也从 1949 年的 11318.40 万 t 增长到 2015 年的 62143.92 万 t，增加了约 4.49 倍(张富锁, 2008)。然而，大量的化肥施用在促进粮食产量增加的同时，也对生态环境造成了严重污染，使其在短期内难以逆转(Neumann et al., 2010; Hanjra and Qureshi, 2010; 奚振邦等, 2004)。鉴于此，2005 年中国开始实施大规模的测土配方施肥补贴项目；2015 年农业部又颁布了《到 2020 年化肥使用量零增长行动方案》，提出了 2020 年实现化肥施用量零增长的目标；党的十九大报告也强调要“发展绿色农业，合理用肥，加快推进农业农村现代化”。当前，急需辨明化肥施用与粮食生产的时空耦合关系，为维护粮食安全与生态安全提供借鉴(赵雪雁等, 2019)。

农业健康发展及化肥高效利用一直是国内外研究的热点(周亮等, 2014; 吴玉鸣, 2010)。国外主要关注农作物生产过程中化肥的施用效率，Takeshima 等(2017)提出尼泊尔化肥报酬率的差异与化肥需求价格弹性的差异有关；Xu 等(2009)指出合理分配化肥的施用时间可以提高化肥的施用效率；Xin 和 Tan(2012)则提出种植作物类型的转变导致了近年来化肥施用量的增长；Burke 等(2016)认为在化肥和玉米价格高的情况下，较高的施肥率会带来更多的收益。而国内研究重点关注粮食安全背景下化肥施用量增长的原因分解及趋势预测，曾希柏等(2002)利用各地的肥料-产量效应函数，研究了现有施肥及生产技术下全国的粮食增产潜力；栾江等(2013)指出化肥施用强度的增长是中国化肥施用总量增长的主因；王珊珊等(2017)则发现化肥施用强度提高是粮食主产区化肥施用量增长的主因，但 2010 年以来其贡献率趋于下降，而种植结构调整的贡献趋于上升；潘丹(2014)指出农业生产结构调整和化肥利用效率变动共同推动了化肥消费强度的增大，其中经济发展水平、农业产业结构、人均耕地规模等因素对化肥消费强度产生了重要影响；史常亮等(2016)认为目前中国粮食生产中的化肥施用量已经超过了其经济意义上的最优施用量，农业劳动力非农转移、自然灾害和上一年粮食价格对农户化肥过量施用具有显著正向影响；戈大专等(2018)指出 1990～2015 年粮食生产带来的生态环境压力不断增大，提出国家粮食生产政策的制定需加强对农户生计保障和生态环境保护的关注。总体来看，已有研究多以单一年份的截面数据为基础进行化肥施用和粮食生产的静态研究，对其时空变化态势的研究不充分；多采用因素分解、重力模型等方法分析影响化肥施用量变化的因素，缺乏对化肥施用和粮食生产的区域差异、时空格局进行深入分析；同时，较少关注化肥施用与粮食产量耦合关系的动态变化。

目前，中国正面临着粮食供求紧平衡、化肥过度施用等严峻挑战，如何在降低化肥施用量的同时提高粮食产量，已成为目前急需解决的关键问题。基于此，本节将2005～2015年作为研究时段，以中国336个地级行政单位为基本空间单元，分析 2005～2015 年化肥施用量及粮食产量的时空格局演变特征、化肥施用量与粮食产量的时空耦合关系及其动态变化过程，旨在为维护国家粮食安全(Wu et al., 2011)与生态安全提供借鉴。

7.3.2　数据来源与研究方法

1. 数据来源及处理

以中国 336 个地级行政区为研究单元(不包括香港、澳门、台湾)。反映全国化肥施用量、粮食产量等的数据来自 2006～2016 年《中国区域经济发展年鉴》、各省(自治区、直辖市)的《统计年鉴》及《农业统计年鉴》。为了更准确地估算粮食生产中的化肥施用量，采用公式将化肥施用量调整为粮食生产化肥施用量：

$$P_{\mathrm{m}} = P \times \frac{S_{\mathrm{m}}}{S} \tag{7-1}$$

式中，P_{m}为剔除其他产业化肥施用量后的粮食生产化肥施用量；P为化肥施用量；S_{m}为粮食播种面积；S为农作物播种面积。

2. *研究方法*

1)化肥施用量与粮食产量的区域差异测度方法

泰勒指数与变异系数可有效地测度化肥施用量与粮食产量的区域差异，随着泰勒指数与变异系数的增大，化肥施用量与粮食产量的区域差异增大。

通过分解泰勒指数可确定粮食主产区、产销平衡区及粮食主销区[①]的化肥施用量与粮食产量的差异，其计算公式如下：

$$T_{\mathrm{IZD}} = \sum_{i=1}^{n_{\mathrm{m}}} T_i \ln\left(n_{\mathrm{m}} \frac{T_i}{T_{\mathrm{m}}}\right) + \sum_{i=1}^{n_{\mathrm{b}}} T_i \ln\left(n_{\mathrm{b}} \frac{T_i}{T_{\mathrm{b}}}\right) + \sum_{i=1}^{n_{\mathrm{s}}} T_i \ln\left(n_{\mathrm{s}} \frac{T_{\mathrm{i}}}{T_{\mathrm{s}}}\right) \tag{7-2}$$

式中，T_{IZD}为三大区域内差异；n为地级行政区数量；n_{m}、n_{b}、n_{s}分别为粮食主产区、粮食主销区及产销平衡区中地级行政区的数量；T_i为地级行政区i的化肥施用量(粮食产量)与全国总量的比值；T_{m}、T_{b}、T_{s}分别为粮食主产区、粮食主销区及产销平衡区化肥施用量(粮食产量)与全国总量的比值。

变异系数的计算公式如下：

$$\mathrm{CV_p} = \sqrt{\frac{1}{n}\sum_{i=1}^{n}(Z_{i\mathrm{p}} - \bar{Z}_{\mathrm{p}})^2} \Big/ \bar{Z}_{\mathrm{p}} \tag{7-3}$$

式中，$\mathrm{CV_p}$为变异系数；n为地级行政区数量；$Z_{i\mathrm{p}}$为第i市的化肥施用量(粮食产量)；$\bar{Z}_{\mathrm{p}}$为第i市化肥施用量(粮食产量)的平均值。

2)粮肥弹性系数测算方法

利用“粮肥弹性系数”分析化肥施用量和粮食产量之间的耦合关系，其计算公式为

---

① 粮食主产区是指具有一定的地理、土壤、气候、技术等比较优势的粮食重点生产区，包括黑龙江、吉林、辽宁、内蒙古、河北、河南、山东、江苏、安徽、江西、湖北、湖南、四川。粮食主销区是指经济相对发达，但人多地少，粮食自给率低，粮食产量和需求缺口较大的粮食消费区，包括北京、天津、上海、浙江、福建、广东、海南。其余包括山西、宁夏、青海、甘肃、西藏、云南、贵州、重庆、广西、陕西、新疆为产销平衡区，粮食基本能保持自给自足(姜会明等, 2017)。

$$\eta_t = \frac{\Delta M_t}{\Delta P_t} = \left(\frac{M_t}{M_{t-1}} - 1\right) \bigg/ \left(\frac{P_t}{P_{t-1}} - 1\right) \tag{7-4}$$

式中，η_t 为粮肥弹性系数；t 为年份；ΔM_t、ΔP_t 分别表示地级行政区粮食产量变化率和化肥施用量的变化率；M_t、M_{t-1} 分别为 t 时期、$t-1$ 时期的粮食作物产量；P_t、P_{t-1} 分别为 t 时期、$t-1$ 时期的化肥施用量。

当 $\eta_t>0$ 时，化肥施用量与粮食产量同向变化，若 $\Delta P_t>0$，则化肥施用量增加的同时，粮食产量也增加，该区为“双增”区，表明在该类区域，化肥施用虽在一定程度上保障了粮食安全，但可能导致一系列环境问题；若 $\Delta P_t<0$，则化肥施用量减少的同时，粮食产量也减少，该区为“双减”区，表明在该类区域，虽然化肥减施政策导致了粮食产量降低，但有助于生态环境改善。当 $\eta_t<0$ 时，化肥施用量与粮食产量反向变化，若 $\Delta P_t>0$，则化肥施用量增加的同时，粮食产量减少，该区称为“低效施肥区”，表明在该类区域，存在过量施肥现象，这无疑会加剧生态环境退化；若 $\Delta P_t<0$，则化肥施用量减少的同时，粮食产量增加，该区称为“他因素影响区”，表明该类区域粮食增产主要依赖于其他因素(如技术创新、农业管理等)，实现粮食安全与生态保护的双赢。

3) 粮肥弹性系数的转移矩阵

利用粮肥弹性系数的转移矩阵来揭示 2005～2015 年中国化肥施用量与粮食产量耦合关系的动态变化。其计算公式为

$$N_{pq} = \begin{pmatrix} N_{11} & \cdots & N_{1n} \\ N_{21} & \cdots & N_{2n} \\ \vdots & \vdots & \vdots \\ N_{n1} & \cdots & N_{nn} \end{pmatrix} \tag{7-5}$$

式中，n 代表不同时期粮肥耦合关系的种类数；p、q (p、q=1,2,⋯, n) 分别表示 t_p、t_q 时期的粮肥耦合关系类型；N_{pq} 表示由 t_p 时期 p 类耦合关系转换为 t_q 时期 q 类耦合关系的地级市数量。矩阵中的每一行元素代表 t_p 时期 p 类耦合关系的地级市向 t_q 时期各类耦合关系的流向信息，矩阵中的每一列元素代表 t_q 时期 q 类耦合关系的地级市从 t_p 时期各类耦合关系的来源信息。

7.3.3　化肥施用量的区域差异

2005～2015 年中国化肥施用量的区域差异波动较小。从粮食主产区、粮食主销区、产销平衡区三大类区域来看，各区的区内差异变化情况存在较大差别(图 7-5)。其中，2005～2015 年粮食主产区内的化肥施用量差异趋于稳定；粮食主销区内的差异呈波动上升趋势，泰勒指数增幅高达 56.05%；产销平衡区内的差异小

幅增大，泰勒指数增幅为 21.07%。总体来看，2005～2015 年中国化肥施用量的区域差异呈 “粮食主产区—产销平衡区—粮食主销区” 的递增趋势。可见，粮食产量越高的区域，化肥施用量的区内差异也越小。

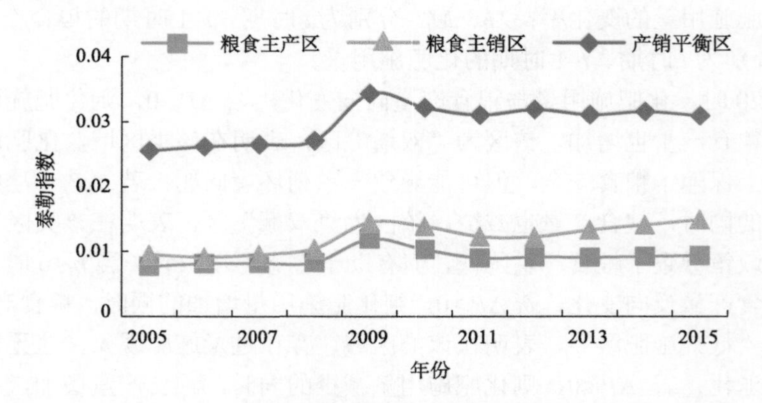

图 7-5　2005～2015 年中国化肥施用量的区域差异

7.3.4　化肥施用量与粮食产量的时空格局演变

2005～2015 年，从中国化肥施用量变化情况来看，“胡焕庸线” 以西地区增速较快，以东地区变幅不大。进一步分析发现：①2005～2010 年，“胡焕庸线” 以东地区变化较小，化肥施用量增加的区域集中在三江平原、松嫩平原、云贵高原等地区，在长江三角洲和浙闽丘陵一带，化肥施用量有所减少；“胡焕庸线” 以西地区变化较大，其中，青海高原、阿里高原等地区化肥施用量大幅下降，而在新疆、藏南谷地、川西高原、河套平原、宁夏平原等地区呈大幅上升趋势。②2010～2015 年，全国化肥施用量增长态势较上一时期有所减弱，“胡焕庸线” 以东地区化肥施用量变化幅度较上一时期有所减小，浙闽丘陵一带降幅明显；“胡焕庸线” 以西地区变化仍较大，除藏北高原、宁夏平原、河套平原等地区显著下降外，新疆、大兴安岭、滇西南等地区均大幅增加。总体来看，2005～2015 年 “胡焕庸线” 以西地区除青藏高原化肥施用量增幅较大以外，以东地区化肥施用量增幅较小，如山东半岛、长江三角洲、浙闽丘陵等东部沿海地区。化肥施用量增幅大致呈东—中—西递增的趋势（图 7-6）。

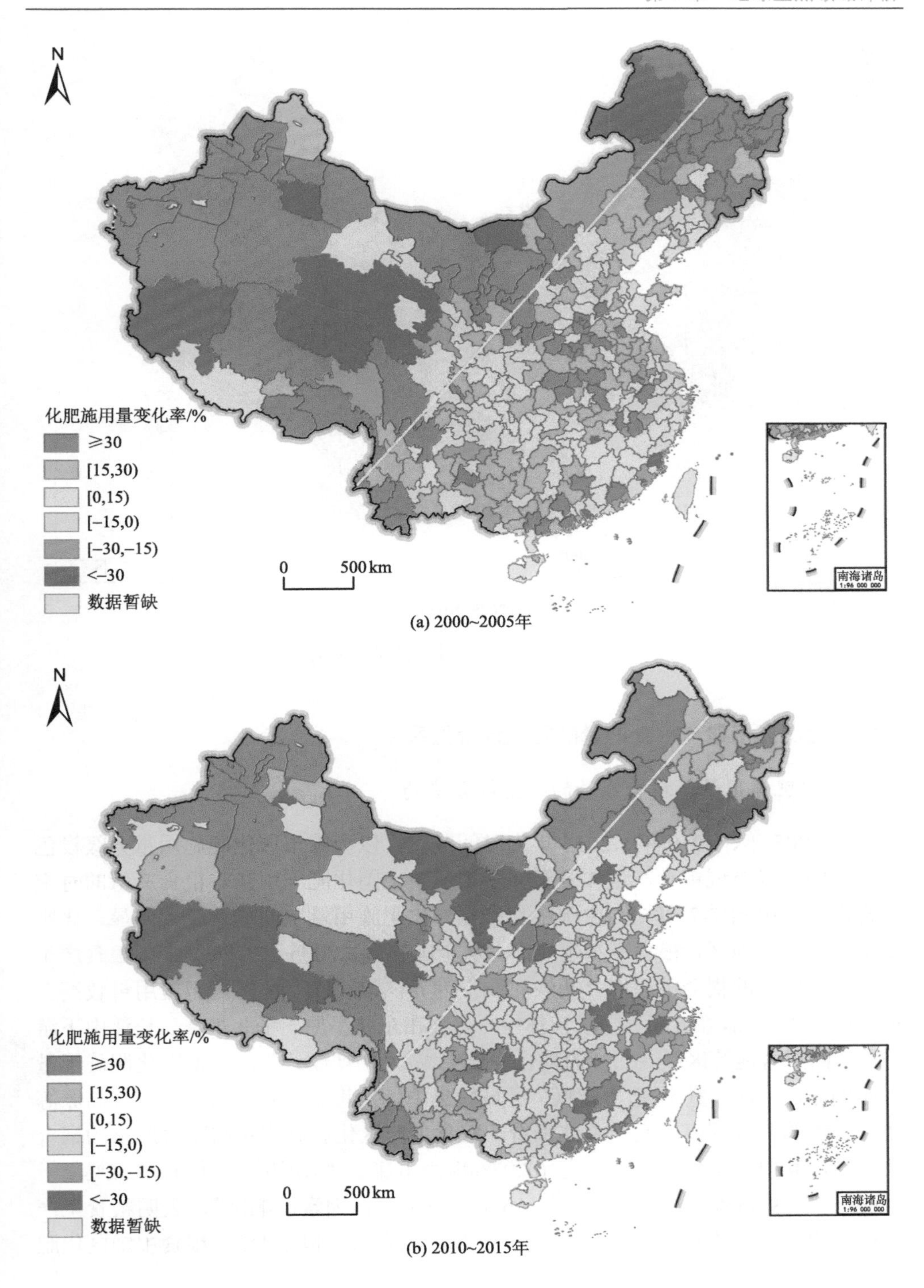

(a) 2000~2005年

(b) 2010~2015年

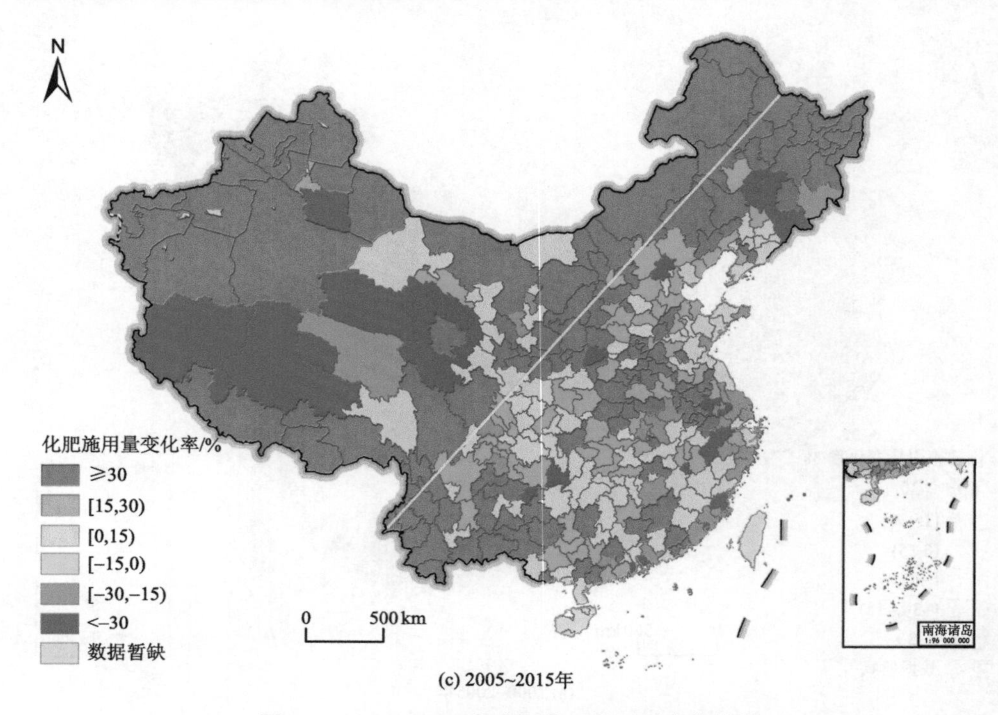

(c) 2005~2015年

图 7-6 2005～2015 年中国化肥施用量变化趋势

7.3.5 化肥施用量与粮食产量的时空耦合关系

1. 化肥施用量与粮食产量的时空耦合格局

以 2005 年、2010 年、2015 年为时间节点，以全国市域化肥施用量分级设色作为底图，以市域粮食产量作分级显示来反映中国化肥施用量与粮食产量的时空耦合格局。由图 7-7 可知，中国粮食产量与化肥施用量空间耦合较为明显，化肥施用量较多的地区，粮食产量也较高。从全国来看，2005～2015 年中国粮食产量与化肥施用量的耦合关系以“胡焕庸线”为界，该线以东地区化肥施用量较高，粮食产量也较高，“双高”区域较集中，尤其在东北平原、华北平原、长江中下游平原、四川盆地等区域，二者的耦合程度更高；“胡焕庸线”以西地区化肥施用量普遍偏低，粮食产量不高，“双低”区域较集中，尤其在青藏高原和阿拉善高原等地，二者的耦合程度较高。总体来看，粮食主产区化肥施用量与粮食产量的耦合度最高，其中，粮食主产区中有 67.97%地级市属于“双增区”，仅有 5.52%属于“双减区”，9.94%属于“过量区”、16.57%属于“他因素影响区”，表明粮食主产区粮食增加主要依赖于化肥施用，这无疑会加剧生态环境退化；粮食主销区化肥

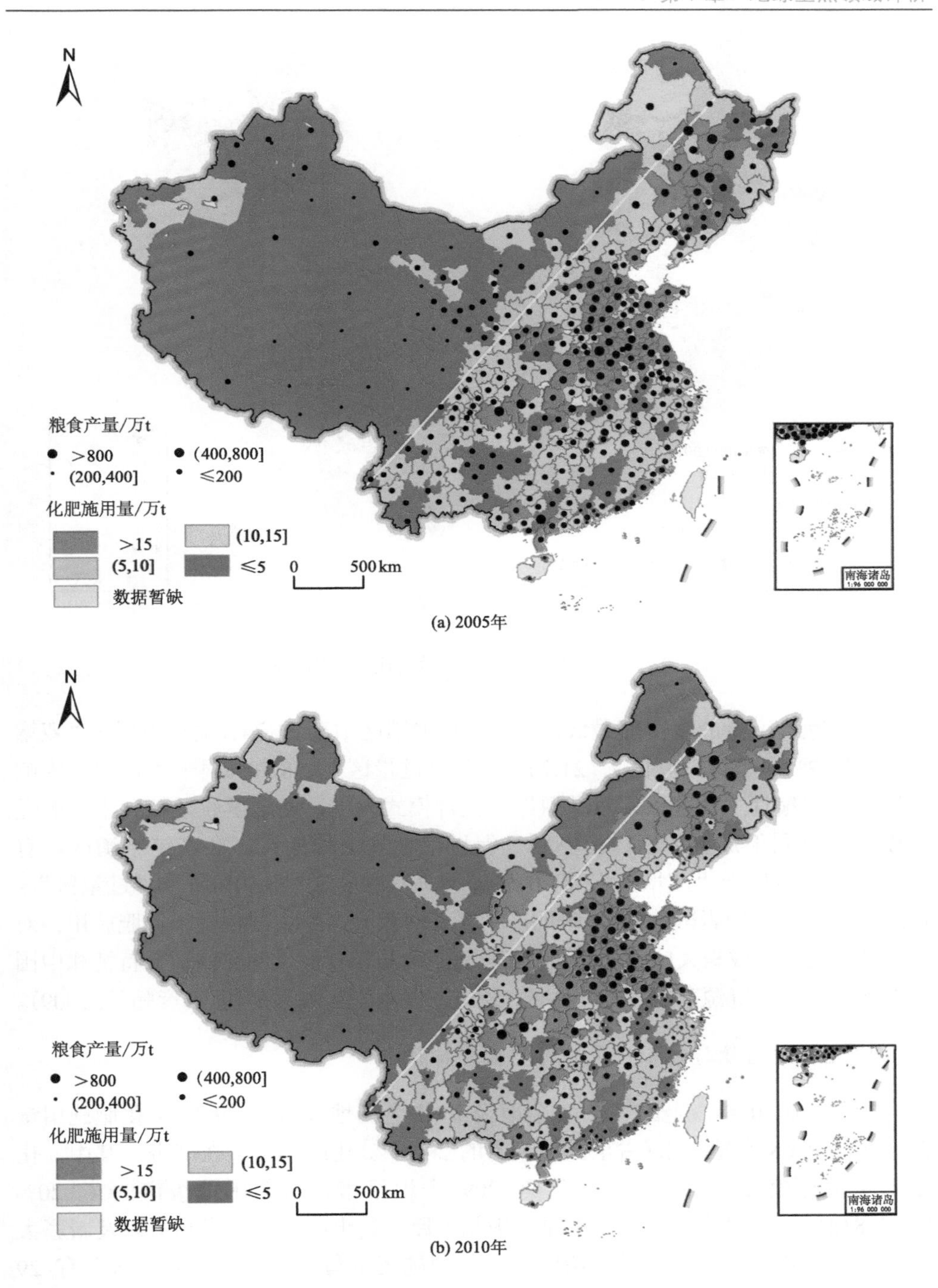

(a) 2005年

(b) 2010年

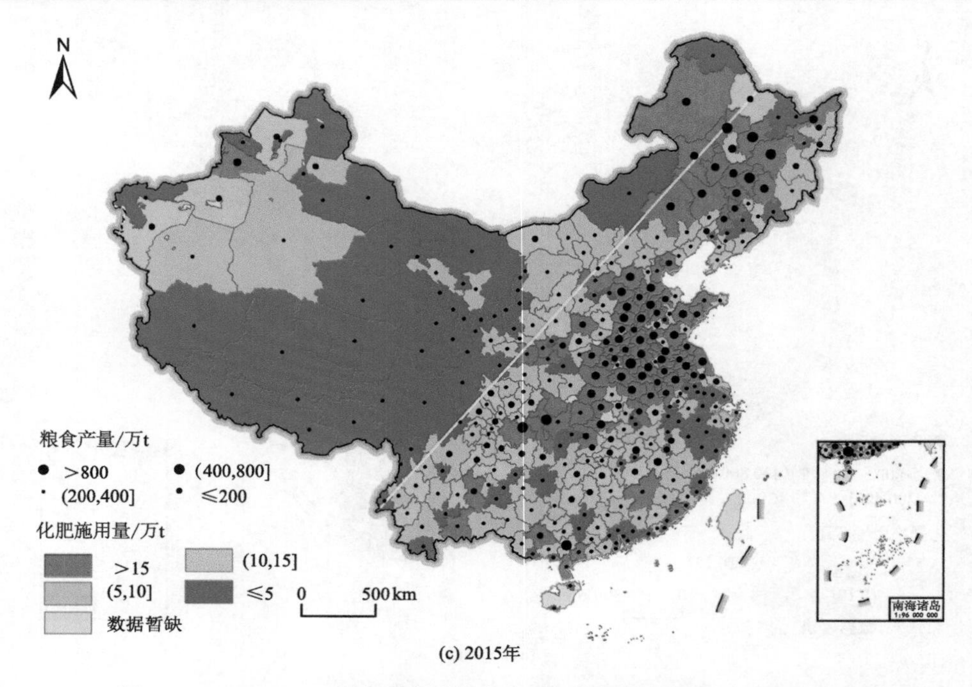

图 7-7　2005～2015 年中国市域粮食产量与化肥施用量的时空耦合格局

施用量与粮食产量的耦合度最低，其中粮食主销区中有 21.74%地级市属于“双增区”、47.82%属于“双减区”、21.74%属于“过量区”、8.70%属于“他因素影响区”，表明粮食主销区以“双减型”的耦合模式为主，逐渐摆脱了粮食生产的经营模式，有利于保护环境，但不利于促进粮食安全的建设；在产销平衡区，有 59.63%地级市属于“双增区”、11.01%属于“双减区”、15.60%属于“过量区”、13.76%属于“他因素影响区”，表明产销平衡区粮食产量主要依赖于化肥施用，对当地环境质量造成极大威胁。可见，化肥施用量与粮食产量的空间耦合特征和中国自然条件与自然资源禀赋、人口分布、经济发展水平等关系密切(刘彦随等, 2009)。

2. 化肥施用量与粮食产量的时空耦合特征

2005～2010 年，全国有 268 个地级市(占全国地级市的 79.76%)化肥施用量在增加，有 68 个地级市(占全国地级市的 20.24%)化肥施用量在减少。其中，化肥施用量与粮食产量“双增区”有 209 个地级市，占全国地级市的 62.20%[图 7-8(d)]，主要分布在东北平原、华北平原、黄土高原、云贵高原以及新疆大部，位于粮食主产区和产销平衡区内；化肥施用量与粮食产量“双减区”有 29 个地级市，其比重为 8.63%[图 7-8(a)]，主要分布在浙闽丘陵和青南高原等地；

化肥施用量高而粮食产量低的“低效施肥区”有 59 个地级市，其比重为 17.56%[图 7-8(d)]，主要分布在藏南谷地、两广丘陵、川西高原；化肥施用量低而粮食产量高的“他因素影响区”有 39 个地级市，其比重为 11.61%[图 7-8(a)]，主要分布在长江三角洲地区。总体来看，该时期中国化肥施用量与粮食产量的耦合特征以同向关系为主，同向变化区比重高达 70.83%，其中尤以“双增区”为主，可见化肥使用在该阶段中国粮食生产中扮演着非常重要的作用。

2010～2015 年，全国有 196 个地级市(占全国地级市的 58.33%)化肥施用量在增加，有 140 个地级市(占全国地级市的 41.67%)化肥施用量在减少。其中，“双增区”有 162 个地级市，占全国地级市的 48.21%[图 7-8(e)]，主要分布在甘新农产区、内蒙古高原以东、三江平原、藏南谷地、云贵高原；“双减区”有 65 个地级市，占全国的 19.35%[图 7-8(b)]，主要在山东半岛、浙闽丘陵等地形成连片区；“低效施肥区”有 34 个地级市，其比重为 10.12%[图 7-8(e)]，主要分布在柴达木盆地、青南高原、陕北高原等地区；“他因素影响区”有 75 个地级市，其比重为 22.32%[图 7-8(b)]，较上一时期增加了 10.71 个百分点，主要分布在藏北高原和内蒙古高原以西、江南丘陵等地。在此期间，中国化肥施用量与粮食产量的耦合特征虽仍以同向变化为主，但反向变化强度减弱，同向变化区比重达 67.56%，反向变化区(“低效施肥区”和“他因素影响区”)比重为 32.44%。

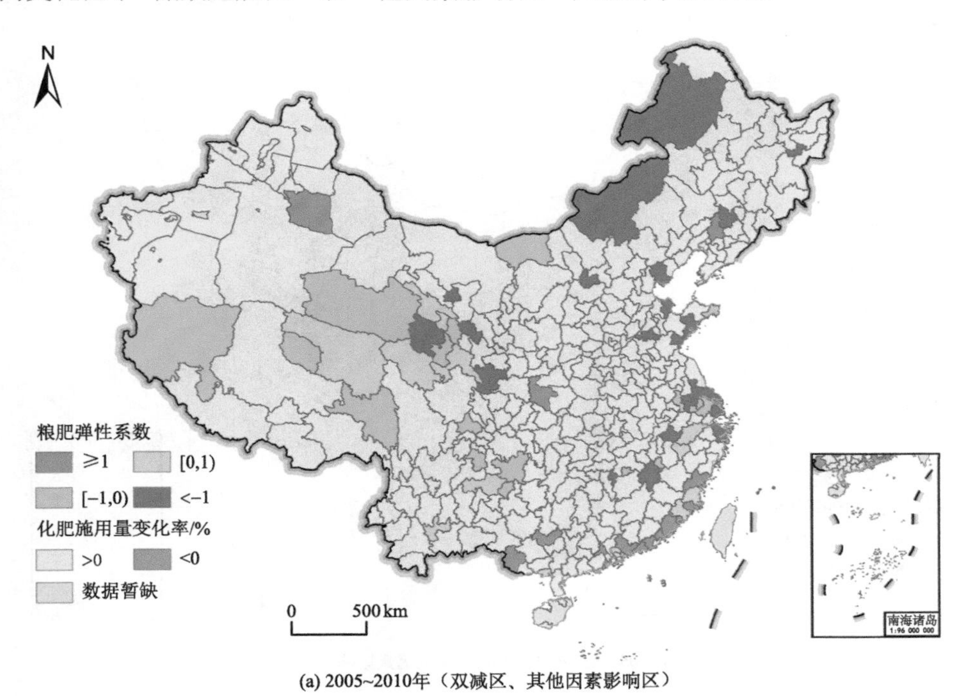

(a) 2005~2010年（双减区、其他因素影响区）

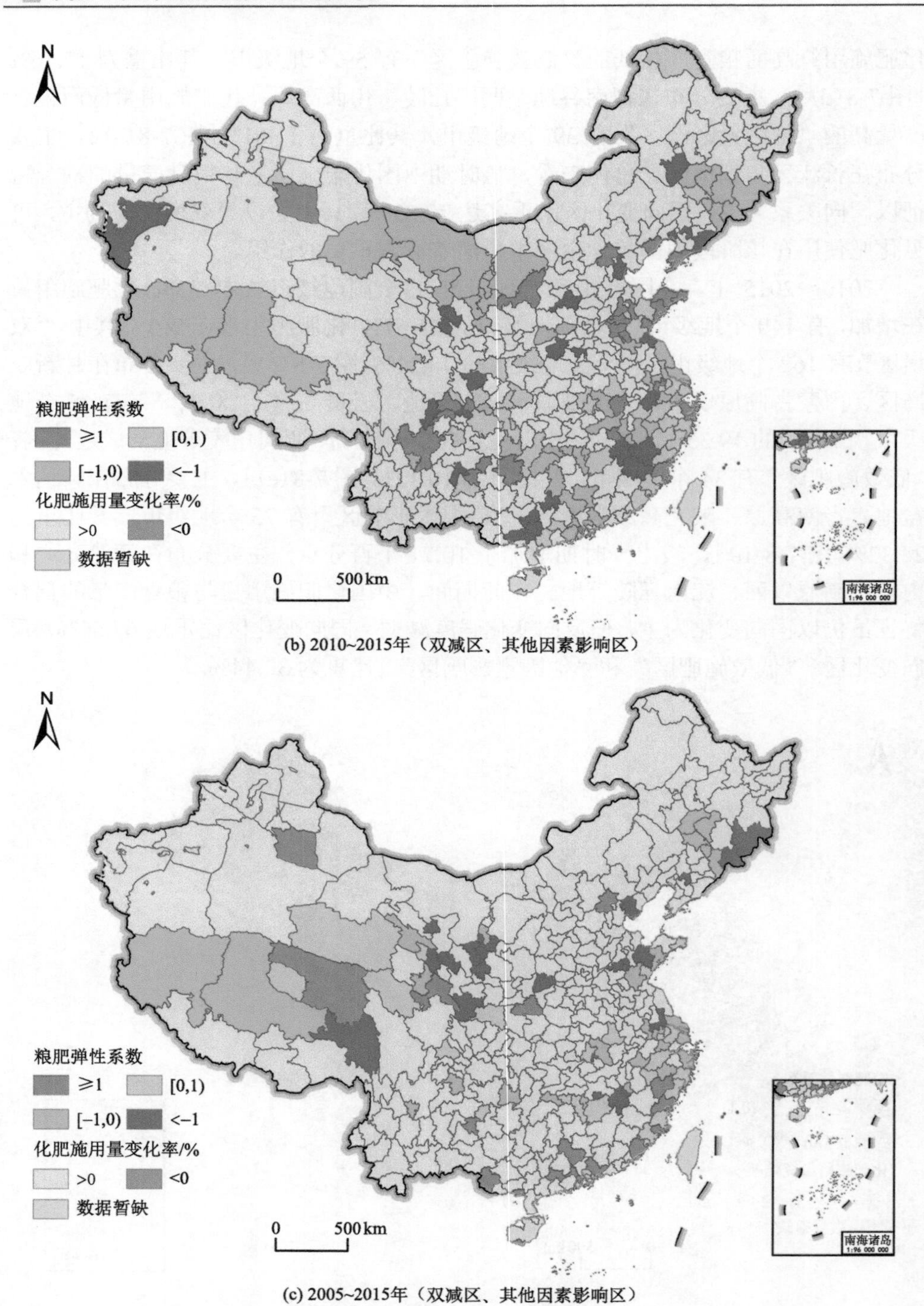

(b) 2010~2015年（双减区、其他因素影响区）

(c) 2005~2015年（双减区、其他因素影响区）

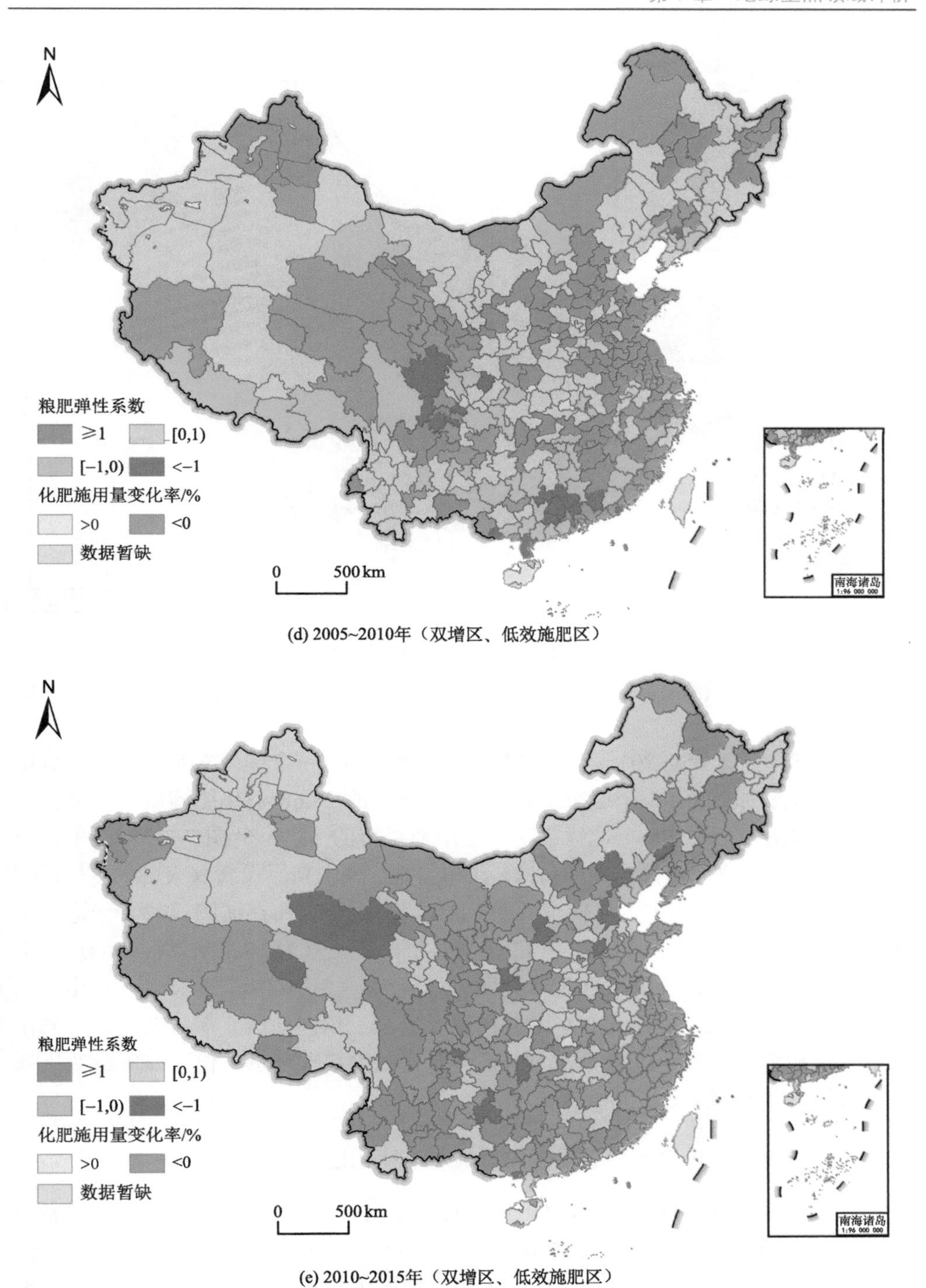

(d) 2005~2010年（双增区、低效施肥区）

(e) 2010~2015年（双增区、低效施肥区）

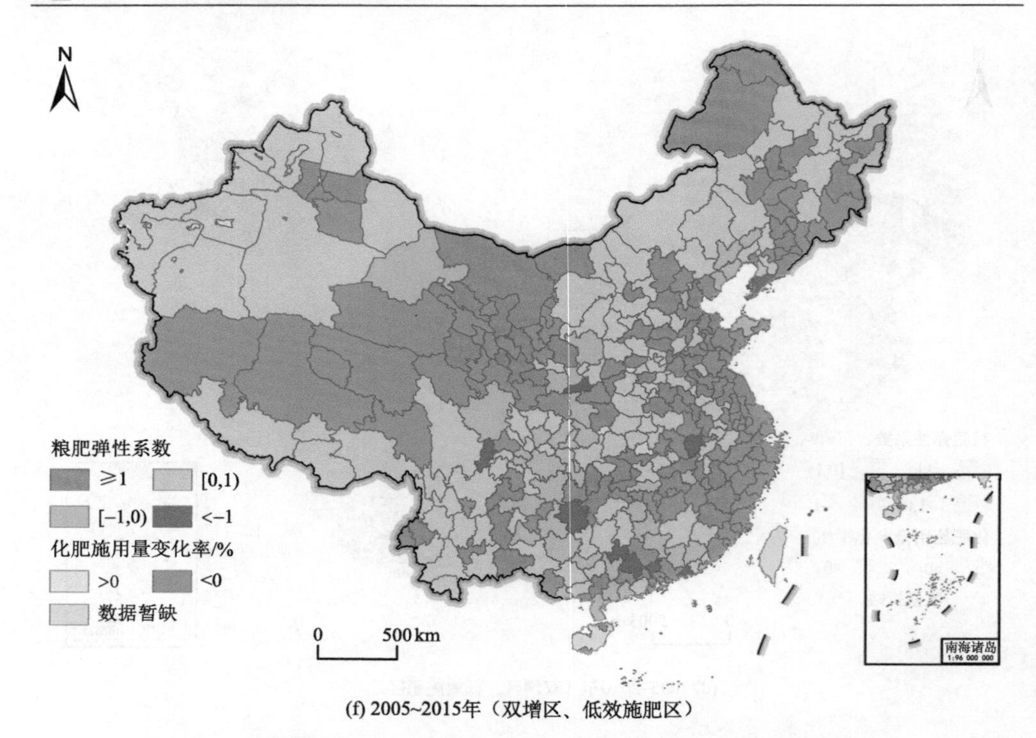

(f) 2005~2015年（双增区、低效施肥区）

图 7-8　2005～2015 年中国市域粮肥弹性系数演变的时空格局

总体来看，2005～2015 年全国有 244 个地级市（占全国地级市的 72.62%）化肥施用量在增加，有 93 个地级市（占全国地级市的 27.68%）化肥施用量在减少。其中，“双增区”有 198 个地级市，占全国地级市的 58.93%[图 7-8(f)]，主要分布在东北平原、华北平原、云贵高原、四川盆地、藏南高原及新疆大部；“双减区”有 44 个地级市，其比重为 13.10%[图 7-8(c)]，主要分布在浙闽丘陵、柴达木盆地及青南高原；“低效施肥区”有 45 个地级市，其比重为 13.39%[图 7-8(f)]，主要分布在汉水谷地、云贵高原西部；“他因素影响区”有 49 个地级市，其比重为 14.58%[图 7-8(c)]，主要分布在藏北高原、长江三角洲地区。在此期间，市域化肥施用量和粮食产量变化趋势相同，正向变化成为粮食产量与化肥施用量变化耦合关系的主要类型。

7.3.6　化肥施用量与粮食产量耦合关系的动态变化过程

从粮肥弹性系数变化来看，化肥施用对于粮食产量的促进作用在增强。2005～2015 年中国化肥施用量增加地区 η_t 均值由 0.80 上升到 5.33，说明化肥施用量增加对部分地区粮食增产的推动作用在大多数地区仍然存在，但 2010～2015 年，粮食产量占当年全国总产量的比重由 2010 年的 61.52%下降至 2015 年的 50.27%，说明化肥施用对粮食增产的推动作用有所减弱，但依旧是中国化肥施用量与粮食产量变化耦合关系的主要类型。而地级市化肥施用量减少地区 η_t 均值由–3.56 下降到–19.95，说明化肥施用量减少对这类地区粮食增产的作用在加强；此外，该类型地级市粮食产量占当年粮食总产量的比重由 2010 年的 38.48%上升到 2015 年的 49.73%。

2005～2015 年，中国农业发展处于转型期，不同区域化肥施用对粮食产量的影响存在差异，即二者的耦合关系不同(表 7-4)。从全国范围来看，化肥施用对粮食产量的影响依旧是正向的，这种“双增”的耦合关系出现在中国大部分地级市，尤其是华北平原、东北平原等粮食主产区内，其粮肥弹性系数较高，生产规模较大，生产手段和技术相对先进。但同时，在两广丘陵等东南沿海快速农业转型区却存在化肥施用量增加而粮食产量减少的现象，这些地区农业转型迅速，粮食生产在这些地方的农业生产中逐渐退出(戈大专等, 2017)，改为其他的作物种植。

通过对比 2005～2010 年和 2010～2015 年两个时期，全国化肥施用量减少的地市(包含“双减区”和“他因素影响区”)增加了 72 个，比重增加了 21.43%。一方面，说明国家从 2005 年开始推行的测土配方技术初见成效，大型农场以及发达地区的农户积极地因地制宜以及提高农业耕作技术、耕作效率，农业转型发展迅速，农业耕作技术改善趋势明显，使得化肥对粮食产量的促进作用受到抑制，减少化肥施用量取得成效，化肥施用量减少而粮食产量增加的城市 10 年间增加了 36 个；另一方面，由于山东半岛和华中地区的部分地区生产规模较小的农户生产手段和技术相对落后，政策实施相对困难，粮食基本处于自给自足或依赖采购的状态，所以当地农户对于改进化肥施用技术缺乏动力，加上化肥减施政策的推动，致使“双减区”的数量增加了 36 个。上述多区域不同耦合关系说明中国在农业转型发展过程中存在区域差异，化肥施用与粮食生产的多种耦合关系同时存在，应当进一步加大化肥减施力度，通过提高农业生产水平来降低粮食生产对化肥的依赖。

表 7-4　2005～2015 年中国市域化肥施用量与粮食产量耦合关系

类型	2005～2010 年	2010～2015 年	2005～2015 年
双增区	62.20%(209)	48.21%(162)	58.93%(198)
双减区	8.63%(29)	19.35%(65)	13.10%(44)
低效施肥区	17.56%(59)	10.12%(34)	13.39%(45)
他因素影响区	11.61%(39)	22.32%(75)	14.58%(49)

注：()内为该类型的地级行政区个数。

化肥施用量与粮食产量耦合关系的转移矩阵显示(表7-5)，2005～2015年“双增区”向其他区域转移的数量最大，其次是“低效施肥区”，二者转移数量分别占该类型转移总量的 50.72%、100%，粮肥耦合关系向“双增型”与“他因素影响型”转变为主。2005～2010 年及 2010～2015 年，“双增区”中有 49.28%的地级市没有发生变化，剩下地级市有 16.75%转向“双减区”、12.92%转向“低效施肥区”、21.05%转向“他因素影响区”。其中，处于山东半岛、江南丘陵等区域的“双增区”转为“双减区”；处于陕北高原、海河平原等区域的“双增区”转为“低效施肥区”；处于河套平原、藏北高原等区域的“双增区”转为“他因素影响区”。“双减区”以向“双增区”的转移趋势为主，比重为 37.93%，大致分布在甘南高原一带，呈现多向转化的趋势。“低效施肥区”主要向“双增区”转移，向“双增区”转移数量占同期“低效施肥区”地级市数量的57.63%，主要分布在藏南谷地、四川盆地以及两广丘陵一带；其次是“他因素影响区”，比重为 30.51%，主要分布在两广丘陵区，即华南主产区的中部地区，说明在第二阶段化肥过量施用或者产能较低的区域通过提高生产效率来实现粮食产量的增加。“他因素影响区”中有35.90%的地级市转为“双增区”，这些地区位于陇中高原以北地区和呼伦贝尔高原等地；有 33.33%的地级行政区转移为“双减区”，这些地级市大多分布在长江三角洲等地，原因在于进入第二阶段后，这些地区开始大力调整产业结构，减少了化肥和粮食播种的投入，导致化肥施用量和粮食产量都有所减少。总体来看，2005～2015 年化肥作为双刃剑的特性开始受到广泛关注，不少地市开始调整区内生产结构，粮肥耦合关系开始向更合理、更环保的方向转变。

表 7-5　2005～2015 年粮肥弹性系数转移矩阵　　（单位：个）

2005～2010 年	2010～2015 年				
	双增区	双减区	低效施肥区	他因素影响区	总计
双增区	103	35	27	44	209
双减区	11	10	4	4	29
低效施肥区	34	7	0	18	59
他因素影响区	14	13	3	9	39
总计	162	65	34	75	336

7.3.7　结论与建议

1. 结论

本节分析了中国 2005～2015 年化肥施用与粮食产量的时空格局及其耦合关

系，发现：

(1)2005～2015 年中国化肥施用量与粮食产量均呈上升趋势，化肥施用量的区内差异呈现粮食主产区—产销平衡区—粮食主销区的递增趋势；而粮食产量的区域差异总体趋于增大，且呈现粮食主产区—产销平衡区—粮食主销区递增。

(2)2005～2015 年中国“胡焕庸线”以西地区除青藏高原化肥施用量增幅较大以外，其以东地区化肥施用量增幅较小，化肥施用量增幅大致呈东—中—西递增的趋势，而粮食产量增幅呈现出明显的南北分异特征，秦淮线以北地区普遍增幅较大，而其以南地区增幅较小，甚至出现减产现象。

(3)从空间分布来看，“胡焕庸线”以东地区化肥施用量和粮食产量较高，以双高区为主；“胡焕庸线”以西地区化肥施用量与粮食产量相对较少，以双低区为主。

总体来看，以“双增型”耦合关系为主，其他耦合关系为辅。其间，粮肥耦合关系向“双增型”与“他因素影响型”转变为主。

2. 建议

基于上述结论，为保障国家粮食安全和生态安全，重视化肥与粮食之间的耦合关系是现阶段农业生产的关键环节，但化肥减施与粮食增产是一对难以调和的矛盾。因此，在“双增区”，应继续贯彻化肥施用量零增长计划，完善测土配方技术推广体系建设，提高测土配方技术入户率，同时积极采用其他手段促进粮食生产(王千等, 2010)，减少化肥施用对生态环境造成的威胁；在“双减区”，政府应当加强同小规模生产的农户的联系，引进成熟的生产体系改进农户的生产行为，在降低化肥施用量的基础上提高粮食产量(宋小青和欧阳竹, 2012；王微恒和朱会义, 2018)；在“低效施肥区”，应合理计算每种作物的施肥量，积极引导农户正确规划对不同作物的施肥量，综合经济效益，以小成本换取高回报；在“他因素影响区”，应当将该区改进耕作技术的农户向其他区域的农户推广，树立先进典型，改变其他区域以往的耕作思维。总之，不同地区粮食生产对化肥的依赖程度不同，应重视区域差异性，针对不同的粮肥耦合关系推进现代化农业生产，促进国家粮食安全和生态安全双重保障体系建设。

化肥集约施用已成为低收入国家促进农业增长的一个重要过程(刘钦普, 2015)，但与此同时，却带来了严重的环境问题。粮肥耦合关系问题已经引起了国际社会的广泛关注。国际肥料工业协会(International Fertilizer Association, IFA)组建了农业委员会，力图促进可持续的肥料管理，开展与肥料需求相关的权威市场分析，并监测可能影响当前和未来需求的政策、科学和其他发展来保障粮食安全建设。我国政府编制了第一个粮食安全中长期规划纲要《国家粮食安全中长期规划纲要(2008—2020 年)》，指出提高粮食生产能力，要引导农户科学使用化肥、农药和农膜，大力推广使用有机肥料、生物肥料、生物农药、可降解农膜，保护和改善粮食产地环境。鉴于此，本节分析了化肥施用量及粮食产量时空格局、结合粮肥弹性系数以及用转移矩阵分析了二者的时空耦合关系及其动态变化。结论与相关研究基本一致(史常亮等, 2016; 陈同斌等, 2002)，均认为粮食增产区集中在“秦淮线”以北的北方地区(戈大专等, 2017)，化肥施用的地区差异较为明显(陈同斌等, 2002)，但本节尚未深入分析化肥施用量与粮食产量耦合关系的变化规律及其驱动机制；也未对化肥施用量与粮食产量耦合关系变化产生的经济、社会及环境效应(赵亚莉等, 2014)进行研究，未来还需对化肥施用量与粮食产量耦合关系开展多尺度、多时段综合分析。

参考文献

陈同斌, 曾希柏, 胡清秀. 2002. 中国化肥利用率的区域分异. 地理学报, 57(5): 531-538.

戈大专, 龙花楼, 李裕瑞, 等. 2018. 城镇化进程中中国粮食生产系统多功能转型时空格局研究: 以黄淮海地区为例. 经济地理, 38(4): 147-156, 182.

戈大专, 龙花楼, 张英男, 等. 2017. 中国县域粮食产量与农业劳动力变化的格局及耦合关系. 地理学报, 72(6): 1063-1077.

姜会明, 孙雨, 王健, 等. 2017. 中国农民收入区域差异及影响因素分析. 地理科学, 37(10): 1546-1551.

刘钦普. 2015. 淮河流域化肥施用空间特征及环境风险分析. 生态环境学报, 24(9): 1512-1518.

刘彦随, 王介勇, 郭丽英. 2009. 中国粮食生产与耕地变化的时空动态. 中国农业科学, 42(12): 4269-4274.

栾江, 仇焕广, 井月, 等. 2013. 中国化肥施用量持续增长的原因分解及趋势预测. 自然资源学报, 28(11): 1869-1878.

毛其智, 龙瀛, 吴康. 2015. 中国人口密度时空演变与城镇化空间格局初探: 从 2000 年到 2010 年. 规划研究, 39(2): 38-43.

潘丹. 2014. 中国化肥消费强度变化驱动效应时空差异与影响因素解析. 经济地理, 34(3): 121-126, 135.

史常亮, 郭焱, 朱俊峰. 2016. 中国粮食生产中化肥过量施用评价及影响因素研究. 农业现代化研究, 37(4): 671-679.

宋小青, 欧阳竹. 2012. 1999—2007 年中国粮食安全的关键影响因素. 地理学报, 67(6): 793-803.

王千, 金晓斌, 阿依吐尔逊·沙木西, 等. 2010. 河北省粮食产量空间格局差异变化研究. 自然资源学报, 25(9): 1525-1535.

王珊珊, 张广胜, 李秋丹, 等. 2017. 中国粮食主产区化肥施用量增长的驱动因素分解. 农业现代化研究, 38(4): 658-665.

王微恒, 朱会义. 2018. 现阶段中国农地利用专业化的主要限制因素. 自然资源学报, 33(3): 361-371.
吴玉鸣. 2010. 中国区域农业生产要素的投入产出弹性测算: 基于空间计量经济模型的实证. 中国农村经济,(6): 25-37, 48.
奚振邦, 王寓群, 杨佩珍. 2004. 中国现代农业发展中的有机肥问题. 中国农业科学, 37(12): 1874-1878.
曾希柏, 陈同斌, 胡清秀, 等. 2002. 中国粮食生产潜力和化肥增产效率的区域分异. 地理学报, 57(5): 539-546.
张富锁. 2008. 中国肥料产业与科学施肥战略研究报告. 北京: 中国农业大学出版社.
赵雪雁, 高志玉, 马艳艳, 等. 2018. 2005～2014 年中国农村水贫困与农业现代化的时空耦合研究. 地理科学, 38(5): 717-726.
赵雪雁, 刘江华, 王蓉, 等. 2019. 基于市域尺度的中国化肥施用与粮食产量的时空耦合关系. 自然资源学报, 34(7): 1471-1482.
赵亚莉, 刘友兆, 龙开胜. 2014. 城市土地开发强度变化的生态环境效应. 中国人口·资源与环境, 24(7): 23-29.
周亮, 徐建刚, 蔡北溟, 等. 2014. 淮河流域粮食生产与化肥消费时空变化及对水环境影响. 自然资源学报, 29(6): 1053-1064.
Bai X, Shi P, Liu Y. 2014. Realizing China's urban dream. Nature, 509: 158-160.
Burke W J, Jayne T S, Black J R. 2016. Factors explaining the low and variable profitability of fertilizer application to maize in Zambia. Agricultural Economics, 48(1): 115-126.
Grimm N B, Faeth S H, Golubiewski N E, et al. 2008. Global change and the ecology of cities. Science, 319: 756-760.
Hanjra M A, Qureshi M E. 2010. Global water crisis and future food security in an era of climate change. Food Policy, 35(5): 365-377.
Liu J, Liu M, Tian H, et al. 2005. Spatial and temporal patterns of China's cropland during 1990–2000: An analysis based on Landsat TM data. Remote Sensing of Environment, 98(4): 442-456.
Neumann K, Verburg P H, Stehfest E, et al. 2010. The yield gap of global grain production: A spatial analysis. Agricultural Systems, 103(5): 316-326.
Seto K C, Fragkias M, Güneralp B, et al. 2011. A meta-analysis of global urban land expansion. PLOS One, 6(8): e23777.
Song Y, Huang B, Cai J, et al. 2018. Dynamic assessments of population exposure to urban greenspace using multi-source big data. Science of the Total Environment, 634: 1315-1325.
Takeshima H, Adhikari R P, Shivakoti S, et al. 2017. Heterogeneous returns to chemical fertilizer at the intensive margins: Insights from Nepal. Food Policy, 69: 97-109.
Wang L, Li C C, Ying Q, et al. 2012. China's urban expansion from 1990 to 2010 determined with satellite remote sensing. Chinese Science Bulletin, 57(22): 2802-2812.
Wang L, Wang S, Zhou Y, et al. 2018. Mapping population density in China between 1990 and 2010

using remote sensing. Remote Sensing of Environment, 210: 269-281.

Wu W B, Tang H J, Yang P, et al. 2011. Scenario-based assessment of future food security. Journal of Geographical Science, 21(1): 3-17.

Xin L, Li X, Tan M. 2012. Temporal and regional variations of China's fertilizer consumption by crops during 1998–2008. Journal of Geographical Sciences, 22(4): 643-652.

Xu Z, Guan Z, Jayne T S, et al. 2009. Factors influencing the profitability of fertilizer use on maize in Zambia. Agricultural Economics, 40(4): 437-446.

Zhu J. 2005. A transitional institution for the emerging land market in urban China. Urban Studies, 42(8): 1369-1390.

第 8 章

水清重点领域评价

充足的水资源、优良的水环境、健康的水生态不仅是美丽中国建设的关键，也是联合国《变革我们的世界：2030 年可持续发展议程》关注的重要话题。SDG 2030 将“为所有人提供水和环境卫生并对其进行可持续管理(SDG 6)”作为全球可持续发展的关键目标，明确提出“到 2030 年，人人普遍和公平获得安全和负担得起的饮用水(SDG 6.1)”“所有行业大幅提高用水效率，确保可持续取用和供应淡水，以解决缺水问题，大幅减少缺水人数(SDG 6.4)”。鉴于此，从安全饮水、用水效率以及农村水贫困出发，进行水清重点领域的综合评价，为促进水资源可持续利用和水生态环境保护提供决策支持。

8.1 安全饮水

8.1.1 引言

饮用水的稳定、安全供给是保障人类生存与健康的重要基础。目前，全球范围内仍有 8.4 亿人缺少基本饮用水供应，2.6 亿人单次取水花费时间超过 30 分钟。SDG 6.1.1 指标延续自 MDGs，指标设置的目的是监测全球范围的饮用水供给情况。探索快速、准确的 SDG 6.1.1 指标监测方法，有助于分析安全饮用水供给现状、识别饮用水供给中的问题，为提升饮用水安全供给水平提供数据与决策支撑。

目前，对 SDG 6.1.1 的监测主要依赖于统计调查数据，这将花费大量的人力、物力、财力，同时调查评价的周期长、难度大，数据质量也受到调查样本的影响。本节结合自来水入户率、饮用水源地水质监测数据、饮用水风险事件舆情监测数据等多源数据，对中国地级市尺度 2016 年的安全饮用水人口比例进行监测、分析，识别目前饮用水供给中的风险问题，为进一步提升饮用水的安全供给水平提供数据支撑。

8.1.2 数据来源与研究方法

1. 数据来源

本节采用的数据包括统计数据、网络数据及遥感数据。其中，统计数据包括 2016 年全国地级行政单元自来水入户率数据；网络数据包括从网络获取的 2016 年全国集中饮用水水源地水质监测数据、2016 年饮用水风险事件网络舆情数据；遥感数据包括全国公里网格人口分布数据。

2. 研究方法

采用先确定安全饮用水供给空间范围，再叠加人口数据获取安全饮用水人口比例的总体思路。融合统计数据、网络数据、遥感数据等多源数据开展中国地级市尺度安全饮用水人口比例分析。

具体操作中，以统计数据为基础，对自来水入户普及率数据进行空间分析，叠加基于网络大数据的饮用水水源地水质监测信息与饮用水风险事件时空分析结果，获取某时间段内饮用水安全供给的空间范围，进一步叠加人口分布空间数据，统计能够使用安全饮用水的人口数及比例(图 8-1)。

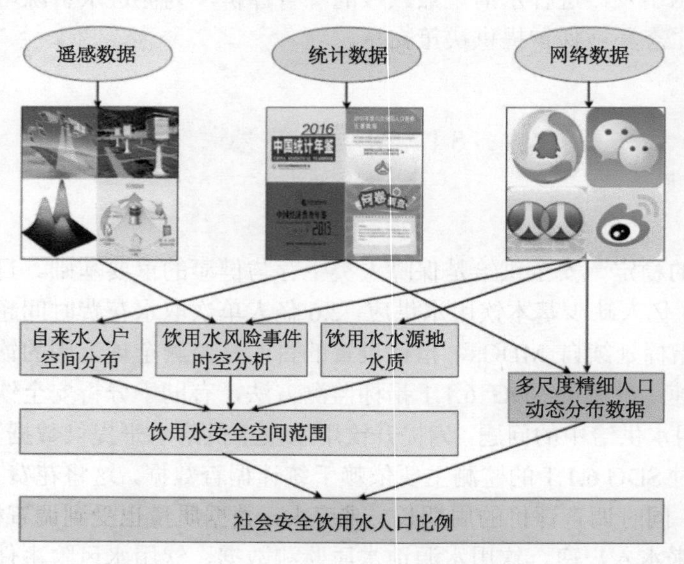

图 8-1 安全饮用水人口比例评价技术路线

8.1.3 安全饮水人口的空间格局

综合运用统计数据、监测数据与网络舆情数据，本节研究开展了全国城市安全饮用水人口比例分析。中国 2016 年城市安全饮用水人口比例为 94.87%，其中比例最高的是北京市和上海市，达到 100%，最低的为西藏，该区安全饮用水人口比例为 84.08%(图 8-2)，总体上东部发达地区安全饮用水条件优于西部地区(图 8-3)。

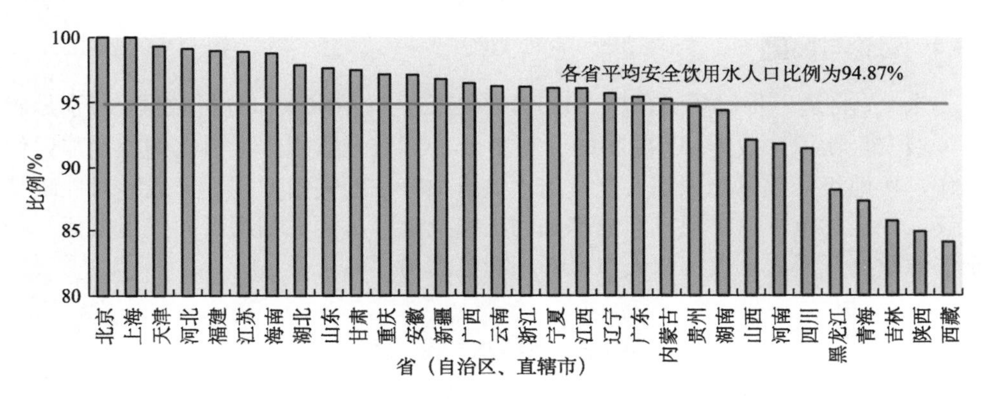

图 8-2　省级安全饮用水人口比例比较

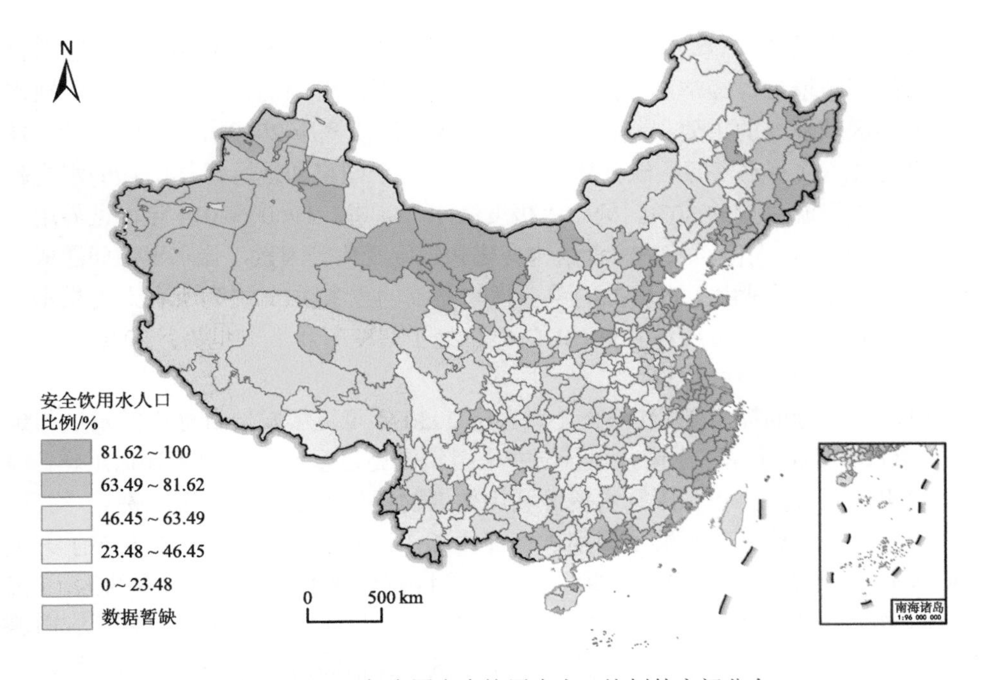

图 8-3　2016 年中国安全饮用水人口比例的空间分布

目前我国城市饮用水安全水平已达到较高水平，但是要实现 SDG 6.1 的具体目标还需进一步提升管理水平。近年来随着自来水普及率逐步提高，水源地水质安全和突发污染事件成为影响区域饮用水安全的主要因素。突发污染事件造成的影响范围和影响时间一般较短，饮用水水源地水质问题是目前影响饮用水安全水平的主要风险。对水源地水质存在长期风险和季节性风险的区域，建立水源地风险应急预案，寻找备用水源。

8.1.4 讨论与展望

未来，将进一步收集 2017～2020 年中国安全饮用水人口分析数据，特别是农村区域安全饮用水数据，开展 2017～2020 年中国安全饮用水人口比例监测与评估工作，按地级行政单元识别安全饮用水供给中存在的突出问题，形成针对性政策建议；在全球范围内寻找有数据基础的国家及地区，尝试利用新的代用指标，基于多源数据开展安全饮用水人口比例指标监测与评估工作。

8.2 用水效率

8.2.1 引言

水是生态系统中流动的“血液”，也是人类社会发展的重要资源基础。随着世界人口的不断增加，经济总量的不断扩大，人类对水资源的需求不断增长，缺水已经成为区域发展的重要限制性因素。世界水资源研究所 2019 年的报告称，全球 25%的人口面临着水资源短缺问题。目前全球 17 个国家和地区每年消耗的水量超过其可用水资源总量的 80%，处于“极度缺水”状态。1960～2014 年，世界用水量增加了 250%，人口增长、饮食结构变化和气候变化等因素，让水资源问题成为全球一大挑战。正是由于水资源的重要性与面临的重大挑战，“为所有人提供水和环境卫生并对其进行可持续管理（SDG 6）”处于《变革我们的世界：2030 年可持续发展议程》中的核心位置。

SDG 6 目标的提出是 MDG 7 在联合国 2030 年可持续发展目标中的发展与延伸。SDG 6.4.1 指标提出之前，联合国并未组织实施过全球用水效率评估工作，该指标提出后联合国公布了国别水资源利用效率的评估方法，在荷兰、秘鲁、约旦、塞内加尔、乌干达五国开展了国别试点评估工作，并于 2018 年首次发布了关于 SDG 6.4.1 的专题研究报告，根据报告评估，目前全球水资源利用效率约为 15 美元/m^3。相较于中国现行的用水效率计算方法，联合国推荐方法进一步将区域雨养农业与灌溉农业生产差异等因素考虑在内，提高了评估的精细化程度与评估准确性。

通过节水技术创新和节水制度建设，不断提升水资源利用效率是解决人类淡水资源短缺危机的可行途径。中国是典型的水资源短缺国家，人均水资源量不足全球人均的四分之一。近年来，中国通过实施“最严格水资源管理制度”“国家节水行动方案”“水污染防治行动计划”等一系列政策制度，加强水资源开发利用控制，加速提高工业、农业、服务业等不同领域的用水效率，取得了良好的成果，全国水资源利用强度下降，水资源利用效率明显提升。科学评估中国用水效率及其变化，探讨水资源利用效率的驱动因素，有助于寻找进一步提升用水效率的路径。

本节按照联合国推荐的方法，对中国 2015 年(本底年)和 2018 年的用水效率开展计算，并对变化情况及驱动因素进行分析，为进一步提升我国用水效率提供决策参考，同时希望为类似国家提供“中国经验”，促进全球 SDG 6 目标的如期实现。

8.2.2　数据来源与研究方法

1. 数据来源

本节采用的数据主要包括各省份用水量数据 2015 年、2018 年中国各省份用水量数据、中国省份分行业增加值数据以及耕地面积和灌溉面积。其中，各省份的用水量来源于 2015 年、2018 年《中国水资源公报》；各省份分行业增加值、耕地面积及灌溉面积来源于 2015 年、2018 年《中国统计年鉴》。

2. 研究方法

参考联合国推荐计算方法，结合各省份 2015 年、2018 年分行业增加值及用水情况，综合区域用水结构，利用以下公式核算各地级市用水效率：

$$\mathrm{WUE} = A_{\mathrm{we}} \times P_{\mathrm{A}} + M_{\mathrm{we}} \times P_{\mathrm{M}} + S_{\mathrm{we}} \times P_{\mathrm{S}} \tag{8-1}$$

式中，WUE 为用水效率；A_{we} 为农业用水效率；P_{A} 为农业用水占比；M_{we} 为工业用水效率；P_{M} 为工业用水占比；S_{we} 为服务业用水效率；P_{S} 为服务业用水占比。

工业及服务业用水效率直接根据区域工业、服务业增加值与用水量比值计算。农业用水效率核算中需要考虑区域内灌溉农业和雨养农业比例，扣除雨养农业产值，具体计算公式如下：

$$A_{\mathrm{we}} = \frac{\mathrm{GVA}_{\mathrm{a}} \times \left(1 - C_{\mathrm{r}}\right)}{V_{\mathrm{a}}} \tag{8-2}$$

式中，$\mathrm{GVA}_{\mathrm{a}}$ 为农业增加值；C_{r} 为雨养农业占农业增加值占比；V_{a} 为农业用水量。

农业增加值中雨养农业的占比根据下式计算，其中雨养农业与灌溉农业间的产量转化按照 GEMI 2019 年的 SDG Indicator 6.4.1 监测方法报告中中国的参考值 0.65 计算。

$$C_{\mathrm{r}}=\frac{1}{1+\frac{A_{\mathrm{i}}}{(1-A_{\mathrm{i}})\times 0.65}} \tag{8-3}$$

式中，A_{i} 为灌溉用地占耕地总面积比例。

在计算 2018 年用水效率时，利用全国及各省份 2016～2018 年各行业价格指数，将 2018 年三次产业增加值由现价转化为 2015 年可比价，根据可比价分析用水效率变化情况，结果与分析部分 2018 年用水效率均为 2015 年可比价计算结果。

8.2.3 用水效率的空间格局

2015 年、2018 年中国用水效率情况如图 8-4 所示。2015 年全国用水效率为 116.73 元/m^3，其中服务业用水效率最高，达到了 430.01 元/m^3，工业用水效率为 240.33 元/m^3，农业用水效率仅为 9.39 元/m^3。2018 年全国用水效率为 143.33 元/m^3，其中服务业用水效率达到了 520.34 元/m^3，工业用水效率为 275.01 元/m^3，农业用水效率为 10.54 元/m^3。

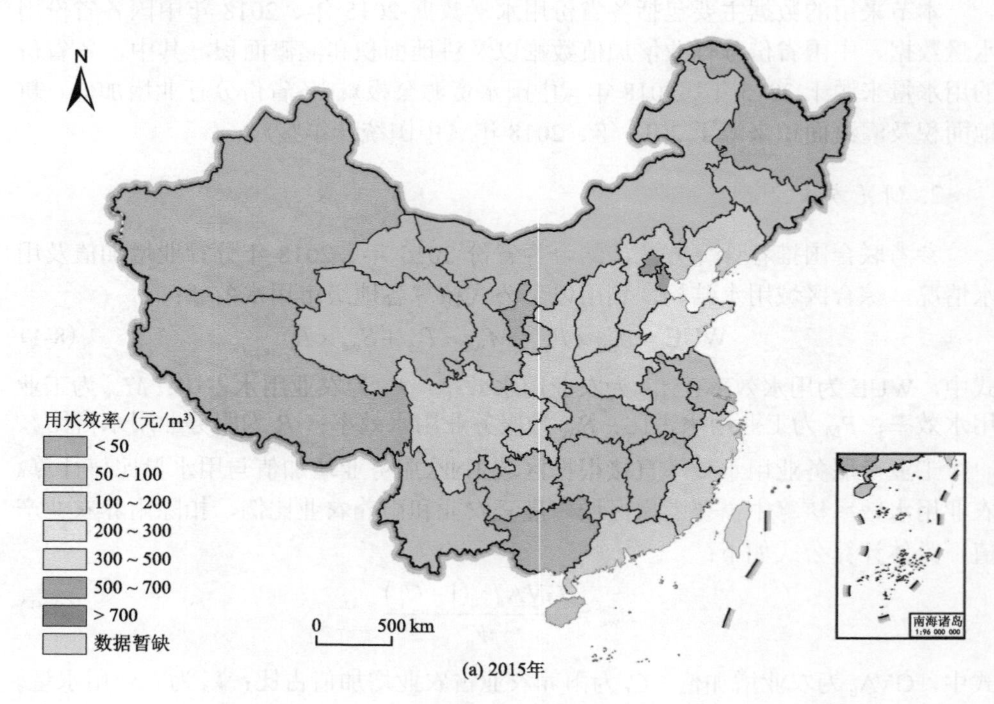

(a) 2015年

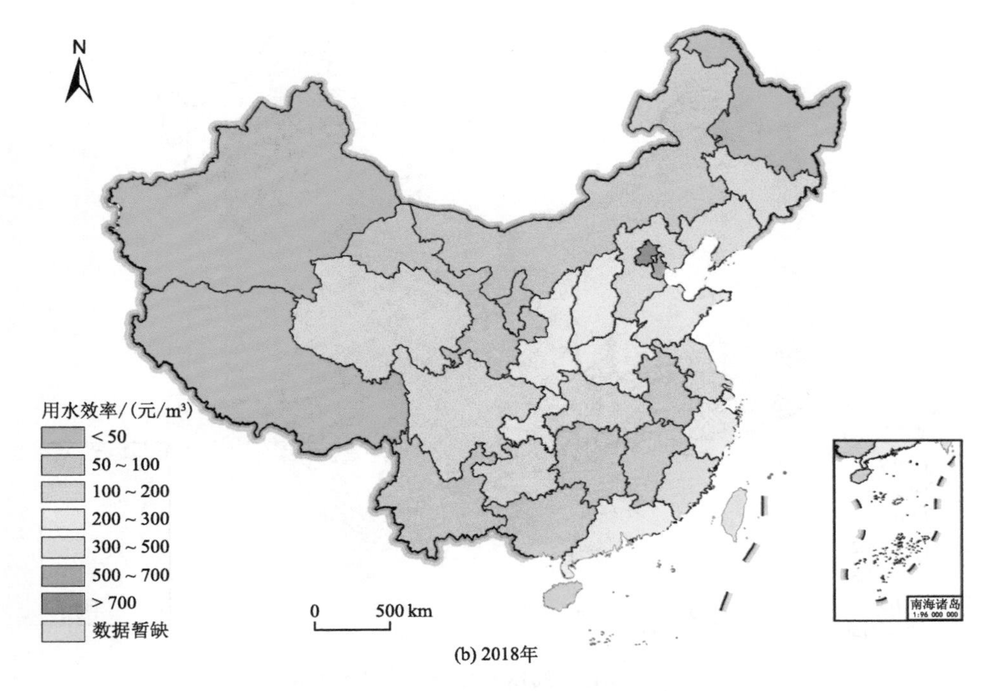

图 8-4　中国用水效率的空间分布

总体上看，全国范围内华北、华东地区用水效率较高，东北、西北、西南地区用水效率较低，工业、服务业产值占比较高的区域用水效率较高。全国各省份间的用水效率差异明显，2018 年用水效率最高的北京市达到 1119.17 元/m^3，用水效率最低的新疆维吾尔自治区为 20.89 元/m^3，但较 2015 年提升了 28.67%。

2018 年全国用水效率较 2015 年的变化情况如图 8-5 所示。2018 年全国用水效率较 2015 年用水效率大幅提高了 22.78%，分三次产业来看，服务业用水效率提升最高，达到了 21.01%，工业用水效率提升了 14.43%，农业用水效率提升了 12.21%。全国用水总量由 2015 年的 5980.4 亿 m^3 下降到 2018 年的 5815.1m^3(未包含生态补水)，用水总量下降 2.76%；与此同时，全国生产总值则由 72.28 万亿元上升到 91.47 万亿元，提升幅度达到 26.55%。全国范围内，除辽宁省和内蒙古自治区用水效率小幅下降外，其余省份用水效率均有所提升，其中福建省提升速度最快，达到了 41.45%，北京、浙江、安徽、广东、四川 2018 年用水效率也较 2015 年提升了 30%以上。

近年来，中国水资源利用效率的快速提升一方面得益于社会的快速发展与经济总量的迅速扩张；另一方面，中国自 2012 年以来实施了一系列创新的水资源管理制度。2012 年国务院发布了《关于实行最严格水资源管理制度的意见》，提出

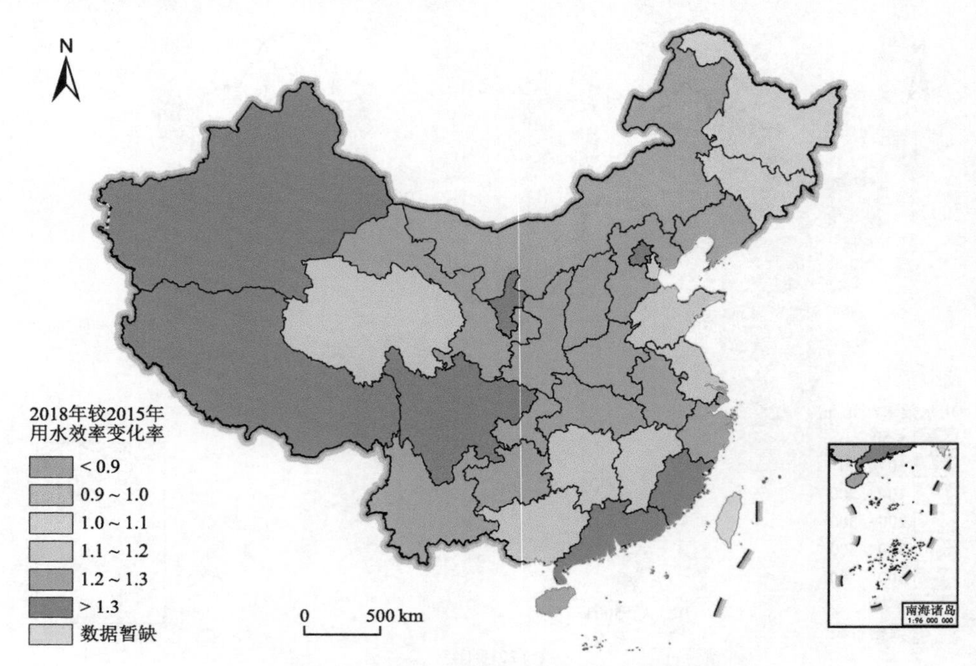

图 8-5　2015～2018 年中国用水效率变化

了水资源管理的“三条红线”，确立水资源开发利用总量控制红线，到 2030 年全国用水总量控制在 7000 亿 m^3 以内；确立用水效率控制红线，到 2030 年用水效率达到或接近世界先进水平，万元工业增加值用水量降低到 $40m^3$ 以下，农田灌溉水有效利用系数提高到 0.6 以上；确立水功能区限制纳污红线，到 2030 年主要污染物入河湖总量控制在水功能区纳污能力范围内，水功能区水质达标率提高到 95%以上。并将“三条红线”具体指标细化到各省、市、县，开展专项规划确保上述目标实现，依据指标完成情况对地方官员进行考核。除此之外，中国政府还开展了农业水权水价改革、高标准农田建设等措施，以推动水密集型产业或企业采用节水技术，向可持续、绿色、资源节约型转变，随着各项管理措施的实施，中国用水效率不断提升，许多地区面临的水资源压力正逐步得到缓解。

8.2.4　讨论与展望

随着水统计系统的不断完善，产业用水数据不断丰富，为准确开展 SDG 6.4.1 按时间列出的用水效率变化指标的监测与评估提供了有利条件。但是目前农业用水量的统计仍然是限制用水效率分析精度和实效性的主要瓶颈。采用遥感数据与水文模型对农业用水量进行模拟，以此提升农业灌溉用水数据的精度成为用水效率评估的一个新方向，但目前的模拟结果和实际检测数据间的差距仍然有较大的差异。通过进一步对模型加以完善，提升精度，将有助于提升用水效率分析的实效性和准确性。

目前中国的用水效率略高于全球 15 美元/m^3 的平均水平，但用水效率，特别是农业用水效率较发达国家仍有一定差距，加强农业节水投入、加快节水型社会建设是进一步提升用水效率的重要途径。

8.3　水资源可持续利用

8.3.1　引言

水资源是保障生命生存、支持人类社会经济运转、维持自然生态系统发展的重要资源(Fehri et al., 2019)。然而，目前全球仍有数十亿人口每天在获得饮水与用水等最基本服务时面临挑战；水资源短缺影响着全球 40%以上的人口，而且预计这一数字还会增长(Sadoff et al., 2020)；人类活动产生的污水 80%以上未经任何处理就排放到河流或海洋中，致使水资源严重污染；恶劣的卫生条件和不安全的饮用水导致全世界每年有 180 多万人口死于腹泻疾病(Xu et al., 2020)。当前，水资源可持续发展面临严峻的挑战，世界各国都将水安全列入国家安全的重要领域并采取多种措施应对水安全风险，联合国《变革我们的世界：2030 年可持续发展议程》在 SDG 6 中也明确提出要“为所有人提供水和环境卫生并对其进行可持续管理”(UN, 2016)。

随着中国经济的高速发展、人口的持续增加，缓解水资源供需矛盾并促进水资源可持续利用已经成为制约中国经济社会发展的重要瓶颈。确保水资源可持续利用不仅是促进区域发展的重要基础，同时也是实现美丽中国建设的必要前提，而要保证水资源可持续利用，不仅要优化水资源配置、提高水资源利用效率，还要保持水环境与水生态健康发展。然而，目前尚未有研究采取多指标相结合的综合指数评价法考察中国范围内水资源可持续发展的综合水平、区域差异及空间分布。当前，急需综合评价中国水资源可持续发展的现状并挖掘水资源保护中存在的问题，这不仅有助于提高水资源的可持续发展，也对于促进美丽中国建设及全球可持续发展具有重要意义。

本节在开展中国 2015 年与水相关的 SDG 指标评价的基础上，从水资源、水环境和水生态三个维度出发综合测度了中国水资源可持续利用水平，并进一步明确了其区域差异和空间分布，可为中国省级行政单元开展水资源管理提供决策支持。

8.3.2　数据来源与研究方法

1. 数据来源

数据来源于 2015 年 SDG 6.1.1、SDG 6.3.1、SDG 6.3.2、SDG 6.4.1 和 SDG 6.6.1 的评估结果数据。

2. 研究方法

利用多源数据，从水资源、水环境、水生态三个维度综合评价 2015 年中国各省份水资源可持续发展现状，具体方法见表 8-1。

表 8-1　水资源可持续发展指数测算方法

目标	维度	子指标	指标含义	数据来源	数据处理
水资源可持续发展指数	水资源	SDG 6.1.1	安全饮用水人口比例	地面监测、遥感、网络监测、统计等多源数据	采用极值法进行数据处理，采用等权重法对各子指标及维度赋权；测算水资源、水环境、水生态分维度指数及水资源可持续发展指数
		SDG 6.4.1	用水效率		
	水环境	SDG 6.3.1	安全废水处理比例		
		SDG 6.3.2	环境水质良好的水体比例		
	水生态	SDG 6.6.1	与水相关的生态系统面积变化		

8.3.3　水资源发展水平的空间格局

2015 年中国各省份水资源指数介于 0.441～1，水资源指数均值为 0.567，其变异系数为 0.211，中国水资源发展整体处于中上水平，但省份间存在明显的区域差异。从空间分布来看[图 8-6(a)]，水资源发展现状整体呈现出东—中—西阶梯递减的集聚分布格局。其中，水资源发展高水平区主要分布在东南沿海地区和京津冀地区，而西北地区的水资源发展水平普遍较低。

2015 年中国各省份水环境指数介于 0.577～0.957，水环境指数均值为 0.806，其变异系数为 0.140，中国水环境发展整体处于较高水平，且省份间无明显差异。从空间分布来看[图 8-6(b)]，水环境发展现状整体呈现出西北—东南高的哑铃形集聚分布格局。其中，水环境发展高水平区主要集中在长江流域地区和新—藏地区，而黄河流域中下游地区的水环境发展水平整体较低。

2015 年中国各省份水生态指数介于 0～1，水生态指数均值为 0.401，其变异系数为 0.459，中国水生态发展整体处于中下水平，但省份间存在显著的区域差异。从空间分布来看[图 8-6(c)]，水生态发展现状整体呈现出西北—东南递减的集聚

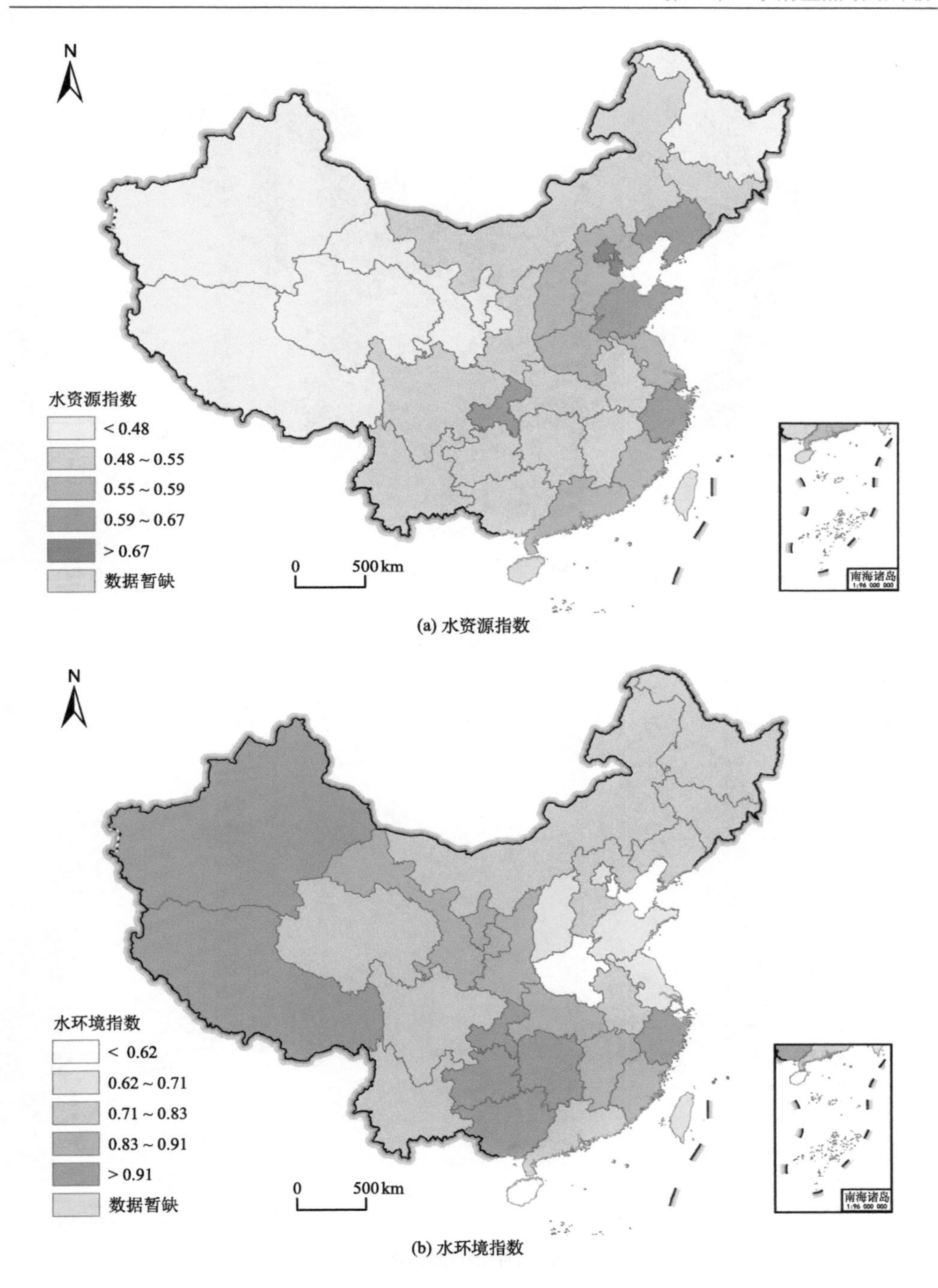

(a) 水资源指数

(b) 水环境指数

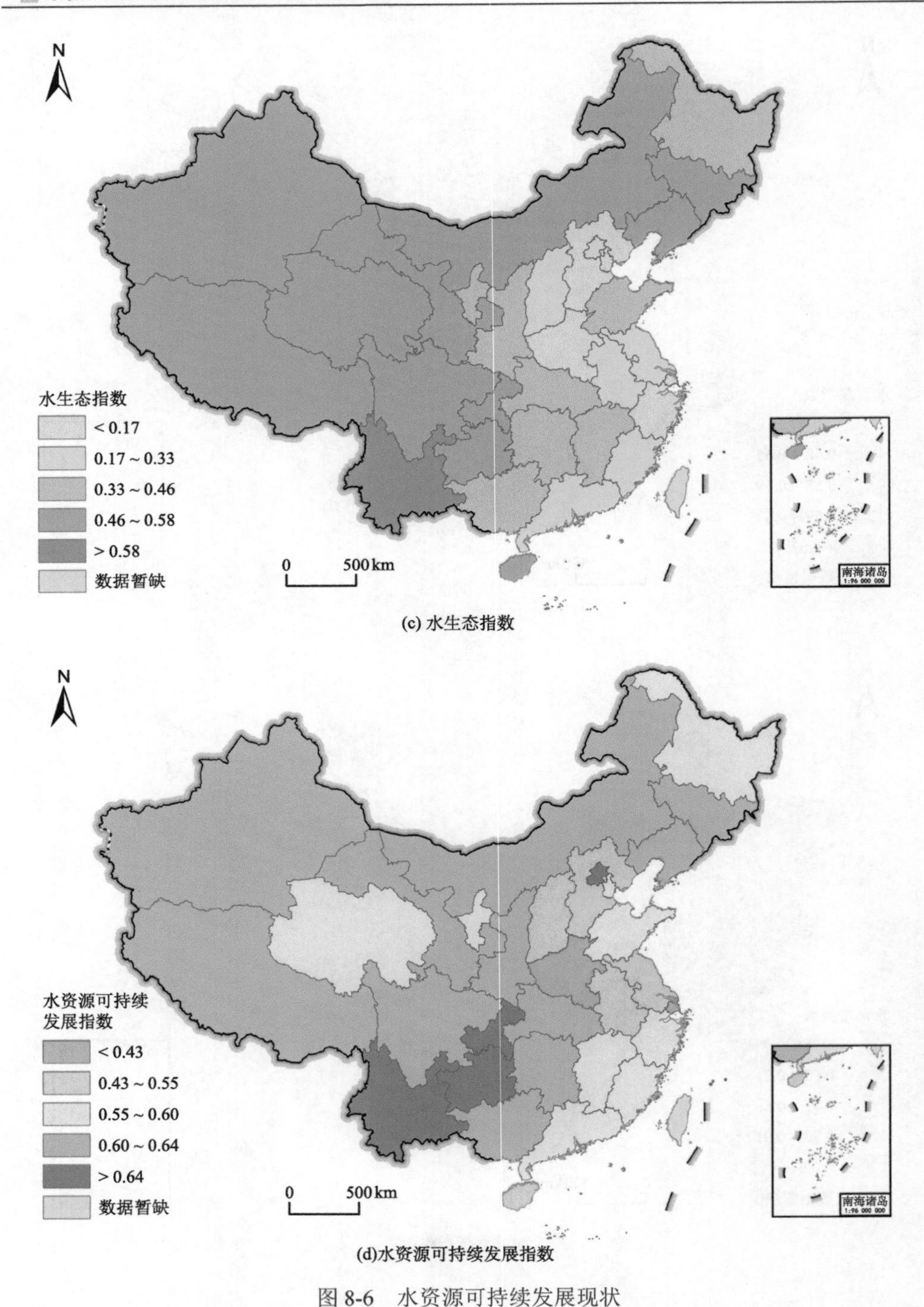

(c) 水生态指数

(d)水资源可持续发展指数

图 8-6　水资源可持续发展现状

分布态势。其中，水生态发展高水平区主要分布在西北、西南和东北地区，而京津冀地区、黄河流域中下游地区和南部沿海地区的水生态发展水平普遍较低。

2015 年中国各省份水资源可持续发展指数介于 0.410～0.771，水资源可持续发展指数均值为 0.592，其变异系数为 0.120，中国水资源可持续发展整体处于中上水平，且省份间无明显差异。从空间分布来看[图 8-6(d)]，水资源可持续发展现状整体呈现出西高东低的“双中心”局部集聚格局。其中，水资源可持续发展高水平区主要分布在滇中城市群地区和北京市，而黄河流域中下游地区和长三角地区的水资源可持续发展水平整体较低。

8.3.4　讨论与展望

本节采用多指标相结合的综合指数法考察了中国范围内省级行政单元 SDG 6 的实现情况，相较于单一指标评价 SDG 6 目标的实现更具有综合性和创新性，为从中国省级行政单元尺度开展水资源管理提供了重要的政策支持。

虽然利用多项指标进行了 SDG 6 的综合评估案例分析，但由于数据量大且获取途径有限，目前仅完成了 2015 年基准年省级行政单元 SDG 6 目标的实现情况分析。未来需继续收集相关数据并完成其他年份的水资源可持续发展综合评估，也要进一步缩小尺度获取中国主要城市的评估结果，最终实现中国 SDG 6 目标的动态评估和多尺度评估。

8.4　农村水贫困

8.4.1　引言

水是人类生存和经济发展不可取代的重要资源，水资源问题已成为制约和影响世界许多国家社会经济可持续发展的战略性问题。随着人口增长与经济活动的扩大，用水需求将不断增加，但世界上大部分地区的地表水和地下水供应量却在急剧下降(Oki and Kanae, 2006)。其中，淡水资源压力主要来源于灌溉和粮食生产，全球农业用水量占淡水使用量的比例高达 70%，预计 2050 年农业对淡水资源的需求将增加 19%，农业生产的扩大将进一步加大淡水资源压力。中国作为一个农业大国，水资源供给不足与农业发展需求之间的矛盾使中国的生态安全、粮食安全面临严峻挑战，严重制约着中国的社会经济可持续发展。因此，当前急需厘清中国水贫困和农业现代化之间的耦合关系。

国内外学者就水贫困、农业现代化及两者之间关系的研究已有相当丰富的成果，在水贫困研究方面，国外研究主要集中在水贫困的评价及定义(Heidecke, 2006; Fitch and Price, 2002; Sullivan, 2003)、水贫困模型应用(Pan et al., 2017;

Garriga and Foguet, 2010; Manandhar et al., 2012)和水贫困模型改进(Wilk and Jonsson, 2013)等方面。国内学者则在介绍水贫困评价方法(何栋才等, 2009)的基础上，通过建立指标体系研究不同尺度的水贫困程度(曹茜和刘锐, 2012; 孙才志和王雪妮, 2011)、水贫困与经济贫困(王雪妮等, 2011)之间的耦合协调关系等。在农业现代化方面，目前国内学者对农业现代化的见解存在差异(黄庆华等, 2013; 龙冬平等, 2014)，研究主要集中在农业现代化发展水平的测算(辛岭和蒋和平, 2010)、农业现代化发展水平的空间格局变化(于正松等, 2014)以及农业现代化与工业化、信息化、城镇化同步发展的协调性(丁志伟等, 2013; 尹鹏等, 2015; 姜会明和王振华, 2012)等方面。对于水贫困与农业现代化两者的关系研究，国内外则主要集中在农业水资源利用率与可持续发展(Forouzani and Karami, 2011; Ward, 2010; 黄初龙和邓伟, 2006)、农业水资源管理(Chartzoulakis and Bertaki, 2015; FAO and Mateo-Sagasta, 2011)、水-农业-贫困的关系研究(Allen et al., 2011; 潘丹和应瑞瑶, 2012)等方面。

总体来看，已有研究主要集中于水贫困评估及减缓对策、农业现代化水平评估及相关政策制定、水资源利用与农业发展关系等方面，而对水贫困与农业现代化耦合关系及其时空变化缺乏深入研究。联合国第 58 届大会宣布 2005～2015 年为“生命之水国际行动十年”。因此，本节以 2005～2014 年作为研究时段，选择 2005 年、2009 年、2014 年 3 个时间节点，以中国 30 个省级行政单位作为基本空间单元(不含香港、澳门、台湾和西藏)，构建农村水贫困和农业现代化水平评价指标体系，采用耦合协调度模型以及空间自相关分析等方法，分析中国农村水贫困与农业现代化水平的时空格局变化以及二者耦合协调关系的时空格局变化，旨在为中国制定水资源利用和农业发展政策提供依据和借鉴(赵雪雁等, 2018)。

8.4.2 数据来源与研究方法

1. 数据来源及处理

表征农村水贫困程度的人均水资源量、人均供水量、自来水受益人口比例、节水灌溉面积比重、农村人均纯收入、劳动力受教育年限、人均生活用水量、水的生产力、农药使用强度、化肥使用强度 10 个指标(王雪妮等, 2011；Garriga and Foguet, 2010)以及表征农业现代化水平的农业劳均经济产出、农业劳均主要农产品产量、农业机械化程度、农业灌溉指数(李裕瑞等, 2014)4 个指标的数据分别来自 2006～2015 年的《中国统计年鉴》(国家统计局, 2006～2015)、《中国农村统计年鉴》(国家统计局, 2006～2015)、《中国环境统计年鉴》(国家统计局, 2006～2015)、《中国水利统计年鉴》(国家统计局, 2006～2015)、《中国卫生和计划生育统计年鉴》(国家统计局, 2006～2015)。同时，利用相应年份的全国各省统计年鉴对部分省份的缺失值进行了插补，最终获得 30 个省(自治区、直辖市)(香港、澳门、台湾与西藏除外)的数据。为消除不同量纲数据对综合评价的影响，首先对数据进行标准化处理。本节采用极值法对上述指标进行标准化处理，具体方法如下：

正向指标：
$$Z_{ij} = \frac{X_{ij}}{X_{i,\max}} \tag{8-4}$$

负向指标：
$$Z_{ij} = \frac{X_{i,\min}}{X_{ij}} \tag{8-5}$$

式中，Z_{ij} 为 j 省 i 指标标准化值；X_{ij} 为 j 省 i 指标原始值；$X_{i,\max}$、$X_{i,\min}$ 分别为 i 指标的最大值与最小值。

2. *研究方法*

1) 水贫困测度

国际上常用 WPI 评价国家或地区的相对缺水程度，以反映区域水资源的本地状况和工程、管理、经济、人类福利与环境情况(Garriga and Foguet, 2010)，它包括资源、设施、能力、使用和环境 5 个维度。本节用人均水资源量、人均供水量表征农村水资源禀赋条件，用自来水受益人口与节水灌溉面积比重表征农村用水设施情况，用农村人均纯收入与劳动力受教育年限表征农村居民的用水能力，用水的生产力与人均生活用水量表征农村使用水的现状，用农药使用强度与化肥使用强度表征农田水环境污染情况。计算公式如下：

$$\mathrm{WPI} = \frac{w_{\mathrm{r}} R + w_{\mathrm{a}} A + w_{\mathrm{c}} C + w_{\mathrm{u}} U + w_{\mathrm{e}} E}{w_{\mathrm{r}} + w_{\mathrm{a}} + w_{\mathrm{c}} + w_{\mathrm{u}} + w_{\mathrm{e}}} \tag{8-6}$$

式中，WPI 为水贫困指数，R、A、C、U、E 分别代表资源、设施、能力、使用和环境 5 个维度；w_{r}、w_{a}、w_{c}、w_{u}、w_{e} 表示 5 个维度的权重。本节利用熵值法(赵雪雁等, 2017)求取各维度的权重，其中，资源、设施、能力、使用和环境维度的权重分别为 0.17、0.24、0.09、0.28、0.22。WPI 值越大，表明水贫困程度越小。

2) 农业现代化水平指数

采用农业劳均经济产出、农业劳均主要农产品产量、农业机械化程度、农业灌溉指数等指标测度农业现代化水平。计算公式如下：

$$N(n) = \sum_{i=1}^{m} \delta_i n_i \tag{8-7}$$

式中，$N(n)$ 表示农业现代化水平指数；n_i 表示第 i 个农业现代化水平指标的标准化值；δ_i 表示权重。利用熵值法计算各指标的权重，其中，农业劳均经济产出、农业劳均主要农产品产量、农业机械化程度、农业灌溉指数的权重分别为0.25、0.25、0.25、0.25。$N(n)$值越大，表明农业现代化水平越高。

3)水贫困与农业现代化耦合协调度测度

耦合度是指耦合系统中各子系统之间的相互作用、彼此影响的强度(张旺等, 2013)，协调度是指系统演变过程中内部各要素相互和谐一致的属性(马丽等, 2012)，本节使用协调发展模型(余菲菲等, 2015)。计算公式如下：

$$C = f(x)^k \times g(y)^k \big/ \left[\alpha f(x) + \beta g(y)\right]^{2k} \tag{8-8}$$

$$T = \alpha f(x) + \beta g(y) \tag{8-9}$$

$$D = \left(C \times T\right)^{1/2} \tag{8-10}$$

式中，$f(x)$为农村水贫困指数；$g(y)$为农业现代化水平指数；C为耦合度；T为农村水贫困与农业现代化综合发展指数；D为协调度。一般情况下，$k\in[2, 5]$，本节取$k=2$；由于解决农村水贫困与促进农业现代化水平提升同等重要，故取$\alpha=\beta=0.5$。耦合度$C\in[0,1]$，越趋近于1，耦合度越好，表明两者趋向新的有序结构，反之，向无序发展。根据$f(x)$与$g(y)$数值的规律，协调度值也在0～1(马丽等, 2012)，协调度数值越大，农村水贫困程度越低、农业现代化水平越高且两者之间越会相互促进，反之则反。

4)基尼系数

借鉴相关研究(盖美等, 2013)，本节利用耦合协调度基尼系数分析农村水贫困与农业现代化协调度的区域差异。计算公式如下：

$$G_{\mathrm{D}} = \left[\sum_{i=1}^{n}\sum_{j=1}^{n}\left|D_j - D_i\right| / n(n-1)\right] / 2u \tag{8-11}$$

式中，G_{D}表示协调度基尼系数；D_j、D_i代表每一年的协调度；n为省份数量；u代表各省份当年的协调度平均值。

8.4.3 农村水贫困的时空格局变化

1. 农村水贫困的变化趋势

2005～2014年中国农村水贫困程度总体呈缓慢下降趋势，水贫困指数从0.336增加到0.386，水贫困程度降低14.68%(图8-7)。究其原因，主要在于“十五”时期以来，中央高度重视水利工作，把解决水资源问题放在重要位置，做出了一系列重大部署，水利投入始终保持较高水平。但其间因一些地区发生了历史罕见的降雨、台风、干旱等自然灾害，水贫困程度有所波动。其中， 2005～2008年中国水贫困指数由0.336增大到0.350，水贫困程度降低4.22%，下降幅度较小；

2009～2014 年中国水贫困指数由 0.339 增大到 0.385，水贫困程度降低 13.69%。但此期间，由于 2009 年的降水量比常年值少 8%，地表水资源量比常年值少 13.4%，水资源总量比常年值少 12.7%，故与 2008 年相比，2009 年的水贫困程度增加了 3.22%；因 2011 年冬麦区、长江中下游和西南地区接连出现 3 次大范围严重干旱，故与 2010 年相比，2011 年的水贫困程度也增加了 1.12%；此后，随着水资源管理制度和水利基础设施的不断完善，2014 年水贫困指数增大为 0.385，与 2011 年相比，水贫困程度降低 8.03%。总体来看，2005～2014 年东、中、西部地区水贫困程度均呈下降趋势，其中，西部降幅最大(16.7%)，中、东部降幅次之，分别为 16.21%、12.2%，水贫困程度一直保持着中—西—东递减的趋势。

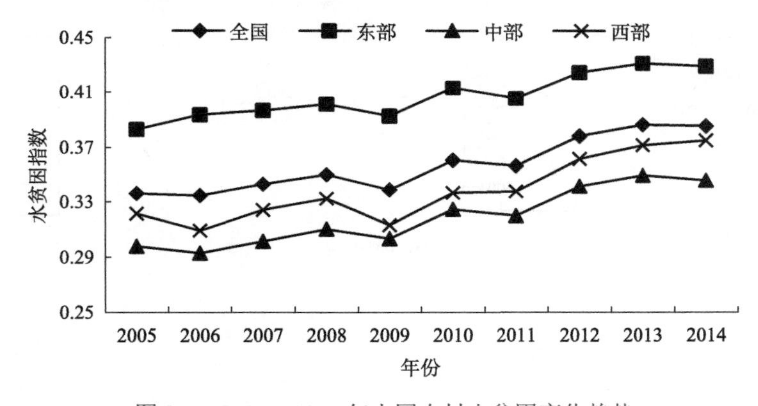

图 8-7　2005～2014 年中国农村水贫困变化趋势

2. 农村水贫困的空间格局变化

选取 2005 年、2009 年、2014 年的水贫困指数，利用 ArcGIS 软件，采用自然断点分级法将 30 个省(自治区、直辖市)划分为水富裕地区、较富裕地区、中等贫困地区、较贫困地区、严重贫困地区 5 种类型(图 8-8)。

2005～2014 年中国农村水贫困程度空间分布变化较小，总体上东北地区和西北地区为水贫困区，而东部沿海地区为水富裕地区，有个别省份出现特殊情况。① 2005～2009 年，有 16.67%的省份水贫困程度增大，10%的省份水贫困程度减小。其中，青海省为长江、黄河、澜沧江的源头，人均水资源量高，一直处于水富裕地区；而内蒙古地处干旱、半干旱区，随着经济的快速发展、人口的增长、城市规模的扩大，水资源紧缺程度日益严重，其一直为严重水贫困地区。② 2009～2014 年，有 16.67%的省份水贫困程度减小，20%的省份水贫困程度增大。其间，内蒙古虽农业用水比重较高(2011 年农田灌溉用水量占总用水量的 78.85%)，但

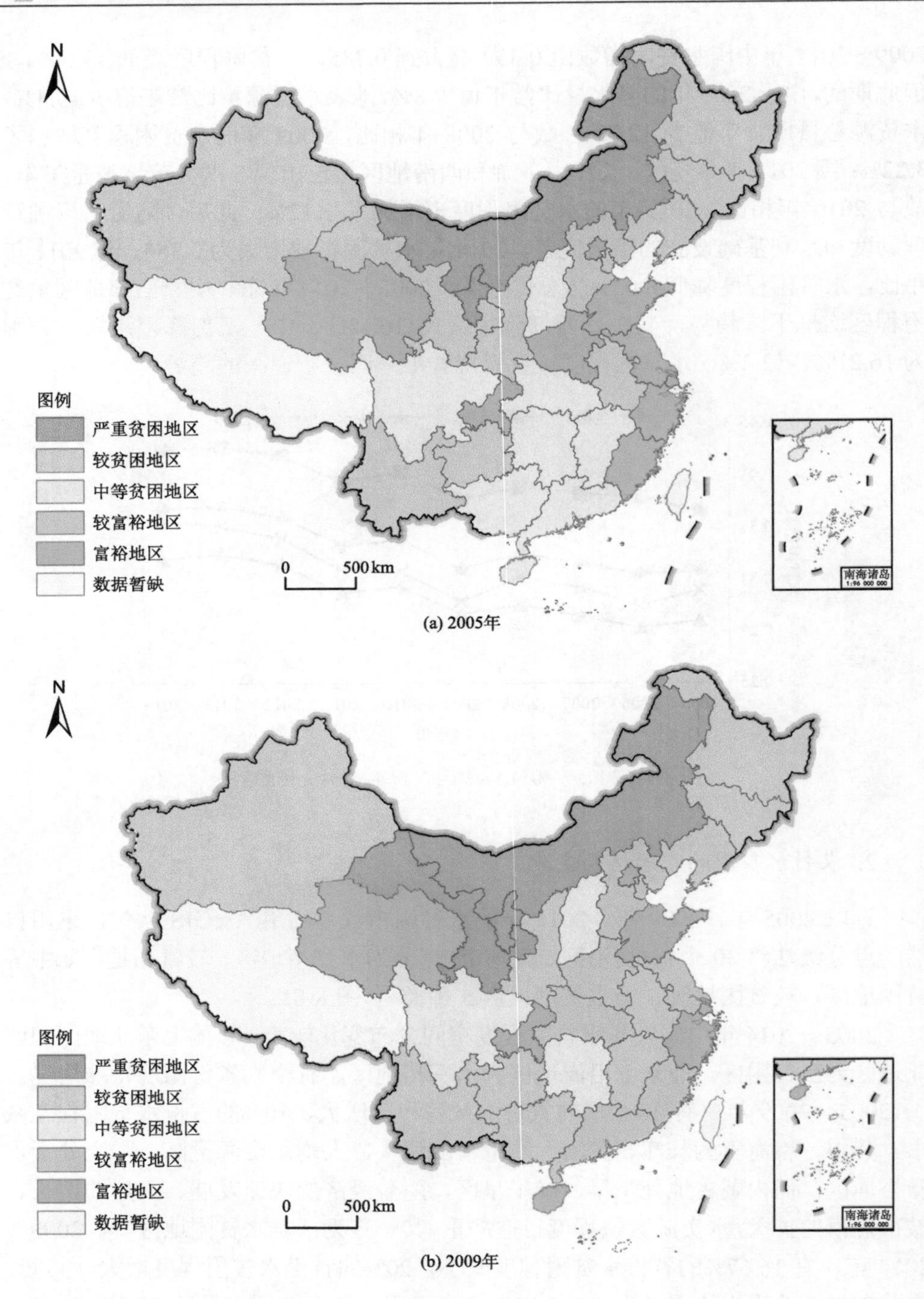

(a) 2005年

(b) 2009年

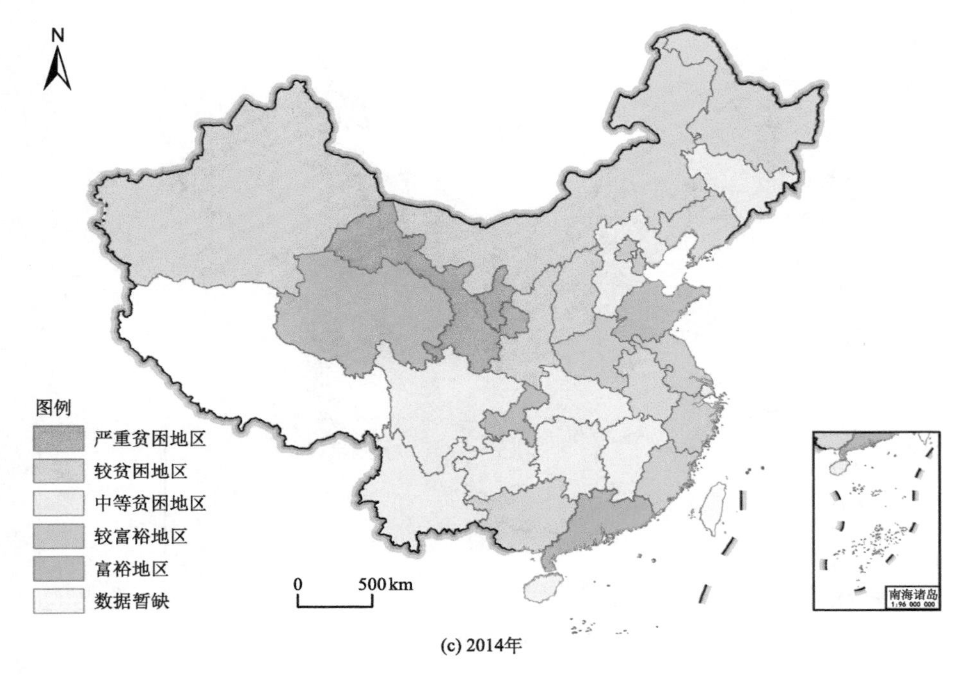

图 8-8　中国农村水贫困的空间分布

2007 年以来，该区启动了农业灌溉水利用率测算工作，着力提高农业灌溉水效率，从而使该区水贫困程度明显下降；而海南与广西因中小流域局部性洪涝灾害和台风暴潮灾害频繁发生，降雨量时空分布不均，个别地区可利用水资源较为紧缺，从而其水贫困程度呈加剧趋势。

3. 农村水贫困的时空格局变化

基于 2005 年、2009 年、2014 年各省农村水贫困指数，利用 ArcGIS 软件得到中国农村水贫困指数的 Moran's I 值分别是 0.101、0.019、0.002，且 Moran's I 值的正态统计量 Z 值的置信水平均大于 0.01，说明 2005～2014 年中国农村水贫困均呈正空间自相关，即水贫困程度高的省份趋于集聚，水贫困程度低的省份也趋于集聚。从 Moran's I 值的变化看，2005～2009 年水贫困的空间变化幅度较小，Moran's I 值的变幅为 0.082，2009～2014 年水贫困的空间变化幅度略有增大，Moran's I 值的变幅为 0.017，农村水贫困空间关系变化较小，说明该时期农村水贫困的空间关系趋于稳定。

为了体现局部空间信息，采用冷点区、次冷区、热点区、次热区反映中国农村水贫困的局部空间关系(图 8-9)：① 2005～2009 年，中国农村水贫困冷点区集

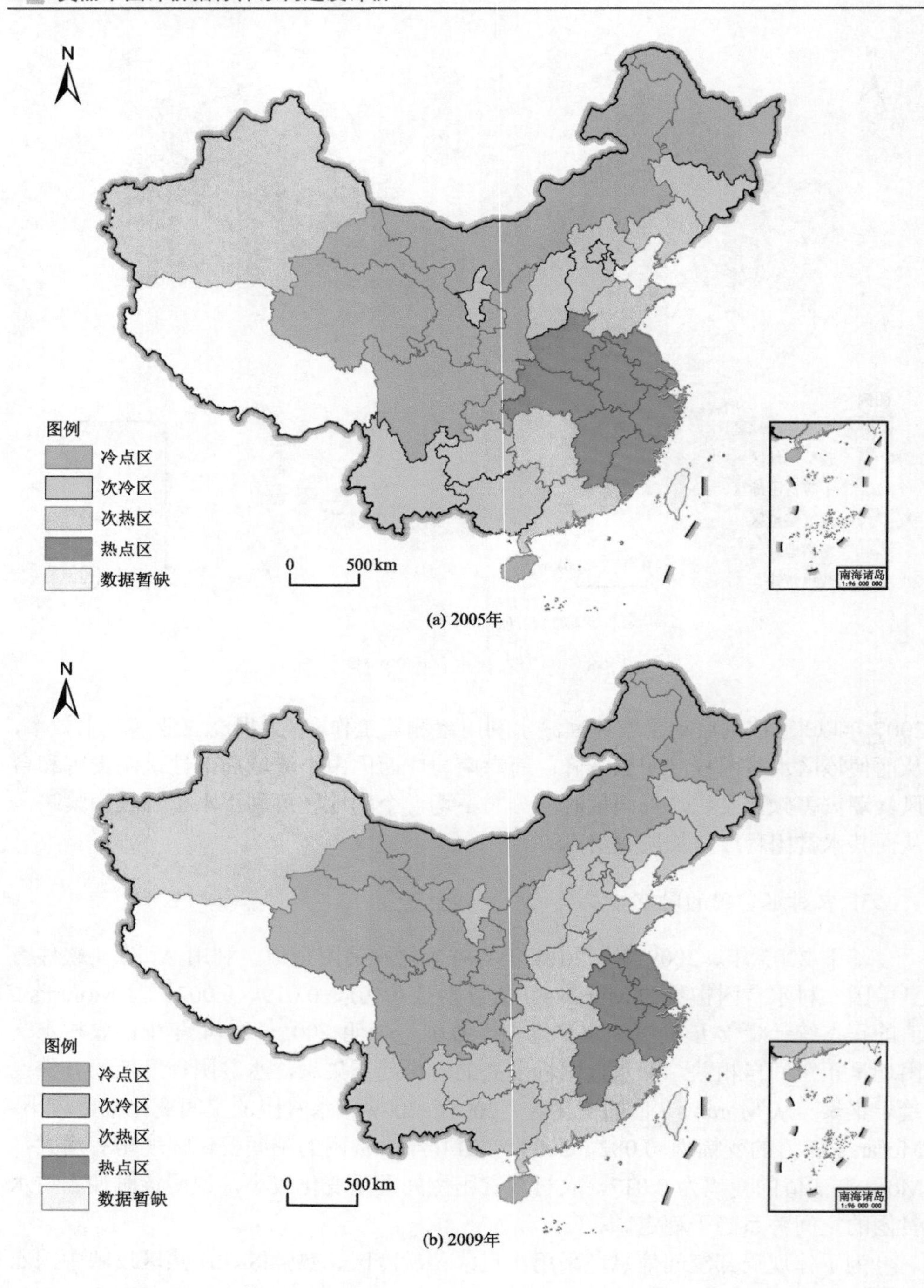

(a) 2005年

(b) 2009年

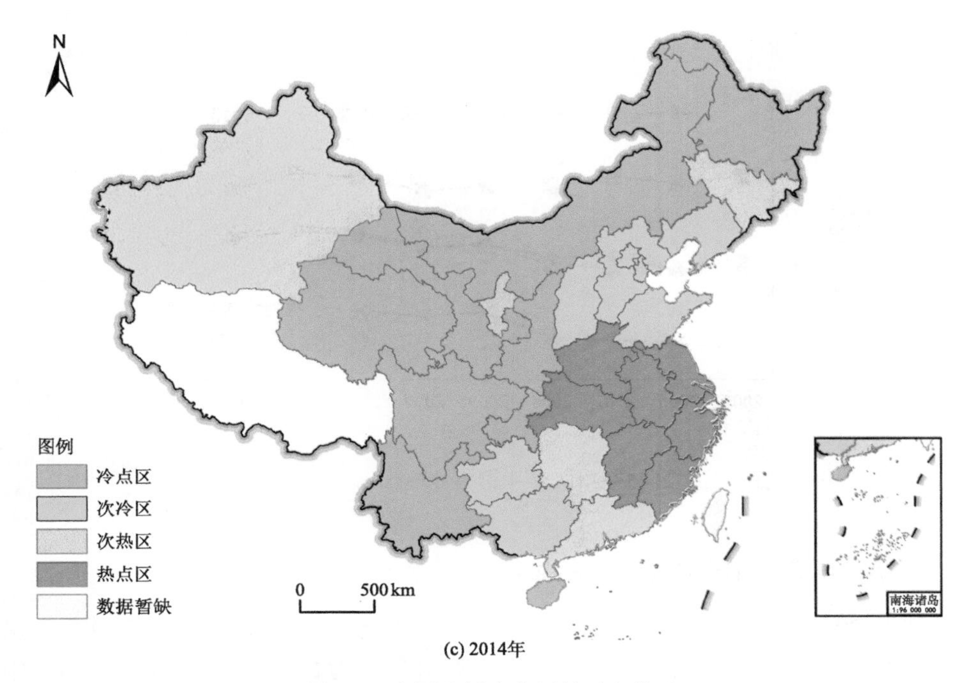

图 8-9　中国农村水贫困的时空格局

中连片分布且未发生变化，其占省份总数的比重为 26.67%；热点区略有收缩，其间黑—内蒙古—甘—青—陕—川—渝形成稳定性冷点区，而苏—浙—赣—皖形成稳定性热点区。② 2009～2014 年，中国农村水贫困的空间关系变化较大，冷点区扩大，其占省份总数的比重由 26.67%上升到 30%，热点区则在沿海地区向内陆延伸，次热区与次冷区大幅度减小。其间，苏—浙—赣—皖—豫—鄂形成稳定性热点区，内蒙古—黑—吉—川—甘—陕—渝形成稳定性冷点区。总体来看，2005～2014 年中国农村水贫困的冷点区呈扩张态势，热点区基本不变。

8.4.4　中国农业现代化水平的时空格局变化

1. 农业现代化水平的变化趋势

2005～2014 年中国农业现代化水平总体呈缓慢上升趋势，升幅达 5.5%(图 8-10)。然而，东、中、西部地区的农业现代化水平变化趋势存在显著差异，其中，东部地区的农业现代化水平降幅达 8.06%，而中、西部分别上升 11.55%、26.88%。总体来看，2005～2014 年东部各省份的农业现代化水平均位于全国平均水平之上，而中、西部地区均位于全国平均水平之下，使得中国农业现代化水平始终保持着东—中—西阶梯式递减的趋势。

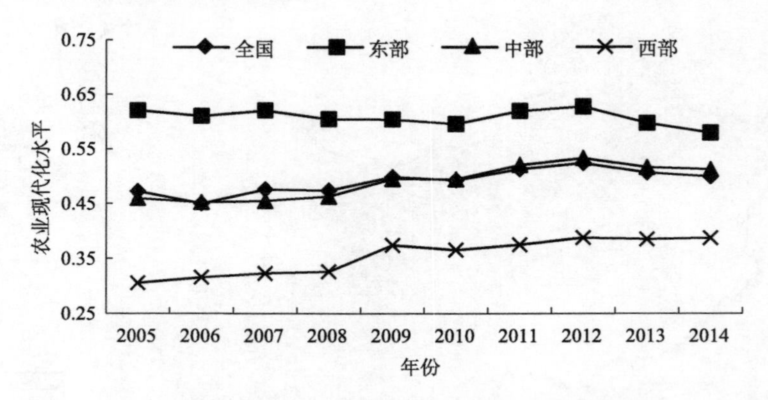

图 8-10　2005～2014 年中国农业现代化水平变化趋势

2. 农业现代化水平的空间格局变化

选取 2005 年、2009 年、2014 年的农业现代化指数，利用 ArcGIS 软件，采用自然断点分级法将 30 个省(自治区、直辖市)划分为高水平区、较高水平区、中等水平区、较低水平区、低水平区 5 种类型(图 8-11)。

2005～2014 年中国农业现代化水平整体变化较小，空间上呈东—中—西阶梯式递减的格局。其中，高水平区与较高水平区集中在东部沿海地区和新疆，而甘肃、云南、贵州等省份一直处于全国最低水平。具体来看，① 2005～2009 年，有 20%的省份向低等级省份转移，16.67%的省份向高等级省份转移。其间，四川省加大了农业科技投资力度，从而其农业现代化水平有所提高；② 2009～2014 年，有 6.67%的省份向高等级省份转移，使得高水平区、中等水平区扩张，43.33%的省份向低等级省份转移。其间，因黑龙江全面推行现代农业综合配套改革试验，从而其农业现代化水平有所提高。

3. 农业现代化水平的时空格局变化

基于 2005 年、2009 年、2014 年各省份的农业现代化水平指数，利用 ArcGIS 软件得到中国农业现代化指数的 Moran's I 值分别是 0.281、0.232、0.153，且 Moran's I 值的正态统计量 Z 值的置信水平均大于 0.01，说明 2005～2014 年中国农业现代化均呈正空间自相关，即农业现代化水平高的省份趋于集聚，农业现代化水平低的省份也趋于集聚。从 Moran's I 值的变化看，2005～2009 年农业现代化水平空

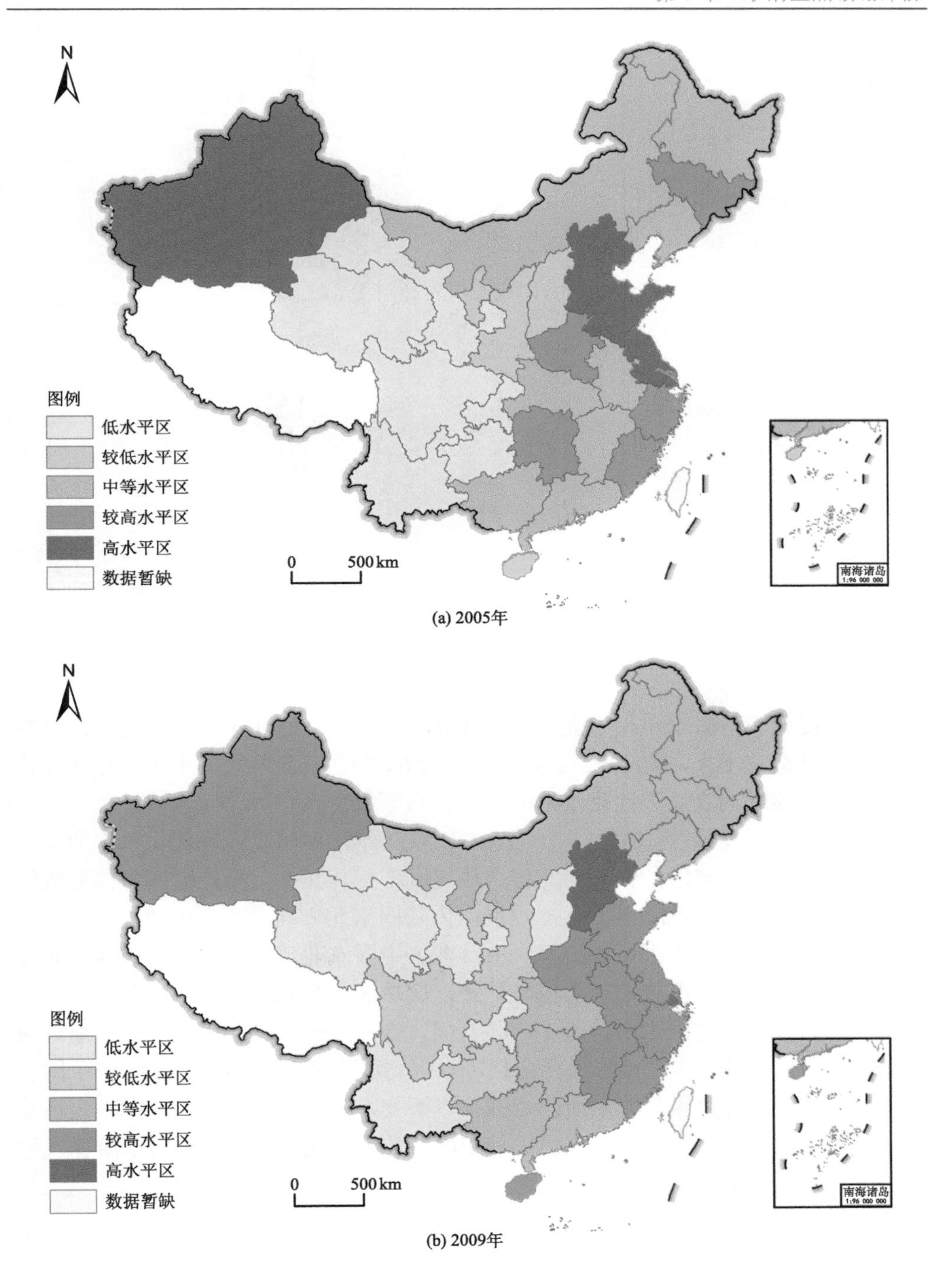

(a) 2005年

(b) 2009年

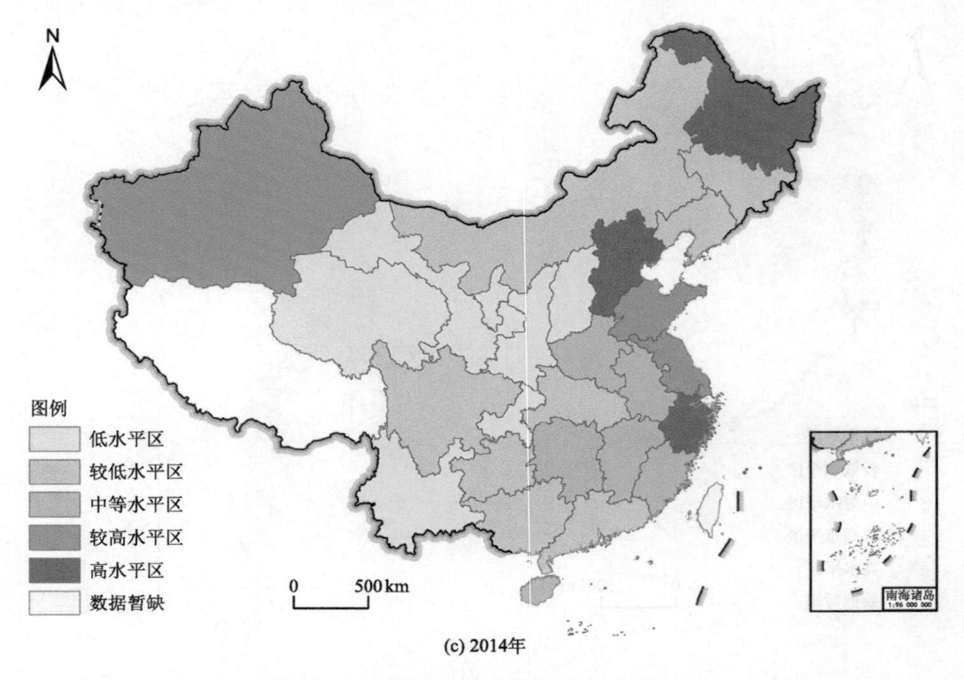

(c) 2014年

图 8-11 中国农业现代化水平的空间分布

间变化幅度较小，Moran's *I* 值的变幅为 0.049，2009～2014 年农业现代化水平空间变化幅度略有增大，Moran's *I* 值的变幅为 0.079，农业现代化水平的空间变化较大，说明该时期农业现代化水平的空间关系不稳定。

进一步分析发现(图 8-12)：① 2005～2009 年，中国农业现代化水平的空间关系变化较小，冷点区扩张且向北移，热点区不变。其中，冷点区占省份总数的比重由 20%增加到 50%。其间，冷点区由内陆向南北方向大幅度延伸，冀—京—津—苏形成稳定性热点区。②2009～2014 年，中国农业现代化水平的空间关系变化较大，冷点区大幅度收缩，热点区扩张，次热区向东北地区扩张。其中，冷点区占省份总数的比重由 50%降为 10%。其间，吉—辽—京—鲁—皖—苏—浙形成稳定性热点区，甘—川—渝形成稳定性冷点区。总体来看，2005～2014 年中国农业现代化水平的冷点区呈收缩而热点区基本不变，在东部沿海地区形成稳定性热点区，而在西部形成稳定性冷点区，使中国农业现代化水平东—中—西阶梯式递减的分布格局更显著。

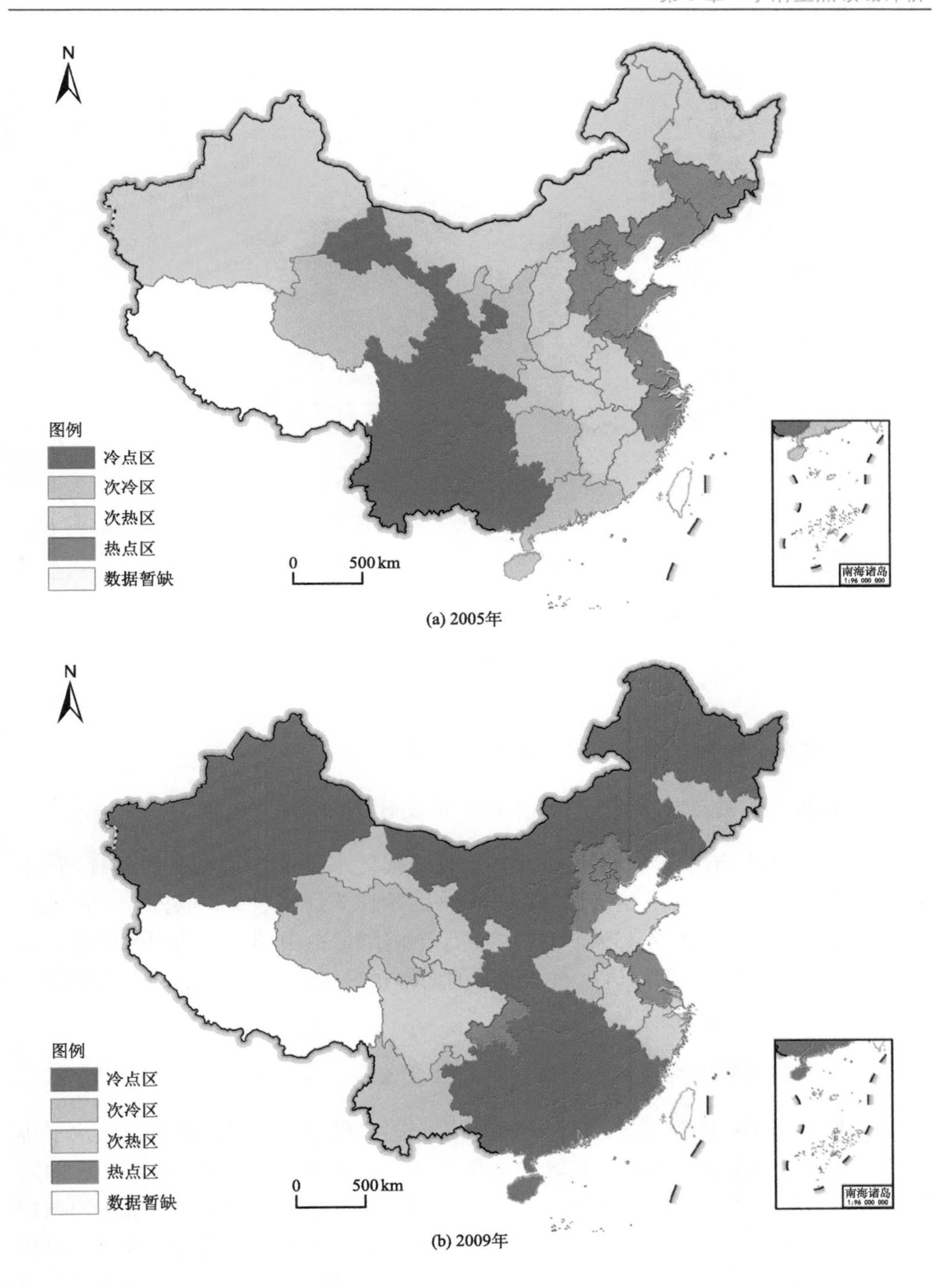

(a) 2005年

(b) 2009年

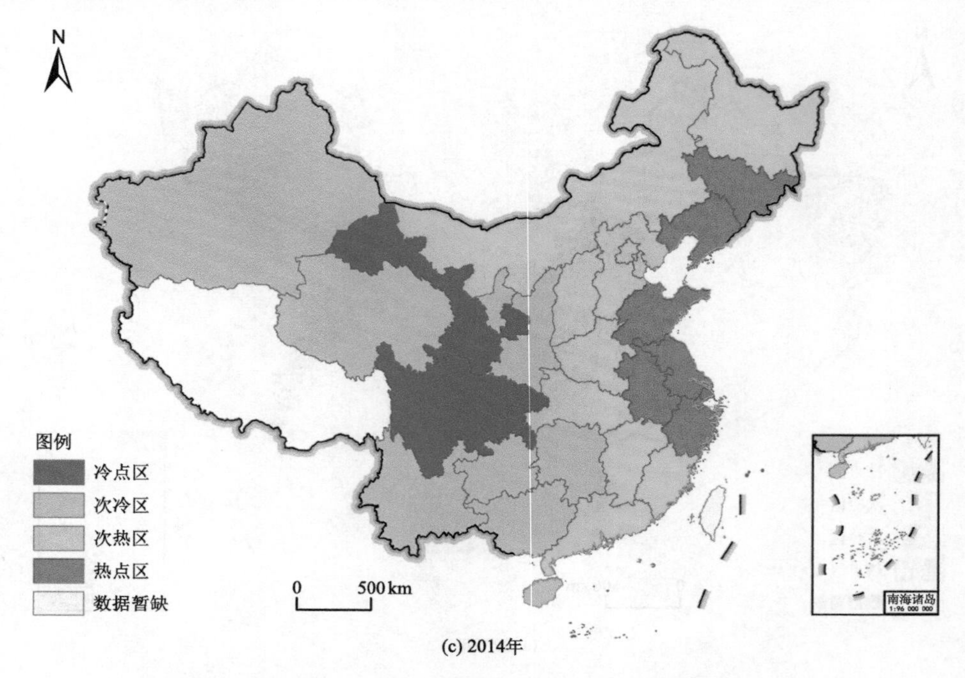

(c) 2014年

图 8-12 中国农业现代化水平的时空格局

8.4.5 农村水贫困与农业现代化水平的协调度

1. 农村水贫困与农业现代化水平的协调度时序变化

2005～2014 年中国农村水贫困与农业现代化水平的协调度在波动提高(图 8-13)，增幅为 8.03%，且始终保持东—中—西阶梯式递减趋势。其间，东部地区的协调度增幅最小，为 4.13%，但始终高于全国均值；中部地区的增幅居中，为 7.54%，且始终低于全国均值；西部地区的增幅虽最大，为 14.54%，但其协调度始终低于东部、中部。

2. 水贫困与农业现代化水平协调度的区域差异

从图 8-14 中可以看出，2005～2014 年中国农村水贫困与农业现代化水平协调度的区域差异呈缩小趋势，其降幅达到 31.62%，其中，东、中、西部地区的降幅分别为 27.74%、5.84%、49.44%。具体来看，① 2005～2009 年，水贫困与农业现代化水平协调度的基尼系数降幅为 27.59%，但三大地带协调度的基尼系数变化趋势存在较大差异，其中，东、中部地区的基尼系数趋于增大，而西部地区的

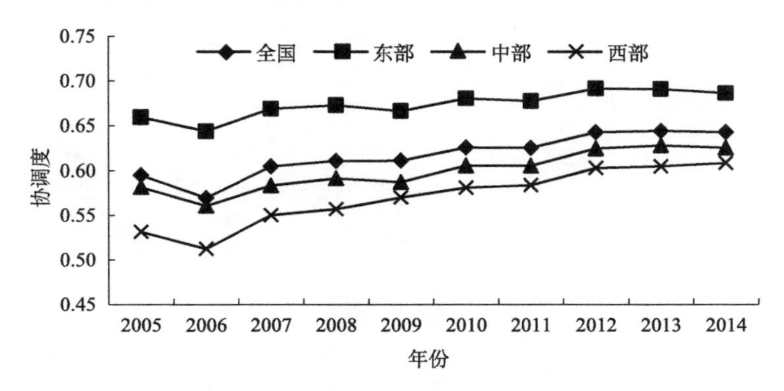

图 8-13　农村水贫困与农业现代化水平协调度的变化趋势

基尼系数趋于减小，其降幅为 37.7%。② 2010～2014 年，中国农村水贫困与农业现代化水平协调度的基尼系数降幅为 4.67%，东、中、西部地区协调度的区域差异演变情况仍存在较大差别，其中，东、西部地区协调度的基尼系数趋于下降，而中部地区协调度的基尼系数趋于增大，其增幅为 4.89%。究其原因，主要在于东、中、西部地区的农业发展水平及水资源状况存在较大差异，且自“西部大开发”“中部崛起”战略实施以来，中、西部地区的农业发展与水资源利用受到国家高度重视，故中、西部地区农业现代化与水贫困协调度的区域差异呈缩小趋势。

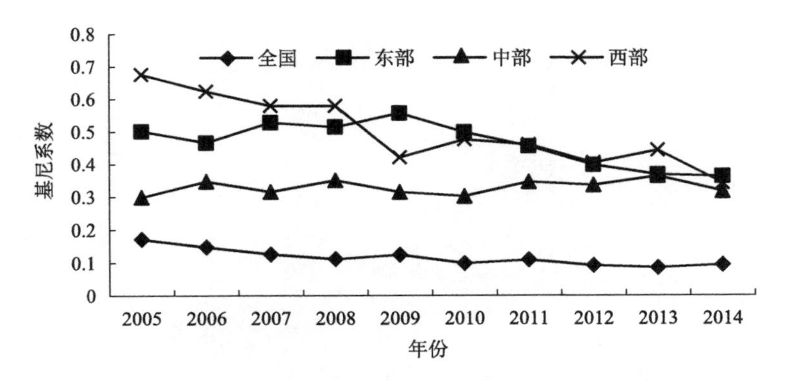

图 8-14　中国水贫困与农业现代化水平协调度的区域差异

3. 农村水贫困与农业现代化协调度的空间格局变化

选取 2005 年、2009 年、2014 年的协调度值，利用 ArcGIS 软件，采用自然断点分级法将 30 个省(自治区、直辖市)分为高度协调区、较高协调区、中等协调区、较低协调区、低度协调区 5 种类型(图 8-15)。

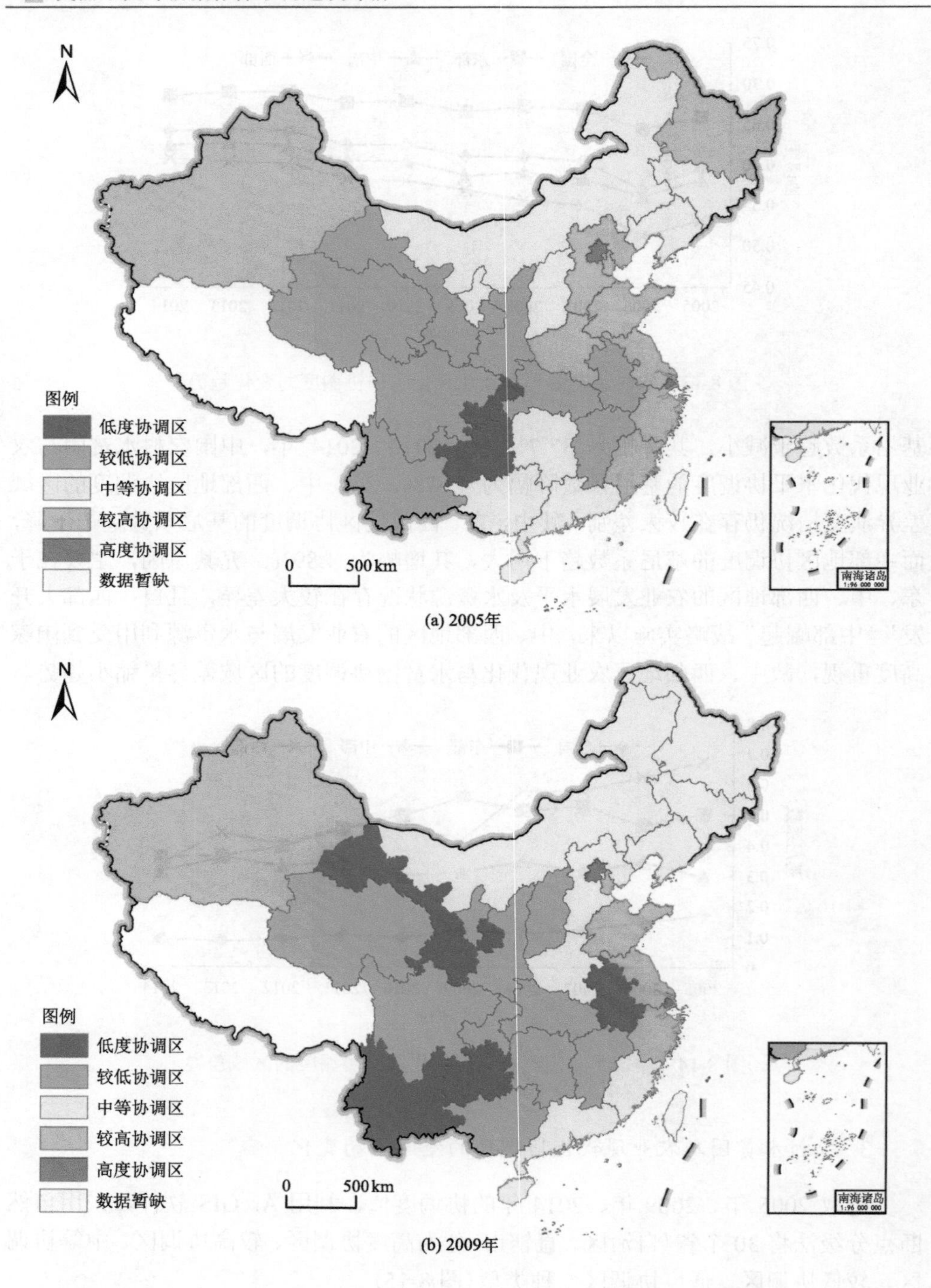

(a) 2005年

(b) 2009年

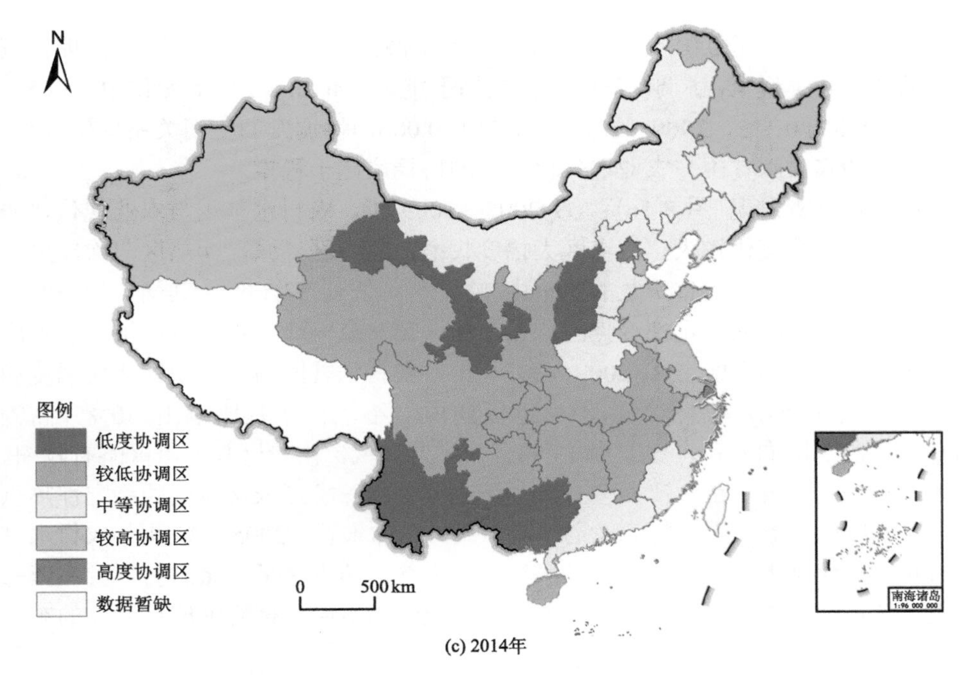

(c) 2014年

图 8-15　农村水贫困与农业现代化协调度的空间分布

2005～2014 年，农村水贫困与农业现代化水平的协调度一直维持着东—中—西阶梯式递减的格局：① 2005～2009 年，33.33%的省份协调度向低等级转移，3.33%的省份向高等级转移。其中，有 13.33%的省份由较低协调区转为中等协调区，中等协调区、较高协调区及高度协调区连为一片且呈倒“E”形，形成北—中—南对称式分布格局。其间，东部地区始终以较高协调区与高度协调区为主，二者占东部省份数的比例高达 54.55%；中部地区以较低协调区为主，其占中部省份数的比重为 50%；西部地区以较低协调区及低度协调区为主，二者占西部省份数的比例由 63.64%升高为 81.82%。②2009～2014 年，高度协调区、较高协调区及中等协调区的分布格局未发生根本转变。其间，东部地区的协调度保持稳定；中部地区协调度以较低协调区及中等协调区为主，二者占中部省份数的比重高达 75%；西部地区则以低度协调区及较低协调区为主，占西部省份数的比重为 81.82%。

4. 农村水贫困与农业现代化协调度的时空格局变化

基于各省的协调度值，利用 ArcGIS 软件得到 2005 年、2009 年、2014 年协调度的 Moran's I 值分别是 0.237、0.125、0.131，且 Moran's I 值的正态统计量 Z

值的置信水平均大于 0.01，说明 2005～2014 年协调度均呈正空间自相关，即协调度高的省份趋于集聚，协调度低的省份也趋于集聚。Moran's I 值的变化中，2005～2009 年变幅为 0.112，2009～2014 年变幅为 0.006，协调度的空间关系变化较小，说明该时期农村水贫困与农业现代化水平的协调度趋于稳定。

进一步分析发现(图 8-16)：① 2005～2009 年，农村水贫困与农业现代化协调度的空间关系变化较大，冷点区大幅度收缩，热点区扩张，次热区与次冷区略有扩张，冷点区占全国省份数的比重由 23.33%降低到 13.33%。其间，川—渝—贵—桂形成协调度的稳定性冷点区，吉—辽—冀—京—津—鲁—苏—沪—皖形成协调度的稳定性热点区。② 2009～2014 年，农村水贫困与农业现代化协调度的空间关系变化较小，热点区由沿海地区向内陆小幅扩张且比重由 30%升高为 36.67%，冷点区向北移，比重由 13.33%下降为 10%，次热区与次冷区略有收缩。其间，吉—辽—冀—京—津—鲁—豫—沪—苏—闽—皖形成协调度的稳定性热点区，甘—川—渝形成协调度的稳定性冷点区。总体来看，2005～2014 年农村水贫困与农业现代化水平协调度的冷点区呈收缩态势，热点区呈扩张态势，且在西部形成了稳定性冷点区，在东部沿海形成了稳定性热点区，使协调度呈明显的东—中—西阶梯式递减的分布格局。

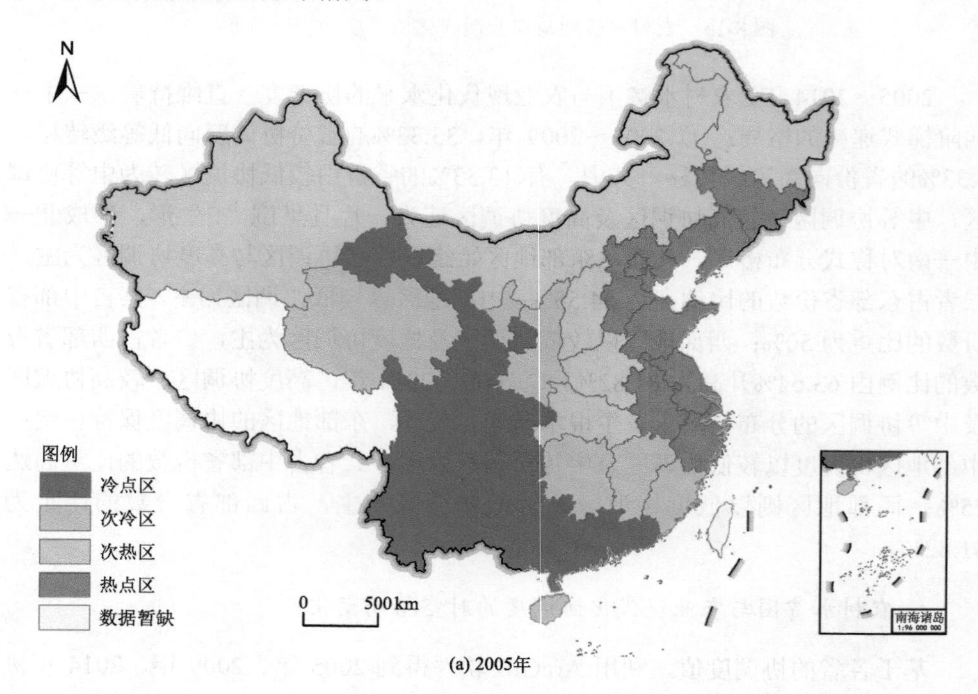

(a) 2005年

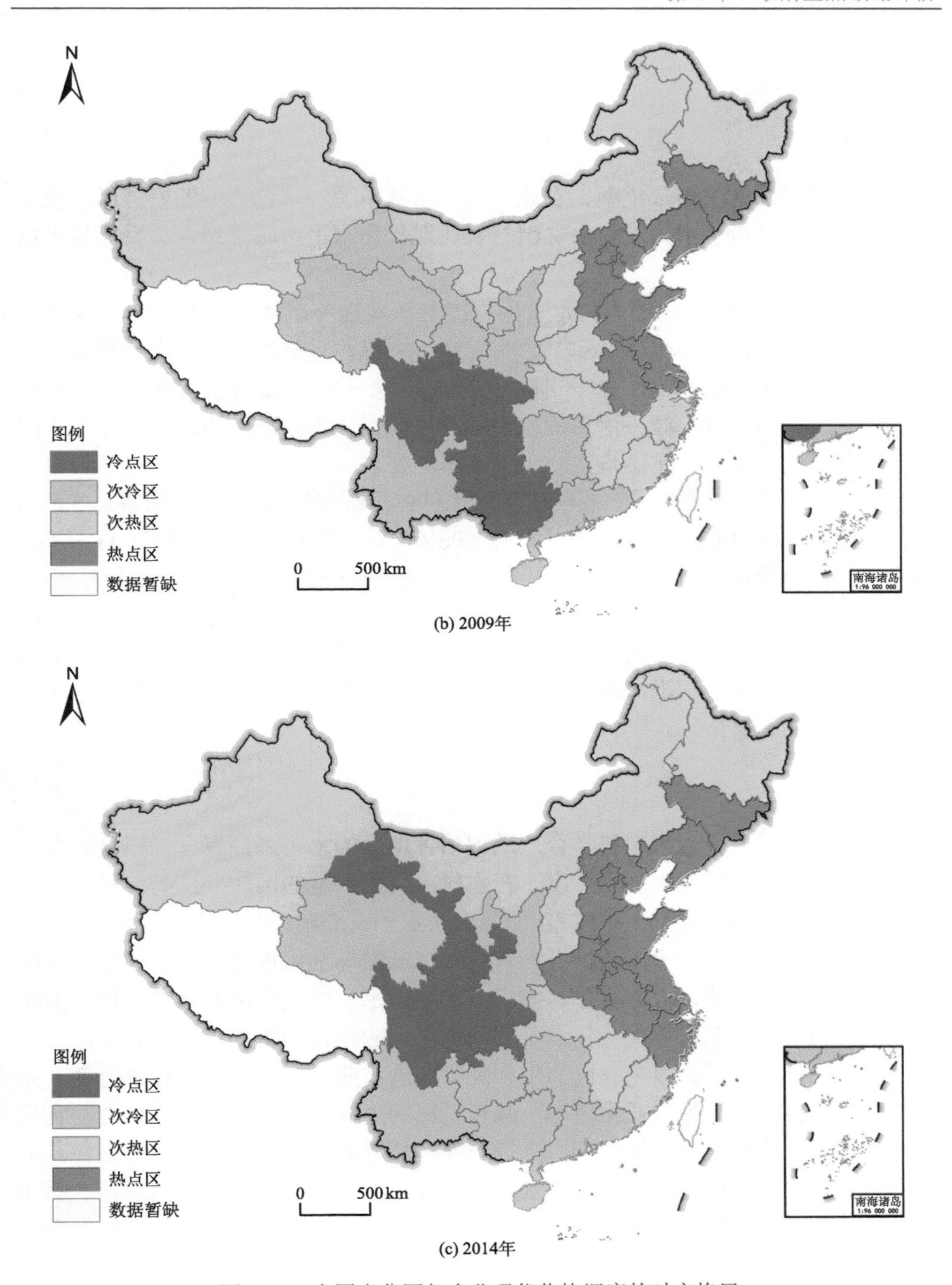

图 8-16　中国水贫困与农业现代化协调度的时空格局

8.4.6 结论与建议

1. 结论

本节采用水贫困指数模型、农业现代化指数模型、耦合协调度模型以及空间自相关方法，分析了中国农村水贫困与农业现代化水平的时空耦合关系，得出以下结论：

(1) 2005～2014 年中国农村水贫困程度呈下降趋势，降幅为 14.68%。其中，西部地区水贫困程度降幅达 16.7%，高于东、中部，水贫困程度一直保持着中—西—东递减的趋势。其间，苏—浙—赣—皖—豫—鄂形成稳定性热点区，内蒙古—黑—吉—川—甘—陕—渝形成稳定性冷点区。总体来看，2005～2014 年中国农村水贫困冷点区呈扩张态势，热点区基本不变。

(2) 2005～2014 年中国农业现代化水平总体呈缓慢提高的趋势，增幅达 5.5%。其中，东部地区的农业现代化水平降低 8.06%，而中部和西部分别提高 11.55%、26.88%。其间，中国农业现代化水平始终保持着东—中—西阶梯式递减的分布格局。

(3) 2005～2014 年中国农村水贫困与农业现代化水平协调度的差异趋于缩小。其间，协调度的冷点区呈收缩态势，热点区呈扩张态势，且在西部形成了稳定性冷点区，而在东部沿海形成了稳定性热点区，协调度一直保持着东—中—西阶梯式递减的分布格局。

2. 建议

基于上述结果，未来应科学合理地评估各地区的水资源拥有量，在提高农业现代化水平的同时减缓水贫困程度。在农村水贫困严重的地区，应制定科学合理的用水管理制度和水环境保护政策，加强农村水利设施建设及污水处理设施建设，控制农村生产、生活污水排放，提高农村水资源循环利用程度；与此同时，应积极推进农业结构调整、大力宣传与推广节水新技术，增强农民的节水意识，提高水资源利用效率。在农业现代化水平低的地区，应积极创新农业经营制度，大力推广农业生产新技术，改变农民的生产经营理念；应加大农业科技投资力度、完善农村信贷机制，提高农业生产率，减轻农民的生计风险；同时，应大力发展节水农业、减少化肥农药的施用量，降低农业种植造成的面源污染。总体来看，中国在缓解水贫困、提升农业现代化水平的过程中，应重视地域差异性，针对不同地区的“水情”差别化发展现代化农业，努力实现水资源利用与农业现代化水平的协调发展。

参考文献

曹茜, 刘锐. 2012. 基于 WPI 模型的赣江流域水资源贫困评价. 资源科学, 34(7): 1306-1311.

丁志伟, 张改素, 王发曾. 2013. 中原经济区“三化”协调的内在机理与定量分析. 地理科学, 33(4): 402-409.

盖美, 王宇飞, 马国栋, 等. 2013. 辽宁沿海地区用水效率与经济的耦合协调发展评价. 自然资源学报, 28(12): 2081-2094.

黄初龙, 邓伟. 2006. 东北区农业水资源可持续利用地域分异的因子分析. 地理科学, 26(3): 284-291.

黄庆华, 姜松, 吴卫红, 等. 2013. 发达国家农业现代化模式选择对重庆的启示: 来自美日法三国的经验比较. 农业经济问题, 34(4): 102-109.

姜会明, 王振华. 2012. 吉林省工业化、城镇化与农业现代化关系实证分析. 地理科学, 32(5): 591-595.

李裕瑞, 王婧, 刘彦随, 等. 2014. 中国“四化”协调发展的区域格局及其影响因素. 地理学报, 69(2): 199-212.

龙冬平, 李同昇, 苗园园, 等. 2014.中国农业现代化发展水平空间分异及类型. 地理学报, 69(2): 213-226.

马丽, 金凤君, 刘毅. 2012. 中国经济与环境污染耦合度格局及工业结构解析.地理学报, 67(10): 1299-1307.

潘丹, 应瑞瑶. 2012. 中国水资源与农业经济增长关系研究——基于面板 VAR 模型. 中国人口·资源与环境, 22(1): 161-166.

孙才志, 王雪妮. 2011. 基于 WPI-ESDA 模型的中国水贫困评价及空间关联格局分析. 资源科学, 33(6): 1072-1082.

王雪妮, 孙才志, 邹玮. 2011. 中国水贫困与经济贫困空间耦合关系研究. 中国软科学, 252(12): 180-192.

辛岭, 蒋和平. 2010. 我国农业现代化发展水平评价指标体系的构建和测算. 农业现代化研究, 31(6): 646-650.

尹鹏, 刘继生, 陈才. 2015. 东北振兴以来吉林省四化发展的协调性研究. 地理科学, 35(9): 1101-1108.

于正松, 李同昇, 龙冬平, 等. 2014. 陕、甘、宁三省(区)农业现代化水平格局演变及其动因分析. 地理科学, 34(4): 411-419.

余菲菲, 胡文海, 荣慧芳. 2015. 中小城市旅游经济与交通耦合协调发展研究: 以池州市为例.地理科学, 35(9):1116-1122.

张旺, 周跃云, 胡光伟. 2013. 超大城市“新三化”的时空耦合协调性分析: 以中国十大城市为例. 地理科学, 33(5): 562-569.

赵雪雁, 王伟军, 万文玉. 2017. 中国居民健康水平的区域差异: 2003-2013. 地理学报, 72(4):

685-698.

中华人民共和国国家统计局. 2006-2015. 中国环境统计年鉴. 北京: 中国统计出版社.

中华人民共和国国家统计局. 2006-2015. 中国农村统计年鉴. 北京: 中国统计出版社.

中华人民共和国国家统计局. 2006-2015. 中国水利统计年鉴. 北京: 中国统计出版社.

中华人民共和国国家统计局. 2006-2015. 中国统计年鉴. 北京: 中国统计出版社.

中华人民共和国国家统计局. 2006-2015. 中国卫生和计划生育统计年鉴. 北京: 中国统计出版社.

周振, 孔祥智. 2015. 中国"四化"协调发展格局及其影响因素研究: 基于农业现代化视角. 中国软科学, 298(10): 9-26.

Allen S L, Kemp-Benedict E, Cook S, et al. 2011. Connections between poverty, water and agriculture: Evidence from 10 river basins. Water International, 36(1): 125-140.

Chartzoulakis K, Bertaki M. 2015. Sustainable water management in agriculture under climate change. Agriculture and Agricultural Science Procedia, 4: 88-98.

FAO, Mateo-Sagasta J. 2011. The state of the world's land and water resources for food and agriculture. New York: Food and Agriculture Organization of the United Nations(FAO) and Earthscan.

Fehri R, Khlifi S, Vanclooster M. 2019.Disaggregating SDG-6 water stress indicator at different spatial and temporal scales in Tunisia. Science of the Total Environment, 694(12): 133766.

Fitch M, Price H. 2002.Water poverty in England and Wales. Centre for Utility Consumer Law and Chartered Institute of Environmental Health, 30(7): 1195-1211.

Forouzani M, Karami E. 2011. Agricultural water poverty index and sustainability. Agronomy for Sustainable Development, 31(2): 415-431.

Garriga R G, Foguet A P. 2010. Improved method to calculate a water poverty index at local scale. Journal of Environmental Engineering, 136(11): 1287-1298.

Heidecke C. 2006. Development and evaluation of a regional water poverty index for Benin. International Food Policy Research Institute(IFPRI), Environment and Production Technology Division, 34-35.

Manandhar S, Pandey V P, Kazama F. 2012. Application of Water Poverty Index(WPI) in Nepalese context: A case study of Kali Gandaki River Basin(KGRB). Water Resources Management, 26(1): 89-107.

Oki T, Kanae S. 2006. Global hydrological cycles and world water resources. Science, 313(5790): 1068-1072.

Pan A, Bosch D, Ma H. 2017. Assessing water poverty in China using holistic and dynamic principal component analysis. Social Indicators Research, 130(2): 1-25.

Sadoff C W, Borgomeo E, Uhlenbrook S. 2020. Rethinking water for SDG 6. Nature Sustainability, 3: 346-347.

Sullivan C. 2003. The water poverty index: Development and application at the community scale. Natural Resources Forum, 27(3): 189-199.

UN. 2016. Progress towards the sustainable Development Goals. https://www.researchgate.net/publication/308412382[2016-9-21].

Ward J. 2010. Water, agriculture and poverty in the Niger River basin. Water International, 35(5): 594-622.

Wilk J, Jonsson A C. 2013. From water poverty to water prosperity: A more participatory approach to studying local water resources management. Water Resources Management, 27(3): 695-713.

Xu Z C, Chau S N, Chen X Z, et al. 2020.Assessing progress towards sustainable development over space and time. Nature, 577: 74-78.

第9章 人和重点领域评价

人和作为美丽中国的基本内核、主要宗旨与重要特征，不仅包括经济富裕、文化传承、政体稳定等领域的和谐发展(方创琳等, 2019; 葛全胜等, 2020)，更包括人与自然的和谐发展(高峰等, 2019)。人和也是联合国《变革我们的世界：2030年可持续发展议程》的核心问题，SDG 2030将“建设包容、安全、有抵御灾害能力和可持续的城市和人类住区(SDG 11)”“确保普及性健康和健康保健服务、实现全民健康保障(SDG 3)”作为全球可持续发展的关键目标，明确提出“到2030年，向所有人提供安全、负担得起的、易于利用、可持续的交通运输系统(SDG 11.2)”“向所有人提供安全、包容、便利、绿色的空间(SDG 11.7)”“实现全民健康保障，人人享有优质的基本保健服务(SDG 3.8)”等。可以说，便捷的公共交通、共享的开放空间、公平的医疗资源不仅是美丽中国建设的关键目标，也是实现可持续发展的必然要求。鉴于此，从公共交通的便捷性、开放空间的共享性及优质医疗资源的公平性出发，进行人和重点领域的综合评价，为提升居民福祉水平、促进社会和谐发展提供决策支持。

9.1 城市公共交通的便利性

9.1.1 引言

城市公共交通(urban public transport)是城市中供公众使用的经济型、方便型的各种客运交通方式的总称，狭义的公共交通是指在规定的线路上，按固定的时刻表，以公开的费率为城市公众提供短途客运服务的系统(Meyer, 2004)。城市公共交通是城市交通不可缺少的部分，是保证城市生产、生活正常运转的动脉，是提高城市综合功能的重要基础设施之一，它对城市各产业的发展、经济文化事业的繁荣、城乡联系等起着重要的纽带和促进作用。良好的城市公共交通系统是许多城市经济增长和城市生活质量的代名词，也是实现大多数可持续发展目标的关键因素，特别是与教育、粮食安全、卫生、能源、基础设施和环境有关的目标。

早在 1992 年联合国地球问题首脑会议上，交通在可持续发展中的作用就得到了承认，并在其成果文件《21 世纪议程》中得以重点关注。在联合国《变革我们的世界：2030 年可持续发展议程》中，将可便捷使用公共交通的人口比例(SDG 11.2.1)作为监测交通便捷性的指标(UN, 2015)。该指标属于二级分类，即有明确的评价方法但无数据。尽管交通数据包括空间可达性、道路网络、客运量、交通伤害、死亡人数以及交通频次等，但传统的数据获取需要做出更大的努力来衡量“交通的便捷性”，因此，急需借助大数据带来的机遇实现数据获取方式和途径的突破。

联合国 SDG 2030 用“可便捷使用公共交通的人口比例”来反映公共交通的便捷性，并引入公共交通规划中的服务区域(缓冲区)概念，即设定公共交通站点 500m 范围内为可便捷使用公共交通的服务区域。联合国采用以下四个步骤测算该指标：①划分城市群建成区的空间分析：划分城市群建成区、计算总面积(平方公里)；②城市或服务区内的公共交通站点数量：信息可从城市管理或公共服务部门获得；③城市公共交通站点服务区域创建：必须使用具有正式公认的公共交通站点数量地图，并为每个站点创建半径为 500m 的服务区域；④估计城市公共交通站点服务区域内人口占城市总人口比例。

国内外关于公共交通的研究主要涉及公共交通的便捷性和服务水平、需求预测、线网规划与评价等领域(马荣国, 2003)。其中，模糊数学方法、标杆法(Alter, 1976)、支持向量机法、空间分析技术和统计分析(张弛, 2012)等方法在城市公共交通的便捷性和服务水平评价中得到了广泛应用。

9.1.2　数据来源与研究方法

1. 数据来源

采用的主要数据包括：①全国 100m 分辨率的土地利用数据产品。从全国 100m 分辨率的土地利用数据产品中提取亚类“城镇用地”构建全国地级市建成区空间数据集。②全国公里网格人口分布图(图 9-1)。利用地形、土地利用、夜光等环境协变量，融合高度动态变化的手机定位数据，构建随机森林模型，最终得到估算的高时空分辨率公里网格人口分布。

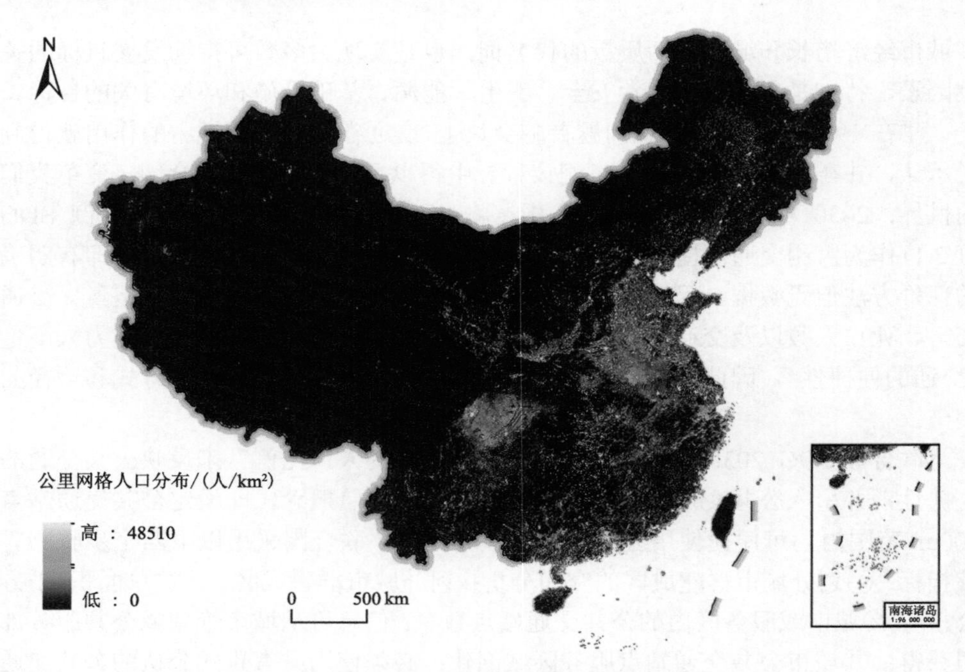

图 9-1 全国公里网格人口分布图

2. *研究方法*

从全国公共交通网络矢量图中提取公共交通站点(公交、地铁)数据(数据存储在 PostgreSQL 数据库中)。具体计算过程：①完成全国公共交通站点数据集 500m 缓冲区分析数据；②全国公里网格生成：定义 generate Fishnet 函数，利用栅格网格转化法生成全国公里网格；③缓冲区数据、全国网格与公里网格人口空间数据叠加分析，生成可便捷使用公共交通的公里网格人口比例数据；④尺度转换，基于空间统计分析，将结果由公里网格尺度向县、市、省、全国尺度进行转换。

具体技术路线为：基于全国公共交通网络矢量图，提取具有空间属性的公共交通站点(公交、地铁)数据，创建站点 500m 缓冲区范围，叠加基于遥感数据和网络数据生成的高时空分辨率人口数据，计算公里网格内缓冲区覆盖的人口比例，最后根据城市建成区空间数据，测算得到城市建成区范围内的可便捷使用公共交通人口比例(图 9-2)。

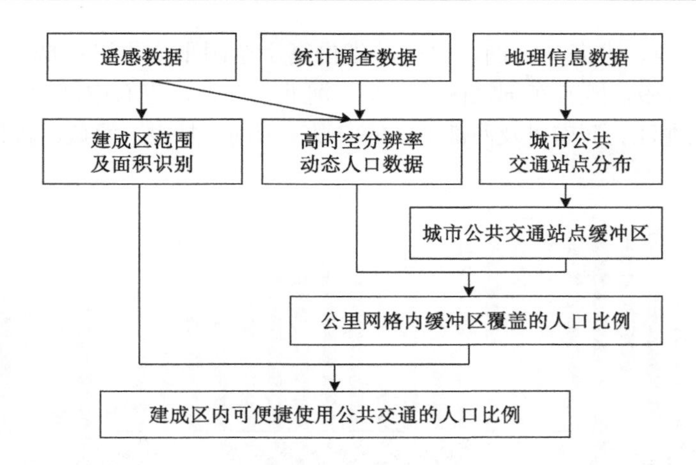

图 9-2　可便捷使用公共交通的人口比例(SDG 11.2.1)计算技术路线

9.1.3　便捷使用公共交通的人口空间分布

对于许多现有的公共交通系统，需要彻底改变它们建立时所采取的方式。因为当时大多数旅行是固定和常规的，而今天的公共交通必须采取更多、更灵活和具有竞争力的方法，以满足今天的公共出行要求。公共交通要取得任何重大的进步，就必须增加其服务性能。它必须提高服务质量，提高准时性、频率、吸引力和舒适性(Meyer, 2004)。因此，可以认为公共交通的便捷程度是影响城市功能和繁荣的主要因素。

乘坐公共交通的人口比例取决于公共交通站点和站点附近的人口密度、分布以及街道网络情况。SDG 11.2.1 指标反映的是城市人口能够便捷使用公共交通的情况，联合国认为公共车站 500m 以内的人口能够便利使用公共交通。根据我国住房和城乡建设部《城市道路公共交通站、场、厂工程设计规范》(CJJ/T 15—2011)，城市公共交通中途站的车站距离要合理选择，平均车站距离宜在 500～600m。其中，市区车站距离选取下限，城市边缘区和郊区应选择车站距离的上限；人口超过 100 万的大城市，车站之间的距离可能会超过上限。

结合全国地级市公共交通站点数据和人口公里网格数据，分析了全国地级市(除台湾之外)建成区公共交通站点 500m 范围内的人口覆盖比例(图 9-3)。总体上，全国省级尺度可便捷使用公共交通的人口比例平均为 64.28%，东部地区省份普遍高于中西部地区省份，南方省份普遍高于北方省份，但不完全是这个结果。其中，澳门、上海、香港达到 100%，即建成区公共交通站点 500m 范围内覆盖了建成区全部人口；北京、天津、浙江、福建、四川、江苏、广东、重庆、辽宁、广西、湖南、安徽、陕西、青海、江西、贵州等省份高于全国平均水平；低于全国平均水平的 14 个省份中，既有东部地区的山东、河北、海南，也有中部地区的湖北、山西、吉林、黑龙江、河南以及西部地区的宁夏、云南、甘肃、西藏、新疆、内蒙古。

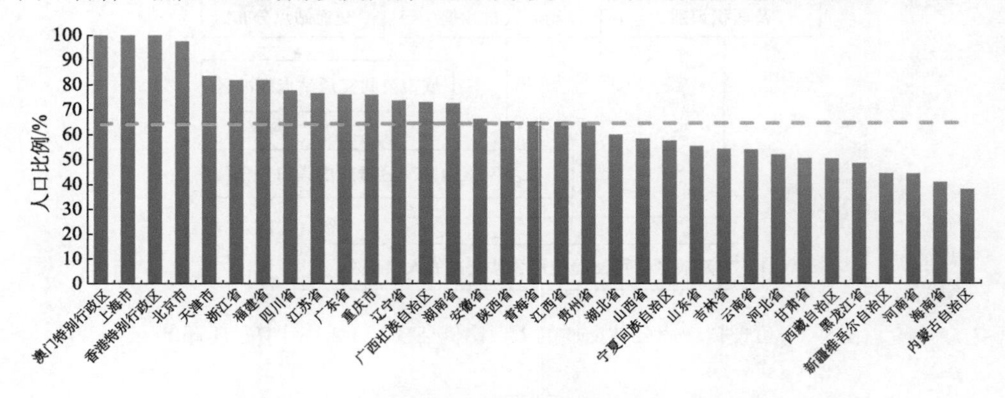

图 9-3　各省份可便捷使用公共交通的人口比例

台湾数据缺失

从地级市尺度来看(图 9-4)，人口密集的城市可便捷使用公共交通的人口比

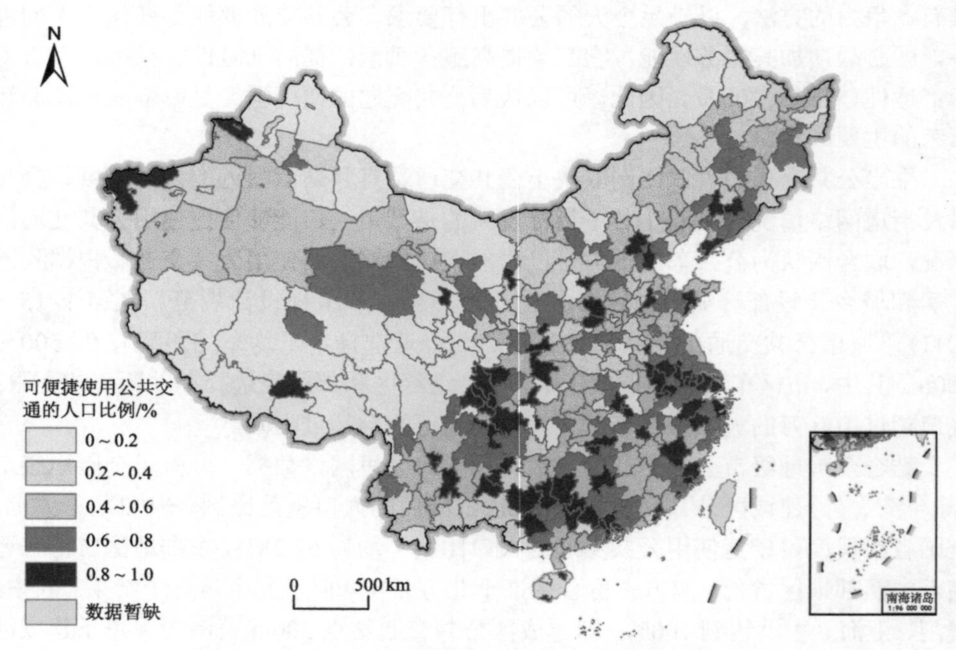

图 9-4　中国地级市可便捷使用公共交通的人口比例

台湾数据缺失

例要普遍高于人口稀少的城市。省会城市可便捷使用公共交通的人口比例普遍高于其他非省会城市。在西北部的一些城市，由于城市人口分布相对集中或人口主要沿城市道路分布，其可便捷使用公共交通的人口比例较高。

9.1.4 展望

该指标采用的计算方法较为简便，同时导航数据和土地利用数据较易获得，能为其他国家开展本指标评价及结果的国际对比提供经验借鉴；公交网络矢量数据可依据需要动态更新，土地利用数据产品每 3～5 年更新一次，基本能够满足未来高时空分辨率的评价。该指标评价所使用的人口数据，目前还无法实现按年龄、性别和残疾人的分类分析。下一步计划通过手机、互联网等大数据开展不同人群人口空间数据的研发，以更好为该指标的监测和评价提供支持。

9.2 城市开放公共空间的共享性

9.2.1 引言

随着现代空间规划政策和管理的实施，公共空间在城市生活中的作用已发生了质的转变(Dong and Dong, 2011)，它不仅有助于改善居住环境、提升城市品质、满足居民心理和生理健康等(蔚芳等, 2016)，还有利于城市长期的可持续发展。目前全球 50%以上的人口居住在城市地区(Debnath et al., 2014)，预计到 2050 年居住在城市地区的人口将达 66%(UNDESA, 2014)，发展中国家到 2030 年城市覆盖的土地面积会扩张三倍(UN-Habitat, 2016)。中国的城镇化率也从 1978 的 17.92%增加到 2018 年的 59.58%以上，预计到 2030 年城镇化率达到 70%左右，到 2050 年将超过 80%(Henry et al., 2017)。然而，在快速城市化进程中，能源消耗、碳排放、城市热岛效应、交通拥堵等一系列严峻挑战限制着城市的可持续发展。为此，联合国《变革我们的世界：2030 年可持续发展议程》设立了可持续城市和社区目标(SDG 11)，并明确提出要 “向所有人，特别是妇女、儿童、老年人和残疾人，普遍提供安全、包容、便利、绿色的空间”(SDG 11.7)(UN, 2015)。《新城市议程》中也提出要为所有人建设可持续城市和人类住区，并强调了公共空间的作用(Fan et al., 2016)。当前，急需辨明城市公共空间的区域差异及其影响因素，以便为实现 SDG 2030 的目标提供支撑。

已有大量学者从城市绿地的供应、绿色可达性指数、绿地可用性及开放空间对可持续性的影响等方面出发开展大量研究(Henry et al., 2017; Fan et al., 2016; Kabisch et al., 2016; Bertram and Rehdanz, 2015; Kilnarová and Wittmann, 2017)。例

如，Henry 等(2017)分析了德国主要城市绿地供应差异，发现城市绿地供应与家庭收入、年龄及受教育水平有关。Fan 等(2016)分析了绿色可达性指数的空间分布及冷热点空间分布，发现2000～2010年上海的绿色可达性指数有所提高，尤其是浦东区和宝山区绿色可达性改善良好。Kabisch 等(2016)利用土地利用和人口数据评估了299个欧盟城市的绿地可用性，其中，南欧城市的可用性值低于平均水平，而北欧城市与之相反。Bertram 和 Rehdanz(2015)发现城市绿地的数量和距离对生活满意度有显著的倒“U”形影响。Kilnarová 和 Wittmann(2017)采用观察法、问卷调查法等数据，分析了中欧三个城市住宅建筑之间的开放空间对可持续性的影响。中国学者对开放空间的研究起步较晚，主要关注开放空间对比、城市绿色空间、开放空间规划、城市绿地等领域。例如，蔚芳等(2016)通过对美国、英国、澳大利亚等代表性城市的公共开放空间规划标准的解读，提出开放空间规划应纳入现行规划体系。江海燕等(2018)通过研读国内外开放空间规划模式，将开放空间分为链接、生态和社会三大类。杨贵庆(2014)以“开放空间”为主线，突出了大都市“宜居”的生活品质目标，同时还突出了开放空间的社会和文化内涵。陈康林等(2016)发现城市空间自中心向外扩展蔓延，城市绿色空间变化不大，但随时间段不同起伏变化不同。李志明和樊荣甜(2017)采用 Web of Science 数据库为文献搜索引擎，运用知识图谱可视化软件，分析了国外的开放空间核心聚类：开发空间的生态效益、开发空间与公共健康、开发空间的管理、保护与价值评估四类。金云峰等(2018)研究发现街道中央的线性开放空间，不仅服务于步行者，还连接了大运量快速公交，更支持可持续交通方式。

尽管已有大量的相关成果，但目前城市开放空间研究中，缺乏统一的公共空间的测度指标，且较少关注 SDG 11.7 中开放空间的内涵与目标，导致研究结果难以与其他国家进行比较；此外，已有研究主要利用统计数据及调查数据，但统计数据与调查数据的时空分辨率、准确性相对较低，难以为更高分辨率的可持续发展决策提供支撑；而且已有研究多关注单个城市的公共空间现状及规划，较少从多尺度出发考察城市公共空间的分布；加之多从单一因素考虑对公共空间的影响，较少关注不同影响因子的交互作用对城市公共空间的影响。

基于地球大数据来研究开放公共空间不仅是发展具有更好居民生活质量的城市生态系统的先决条件，也是实现联合国可持续发展目标3、5、8等若干目标的关键，更为城市可持续发展起着至关重要的作用。鉴于此，本节基于 SDG 11.7 的指标，利用地球大数据，分别从省级、地级市尺度出发，采用泰勒指数、变异系数及地理探测器等方法，分析省级、地级市开放公共空间的空间分布及影响因素，旨在为开放公共空间规划方案以及制定宜居城市提供借鉴，继而实现城市可持续发展。本节主要解决三个问题：①基于 SDG 11.7 中开放空间的内涵与目标，借助大数据支撑获取开放公共空间规模的相关指标数据；②识别中国城市开放公共空间规模的分布状况；③识别影响城市开放公共空间分异的关键因素。

9.2.2 数据来源与研究方法

1. 数据来源

本节的开放公共空间包括公共绿地、广场、各级道路(高速、国道、省道、县道、乡镇道路、城市街道)，采用 2015 年全国导航矢量数据以及 100m 分辨率的中国土地利用数据产品。其中，全国导航矢量数据以 PostgreSQL 数据库存储；土地利用数据是将 Landsat TM 遥感影像通过人工目视解译生成，包括耕地、林地、草地、水域、居民地和未利用土地 6 个一级类型以及 25 个二级类型(http://www.resdc.cn/Default.aspx)。人口密度数据源于《城市建设统计年鉴》；年末人口数、人均 GDP、人均可支配收入、城镇化率等数据来源于各地级市统计公报，部分数据源于省级统计年鉴。

2. 研究方法

1)城市开放公共空间测度

城市开放公共空间主要体现一个城市的生活舒适度及生活质量，本节基于 SDG 11.7.1 目标，主要从公共绿地、公园、广场、道路等组分来测算城市开放公共空间面积比例。从中国土地利用数据产品中提取亚类“城镇用地”构建中国建成区空间数据集。从全国导航矢量数据中提取基于建成区定义的城市边界内的开放公共空间(包括公共绿地、广场)。 同时，提取各级道路数据(高速、国道、省道、县道、乡镇道路、城市街道)，根据中国道路建设宽度规范，将道路当前空间数据空间化为面状矢量数据。

$$P_i = \frac{S_{i\text{-green space}} + S_{i\text{-road}}}{S_{\text{build-up}}} \tag{9-1}$$

式中，P_i 为公里网格公共空间面积比例；$S_{i\text{-green space}}$ 为公里网格公共绿地空间数据；$S_{i\text{-road}}$ 为公里网格道路空间数据；$S_{\text{build-up}}$ 为城市建成区总面积。

计算过程：①全国公里网格生成：定义 generate fishnet 函数，利用栅格网格转化法生成全国公里网格；②全国公里网格与公共绿地空间数据叠加分析，生成公里网格公共绿地空间数据 $S_{i\text{-green space}}$；③根据国家各级道路建设宽度规范，将高速、省道、县道、县镇道路和城市其他道路转换为面状数据，然后与全国网格叠加分析，生成公里网格道路空间数据 $S_{i\text{-road}}$；④在网格尺度，将道路数据与公共绿地数据加和后除以城市建成区总面积得到城市开放公共空间面积比例；⑤尺度转换：基于空间统计分析，将结果由公里网格尺度向县、市、省和全国尺度进行转换。

2）公共空间的区域差异测度

利用变异系数来测量中国城市开放公共空间规模的区域差异（赵雪雁等，2017）。其计算公式如下：

$$C_{\mathrm{v}}=\frac{1}{\overline{P}}\sqrt{\sum_{i=1}^{n}\frac{(P_i-\overline{P})^2}{n-1}} \tag{9-2}$$

式中，C_{v} 为变异系数；n 为省份（城市）数；P_i 为 i 省份（城市）城市开放公共空间规模；$\overline{P}$ 为 P_i 的平均值。C_{v} 的值越大，表明城市开放公共空间规模的差异性越大。

泰勒指数可将区域差异分解为区域内与区域间差异（赵雪雁等，2017）。其计算公式如下：

$$\mathrm{Theil}=\sum_{i=1}^{m}T_i\ln(mT_i)=T_{\mathrm{wz}}T_{\mathrm{bz}} \tag{9-3}$$

$$T_{\mathrm{wz}}=\sum_{i=1}^{m_{\mathrm{e}}}T_i\ln\left(m_{\mathrm{e}}\frac{T_i}{T_{\mathrm{e}}}\right)+\sum_{i=1}^{m_{\mathrm{c}}}T_i\ln\left(m_{\mathrm{c}}\frac{T_i}{T_{\mathrm{c}}}\right)+\sum_{i=1}^{m_{\mathrm{w}}}T_i\ln\left(m_{\mathrm{w}}\frac{T_i}{T_{\mathrm{w}}}\right) \tag{9-4}$$

$$T_{\mathrm{bz}}=T_{\mathrm{e}}\ln\left(T_{\mathrm{e}}\frac{m}{m_{\mathrm{e}}}\right)+T_{\mathrm{c}}\ln\left(T_{\mathrm{c}}\frac{m}{m_{\mathrm{c}}}\right)+T_{\mathrm{w}}\ln\left(T_{\mathrm{w}}\frac{m}{m_{\mathrm{w}}}\right) \tag{9-5}$$

式中，T_{wz} 表示中国东、中、西部三个区域内①差异；T_{bz} 表示区域间差异；m 表示省份（城市）总数；m_{e}、m_{c}、m_{w} 分别表示各地带（各类城市）的省份（城市）数；T_i 表示 i 省份（城市）开放公共空间面积比例规模同全国城市开放公共空间规模平均值的比值；T_{e}、T_{c}、T_{w} 分别表示东、中、西部各省份城市开放公共空间规模与全国水平的比值。

3）城市开放公共空间的空间格局测度

采用 ESDA 方法中的全局 Moran's *I* 来判断 2015 年城市开放公共空间规模的分布特征（赵雪雁等，2018）。其计算公式如下：

① 东部地区包括京、津、冀、辽、沪、苏、浙、闽、鲁、粤、琼共 11 个省份；中部地区包括晋、皖、赣、豫、鄂、湘、吉、黑共 8 个省份；西部地区包括桂、渝、川、黔、滇、藏、陕、甘、宁、内蒙古、青、新共 12 个省份。

$$\text{Moran's } I = \frac{\sum_{i=1}^{m}\sum_{j=1}^{m} W_{ij}\left(P_i - \overline{P}\right)\left(P_j - \overline{P}\right)}{S^2 \sum_{i=1}^{m}\sum_{j=1}^{m} W_{ij}} \tag{9-6}$$

$$Z(I) = \frac{I - E(I)}{\sqrt{\operatorname{Var}(I)}} \tag{9-7}$$

式中，m 为省份(地级市)总数；W_{ij} 为空间权重矩阵；$E(I)$ 为数学期望值；$\operatorname{Var}(I)$ 为方差；P_i 与 P_j 为 i 省和 j 省(城市)城市开放公共空间规模；$\overline{P}$ 为 P_i 的平均值。Moran's I 值的取值范围为[−1,1]，若 Moran's I 显著为正，则表示相邻区域城市开放公共空间规模在空间上显著集聚；若 Moran's I 显著为负，则表示相邻区域城市开放公共空间规模在空间上显著分散。此外，需对 Moran's I 进行 Z 检验，Z 值为正且显著时，表示存在正空间自相关；Z 值为负且显著时，表示存在负空间自相关；Z 值为零，表示随机独立分布。

利用 G_i^* 指数识别城市开放公共空间的空间依赖性和空间异质性，其计算公式如下(陈康林等, 2016)：

$$G_i^* = \sum_{i=1}^{m} W_{ij} P_i \Big/ \sum_{i=1}^{m} P_i \tag{9-8}$$

式中，G_i^* 值显著为正，表示 i 区域周围高值集聚，为热点区；反之则低值集聚，为冷点区。

4) 地理探测器

地理探测器是探测空间分异性，并揭示其背后驱动因素的一种统计方法。因为其在应用时无线性假设，所以可有效克服用传统统计方法处理类型变量时的局限性，被广泛应用于不同尺度的自然、社会经济领域问题研究中。本节利用地理探测器中的因子探测和交互探测识别影响城市开放公共空间规模空间分异的关键因素，并分析影响因素的交互作用对城市开放公共空间规模的影响。

(1) 因子探测。识别影响因素对城市开放公共空间规模空间分异的解释程度。其计算公式为(王劲峰和徐成东, 2017; Wang et al., 2016)

$$q = 1 - \frac{1}{n\sigma^2} \sum_{i=1}^{m} n_i \sigma_i^2 \tag{9-9}$$

式中，q 为影响因素对城市开放公共空间规模空间分布解释力的探测指标；n、σ^2 分别为地级市(整体)的样本量和方差；n_i、σ_i^2 分别为 i 层的样本量和方差；q 值介于 0～1，q 值越大表示影响因素对城市开放公共空间规模空间分异的解释力越强，反之则反。

(2)交互探测。主要识别各变量间影响城市开放公共空间规模空间分异的相互关系，以因子 X_1 和 X_2 对公共空间规模的解释力 P 值为判断标准(王劲峰和徐成东，2017; Wang et al., 2016)。若 $q(X_1 \cap X_2) < \min(q(X_1), q(X_2))$，说明因子 X_1 与 X_2 交互后双因子非线性减弱；若 $\min(q(X_1), q(X_2)) < q(X_1 \cap X_2) < \max(q(X_1), q(X_2))$，说明因子 X_1 与 X_2 交互后单因子非线性减弱；若 $q(X_1 \cap X_2) > \max(q(X_1), q(X_2))$，说明因子 X_1 与 X_2 交互后双因子增强；若 $q(X_1 \cap X_2) > q(X_1) + q(X_2)$，说明因子 X_1 与 X_2 交互后非线性增强；若 $q(X_1 \cap X_2) = q(X_1) + q(X_2)$，说明因子 X_1 与 X_2 相互独立。

9.2.3 城市开放公共空间规模差异

1. *省级尺度差异*

2015 年中国的城市开放公共空间规模平均为 17.98%，其中，青、陕、黔、晋、赣、吉、鄂、湘、鲁等 18 个省份的城市开放公共空间规模均低于全国城市平均水平。北京市开放公共空间规模最高，达 29.18%；上海市次之，为 26.48%(图 9-5)；而广西、内蒙古、甘肃相对偏低，其中，广西仅为 10.82%。总体来看，东部地区开放公共空间规模最高、西部地区次之、中部地区最低，开放公共空间分布呈东—西—中洼地形格局。

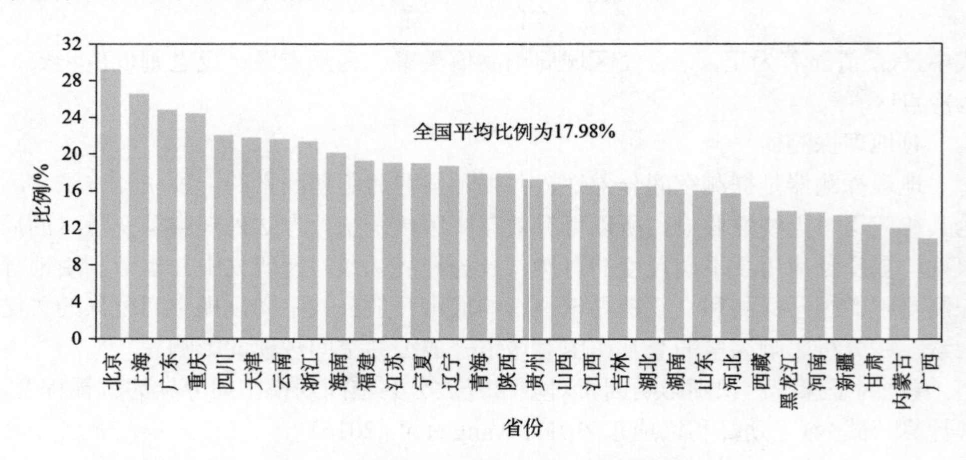

图 9-5 中国省级尺度城市开放公共空间规模

2015 年中国开放公共空间规模的变异系数为 1.01，泰勒指数为 0.03(图 9-6)。其中，城市开放公共空间规模的总体差异主要由地带内差异引起，其贡献率达 69.79%。从不同地区来看，西部地区内的差异最大，东部地区次之，中部地区最小。总体来看，城市开放公共空间规模的区域差异呈西—东—中洼地形格局。

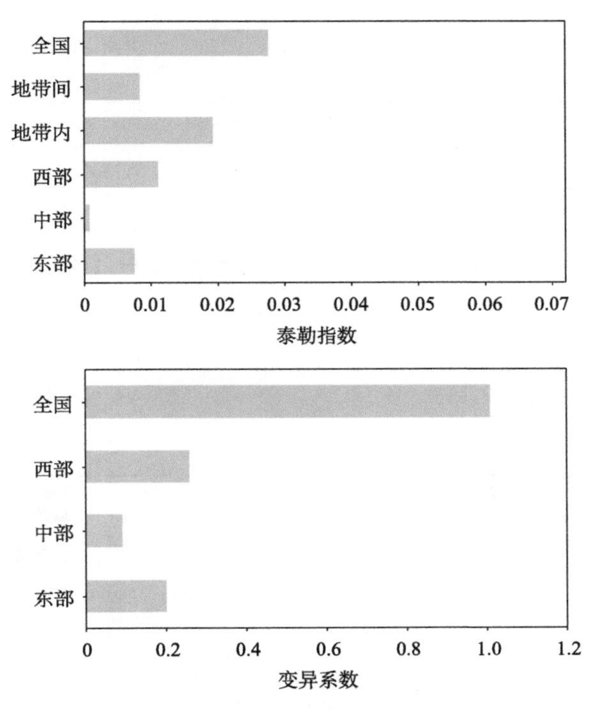

图 9-6　中国省级尺度城市开放公共空间规模差异

2. 地级市尺度的差异

中国城市开放公共空间规模中位数接近下四分位数，54.38%的城市低于均值，表明城市开放公共空间规模呈低值集聚(图 9-7)；从城市规模类型看，超大城市、特大城市、大城市和中等城市的开放公共空间规模数据较集中且呈均衡分布。小城市开放公共空间规模中位数接近下四分位数，低于均值的城市达 54.94%；从城市经济发展水平来看，不发达城市开放公共空间规模中位数接近下四分位数，低于均值的城市达 55.36%，表明城市开放公共空间规模呈低值集聚的不均衡分布；其余经济发展水平的城市开放公共空间规模分布较均衡。

2015 年不同类型城市开放公共空间规模存在较大差异。从不同规模城市来看，超大城市开放公共空间规模最高，而小城市则最低(图 9-8)；且不同规模城市间开放公共空间的差异性较大。其中，小城市开放公共空间规模差异性最大，其变异系数为 1.042，超大城市次之，特大城市最小。整体来看，城市开放公共空间规模随城市规模的减小而降低；相对地，其差异性随城市规模的增大而减小。

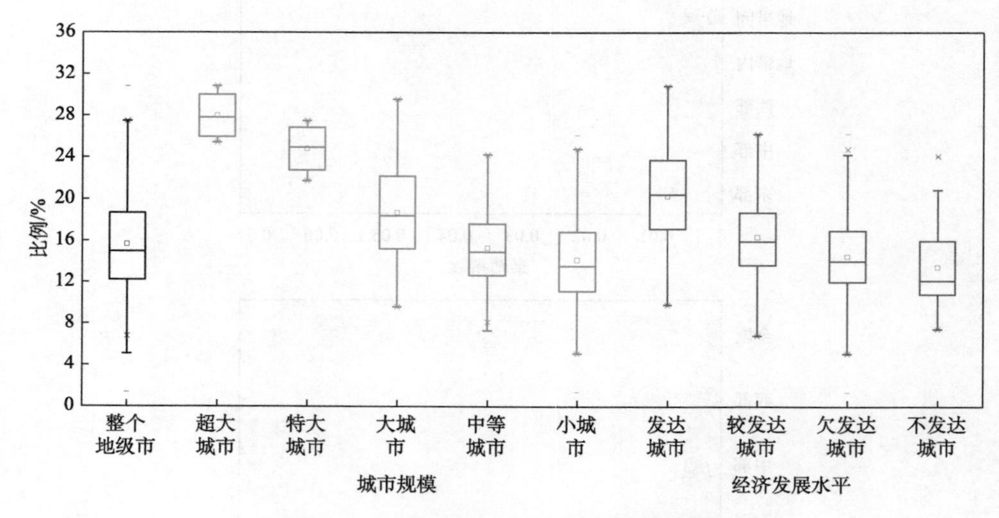

图 9-7　城市开放公共空间规模箱线图

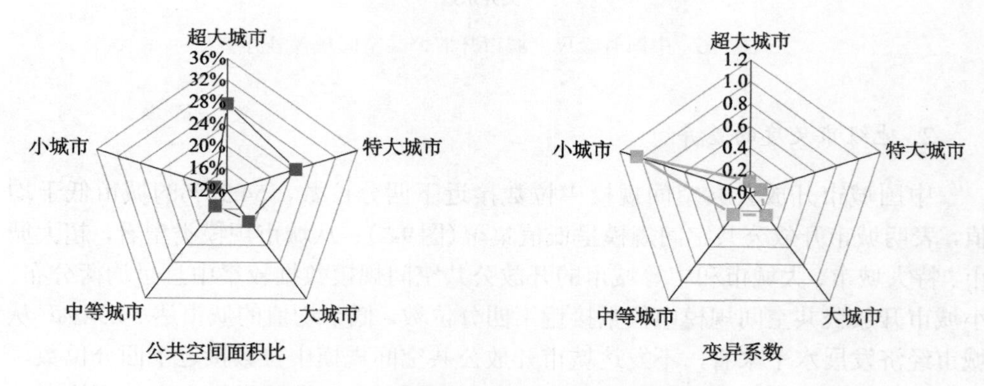

图 9-8　不同规模城市开放公共空间的差异性

从不同经济发展水平来看，发达城市开放公共空间规模最高，达 20.26%，较发达城市次之，不发达城市最低，仅 13.44%(图 9-9)。此外，不发达城市间开放公共空间规模的差异性最大，达 0.30，较发达城市次之，发达城市最小，仅 0.24。整体来看，不同城市开放公共空间规模随经济发展水平的降低而降低，其差异性随城市经济发展水平的降低而增大。

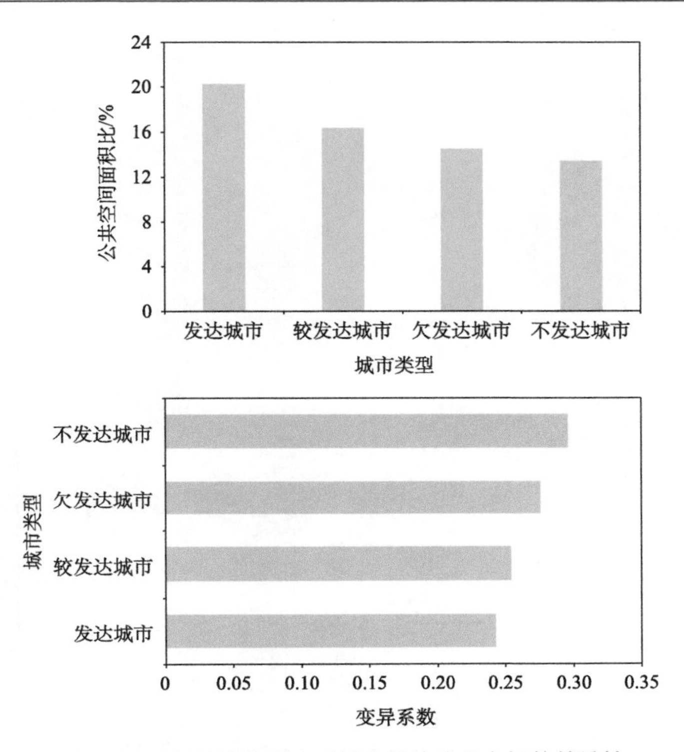

图 9-9　不同经济发展水平城市开放公共空间的差异性

9.2.4　城市开放公共空间规模的时空分布

1. 省级尺度的时空分布

为了清晰地了解省级尺度城市开放公共空间规模的空间分布特征，本小节基于 2015 年中国 31 个省(自治区、直辖市)的开放公共空间规模，利用自然断点法将其划分为低值区、较低值区、中值区、较高值区、高值区 5 类；从城市开放公共空间规模的空间分布来看[图 9-10(a)]，较低值区省份占比最高，达 29.03%，形成冀—晋—鲁、鄂—赣—湘—黔连片分布区；低值区省份占比次之，为 22.58%，形成黑—内蒙古—新—甘连片分布区；高值区省份占比最低，仅 12.90%，形成渝、京、沪、粤点状分布。

省级尺度城市开放公共空间规模的全局 Moran's *I* 值为 0.2796，且在 0.01 水平上通过显著性检验，说明在省级尺度上城市开放公共空间规模存在正空间自相关，即城市开放公共空间规模较高的省份趋于集聚，城市开放公共空间规模较低的省份也趋于集聚。由于全局 Moran's *I* 值仅体现整体上的空间集聚特征，未体现

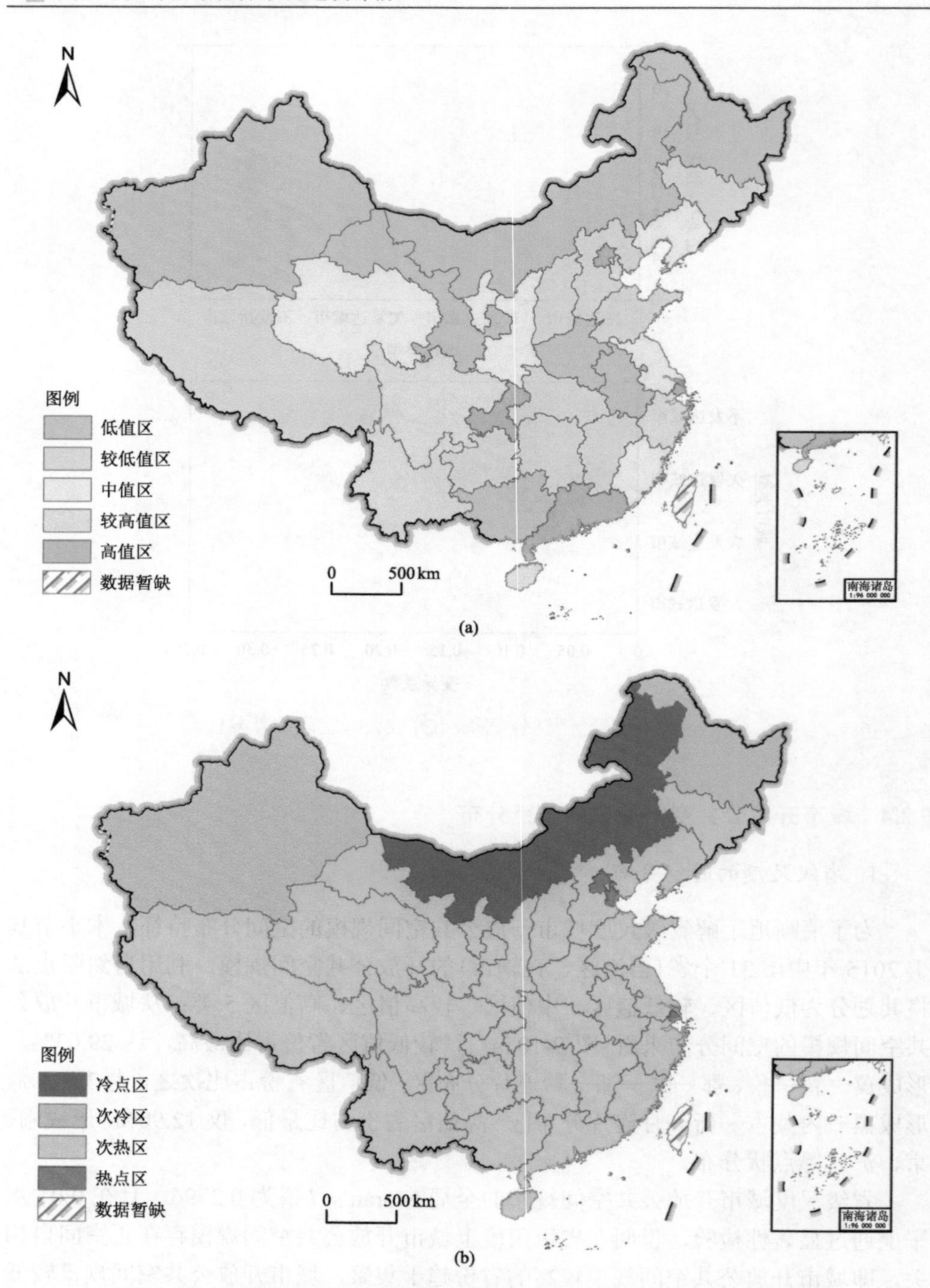

图 9-10 省级尺度开放公共空间规模的空间分布(a)及冷热点格局(b)

局部空间特征。因此，采用“热点”“次热”“次冷”“冷点”来反映局部空间关系[图 9-10(b)]。冷热点分析表明：次热区占主导，其次为热点区、次冷区、冷点区。其中，次热区的省份占比最高，达 80.65%，形成藏—青—甘—宁—陕—晋—冀—辽等 25 个省的集中连片集聚；热点区省份占比达 9.68%，仅点状分布在北京市、天津市、上海市；冷点区省份占比最低，仅 3.23%，即内蒙古。

2. 地级市尺度的时空分布

基于 2015 年全国地级市的开放公共空间规模，利用自然断点法将其划分为低值区、较低值区、中值区、较高值区、高值区 5 类[图 9-11(a)]。从城市群尺度来看，京津冀城市群、长三角城市群、珠三角城市群、四川盆地城市群、云贵地区城市群开放公共空间规模高于周边城市，表现出明显的“集群化”特征；较高值区与城市群分布相吻合，且东部城市开放公共空间规模比例高于中西部城市。

从地级市尺度来看，低、较低、中等、较高、高值区占比分别为 2.64%、36.36%、34.31%、18.77%、7.92%，城市开放公共空间规模以较低和中等值区域为主。从空间分布来看，“胡焕庸线”以西以较低值区为主，仅西宁及银川省会城市为高值区；“胡焕庸线”以东以较低值区以上为主，且高值区主要集中在发达城市。

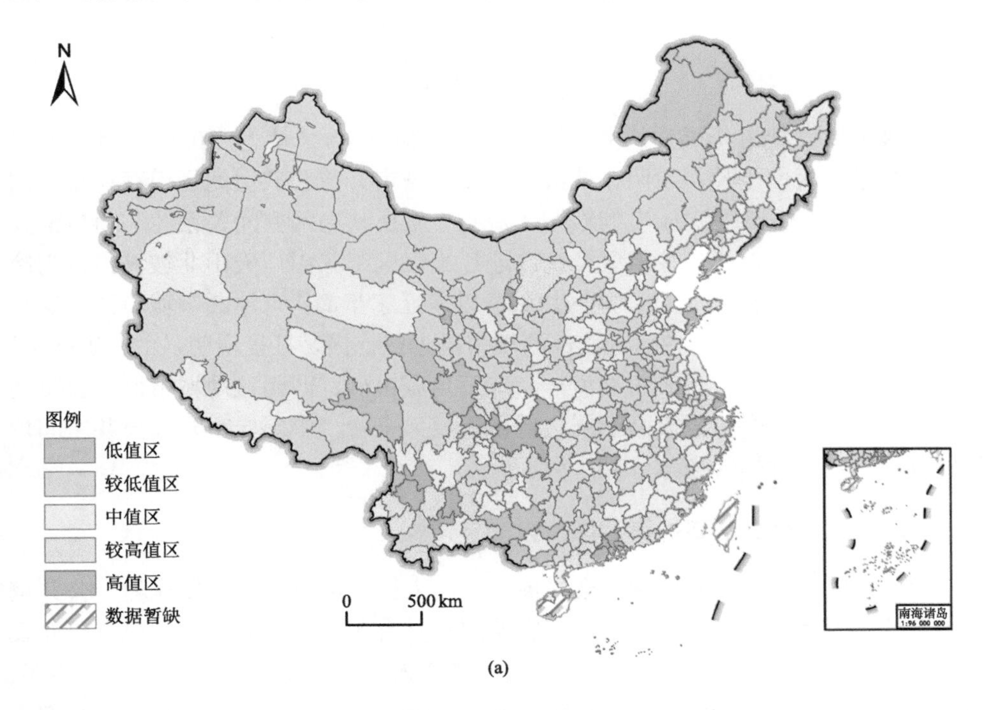

(a)

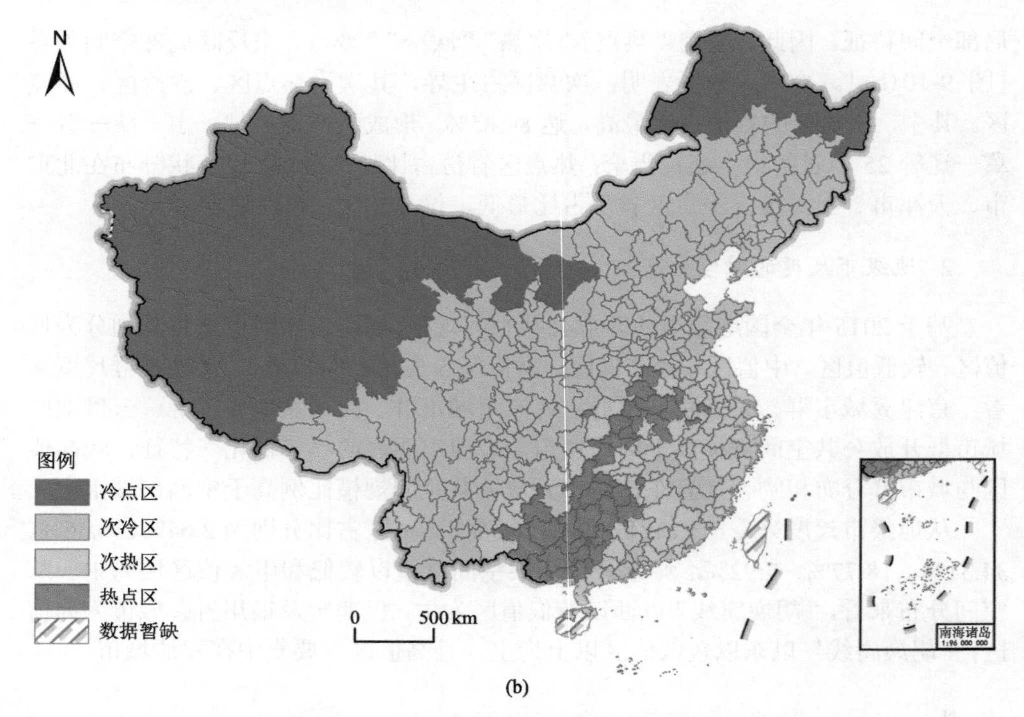

图 9-11 地级市尺度开放公共空间规模的空间分布(a)及冷热点格局(b)

地级市尺度城市开放公共空间规模的全局 Moran's I 值为 0.0585，且在 0.01 水平上通过显著性检验，说明在地级市尺度上城市开放公共空间规模存在正空间自相关。采用“热点”“次热”“次冷”“冷点”来反映局部空间关系[图 9-11(b)]，发现“胡焕庸线”以西是冷点区及次冷连片集聚区，其中，天山北坡城市群为冷点区，兰西城市群为次冷区；“胡焕庸线”以东辽东半岛、京津冀等城市群为次冷区，海峡西岸城市群为次热区、北部湾城市群为热点区，且呈现明显的“集群化”特征，京津冀城市群、长三角城市群、珠三角城市群、四川盆地城市群、云贵地区城市群开放公共空间规模高于周边城市。整体来看，中国城市开放公共空间规模呈东—中—西阶梯式递减分异格局。

9.2.5 城市开放公共空间规模的影响因素

城市开放公共空间是促进社会发展、提高人民生活质量的重要保障。公共空间水平是多因素共同作用的结果，其影响因素具有多样性和复杂性，已有研究表明，其受人口规模、居民生活水平、居民经济收入、人口密度等因素影响(蔚芳等, 2016; Henry et al., 2017; Kahn and Matsusaka, 1997; 岳邦佳等, 2017; 徐骅和刘志强, 2016; 刘俪胤等, 2019; 刘志强和王俊帝, 2015)。鉴于此，本小节从经济发展水平、人口密度、人口规模、城镇化率、居民生活水平等角度出发，分析地级市开放公共空间规模的关键因素。其中，用人均 GDP(x_1)来表征经济发展水平；用总人口/土地面积(x_2)来表征城镇人口密度；用人均可支配收入(x_3)来表征居民生活水平；用城镇人口占常住人口的比重(x_4)来表征城市化率等(表 9-1)。

表 9-1　解释变量描述

变量	解释变量	平均值	标准差	变量	解释变量	平均值	标准差
经济发展水平	人均 GDP/元	49686.45	29916.65	城镇化率	城镇人口占常住人口比重/%	51.42	16.42
城镇人口密度	总人口/土地总面积/(人/km^2)	3779.69	2688.05	人口规模	常住人口/万人	400.50	332.81
居民生活水平	人均可支配收入/元	27119.71	6528.48				

采用地理探测器识别影响城市开放公共空间规模的关键因素。因子探测表明(表 9-2)，经济发展水平、居民生活水平、城镇化率及人口规模对开放公共空间规模的解释力均通过了 0.01 的显著性检验，说明上述因子均对开放公共空间规模有显著影响。其中，居民生活水平对公共空间水平的解释力最关键，经济发展水平影响次之，城镇化率为第三。

表 9-2　地级市尺度上各因子对开放公共空间规模的影响力

探测指标	q 值	p 值	探测指标	q 值	p 值
经济发展水平(x_1)	0.2088	0.000	城镇化率(x_4)	0.1787	0.000
城镇人口密度(x_2)	0.0.020	0.1616	人口规模(x_5)	0.1064	0.000
居民生活水平(x_3)	0.2272	0.000			

交互探测结果显示(表 9-3)，各因子的交互作用对开放公共空间规模的解释力主要呈双因子增强型。其中，城镇化率与其他因子交互作用对开放公共空间规模的解释力尤为显著，其中，城镇化率与人口规模交互作用的解释力最高，居民生活水平与城镇化率交互作用的解释力次之，城镇人口密度与人口规模的交互作用的影响力最低。可见，城镇化率与人口规模的交互作用对公共空间规模有重要影响。

表 9-3 地级市尺度上影响因子交互探测结果

变量	经济发展水平(x_1)	城镇人口密度(x_2)	居民生活水平(x_3)	城镇化率(x_4)	人口规模(x_5)
经济发展水平(x_1)		0.2661	0.2784	0.3098	0.3348
城镇人口密度(x_2)	0.2661		0.2931	0.2233	0.1469
居民生活水平(x_3)	0.2784	0.2931		0.3100	0.3447
城镇化率(x_4)	0.3098	0.2233	0.3100		0.3735
人口规模(x_5)	0.3348	0.1469	0.3447	0.3735	

9.2.6 讨论与展望

1. 讨论

1)城市开放公共空间的空间异质性

受社会经济发展水平及自然地理环境的影响，中国城市开放公共空间规模存在较大差异。本小节的结论与已有研究结果基本一致，即东部地区城市开放公共空间规模明显高于中西部地区。究其原因，首先，东部地区建成区绿地率最高；其次，东部地区的省道、国道、县道，尤其是城市道路密度也均高于中西部地区，加之东部地区经济发展水平更高等因素均促使开放公共空间规模增大(刘志强等，2019)。刘志强等(2019)研究发现我国东部地区虽建成区绿地率的水平最高，但我国市域建成区绿地率区域差异存在收敛性；伍伯妍等(2012)发现建成区绿化覆盖率呈东南向西北递减的分布格局；叶骏华(2013)也提出中国城市绿地面积存在明显差异，城市绿化建设水平从东部向西部呈阶梯状递减的变化。

2)居民生活水平与城市开放公共空间规模

居民生活水平对城市开放公共空间规模有重要的影响。究其原因，随着居民收入的提高，居民对环境状况、基础设施及公共服务等需求也逐渐增高，居民更倾向于去开放公共空间规模较大的区域居住，这与已有研究基本一致。例如，Choumert(2010)提出城市绿色空间面积的需求将随居民平均收入的增加而增加；Kline(2006)研究发现人均收入对开放公共空间有积极的影响，但其影响逐渐削弱；Kahn 和 Matsusaka(1997)研究提出人均收入对公共空间存在正相关关系；邱邦佳等(2017)不仅指出低收入人口分布与公园绿地的可达性间存在相关性相关关系，还发现低收入人口集聚的街道公园的可得性较差。

3)经济发展水平与城市开放公共空间规模

经济发展水平对城市开放公共空间规模有显著影响。究其原因，首先，随着经济发展水平的提高，居民生活环境逐渐改善，城市公园绿地、城市景观建设以及居民的交通可达性也有了较大改善；其次，城市开放公共空间建设需要大量资金支持，所以经济发达的地区比欠发达地区更具有建设开放公共空间的能力。这与已有研究基本一致。例如，徐骅和刘志强(2016)指出地方政府财政收入的下降会影响绿地建设资金的投入；伍伯妍等(2012)发现建成区绿化覆盖面积与地区生产总值呈正相关，且呈东南向西北递减的格局；叶骏华(2013)发现国内生产总值对城市绿化建设水平有较显著的影响；刘俪胤等(2019)研究发现经济发展水平是建成区绿地率的直接推动力。可见，经济发展水平不仅是影响建成区绿地覆盖率的核心因素，还对人口密度和产业结构有间接影响。

4)人口规模与城市开放公共空间规模

人口规模对城市开放公共空间规模有显著影响，它不仅体现了人们的环境诉求，还体现了集聚效应以及抑制作用，更体现了城市人口数与建成区绿化覆盖面积双向促进的关系，这与已有研究基本一致。例如，伍伯妍等(2012)提出建成区绿化覆盖面积与人口数量呈正相关关系。刘志强和王俊帝(2015)提出，建成区人口的增加将会推动绿地规模的扩张。刘俪胤等(2019)也提出人口是保证城市绿地实现既定目标的关键要素之一。叶骏骅(2013)指出城市人口与绿化面积呈双向促进关系，主要体现在，其一，随城市人口的增加，城市生态环境得到不断改善，城市的绿地建设也随之增加；其二，城市绿地面积增加，城市生态环境得到改善，进而吸引大量人口集聚，促使城市人口增加。

2. *展望*

目前本节不仅实现了数据的突破，还解决了 SDG 11.7.1 的核心评价内容，但仍存在以下不足：①开放公共空间类别目前只纳入了绿色公共空间和道路数据，没有涉及其他开放公共空间类型。②目前还未进行对开放公共空间人群按照性别、年龄及残疾人士等划分。③未考虑各类开放公共空间的通达性。未来，将进一步完善开放公共空间的评价体系，并结合智能手机、互联网等大数据开展不同人群人口数据的研发，对开放公共空间的人群按照性别、年龄及残疾人进行深度分析。

9.3　优质医疗资源的公平性

9.3.1　引言

医疗资源作为公共服务的重要组成部分，其分布均衡性不仅关系到居民获取医疗服务的机会和公平性，更与人类社会的健康可持续发展息息相关。1993 年世界银行发展报告就指出了提供公平医疗服务的重要性(Goddard and Smith, 2001)，世界卫生组织(World Health Organization, WHO)也强调了卫生服务的公平性是指社会成员应以需求为导向获得卫生服务，而不是取决于社会地位、收入水平等因素(World Health Organization, 1996)，但目前全球医疗资源获取不公平问题仍然突出。为此，联合国在《变革我们的世界：2030 年可持续发展议程》中明确将“确保普及性健康和健康保健服务、实现全民健康保障”作为主要目标(SDG 3)(United Nations, 2015)。改革开放以来，中国医疗服务能力大幅提升，2017 年每千人卫生人员数、床位数、医院数分别为 6.28 人、5.72 张、2.20 家，与 2006 年相比，分别增长了 74.9%、111.8%、49.9%，但医疗服务不均衡问题仍非常突出，特别是区域间、城乡间优质医疗资源配置不合理，高新技术、优秀卫生人才、先进医疗设备等大多集中在大城市，致使医疗卫生事业发展不平衡。《中共中央 国务院关于深化医药卫生体制改革的意见》也指出中国医疗事业发展不平衡，其中优质医疗资源分布不均现象尤为突出，这不仅加剧了医疗服务体系和就医需求间的矛盾，更引发了“看病难、看病贵”等一系列社会问题(郑文升等, 2015)。鉴于此，《“健康中国 2030”规划纲要》中提出将健康融入所有政策，全方位、全周期维护和保障人民健康(曾钊和刘娟, 2016)。党的十九大更明确提出，实施健康中国战略，全面建立中国特色基本医疗卫生制度、医疗保障制度和优质高效的医疗卫生服务体系(习近平, 2017)。当前，亟须辨明优质医疗资源的区域差异及影响因素，为深化医疗卫生体制改革、实现优质医疗资源共享提供参考。

目前，国际上已在医疗公平性理论研究方面取得了较大进展，形成了功利主义伦理学说、平等主义分配理论、激进自由主义理论、社群主义理论等系列理论(Walker and Siegel, 2002; Meulenbergs, 2003)，并在医疗服务与健康、医疗设施可达性、医疗服务不公平、医疗资源分配及其影响因素等领域(Baba et al., 2014; Glasziou et al., 2017; Gray et al., 2017; Evans and Sekkarie, 2017)展开了大量研究，多数研究从国家、城市、社区等(Alexander et al., 2017; Treacy et al., 2018; Ruano et al., 2014)单个尺度出发，分析了妇女、当地居民、边缘化群体等不同群体(Baba et al., 2014; Treacy et al., 2018; Ruano et al., 2014)对医疗服务的需求差异，研究了城市规模、交通条件、人口变化、居民收入水平等因素(Alexander et al., 2017; Kitić et al., 2015)对医疗资源区域差异的影响。国内学者的相关研究主要集中在医疗服务设施可达性及配置(曾文等, 2017; 田玲玲等, 2019)、医疗资源供给水平的区域差异(郑文升等, 2015; 马志飞等, 2018)、医疗服务供给效率评价(陈浩和周绿林, 2011; 谢金亮和方鹏骞, 2013)及医疗资源区域差异的影响因素(陶印华和申悦, 2018; 黄安等, 2018)等方面，现有研究多从公平角度(田玲玲等, 2019)、医疗改革背景(宋雪茜等, 2019)出发，采用基尼系数、GIS 空间分析、区位配置模型、多元线性回归模型等方法(马志飞等, 2018; 陶印华和申悦, 2018; 黄安等, 2018)，分析市域、省域、国家等不同层面(曾文等, 2017; 马志飞等, 2018; 谢金亮和方鹏骞,

2013)的基础医疗资源配置及医疗设施可达性，研究发现除城镇化率、人口密度、经济发展水平、教育水平、老龄化等因素(宋雪茜等, 2019; Yin et al., 2018)影响医疗资源的分布，历史因素、市场经济因素、政府因素和医疗体制因素等也对医疗资源配置产生较大影响(曾文等, 2017; 陶印华和申悦, 2018)。

总体来看，已有研究多关注基础医疗资源的区域差异，对优质医疗资源的相关研究较少；且已有研究多限于单一尺度，较少从多尺度出发探讨优质医疗资源的区域差异及影响因素；此外，现有研究多利用线性回归模型分析影响医疗资源分布的因素，较少关注不同影响因子间的交互作用对优质医疗资源分布的影响。鉴于此，本节从省级、城市群、地级市尺度出发，采用 GDI 指数和地理探测器等方法，分析了中国优质医疗资源的时空差异及影响因素，旨在为制定科学高效的医疗卫生服务政策、促进优质医疗资源下沉、实现优质医疗资源共享提供借鉴(赵雪雁等, 2020)。

9.3.2　数据来源与研究方法

1. 数据来源

优质医疗资源是指在医疗服务体系中质量较高的资源，包括高水平的医疗人才和技术、高品质仪器设备、先进的医疗信息系统等(安艳芳, 2014)。三级甲等医院简称三甲医院，是依照中国现行《医院分级管理办法》等规定划分的医疗机构级别，具有医疗人员多、医疗条件好、技术水平和管理水平高、医疗设备和医疗信息系统先进等特点，可在一定程度上代表优质医疗资源(魏影等, 2012)。因此，本小节采用三甲医院的数量来表征优质医疗资源。其中，2006～2016 年省级尺度的三甲医院数来源于《中国卫生和计划生育统计年鉴(2007—2017)》，2006～2016 年省级尺度的人口、经济、教育、社会等方面的数据来源于 2007～2017 年的《中国统计年鉴》《中国区域经济统计年鉴》《中国教育统计年鉴》，2017 年上述省级、地级市尺度的数据来源于国家卫生健康委员会网站、国家统计局官方网站、中国统计信息网，个别缺失数据采用插值法补齐。限于数据可得性，本小节未包括香港、澳门、台湾数据。

中国医疗卫生事业发展经历了政府“大包大揽”、市场主导、回归公益性三个阶段(赵黎, 2019)。其中，2006 年我国正式启动了新一轮医改，并提出要坚持社区卫生服务的公益性质，还在全国开展了“以病人为中心，以提高医疗服务质量为主题”的医院管理年活动。2012 年，国家发展改革委、国家卫生健康委员会、国家中医药管理局发布新版《全国医疗服务价格项目规范》，对医疗服务价格进行调整，并明确指出要提升城镇医疗服务的均等化和公平化。2017 年，党的十九大报告指出，要实施健康中国战略，深化医药卫生体制改革，全面建立中国特色基本医疗卫生制度、医疗保障制度和优质高效的医疗卫生服务体系。医疗卫生是影响人民健康水平的重大民生问题，结合医疗卫生体制改革的政策及相关战略，本小节将2006～2017年作为研究时段，并选取2006年、2012年、2017年作为时间节点展开研究。

2. *研究方法*

1）区域差异测度

变异系数、泰勒指数、总熵指数、阿特金森指数均可用来测度研究对象的区域差异，有学者对上述指数进行整合，建立了总体分异测度指数（GDI）（王洋等, 2013）。该指数能同时反映上述4个空间分异指数的信息，且结果更稳定，可全面反映研究对象的差异程度（张慧和王洋, 2017）。本小节利用GDI分析不同尺度上三甲医院的分布状况，以判断优质医疗资源分布的区域差异。该指数表示为

$$\mathrm{GDI}=U_1\mathrm{CV}+U_2T+U_3\mathrm{GE}+U_4A \tag{9-10}$$

式中，CV为变异系数；T为泰勒指数；GE为总熵指数；A为阿特金森指数；U_i分别为上述指数的权重，用熵值法来确定，步骤如下。

数据标准化：

$$x_{ab}=(y_{ab}-y_{b\min})/(y_{b\max}-y_{b\min}) \tag{9-11}$$

计算指数值的比重：

$$X_{ab}=x_{ab}/\sum_{a=1}^{m}x_{\mathrm{tp}} \tag{9-12}$$

计算指标信息熵：

$$e_b=-\frac{1}{\ln m}\sum_{a=1}^{m}(X_{ab}\times\ln X_{ab})，有\ 0\leqslant e_b\leqslant 1 \tag{9-13}$$

信息冗余度：

$$E_b=1-e_b \tag{9-14}$$

指标权重计算：

$$U_b=E_b/\sum_{i=1}^{n}E_b \tag{9-15}$$

式中，x_{ab}是第a个年份第b个差异指数值；$y_{b\max}$、$y_{b\min}$是第b个指标所处矩阵列的最大值和最小值；m为年份数；n为差异指数的个数。

2）时空格局测度

采用ESDA方法中的Global Moran's I分析优质医疗资源在空间上的相似集聚

或随机分散，采用 Getis-Ord G^*测度优质医疗资源分布的热点区和冷点区(赵雪雁等, 2018)。

3)影响因素分析

地理探测器最早应用于地方性疾病风险影响因素的研究，现被广泛用来探究地理事物空间分布的形成机理(王劲峰和徐成东, 2017)，包括风险探测、因子探测、生态探测和交互探测 4 部分内容。本节的因子探测主要测度省级、城市群、地级市尺度上各因子对优质医疗资源的影响力；交互探测主要分析各因子间的交互作用对优质医疗资源分布的影响，即两因子共同作用时是否会增加或减弱对优质医疗资源的影响力，具体算法见参考文献(Wang et al., 2016)。

9.3.3　优质医疗资源的区域差异

1. 优质医疗资源的时间特征

1)省级尺度

2006～2017 年中国优质医疗资源呈稳步增长态势，三甲医院数由 2006 年的 647 家增至 2017 年的 1413 家，年均增速为 7.4%[图 9-12(a)]。其中，相对高增长年份为 2007 年、2012 年和 2017 年，增长率达 8%以上。原因在于 2007 年党的十七大首次完整提出了包括公共卫生服务体系、医疗服务体系、医疗保障体系和药品供应保障体系的中国特色医疗卫生体制框架，促进了优质医疗资源的发展，使得三甲医院数量显著增加；2012 年，国家开展了健全全民医保体系、完善基本药物制度和基层医疗卫生机构运行新机制、推进公立医院改革等一系列工作，极大地推动了医疗卫生事业的发展，因而优质医疗资源量明显增加；2017 年国家全面贯彻落实全国卫生与健康大会精神和实施“十三五”深化医药卫生体制改革规划，极大地推动了优质医疗资源的发展。

具体来看[图 9-12(b)]，东部各省份的优质医疗资源量最多，且优质医疗资源一直保持着东—中—西阶梯式递减的格局；但从增长速度来看，西部优质医疗资源发展最快，2007～2017 年增长了 8.7%，而中部、东部分别增长了 7.2%和 6.9%。原因在于，随着 2006 年国务院提出要注重卫生服务的公平、效率和可及性及实施新型农村合作医疗改革以来，医疗资源配置的均衡性问题明显改善，尤其是西部各省份的优质医疗资源得到较快发展，医疗卫生水平整体提高。但由于历史原因、经济发展水平差异等，东、中、西部优质医疗资源的区域差异仍存在且较大。

2006～2017 年优质医疗资源 GDI 降幅达 15.2%，即优质医疗资源的区域差异不断缩小(图 9-13)。从不同区域 GDI 的变化来看，东、中部省份优质医疗资源的差异程度在缩小，其中，中部降幅最大，达 32.8%，而西部略有上升，GDI 在 0.21～

0.3 变化。主要是由于 2003 年“非典”事件后，国家加强了对医疗卫生领域的管控，加大了医疗卫生投资力度，促进了优质医疗资源均衡化发展，使区域差异缩小，但由于受自身的发展水平限制，西部地区的优质医疗资源仍落后于东、中部地区。

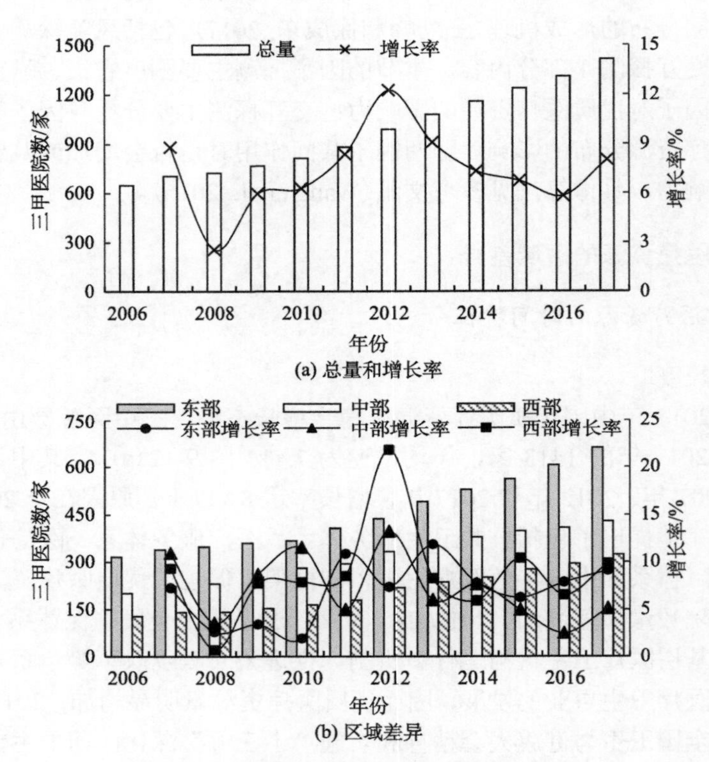

(a) 总量和增长率

(b) 区域差异

图 9-12　中国优质医疗资源的变动趋势

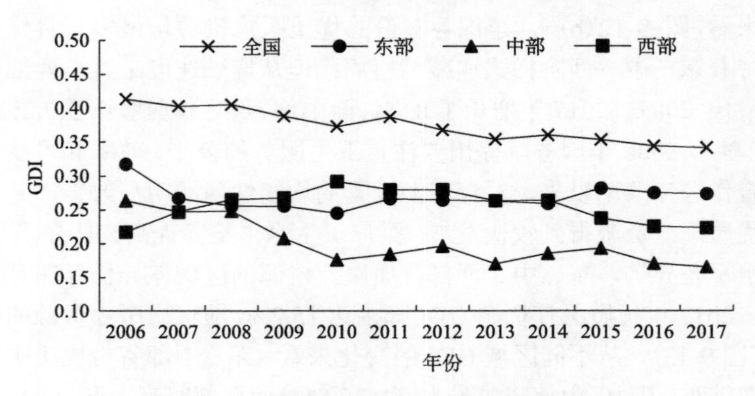

图 9-13　中国优质医疗资源 GDI 的变动趋势

2）城市群尺度

2017 年国家级城市群[①]优质医疗资源拥有量平均为 137.6 家，而区域性、地方性城市群仅分别为 45.8 家、21.8 家。可见，优质医疗资源拥有量随城市群等级的降低而减少［图 9-14（a）］。同时，优质医疗资源的差异随城市群等级降低而增大，其中，地方性城市群的差异最大，国家级城市群的差异最小。分析发现［图 9-14（b）］，在国家级城市群内部，长三角、京津冀、长江中游城市群的优质医疗资源均高于平均水平，其中，长三角城市群最高，占所有城市群的 17%。在区域性城市群内部，哈长城市群的优质医疗资源水平最高，而关中、江淮、北部湾、天山北坡城市群均低于其平均水平。在地方性城市群内部，兰西城市群的优质医疗资源水平最高，而其余城市群则低于其平均水平，其中，宁夏沿黄城市群最低，仅占所有城市群的 0.9%。可见，等级越高、规模越大的城市群，优质医疗资源水平也越高，这与城市群内部的人口密度大、经济发展水平高、城镇化水平高、科技文化发达等因素有关，如三大国家级城市群之一的长三角城市群，作为我国经济最发达、城镇分布最密集、人口最集中的城市化地区之一，其优质医疗资源水平也是遥遥领先于其他城市群。

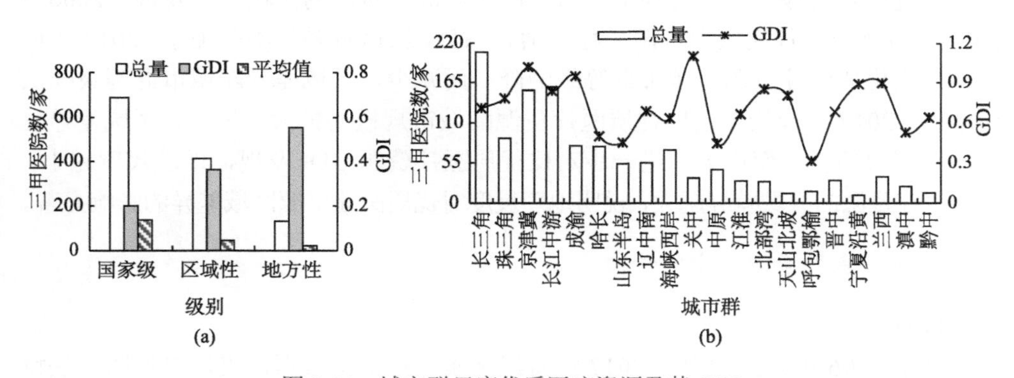

图 9-14 城市群尺度优质医疗资源及其 GDI

3）地级市尺度

2017 年地级市尺度优质医疗资源均值为 4.2 家。从不同规模的城市[②]来看（图 9-15），优质医疗资源呈特大城市—大城市—中等城市—小城市依次递减特征，即优质医疗资源拥有量随城市规模的扩大而增加。其中，仅特大城市的优质医疗资

① 城市群规划：重点建设长三角、珠三角、京津冀、长江中游和成渝五大国家级城市群，稳步建设哈长、山东半岛、辽中南、海峡西岸、关中、中原、江淮、北部湾和天山北坡九大区域性城市群，引导培育呼包鄂榆、晋中、宁夏沿黄、兰西、滇中和黔中六大地区性城市群。

②《国务院关于调整城市规模划分标准的通知》（国发〔2014〕51 号），将城市划为特大城市（500 万～1000 万人）、大城市（100 万～500 万人）、中等城市（50 万～100 万人）、小城市（<50 万人）。

源拥有量(14.2家)高于全国平均水平，其余各等级城市均低于全国平均水平。原因在于，规模越大的城市，其庞大的人口数量、发达的经济以及城镇化快速发展等都会对优质医疗资源的集聚产生正向影响。优质医疗资源的区域差异也随着城市规模的扩大而增大，其中，特大城市的优质医疗资源差异最大，而小城市的差异最小，GDI指数仅为0.291。

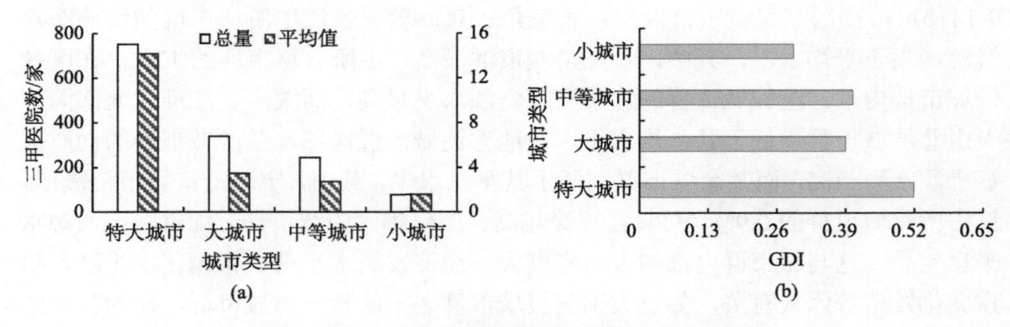

图9-15 城市尺度优质医疗资源及其GDI

通过比较省级、城市群和地级市尺度优质医疗资源的区域差异发现，2006～2017年省级尺度优质医疗资源呈稳步增长态势，其区域差异不断缩小；2017年城市群尺度优质医疗资源随城市群等级的降低而减少，区域差异随城市群等级降低而增大；2017年地级市尺度优质医疗资源随城市规模的扩大而增加，区域差异也随城市规模的扩大而增大。进一步对比优质医疗资源GDI发现，地理尺度越小，优质医疗资源的区域差异越大，说明地理尺度对优质医疗资源区域差异的影响显著。

2. 优质医疗资源的空间特征

1)省级尺度

基于2006年、2012年、2017年省级优质医疗资源数据，采用自然断点法将31个省份划分为5类(图9-16)。从数量变化看：①2006～2012年较高、中等水平区显著增加，增幅分别为55.6%、37.5%，而较低、低水平区分别减少了40.0%、45.5%，表明优质医疗资源水平提升。其中，45.2%的省份向高水平转移，多为递次转移，跳跃式转移仅占3.2%。②2012～2017年高水平区显著增加，增幅达80%，而中等、较低、低水平区分别减少了50.0%、33.3%、33.3%，表明优质医疗资源水平大幅提升。其中，58.1%的省份向高水平转移，仍以递次转移为主。从空间分布看，优质医疗资源水平较低、低水平区主要分布在“胡焕庸线”以西，而中等、较高、高水平区分布在“胡焕庸线”以东。其中：①2006～2012年较低、低水平区明显收缩，形成内蒙古—甘—宁—新—青—藏连片分布区。高、较高、中

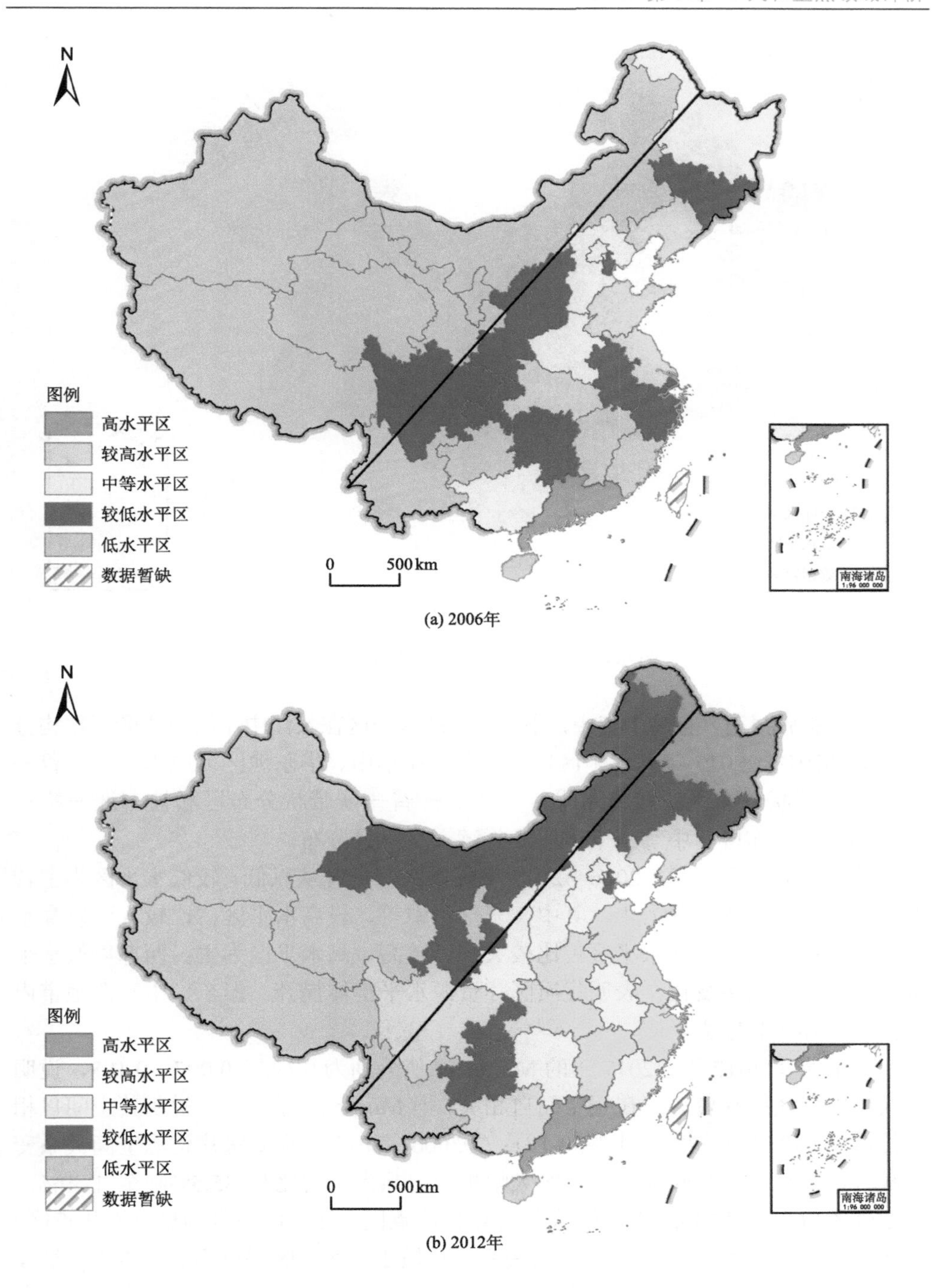

(a) 2006年

(b) 2012年

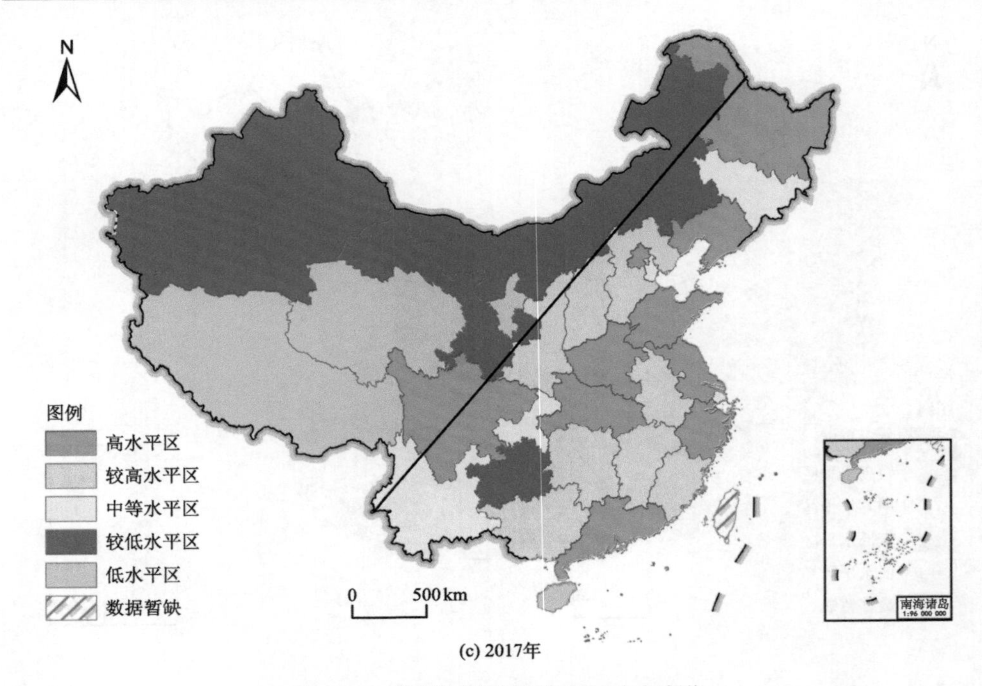

(c) 2017年

图 9-16　优质医疗资源的空间分布变化

等水平区扩张显著，且趋于集中，中等、较高水平区在长江中下游形成圈层结构分布区。②2012～2017 年高水平区迅速扩张，在华中、华东地区形成闽—苏—鲁—豫—鄂半环状分布区；较高水平区形成冀—晋—陕带状分布区和桂—湘—赣—皖—闽块状分布区；中等水平区明显收缩，呈零星分布。

总体来看(图 9-16)：2006～2017 年优质医疗资源从以低、较低水平区为主转变为以较高、高水平区为主，其中，东部由中等、较高水平区占比较大到以高水平区为主；中部由较低水平区占比较大到以较高、高水平区为主；西部以低水平区为主的情况发生变化。表明优质医疗资源水平整体提升，但东、中、西地带内差异依然存在且较大。

2006 年、2012 年、2017 年的 Moran's I 值分别为 0.128、0.097、0.108，说明该尺度的优质医疗资源存在正空间自相关。但 Moran's I 值减小，说明其空间自相关性减弱。冷热点分析表明(图 9-17)：①2006～2012 年优质医疗资源空间关系变化较大，热点区明显收缩，冷点区大幅扩张，热点区占比从 35.5%降至 12.9%，稳定性省份占比 48.4%，其中青海为稳定性冷点区，苏—豫—鲁为稳点性热点区。②2012～2017 年优质医疗资源空间关系变化较小，冷点区保持不变，热点区继续收缩，热点区占比降至 9.7%，稳定性省份占比 74.2%，其中青—新—藏为稳定性冷

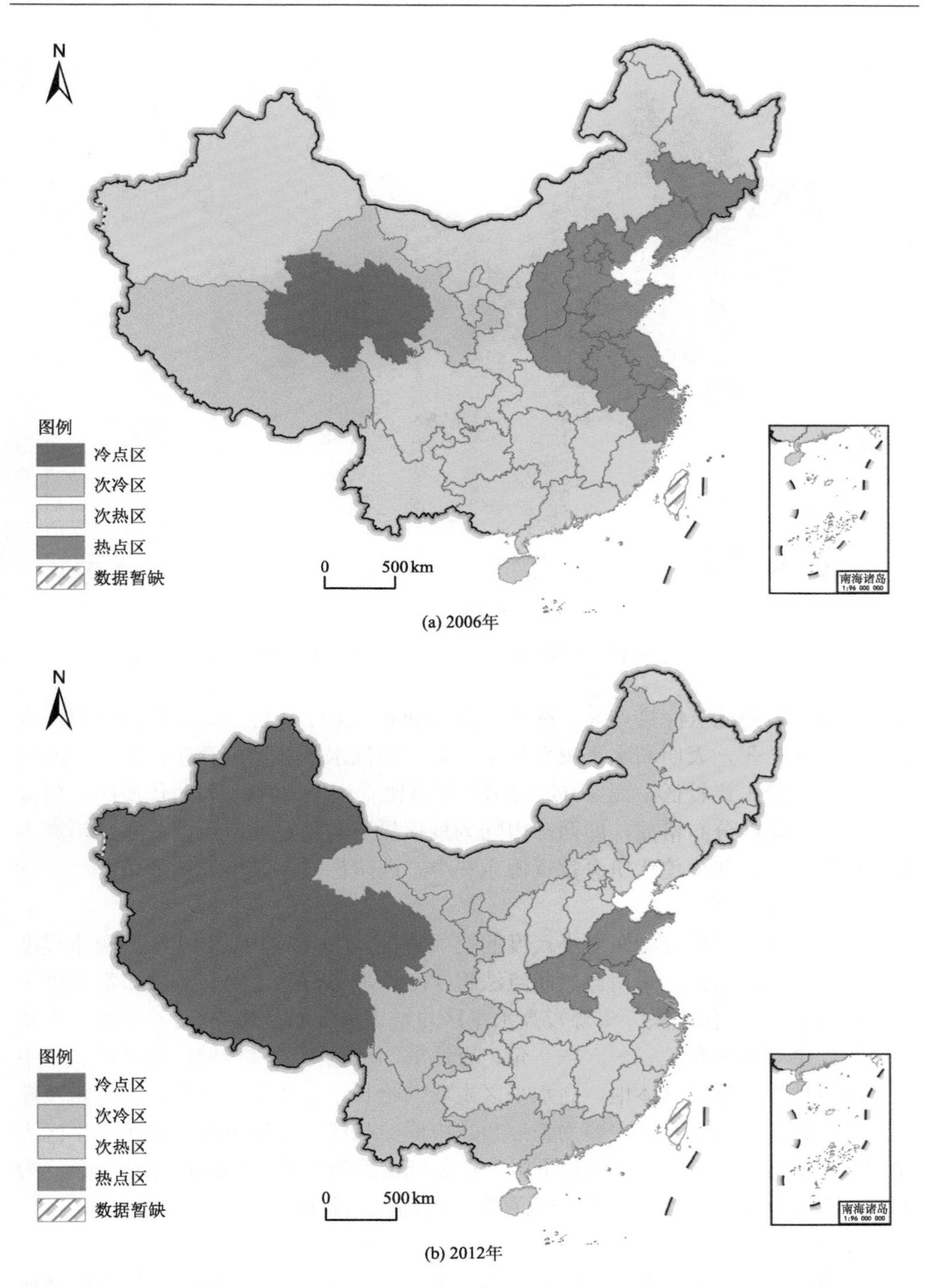

(a) 2006年

(b) 2012年

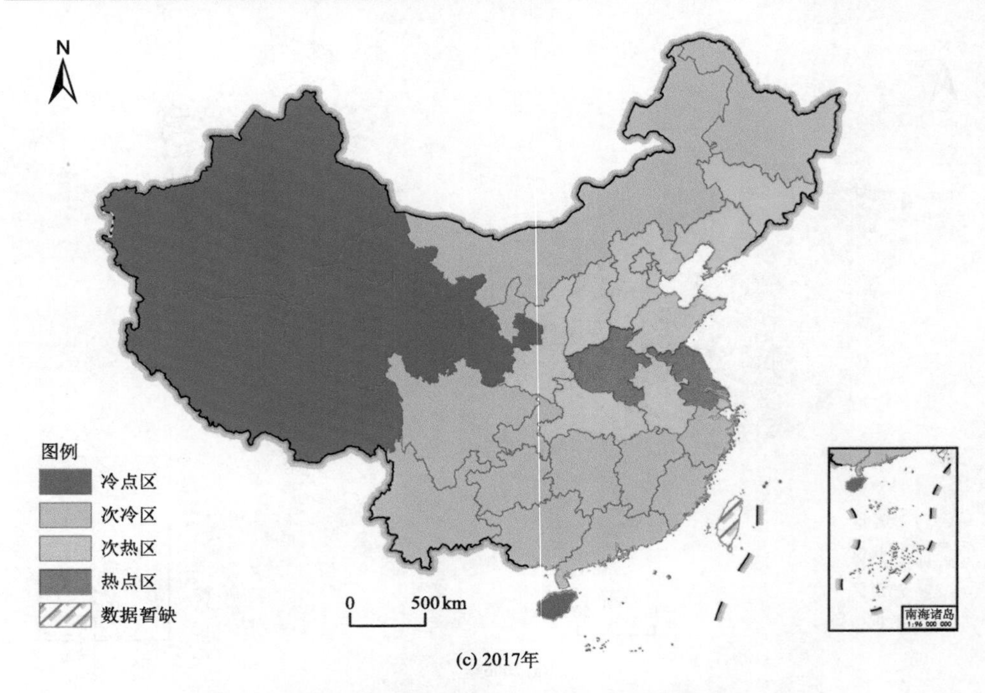

(c) 2017年

图 9-17　优质医疗资源的冷热点区分布变化

点区，苏—豫为稳点性热点区。整体来看，2006～2017 年优质医疗资源热点区收缩，冷点区扩张，表明高水平集聚趋于减弱，而低水平集聚仍存在。2006～2012 年稳定性省份占比较低，而 2012～2017 年该比重大于 70%，表明优质医疗资源形成了较稳定的分布格局，即西部内陆为规模显著的稳定性冷点区，东部沿海为稳定性热点区，从而使优质医疗资源东—中—西阶梯式递减格局更显著。

2）城市群尺度

为反映优质医疗资源在更小尺度的空间特征，本小节基于 2017 年地级市尺度的优质医疗资源数据，采用自然断点法将 339 个城市分为 5 类。从城市群尺度来看［图 9-18（a）］，优质医疗资源较高水平区与城市群分布基本吻合，“集群化”特征明显，主要分布在长三角、珠三角、京津冀、成渝等国家级城市群及哈长、中原等区域性城市群。具体地，高水平区主要为哈长、京津冀、成渝、长三角及珠三角城市群，较高水平区主要为长三角、中原、长江中游城市群，中等水平区为呼包鄂榆城市群，而较低、低水平区多在各城市群的外围。Moran's *I* 值显著，为 0.107，说明该尺度的优质医疗资源存在正空间自相关性。

3）地级市尺度

从地级市尺度来看［图 9-18（b）］，高、较高、中等、较低及低水平区占比分别

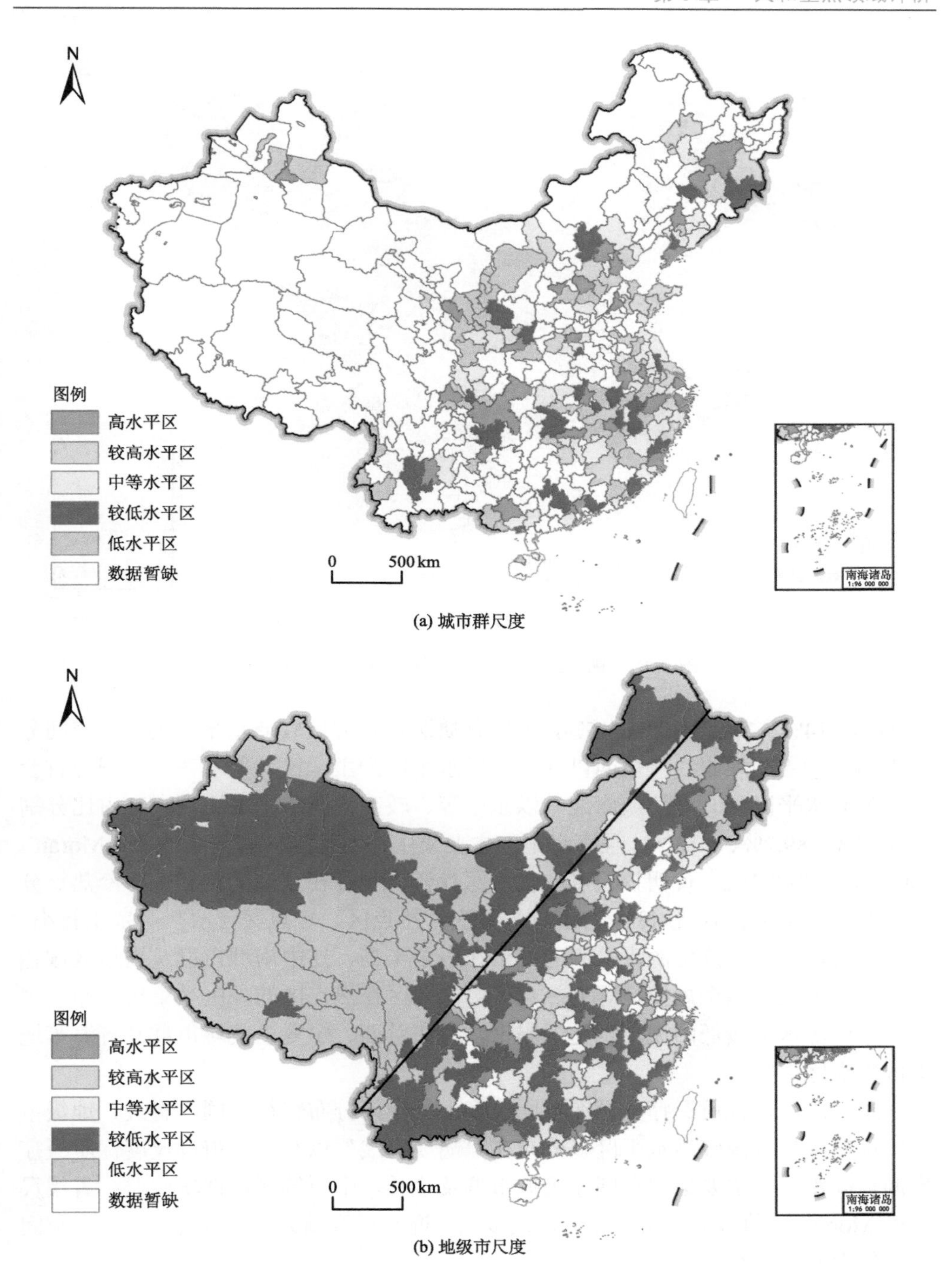

(a) 城市群尺度

(b) 地级市尺度

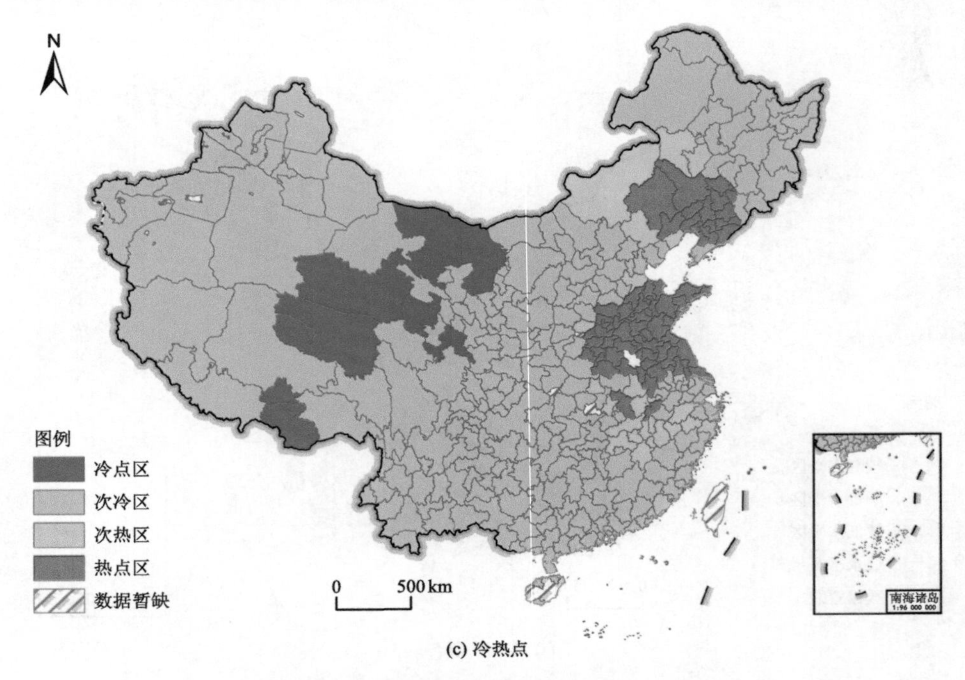

(c) 冷热点

图 9-18　优质医疗资源在地级单元的空间分布

为 11%、14%、21%、39%、15%，表明优质医疗资源以较低水平区为主。空间分析表明：①“胡焕庸线”以西以低、较低水平区为主，仅乌鲁木齐、兰州等省会城市为高水平区。②“胡焕庸线”以东中等、较高、高水平区比重大，占比分别为 92.3%、89.2%、90.1%，且高水平区主要集中在发达地区和省会城市。Moran's *I* 值显著，为 0.102，说明该尺度的优质医疗资源也存在正空间自相关。冷热点分析表明[图 9-18(c)]：次冷区占主导，其次为热点区、冷点区，次热区范围较小，具体来看，优质医疗资源水平高的城市在山东半岛、辽中南城市群及周边区域趋于集聚，形成了两个规模显著的热点区，次热区在热点区的外围呈集聚分布，优质医疗资源水平较低的城市也趋于集聚，并在兰西、宁夏沿黄城市群及青海等地形成冷点区。

总体来看，优质医疗资源在不同尺度上的空间分布特征不同，省级、地级市尺度优质医疗资源较高水平区多分布在“胡焕庸线”以东，城市群尺度优质医疗资源较高水平区主要集中在国家级城市群及哈长、中原等区域性城市群；省级尺度的 Moran's *I* 值较城市群、地级市尺度大，说明尺度越大，优质医疗资源在空间上的集聚程度越高。

9.3.4 优质医疗资源区域差异的影响因素

优质医疗资源的区域差异受经济、社会、政策等多种因素的综合影响。研究表明，政府提供的医疗服务存在人口规模效应，即在一定范围内，常住人口规模越大，政府提供的医疗卫生服务也会越多(郑文升等, 2015)；经济发展水平越高、卫生投资额越大，优质医疗资源拥有量也越大(曾文等, 2017; 田玲玲等, 2019)；城镇化进程大大提高了城乡居民获取医疗卫生服务的便利性，且某地的城镇化水平越高，对优质医疗资源的吸引力也越强(宋雪茜等, 2019; Yin et al., 2018)；此外，由于优质医疗资源的使用费用远高于基础医疗资源，因而高收入人群对优质医疗资源的支付能力更强，低收入人群的支付能力则相对较弱(颜建军等, 2017)；另有研究发现，居民受教育程度越高，其对优质医疗资源的关注度和需求度也越高(Afonso and Aubyn, 2006)；城乡居民的医疗服务需求、医疗卫生保障也会影响优质医疗资源的发展(徐芳和刘伟, 2014)。据此，本小节选取了人口、经济、社会等方面的 8 个指标，对影响优质医疗资源区域差异的主导因素进行诊断。用年末常住人口数(x_1)表征人口规模；城乡居民医疗保健支出(x_2)表征医疗需求；省级尺度上居民受教育程度(x_3)用大专及以上人口/总人口来表征，由于数据可得性，地级市尺度上用年末高校数来替代；城乡居民人均可支配收入(x_4)表征收入水平；人均 GDP(x_5)表征经济发展水平；城镇人口占总人口比重(x_6)表征城镇化水平；人均卫生资产拥有量(x_7)表征卫生投资；参加城乡居民和职工医疗保险人数(x_8)表征医疗保障水平。

1)省级尺度

选取 2006 年、2012 年和 2017 年省级尺度的优质医疗资源及其影响因素数据，分析上述因子对优质医疗资源分布的影响。因子探测表明(表 9-4)，整体上人口规模、医疗保障水平的影响力较高且持续增强，说明两因子对优质医疗资源时空格局的影响显著，是促进优质医疗资源水平不断提高的重要因素。受教育程度也有一定影响，其在 2006 年、2012 年和 2017 年的影响力值分别为 0.801、0.215、0.678，表明该因子对优质医疗资源的影响力趋于减弱。医疗需求、收入水平、经济发展水平、城镇化水平仅在 2006 年通过显著性检验，表明这些因子对优质医疗资源的影响力逐渐减弱；而卫生投资对优质医疗资源的影响力呈波动上升趋势，且在 2017 年通过显著性检验，可见该因子对优质医疗资源的影响力在不断增强。研究表明人口规模越大、医疗保障水平越高、卫生投资额越大，优质医疗资源的拥有量也越多。具体来看，2006 年受教育程度、医疗保障水平、收入水平及人口规模是影响优质医疗资源空间分布的主导因子，其中，受教育程度的影响力最强；2012 年人口规模和医疗保障水平是影响优质医疗资源空间分布的主导因子，其中，人口规模的影响力最强；2017 年人口规模、受教育程度、卫生投资和医疗保障水平是影响优质医疗资源空间分布的主导因子，其中，人口规模的影响力最强。总体而言，人口规模、受教育程度对优质医疗资源分布的影响最为显著。

表 9-4　不同尺度影响因子对优质医疗资源的影响力

尺度	年份	探测指标							
		x_1	x_2	x_3	x_4	x_5	x_6	x_7	x_8
省级	2006	0.440^{**}	0.381^{**}	0.801^{***}	0.539^{***}	0.361^{**}	0.271^{*}	0.209	0.563^{***}
	2012	0.645^{***}	0.093	0.215	0.233	0.200	0.120	0.019	0.435^{**}
	2017	0.709^{***}	0.071	0.678^{***}	0.296	0.283	0.165	0.597^{***}	0.558^{***}
城市群	2017	0.869^{***}	0.715^{***}	0.760^{***}	0.610^{**}	0.553^{**}	0.610^{**}	0.715^{***}	0.716^{***}
地级市	2017	0.299^{***}	0.289^{***}	0.463^{***}	0.193^{***}	0.203^{***}	0.243^{***}	0.326^{***}	0.143^{***}

$^{***}p<0.01$；$^{**}p<0.05$；$^{*}p<0.1$。

交互探测显示(表 9-5)：各因子间的交互作用表现为双因子增强和非线性增强两种效应并存。其中，人口规模与医疗需求、经济发展水平、医疗保障水平的交互作用以及经济发展水平与卫生投资的交互作用对优质医疗资源的影响力均持续增强；经济发展水平与医疗需求、收入水平的交互作用以及城镇化水平与医疗需求、收入水平、经济发展水平、医疗保障水平的交互作用影响力呈下降趋势；其余各因子间交互作用的影响力则呈波动变化。具体来看，2006 年各因子的交互作用以双因子增强为主，其中，受教育程度与经济发展水平交互作用的影响力最高。2012 年各因子的交互作用以非线性增强为主，其中，人口规模与城镇化水平交互作用的影响力最高。2017 年各因子的交互作用以双因子增强为主，其中，人口规模与经济发展水平交互作用的影响力最高。总体而言，受教育程度、人口规模与各因子的交互作用对优质医疗资源的影响较显著。

2) 城市群尺度

基于 2017 年地级市的优质医疗资源及其影响因素数据，分析上述因子对优质医疗资源的影响。从城市群尺度来看(表 9-4)，因子探测表明人口规模、医疗需求、受教育程度、卫生投资、医疗保障水平对优质医疗资源空间分布的影响显著，其影响力值均大于 0.7，收入水平、经济发展水平、城镇化水平对优质医疗资源的影响力均通过了 0.05 的显著性检验，说明人口规模、医疗需求、受教育程度、卫生投资、医疗保障水平对优质医疗资源空间分布的影响显著，而收入水平、经济发展水平、城镇化水平的影响相对较弱。交互探测显示(表 9-5)，各因子间的相互作用对优质医疗资源的影响力均呈双因子增强作用。人口规模与其他因子交互作用时对优质医疗资源的影响最突出，其中，人口规模与经济发展水平交互作用的影响力最高，而收入水平与经济发展水平交互作用的影响力最低，可见人口规模与经济发展水平交互作用对优质医疗资源空间分布的影响显著。

3) 地级市尺度

从地级市尺度来看(表 9-4)，因子探测表明各因子对优质医疗资源的影响力均通过了 0.01 的显著性检验，说明各因子均对地级市尺度优质医疗资源的空间分布有影响。其中，受教育程度对优质医疗资源空间分布的影响最为关键，卫生投资与人口规模的影响次之，医疗保障水平的影响最小。研究表明，受教育程度对地级市尺度优质医疗资源空间分布的影响较大，而其他因子的影响力较小。交互探测显示(表 9-5)，地级市尺度各因子间的交互作用对优质医疗资源的影响力主要呈双因子增强且影响力整体较弱。受教育程度与其他因子交互作用对优质医疗资源的影响相对更显著，其中，受教育程度与卫生投资交互作用的影响力最高，而经济发展水平与收入水平交互作用的影响力最低，可见受教育程度与卫生投资交互作用对优质医疗资源空间分布有重要影响。

表 9-5 不同尺度影响因子的交互作用

交互因子	省级			城市群	地级市	交互因子	省级			城市群	地级市
	2006 年	2012 年	2017 年	2017 年	2017 年		2006 年	2012 年	2017 年	2017 年	2017 年
$x_1 \cap x_2$	0.799	0.825	0.840	0.878	0.489	$x_3 \cap x_5$	0.946	0.611	0.793	0.806	0.567
$x_1 \cap x_3$	0.884	0.926	0.848	0.880	0.583	$x_3 \cap x_6$	0.897	0.735	0.790	0.817	0.561
$x_1 \cap x_4$	0.876	0.800	0.941	0.883	0.528	$x_3 \cap x_7$	0.889	0.553	0.872	0.846	0.605
$x_1 \cap x_5$	0.889	0.919	0.947	0.890	0.496	$x_3 \cap x_8$	0.869	0.823	0.891	0.845	0.565
$x_1 \cap x_6$	0.889	0.989	0.905	0.883	0.539	$x_4 \cap x_5$	0.677	0.496	0.476	0.641	0.344
$x_1 \cap x_7$	0.784	0.816	0.782	0.878	0.450	$x_4 \cap x_6$	0.731	0.721	0.600	0.792	0.387
$x_1 \cap x_8$	0.780	0.798	0.897	0.878	0.392	$x_4 \cap x_7$	0.580	0.458	0.755	0.813	0.486
$x_2 \cap x_3$	0.867	0.509	0.785	0.846	0.552	$x_4 \cap x_8$	0.745	0.809	0.654	0.846	0.415
$x_2 \cap x_4$	0.625	0.585	0.478	0.813	0.438	$x_5 \cap x_6$	0.622	0.662	0.567	0.774	0.393
$x_2 \cap x_5$	0.643	0.548	0.548	0.823	0.475	$x_5 \cap x_7$	0.494	0.569	0.815	0.823	0.458
$x_2 \cap x_6$	0.634	0.577	0.403	0.795	0.460	$x_5 \cap x_8$	0.792	0.805	0.761	0.853	0.454
$x_2 \cap x_7$	0.565	0.499	0.805	0.729	0.498	$x_6 \cap x_7$	0.598	0.579	0.815	0.795	0.478
$x_2 \cap x_8$	0.765	0.648	0.688	0.792	0.418	$x_6 \cap x_8$	0.859	0.787	0.694	0.784	0.441
$x_3 \cap x_4$	0.927	0.723	0.867	0.817	0.582	$x_7 \cap x_8$	0.786	0.761	0.867	0.792	0.466

对比不同尺度上各因子与优质医疗资源的关联性(康江江等, 2016)发现：①不同尺度上影响优质医疗资源分布的关键因素存在差异。其中，人口规模、受教育

程度及卫生投资均对不同尺度优质医疗资源的分布具有较强影响，省级、城市群尺度上人口规模的影响最关键，而地级市尺度上受教育程度的影响最关键；②不同尺度上各因子间的交互作用对优质医疗资源分布的影响也存在差异，省级、城市群尺度上人口规模与各因子交互作用对优质医疗资源的影响尤为显著，其中，人口规模与经济发展水平交互作用的影响最强，而地级市尺度仅受教育程度与各因子交互作用对优质医疗资源的影响较显著。可见，尺度越小，优质医疗资源分布与其影响因子的关联性越复杂。

9.3.5 结论与展望

本节从不同尺度出发，运用 GDI、ESDA 及地理探测器等方法，分析了中国优质医疗资源的区域差异及其影响因素，研究表明：①2006～2017 年中国优质医疗资源水平趋于提升、区域差异缩小，且地理尺度越小，区域差异越大。其中，差异程度随城市群等级的降低而增大，随城市规模的降低则减小。②不同尺度上优质医疗资源的空间集聚程度不同，且尺度越大，优质医疗资源集聚程度越高。其中，省级、地级市尺度优质医疗资源高、较高水平区主要集中在“胡焕庸线”以东；而城市群尺度优质医疗资源多分布在国家级城市群及哈长、中原等区域性城市群。③不同尺度上影响优质医疗资源分布的主导因子及各因子间的交互作用存在差异，且尺度越小，优质医疗资源分布与其影响因子的关联性越复杂。

本节分析了不同尺度上优质医疗资源的区域差异，采用地理探测器分析了影响不同尺度优质医疗资源分布的因素，结论与相关研究基本一致，发现中国优质医疗资源的区域差异逐渐缩小(郑文升等, 2015)，优质医疗资源较高水平区多集中在“胡焕庸线”以东，人口规模、经济发展水平、受教育程度等是影响优质医疗资源空间分布的主导因子(谢金亮和方鹏骞, 2013；陶印华和申悦, 2018；黄安等, 2018；宋雪茜等, 2019；Yin et al., 2018)。但限于数据可得性，本节仅采用三甲医院数来表征优质医疗资源，且对城市群、地级市尺度优质医疗资源的空间分布仅展开了静态研究，未对各影响因子跨尺度的交互影响作用进行研究。未来还需健全优质医疗资源评价指标体系，考虑区域热点政策、人口流动等因素对优质医疗资源分布的影响，深入分析优质医疗资源区域差异的影响因素及其作用机制，重点关注影响因子的跨尺度交互作用，并开展优质医疗资源时空分布不均的社会效应研究。

参考文献

安艳芳. 2014. 我国优质医疗资源分布特点与改善策略. 中国卫生质量管理, 18(5): 110-113.
陈浩, 周绿林. 2011. 中国公共卫生不均等的结构分析. 中国人口科学, (6): 72-83, 112.

陈康林, 龚建周, 刘彦随, 等. 2016. 近 35a 来广州城市绿色空间及破碎化时空分异. 自然资源学报, 31(7): 1100-1113.

方创琳, 王振波, 刘海猛. 2019. 美丽中国建设的理论基础与评估方案探索. 地理学报, 74(4): 619-632.

高峰, 赵雪雁, 宋晓谕, 等. 2019. 面向 SDGs 的美丽中国内涵与评价指标体系. 地球科学进展, 34(3): 295-305.

葛全胜, 方创琳, 江东. 2020. 美丽中国建设的地理学使命与人地系统耦合路径. 地理学报, 75(6): 1109-1119.

黄安, 许月卿, 刘超, 等. 2018. 基于可达性的医疗服务功能空间分异特征及其服务强度研究: 以河北省张家口市为例. 经济地理, 38(3): 61-71.

江海燕, 肖荣波, 梁颢严, 等. 2018. 城乡开放空间系统协同型规划方法与实践: 以佛山市南海区为例. 城市规划, 42(8): 44-50.

金云峰, 范炜, 周晓霞. 2018. 街道中央线性开放空间与可持续交通方式结合的景观类型学研究. 城乡规划, (1): 69-77.

康江江, 丁志伟, 张改素, 等. 2016. 中原地区人口老龄化的多尺度时空格局. 经济地理, 36(4): 29-37.

李志明, 樊荣甜. 2017. 国外开放空间研究演进与前沿热点的可视化分析. 国际城市规划, 32(6): 34-41, 53.

刘俪胤, 刘志强, 王俊帝, 等. 2019. 106 国道沿线样带市域建成区绿地率空间分异格局及影响机理研究. 中国城市林业, 17(4): 1-6.

刘志强, 王俊帝. 2015. 基于锡尔系数的中国城市绿地建设水平区域差异实证分析. 中国园林, 31(3): 81-85.

刘志强, 王俊帝, 周筱雅. 2019. 中国市省域建成区绿地率的空间演变. 城市问题, (9): 28-36.

马荣国. 2003. 城市公共交通系统发展问题研究. 西安: 长安大学.

马志飞, 尹上岗, 乔文怡, 等. 2018. 中国医疗卫生资源供给水平的空间均衡状态及其时间演变. 地理科学, 38(6): 869-876.

宋雪茜, 邓伟, 周鹏, 等. 2019. 两层级公共医疗资源空间均衡性及其影响机制: 以分级诊疗改革为背景. 地理学报, 74(6): 1178-1189.

陶印华, 申悦. 2018. 医疗设施可达性空间差异及其影响因素: 基于上海市户籍与流动人口的对比. 地理科学进展, 37(8): 1075-1085.

田玲玲, 张晋, 王法辉, 等. 2019. 公平与效率导向下农村公共医疗资源的空间优化研究: 以湖北省仙桃市为例. 地理科学, 39(9): 1455-1463.

王劲峰, 徐成东. 2017. 地理探测器: 原理与展望. 地理学报, 72(1): 116-134.

王洋, 方创琳, 盛长元. 2013. 扬州市住宅价格的空间分异与模式演变. 地理学报, 68(8): 1082-1096.

蔚芳, 李王鸣, 皇甫佳群. 2016. 城市开放空间规划标准研究. 城市规划, 40(7): 74-80.

魏影, 岳玺中, 毛静馥. 2012. 新一轮医院评审标准的解读与建议. 中国医院管理, 32(7): 13-14.

伍伯妍, 钟全林, 程栋梁, 等. 2012. 中国城市绿地空间分布特征及其影响因素研究. 沈阳大学学报(社会科学版), 14(2): 13-16.

习近平. 2017. 决胜全面建成小康社会夺取新时代中国特色社会主义伟大胜利: 在中国共产党第十九次全国代表大会上的报告. 共产党员, (21): 4-25.

谢金亮, 方鹏骞. 2013. 我国医疗卫生资源省际间的配置公平性和利用效率研究. 中国卫生经济, 32(1): 60-62.

徐芳, 刘伟. 2014. 中国城镇居民医疗保健支出的增长机制研究. 中国人口·资源与环境, 24(S1): 239-243.

徐骅, 刘志强. 2016. 我国城市建成区绿地率差异实证分析: 基于 1996-2013 年城市面板数据. 规划师, 32(4): 125-131.

颜建军, 徐雷, 谭伊舒. 2017. 我国公共卫生支出水平的空间格局及动态演变. 经济地理, 37(10): 82-91.

杨贵庆. 2014. 大都市多元开放空间对宜居生活的保障: 德国法兰克福“莱茵-美茵”国际设计工作营选题与启示. 城市规划学刊, (2): 105-111.

叶骏骅. 2013. 我国城市绿化建设水平的区域差异及影响因素研究. 生产力研究, (6): 94-96.

岳邦佳, 林爱文, 孙铖. 2017. 基于2SFCA的武汉市低收入者公园绿地可达性分析. 现代城市研究, (8): 99-107.

曾文, 向梨丽, 李红波, 等. 2017. 南京市医疗服务设施可达性的空间格局及其形成机制. 经济地理, 37(6): 136-143.

曾钊, 刘娟. 2016. 中共中央国务院印发《“健康中国 2030”规划纲要》. 中华人民共和国国务院公报(2016-5-20).

张弛. 2012. 天津中心城区公交便捷度研究. 天津: 天津师范大学.

张慧, 王洋. 2017. 中国耕地压力的空间分异及社会经济因素影响: 基于 342 个地级行政区的面板数据. 地理研究, 36(4): 731-742.

赵黎. 2019. 新医改与中国农村医疗卫生事业的发展: 十年经验、现实困境及善治推动. 中国农村经济, 9(9): 48-69.

赵雪雁, 马艳艳, 陈欢欢, 等. 2018. 干旱区内陆河流域农村多维贫困的时空格局及影响因素: 以石羊河流域为例. 经济地理, 38(2): 140-147.

赵雪雁, 王伟军, 万文玉. 2017. 中国居民健康水平的区域差异: 2003-2013.地理学报, 72(4): 685-698.

赵雪雁, 王晓琪, 刘江华, 等. 2020. 基于不同尺度的中国优质医疗资源区域差异研究. 经济地理, 40(7): 22-31.

郑文升, 蒋华雄, 艾红如, 等. 2015. 中国基础医疗卫生资源供给水平的区域差异. 地理研究, 34(11): 2049-2060.

Afonso A, Aubyn M S. 2006. Cross-country efficiency of secondary education provision: A semi-parametric analysis with non-discretionary inputs. Economic Modelling, 23(3): 476-491.

Alexander G L, Madsen R W, Miller E L, et al. 2017. The state of nursing home information technology sophistication in rural and nonrural US markets. Journal of Rural Health, 33(3): 266-274.

Alter C H. 1976. Evaluation of public transit service: The level-of-service concept. Transportation Research Record, 606: 37-40.

Baba J T, Brolan C E, Hill P S. 2014. Aboriginal medical services cure more than illness: A qualitative study of how Indigenous services address the health impacts of discrimination in Brisbane communities. International Journal for Equity in Health, 13(1): 1-10.

Bertram C, Rehdanz K. 2015. The role of urban green space for human well-being. Ecological Economics, 120: 139-152.

Choumert J. 2010. An empirical investigation of public choices for green spaces. Land Use Policy, 27(4): 1123-1131.

Debnath A K, Chin H C, Haque M M, et al. 2014. A methodological framework for benchmarking smart transport cities. Cities, 37(2): 47-56.

Dong Y, Dong W. 2011. The construction of ecological functions of urban open space. Applied Mechanics and Materials, 99-100: 606-610.

Evans N G, Sekkarie M A. 2017. Allocating scarce medical resources during armed conflict: Ethical issues. Disaster and Military Medicine, 3(1): 2-6.

Fan P, Xu L, Yue W, et al. 2016. Accessibility of public urban green space in an urban periphery: The case of Shanghai. Landscape and Urban Planning, 165: 177-192.

Glasziou P, Straus S, Brownlee S, et al. 2017. Evidence for underuse of effective medical services around the world. The Lancet, 390: 169-177.

Goddard M, Smith P. 2001. Equity of access to health care services: Theory and evidence from the UK. Social Science and Medicine, 53(9): 1149-1162.

Gray M, Lagerberg T, Dombrádi V. 2017. Equity and value in "precision medicine". New Bioethics, 23(1): 87-94.

Henry W, Kalisch D, Kolbe J. 2017. Access to urban green space and environmental inequalities in Germany. Landscape and Urban Planning, 164: 124-131.

Kabisch N, Strohbach M, Haase D, et al. 2016. Urban green space availability in European cities. Ecological Indicators, 70: 586-596.

Kahn M, Matsusaka J. 1997. Demand for environmental goods: Evidence from voting patterns on California initiatives. The Journal of Law and Economics, 40(1): 137-173.

Kilnarová P, Wittmann M. 2017. Open space between residential buildings as a factor of sustainable development case studies in Brno(Czech Republic) and Vienna(Austria). IOP Conference Series: Earth and Environmental Science, 95: 1-13.

Kitić J T, Jure K, Zupančič J. 2015. The Impact of demographic changes on the organization of emergency medical services: The case of Slovenia. Organizacija, 48(4): 247-258.

Kline J D. 2006. Public demand for preserving local open space. Society and Natural Resources,

19(7): 645-659.

Meulenbergs T. 2003. Setting limits fairly: Can we learn to share medical resources. Hypatia, 10(2): 224-225.

Meyer W. 2004. 城市公共交通的整合与协调. 城市轨道交通研究, 7(3): 1-5.

Ruano A L, Friedman E A, Hill P S. 2014. Health, equity and the post-2015 agenda: Raising the voices of marginalized communities. International Journal for Equity in Health, 13(1): 1-3.

Treacy L, Bolkan H A, Sagbakken M. 2018. Distance, accessibility and costs. Decision-making during childbirth in rural Sierra Leone: A qualitative study. PLoS One, 13(2): 1-17.

UN-Habitat. 2016. World Cities Report 2016. The United Nations Habitat. https: //wcr.unhabitat.org/ [2016-5-18].

UNDESA.2014. World urbanization prospects 2014 Highlights. Population division of the United Nations Department of Economic and Social Affairs. https: //www.un.org/development/desa/pd/node/3461[2014-8-18].

United Nations. 2015. Transforming our world: The 2030 agenda for sustainable development. United Nations, Division of Sustainable Development. https: //sdgs.un.org/2030 agenda [2015-9-25].

Walker R L, Siegel A W. 2002. Morality and the limits of societal values in health care allocation. Health Economics, 11(3): 265-273.

Wang J F, Zhang T L, Fu B J. 2016. A measure of spatial stratified heterogeneity. Ecological Indicators, 67: 250-256.

World Health Organization. 1996. Equity in health and health care, a WHO/SIDA initiative. https: //apps.who.int/iris/bitstream/handle/10665/63119/WHO_ARA_96.1.pdf?sequence=1%26is Allowed=y [1996-1-14].

Yin C, He Q, Liu Y, et al. 2018. Inequality of public health and its role in spatial accessibility to medical facilities in China. Applied Geography, 92(3): 50-62.

附 录

“地球大数据支撑的美丽中国评价指标体系”专家咨询会

2018 年 10 月 14 日，中国科学院战略性先导科技专项(A 类)“地球大数据科学工程”项目四课题五在北京组织召开了“地球大数据支持的美丽中国评价指标体系专家咨询会”(附图 1)。中国科学院科技战略咨询研究院樊杰研究员和陈劭锋研究员、中国林科院荒漠化研究所卢琦研究员、生态环境部环境规划院许开鹏研究员等专家出席会议。会议由中国科学院西北生态环境资源研究院(简称西北研究院)遥感与地理信息系统研究室副主任黄春林研究员主持。

会上，“基于地球大数据的美丽中国评价指标体系及现状综合评价”子课题负责人、西北研究院高峰研究员从美丽中国核心内涵、美丽中国评价指标体系构建、评价案例分析等方面对研究成果进行汇报，与会专家围绕美丽中国评价指标体系“天蓝、地绿、水清、人和”4 个目标的指标设计和成果应用进行了充分讨论，提出了建设性修改意见。

附图 1　与会专家合影及研究成果汇报

与会专家认为，美丽中国评价指标体系紧密融合了联合国可持续发展目标(SDGs)，把美丽中国建设评价与联合国可持续发展目标评价结合起来，使研究结果具有国际可比性。同时，课题中多源地球大数据的融合应用及评价计算方法的综合应用也颇具特色，希望通过该课题研究可以为美丽中国建设提供重要支撑，为开展联合国 2030 年目标国别报告提供科学依据。

“地球大数据支撑的美丽中国评价指标体系”专家评审会

2019 年 9 月 7 日，中国科学院战略性先导科技专项（A 类）“地球大数据科学工程”项目四课题五在北京组织召开了“地球大数据支持的美丽中国评价指标体系专家评审会”(附图 2)。中国科学院地理科学与资源研究所方创琳研究员、中国科学院科技战略咨询研究院陈劭锋研究员、中国林科院荒漠化研究所冯益明研究员、中国科学院空天信息创新研究院贾立研究员、生态环境部环境规划院许开鹏研究员、中国水利水电科学研究院张海涛研究员等专家出席会议。会议由西北研究院遥感与地理信息系统研究室副主任黄春林研究员主持。

会上,“基于地球大数据的美丽中国评价指标体系及现状综合评价”子课题负责人、西北师范大学赵雪雁教授代表项目组对研究成果进行了汇报。专家在听取项目组汇报、进行咨询的基础上，经讨论形成评审意见。

与会专家认为,课题组在充分借鉴联合国可持续发展目标(SDGs)及我国现有生态文明建设相关指标体系的基础上，从“天蓝、地绿、水清、人和”4 个维度出发，构建了包含 12 个具体目标、34 个指标的综合评价指标体系。该指标体系以地球大数据驱动为导向，明确了各指标的具体评价方法和数据来源及算法，强调了多源数据融合，提升了指标评价的时空分辨率，总体较为合理，具有较强的综合性与实际操作性。同时，与会专家也希望进一步研究各指标的评价标准、阈值及权重，将该指标体系与中国科学院相关研究方案进一步衔接，对具体指标进行优化调整，并兼顾指标体系构建的地区差异性，为进一步试算奠定基础。

附图 2　与会专家合影及会议现场

“地球大数据支撑的美丽中国评价指标体系”发布暨移交仪式

“地球大数据支持的美丽中国建设评价指标体系”是“地球大数据科学工程”专项的阶段性重要成果，该指标体系以“思想概念化、概念指标化、指标评价化、评价精准化”为指导，以对接 SDG 指标和实现地球大数据融合为研究特色，从思想指引、顶层设计、部委行动、学术研究等多角度出发，挖掘了美丽中国的内涵与外延，在辨析美丽中国建设与可持续发展及生态文明建设关系的基础上，以全面性(本土化指标与 SDGs 相融合)、数据驱动性(统计数据、遥感数据、网络大数据和监测数据等地球大数据驱动)、精准性(动态性、高时空分辨率)及针对性(体现区域差异性)为基本原则，构建了融合联合国 2030 可持续发展目标(SDGs)和特征化本土指标的美丽中国评价指标体系。通过两轮专家论证和大量函评，对指标体系进行了进一步合理性优化，最终形成包含水清、地绿、天蓝、人和 4 个维度、12 个具体目标、34 个指标的美丽中国评价指标体系。

为进一步聚焦中国科学院先导专项核心定位和重大成果产出，统筹考虑全院专项战略布局，按照前期中国科学院党组研究讨论决定，2020 年 11 月 5 日，中国科学院战略性先导科技专项(A 类)“地球大数据科学工程”项目“全景美丽中国”研究构建的“地球大数据支持的美丽中国建设评价指标体系”在北京发布，并正式移交中国科学院战略性先导科技专项(A 类)“美丽中国生态文明科技工程”。中国科学院科技促进发展局时任副局长赵千钧、资源环境处副处长赵涛、“地球大数据科学工程”专项首席郭华东院士、“全景美丽中国”项目负责人廖小罕研究员、“美丽中国生态文明科技工程”专项首席葛全胜研究员、承接方项目负责人陆锋研究员及两个专项有关课题组成员出席了会议，会议由“地球大数据科学工程”专项办副主任窦长勇主持(附图 3)。

附图 3　发布移交仪式会议现场及专家合影

“地球大数据支持的美丽中国建设评价指标体系”研发团队负责人黄春林研究员从美丽中国建设内涵、评价指标方法与数据及本底年评价 3 个方面，对该指标体系做了系统的说明与介绍。“全景美丽中国”项目负责人廖小罕研究员代表“地球大数据科学工程”专项将该指标体系移交给“美丽中国生态文明科技工程”。

郭华东院士对项目团队的“地球大数据支持的美丽中国建设评价指标体系”有关成果给予肯定，并感谢“美丽中国生态文明科技工程”专项对该成果的认可与承接。同时，郭华东院士希望项目团队继续开展卓有成效的研究工作，希望两个专项的相关团队进一步密切合作。葛全胜研究员代表“美丽中国生态文明科技工程”专项对承接该指标体系成果表示感谢，表示会进一步将该成果运用到项目的研究工作中。

赵千钧副局长对项目取得的阶段性成果及“地球大数据科学工程”专项的管理机制给予充分肯定，指出两个专项之间的成果移交可谓是“美丽合作”，为院里对科研项目的协调管理做了很好的实践模式借鉴。他同时希望两个专项进一步加强合作，产出更加有影响力的科研成果。